● 香料饮料作物种质资源丛书 ●

香料植物资源

香气成分鉴定

◎ 吴桂苹 胡荣锁 秦晓威 主编

U0306230

中国农业科学技术出版社

图书在版编目（CIP）数据

香料植物资源香气成分鉴定／吴桂苹，胡荣锁，秦晓威主编 . --北京：中国农业科学技术出版社，2024.6

（香料饮料作物种质资源丛书／王庆煌主编）

ISBN 978-7-5116-6693-2

Ⅰ.①香…　Ⅱ.①吴…②胡…③秦…　Ⅲ.①香料植物-植物资源-研究　Ⅳ.①Q949.97

中国国家版本馆 CIP 数据核字（2024）第 024254 号

责任编辑　史咏竹　董定超
责任校对　马广洋
责任印制　姜义伟　王思文

出 版 者　中国农业科学技术出版社
　　　　　北京市中关村南大街 12 号　　邮编：100081
电　　话　（010）82105169（编辑室）　　（010）82106624（发行部）
　　　　　（010）82109709（读者服务部）
网　　址　https://castp.caas.cn
经 销 者　各地新华书店
印 刷 者　北京建宏印刷有限公司
开　　本　185 mm × 260 mm　1/16
印　　张　25.5
字　　数　528 千字
版　　次　2024 年 6 月第 1 版　2024 年 6 月第 1 次印刷
定　　价　105.00 元

《香料饮料作物种质资源丛书》
编委会

主　编　王庆煌

编　委　（按姓氏音序排列）

《香料植物资源香气成分鉴定》
编委会

前言

香料植物资源丰富，种类繁多，分布广泛。据中华人民共和国国家标准《食品安全国家标准　食品添加剂使用标准》（GB 2760—2014），食用天然香料有 393 种。八角、肉桂等香料主要分布在我国广东、广西、云南；桂花主要分布在广西、湖南、浙江、安徽；香荚兰、胡椒、广藿香、丁香、肉豆蔻等热带特色香料植物主要分布在海南和云南西双版纳，广东、广西和福建南部有少量栽培；其他香辛料植物资源，如花椒、辣椒、芫荽、生姜、大蒜、洋葱、小茴香等在我国有广泛栽培。其中，薄荷、桂花、茉莉、肉桂、八角、胡椒、茴香、山苍子、樟油、桉叶、香叶等香料在世界交易市场上占有重要地位。

天然香料的发展历史伴随着人类的文明史。5000 多年前，人类就感知到香料能够驱虫、清新空气，并且能对人类大脑的高级神经活动产生影响。无论是在中国还是在古印度和古埃及，均视香料为圣品，其在宗教仪式、祭祀庆典活动中不可或缺，如我国佛家兰场沐浴、焚蒿薰衣，多使用香艾、菖蒲，古埃及人以沉香和丁香油等处理木乃伊，使之千年不腐。虽然古时人们对天然香料及其精油的认识不及现代人深刻全面，但客观上发挥了天然香料及其精油的防腐抗菌作用。近代科学研究发现，香料植物含有丰富的化学物质，包括醇类、酚类、醛类、酮类、萜烯类、醚类及半萜烯类等化合物，同时，香料富含抗氧化物质、抗菌物质、营养成分和微量元素，一些香料植物营养成分（特别是人体必需微量元素）的含量甚至高于某些农作物和蔬菜。因此，香料植物在医疗卫生、美容保健等领域具有广阔的应用前景。

天然香料具有绿色、安全、环保等特点，受到人们的钟爱。利用香料植物的根、茎、叶、花、果实等组织部位，通过萃取、蒸馏、压榨、吸附等方法，可将其主要香气成分提取出来，这些成分可用于活性成分的鉴定、生物活性功能的研究以及产品的开发等领域。目前，天然香料已在食品、饮料、医药、日用化工等领域得到越来越广泛的应用。因此，为满足香料植物的开发利用与市场需求，方便广大学者查询，笔者组织长期从事化学成分分析鉴定、天然产物提取研究、风味化学研究等领域的学者，依托国家热带香料饮料作物种质资源圃（万宁）、国家热带植物种质资源库香料饮料种质资源分库、海南省热带香料饮料作物种质资源圃和兴隆热带植物园等科研平台，对收集保存的36科71属100种香料植物的叶片、果实、根茎或花，利用中国热带农业科学院大型仪器设备共享中心香料饮料研究所分中心的全二维气相-飞行时间质谱仪、气相色谱-离子阱质谱联用仪和气相色谱-质谱联用仪鉴定其挥发性物质。

本书出版得到国家大型科研仪器设备开放共享后补助、中国热带农业科学院基本科研业务费专项（项目编号：1630142023008）、海南省农业种质资源保护"海南本土特色香料植物资源抢救性收集与安全保存"等项目的支持，以及农业农村部香辛饮料作物遗传资源利用重点实验室、海南省热带香辛饮料作物遗传改良与品质调控重点实验室、海南省特色热带作物适宜性加工与品质控制重点实验室等平台的支撑。由于编者水平有限，难免出现错漏和不妥之处，恳请批评指正！

编　者

2023 年 11 月

目录

1 葱

1.1 葱的分布、形态特征与利用情况

1.1.1 分　布

葱（*Allium fistulosum*）为石蒜科（Amaryllidaceae）葱属（*Allium*）植物。葱原产于中国，分布较广，中国南北各地均有种植，国外也有栽培。

1.1.2 形态特征

鳞茎单生，圆柱状，稀为基部膨大的卵状圆柱形，粗 1~2 cm，有时可达 4.5 cm；鳞茎外皮白色，稀淡红褐色，膜质至薄革质，不破裂。叶圆筒状，中空，向顶端渐狭，约与花葶等长，直径 0.5 cm 以上。花葶圆柱状，中空，高 30~50 cm，中部以下膨大，向顶端渐狭，约在 1/3 以下被叶鞘；总苞膜质，2 裂；伞形花序球状，多花，较疏散；小花梗纤细，与花被片等长，或为其 2~3 倍长，基部无小苞片；花白色；花被片长 6.0~8.5 mm，近卵形，先端渐尖，具反折的尖头，外轮稍短；花丝为花被片长度的 1.5~2.0 倍，锥形，在基部合生并与花被片贴生；子房倒卵状，腹缝线基部具不明显的蜜穴；花柱细长，伸出花被外。花果期 4—7 月。

1.1.3 利用情况

葱兼具食用价值和药用价值。茎叶作蔬菜食用或调味，鳞茎和种子可入药。在我国及东亚国家等，葱常作为一种很常见的调味品或蔬菜，在东方烹饪中占有重要的地位。我国山东还有葱蘸酱的食用方法。葱含有挥发油，挥发油中主要成分为蒜素，还含有二烯内基硫醚、草酸钙。另外，葱还含有脂肪、糖类、胡萝卜素、维生素 B、维生素 C、烟酸、钙、镁、铁等营养成分，对人体有很大益处，一般人群均可食用，脑力劳动者更适宜食用。葱有解毒、调味、发汗、抑菌和舒张血管的作用，可用于治疗风寒感冒、恶寒发热、头痛鼻塞、阴寒腹痛、痢疾泄泻、虫积内阻、乳汁不通、二便不利等症状。

1.2 葱香气物质的提取及检测分析

1.2.1 顶空固相微萃取

将葱叶用剪刀剪碎后准确称取 0.5491 g，放入固相微萃取瓶中，密封。在 40℃水浴中平衡 10 min，用 PDMS/DVB 萃取头吸附 15 min。采用全二维气相色谱-飞行时间质谱仪（GC-TOF/MS）对其成分进行检测分析。

1.2.2 GC-TOF/MS 检测分析

气相色谱（GC）分析条件：采用 DB-WAX 色谱柱（30 m × 0.25 mm × 0.25 μm），进样口温度为 250℃，氦气（99.999%）流速为 1.0 mL/min；起始柱温设置为 60℃，保持 1 min，然后以 4℃/min 的速率升温至 90℃，保持 1 min，以 5℃/min 的速率升温至 130℃，保持 1 min，以 8℃/min 的速率升温至 230℃，保持 3 min；不分流进样，样品解吸附 5 min。

飞行时间质谱（TOF/MS）分析条件：EI 离子源，电离能量 70 eV，离子源温度 230℃；传输线温度 250℃，质量扫描范围（m/z）30~400，采集速率 10 spec/s，溶剂延迟 300 s。

检测分析结果见图和表。

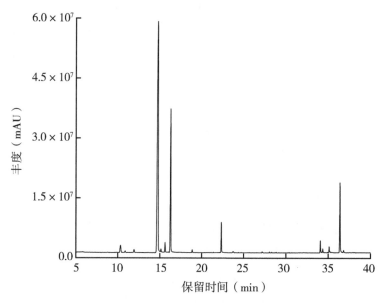

葱香气物质的 GC-TOF/MS 总离子流图

葱香气物质的组成及相对含量明细表

化合物名称	保留时间（min）	匹配度	分子式	CAS 号	相对含量（%）
反式-2-己烯醛	9.84	748	$C_6H_{10}O$	6728-26-3	0.061
甲基丙基二硫醚	10.34	864	$C_4H_{10}S_2$	2179-60-4	1.943
3,4-二甲基噻吩	10.90	886	C_6H_8S	632-15-5	0.306
丙基环丙烷	13.61	756	C_6H_{12}	2415-72-7	0.043
二丙基二硫	14.77	928	$C_6H_{14}S_2$	629-19-6	66.312
反式-2-己烯醇	15.13	875	$C_6H_{12}O$	928-95-0	0.412
1-甲基乙基-2-丙烯基-二硫醚	15.62	774	$C_6H_{12}S_2$	67421-85-6	1.488
1,2-二硫戊环	16.02	586	$C_3H_6S_2$	557-22-2	0.063
丙烯基丙基二硫醚	16.30	872	$C_6H_{12}S_2$	23838-21-3	23.041
甲酸	17.31	698	CH_2O_2	64-18-6	0.015
烯丙基丙基三硫	18.87	800	$C_4H_{10}S_3$	17619-36-2	0.442
二丙基三硫醚	22.36	844	$C_6H_{14}S_3$	6028-61-1	3.875
辛基环丙烷	27.18	873	$C_{11}H_{22}$	1472-09-9	0.104
N,N,O-三乙酰基羟胺	28.49	841	$C_6H_9NO_4$	17720-63-7	0.018
环丁醇	28.90	770	C_4H_8O	2919-23-5	0.048
1-十四烯	29.89	815	$C_{14}H_{28}$	1120-36-1	0.019
己内酰胺	30.25	777	$C_6H_{11}NO$	105-60-2	0.044

注：CAS 号为化学物质登录号，也称 CAS 登录号，余表同。

2 蒜

2.1 蒜的分布、形态特征与利用情况

2.1.1 分　布

蒜（*Allium sativum*）为石蒜科（Amaryllidaceae）葱属（*Allium*）植物。原产于亚洲西部或欧洲，有悠久的栽培历史，我国各地普遍栽培。

2.1.2 形态特征

鳞茎球状至扁球状，通常由多数肉质、瓣状的小鳞茎紧密地排列而成，外被数层白色至紫色的膜质鳞茎外皮。叶宽条形至条状披针形，扁平，先端长渐尖，比花葶短，宽可达 2.5 cm。花葶实心，圆柱状，高可达 60 cm，中部以下被叶鞘；总苞具长 7~20 cm 的长喙，早落；伞形花序密具珠芽，间有数花；小花梗纤细；小苞片大，卵形，膜质，具短尖；花常为淡红色；花被片披针形至卵状披针形，长 3~4 mm，内轮较短；花丝比花被片短，基部合生并与花被片贴生，内轮的基部扩大，扩大部分每侧各具 1 齿，齿端呈长丝状，长超过花被片，外轮锥形；子房球状；花柱不伸出花被外。花期 7 月。

2.1.3 利用情况

蒜幼苗、花葶和鳞茎均可作蔬菜食用，鳞茎还可以药用。蒜食用方法颇多，可做主料（如青蒜、蒜薹）、配料、调料、点缀之用。中医认为大蒜味辛、性温，入脾、胃、肺，暖脾胃，有行气消积、解毒、杀虫的功效。蒜氨酸是大蒜独具的成分，当它进入血液时便成为大蒜素，这种大蒜素即使稀释 10 万倍仍能在瞬间杀死伤寒杆菌、痢疾杆菌、流感病毒等。大蒜素与维生素 B_1 结合可产生蒜硫胺素，具有消除疲劳、增强体力的奇效。

2.2　蒜的香气物质提取及检测分析

2.2.1　顶空固相微萃取

　　将蒜的鳞茎外皮剥除后用剪刀剪碎，准确称取 0.5934 g，放入固相微萃取瓶中，密封。在 40℃水浴中平衡 10 min，用 PDMS/DVB 萃取头吸附 15 min。采用全二维气相色谱-飞行时间质谱仪（GC-TOF/MS）对其成分进行检测分析。

2.2.2　GC-TOF/MS 检测分析

　　GC 分析条件：采用 DB-WAX 色谱柱（30 m × 0.25 mm × 0.25 μm），设置分流比为 10∶1，进样口温度为 250℃，氦气（99.999%）流速为 1.0 mL/min；起始柱温设置为 50℃，保持 0.2 min，然后以 2℃/min 的速率升温至 60℃，保持 1 min，以 5℃/min 的速率升温至 160℃，保持 1 min，以 8℃/min 的速率升温至 230℃，保持 3 min；样品解吸附 5 min。

　　TOF/MS 分析条件：EI 离子源，电离能量 70 eV，离子源温度 230℃；传输线温度 250℃，质量扫描范围（m/z）30~400，采集速率 10 spec/s，溶剂延迟 300 s。

　　检测结果见图和表。

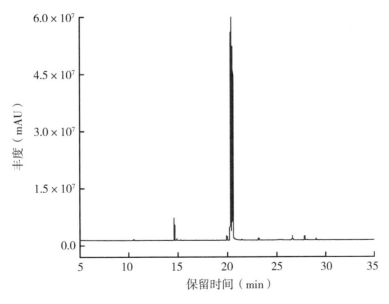

蒜香气物质的 GC-TOF/MS 总离子流图

蒜香气物质的组成及相对含量明细表

化合物名称	保留时间（min）	匹配度	分子式	CAS 号	相对含量（%）
丙烯醇	9.23	720	C_3H_6O	107-18-6	0.021
二烯丙基硫醚	10.52	802	$C_6H_{10}S$	592-88-1	0.124
3,4-二甲基噻吩	13.79	793	C_6H_8S	632-15-5	0.037
烯丙基甲基二硫	14.63	854	$C_4H_8S_2$	2179-58-0	2.166
甲基丙烯基二硫	14.89	841	$C_4H_8S_2$	23838-19-9	0.195
（Z）-1-烯丙基-2-（丙-1-烯-1-基）二硫化物	19.93	824	$C_6H_{10}S_2$	122156-03-0	0.472
二烯丙基二硫醚	20.38	948	$C_6H_{10}S_2$	2179-57-9	71.829
（E）-1-烯丙基-2-（丙-1-烯-1-基）二硫化物	20.54	929	$C_6H_{10}S_2$	122156-02-9	23.550
3H-1,2-二硫醇	21.42	810	$C_3H_4S_2$	288-26-6	0.097
甲基烯丙基三硫醚	23.15	805	$C_4H_8S_3$	34135-85-8	0.186
3-乙烯基-3,6-二氢二噻英	26.61	844	$C_6H_8S_2$	62488-52-2	0.500
二烯丙基三硫醚	27.85	817	$C_6H_{10}S_3$	2050-87-5	0.393
3-乙烯基-3,4-二氢二噻英	29.02	840	$C_6H_8S_2$	62488-53-3	0.188
甲基甲基硫代甲砜	29.49	790	$C_3H_8OS_2$	33577-16-1	0.012

3 薄 荷

3.1 薄荷的分布、形态特征与利用情况

3.1.1 分 布

薄荷（*Mentha canadensis*）为唇形科（Lamiaceae）薄荷属（*Mentha*）多年生草本植物。薄荷广泛分布于北半球的亚热带和温带地区。我国各地均有分布，其中，江苏、安徽为传统地道产区，但栽培面积日益减少。亚洲热带地区及北美洲（南达墨西哥）也有分布。

3.1.2 形态特征

茎直立，高 30~60 cm。叶片长圆状披针形、披针形、椭圆形或卵状披针形，稀长圆形，长 3~5 cm，宽 0.8~3.0 cm，先端锐尖，基部楔形至近圆形，边缘在基部以上疏生粗大的牙齿状锯齿；侧脉 5~6 对，与中肋在正面微凹陷，在背面显著隆起，正面绿色；通常沿脉上密生微柔毛；叶柄长 2~10 mm，腹凹背凸，被微柔毛。轮伞花序腋生，轮廓球形，花时直径约 18 mm；花梗纤细，长 2.5 mm，被微柔毛或近无毛；花萼管状钟形，长约 2.5 mm，外被微柔毛及腺点，内面无毛，10 脉，不明显，萼 5 齿，狭三角状钻形，先端长锐尖，长 1 mm；花冠淡紫，长 4 mm，外面略被微柔毛，内面在喉部以下被微柔毛，冠檐 4 裂，上裂片先端 2 裂，较大，其余 3 裂片近等大，长圆形，先端钝；雄蕊 4 枚，前对较长，长约 5 mm，均伸出于花冠之外，花丝丝状，无毛，花药卵圆形，2 室，室平行；花柱略超出雄蕊，先端近相等 2 浅裂，裂片钻形；花盘平顶。小坚果卵珠形，黄褐色，具小腺窝。花期 7—9 月，果期 10 月。

3.1.3 利用情况

薄荷幼嫩茎尖可作为蔬菜食用，全草又可入药，可用于治疗感冒发热、喉痛、头痛、目赤痛、皮肤风疹瘙痒、麻疹不透等症，此外，对痈、疽、疥、癣、漆疮亦有效。新鲜薄荷茎叶含油量为 0.8%~1.0%，干品含油量为 1.3%~2.0%，所含的油称薄荷油

或薄荷原油，主要用于提取薄荷脑（含量 77%~87%），薄荷脑用于生产糖果、饮料、牙膏、牙粉以及医药制品（如人丹、清凉油、一心油），提取薄荷脑后的油叫薄荷素油，大量用于生产牙膏、牙粉、漱口剂、喷雾香精及医药制品等。晒干的薄荷茎叶常用作食品的矫味剂，还可用于制作清凉食品饮料，有祛风、兴奋、发汗等功效。

3.2 薄荷香气物质的提取及检测分析

3.2.1 顶空固相微萃取

将薄荷叶用剪刀剪碎后准确称取 0.2033 g，放入固相微萃取瓶中，密封。在 40℃水浴中平衡 10 min，用 PDMS/DVB 萃取头吸附 15 min。采用气相色谱-质谱仪（GC-MS）对其成分进行检测分析。

3.2.2 GC-MS 检测分析

GC 分析条件：采用 DB-5Ms 色谱柱（30 m × 0.25 mm × 0.25 μm），氦气（99.999%）流速为 1.0 mL/min，进样口温度为 250℃；起始柱温设置为 60℃，保持 1 min，以 5℃/min 的速率升温至 85℃，以 3℃/min 的速率升温至 115℃，保持 2 min，以 5℃/min 的速率升温至 160℃，以 10℃/min 的速率升温至 230℃，保持 3 min；不分流进样，样品解吸附 5 min。

MS 分析条件：EI 离子源，电离能量 70 eV，离子源温度 230℃；传输线温度 280℃，质量扫描范围（m/z）35~450，采集速率 10 spec/s，溶剂延迟 180 s。

检测分析结果见图和表。

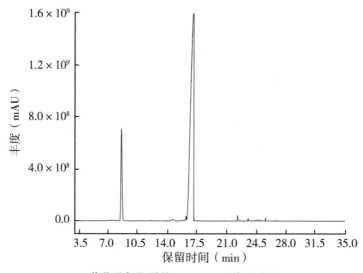

薄荷香气物质的 GC-MS 总离子流图

薄荷香气物质的组成及相对含量明细表

化合物名称	保留时间 （min）	匹配度	分子式	CAS 号	相对含量 （%）
3-己烯醛	3.80	792	$C_6H_{10}O$	4440-65-7	0.006
反式-2-己烯醛	4.66	847	$C_6H_{10}O$	6728-26-3	0.009
2-己炔-1-醇	4.72	834	$C_6H_{10}O$	764-60-3	0.016
α-蒎烯	6.17	942	$C_{10}H_{16}$	2437-95-8	0.043
β-蒎烯	7.46	865	$C_{10}H_{16}$	127-91-3	0.251
(3E,5E)-2,6-二甲基-1, 3,5,7-辛四烯	7.97	852	$C_{10}H_{14}$	460-01-5	0.017
柠檬烯	8.65	904	$C_{10}H_{16}$	138-86-3	15.879
2-十五碳炔-1-醇	10.02	792	$C_{15}H_{28}O$	2834-00-6	0.004
萜品油烯	10.45	887	$C_{10}H_{16}$	586-62-9	0.005
1-甲基-4-(1- 甲基乙烯基)苯	10.58	862	$C_{10}H_{12}$	1195-32-0	0.018
芳樟醇	10.99	865	$C_{10}H_{18}O$	78-70-6	0.042
1,5,5-三甲基-3- 亚甲基-1-环己烯	11.88	890	$C_{10}H_{16}$	16609-28-2	0.015
柠檬烯-1,2-环氧化物	12.05	906	$C_{10}H_{16}O$	4680-24-4	0.041
(+)-反式-柠檬烯-1,2- 环氧化物	12.19	847	$C_{10}H_{16}O$	6909-30-4	0.015
8-异亚丙基双环 [5.1.0]辛烷	12.52	830	$C_{11}H_{18}$	54166-47-1	0.005
异龙脑	13.53	789	$C_{10}H_{18}O$	124-76-5	0.027
异蒲勒醇	13.95	803	$C_{10}H_{18}O$	89-79-2	0.007
二氢香芹醇	14.64	866	$C_{10}H_{18}O$	38049-26-2	0.209
二氢香芹酚	14.80	889	$C_{10}H_{18}O$	619-01-2	0.200
(4R,6R)-顺-香芹醇	16.27	926	$C_{10}H_{16}O$	1197-06-4	0.293
右旋香芹酮	17.13	935	$C_{10}H_{14}O$	2244-16-8	81.752
异胡椒酮	17.80	831	$C_{10}H_{14}O$	16750-82-6	0.010
(1R-顺式)-2-甲基-5-(1- 甲基乙烯基)环己-2-烯-1- 基乙酸酯	20.46	853	$C_{12}H_{18}O_2$	7111-29-7	0.013
2,6,6-三甲基-2,4- 环庚二烯-1-酮	20.76	894	$C_{10}H_{14}O$	503-93-5	0.025

（续表）

化合物名称	保留时间 （min）	匹配度	分子式	CAS 号	相对含量 （%）
（−）-α-荜烯	21.94	867	$C_{15}H_{24}$	3856-25-5	0.016
β-波旁烯	22.30	885	$C_{15}H_{24}$	5208-59-3	0.355
β-榄香烯	22.56	872	$C_{15}H_{24}$	110823-68-2	0.031
（−）-α-古芸烯	23.13	877	$C_{15}H_{24}$	489-40-7	0.013
β-石竹烯	23.53	901	$C_{15}H_{24}$	87-44-5	0.194
（Z）-β-金合欢烯	24.69	885	$C_{15}H_{24}$	28973-97-9	0.086
δ-杜松烯	24.88	858	$C_{15}H_{24}$	483-76-1	0.005
荜澄茄烯	24.99	867	$C_{15}H_{24}$	13744-15-5	0.088
（−）-α-依兰油烯	25.40	897	$C_{15}H_{24}$	483-75-0	0.012
大根香叶烯	25.56	916	$C_{15}H_{24}$	23986-74-5	0.162
γ-榄香烯	26.01	843	$C_{15}H_{24}$	339154-91-5	0.024
γ-衣兰油烯	26.56	904	$C_{15}H_{24}$	30021-74-0	0.018
菖蒲烯	26.81	788	$C_{15}H_{22}$	483-77-2	0.054
α-依兰油烯	27.23	893	$C_{15}H_{24}$	31983-22-9	0.013
荜澄茄油烯醇	29.14	843	$C_{15}H_{26}O$	21284-22-0	0.007

4 皱叶留兰香

4.1 皱叶留兰香的分布、形态特征与利用情况

4.1.1 分 布

皱叶留兰香（*Mentha crispata*）为唇形科（Lamiaceae）薄荷属（*Mentha*）植物。原产于欧洲，在欧洲广为栽培。我国在北京、南京、上海、杭州及昆明等地习见栽培。

4.1.2 形态特征

多年生草本。茎直立，高 30~60 cm，钝四棱形，常带紫色，无毛，不育枝仅贴地生。叶无柄或近于无柄，卵形或卵状披针形，长 2~3 cm，宽 1.2~2.0 cm；先端锐尖，基部圆形或浅心形，边缘有锐裂的锯齿，坚纸质，正面绿色，皱波状，脉纹明显凹陷，背面淡绿色，脉纹明显隆起且带白色。轮伞花序在茎及分枝顶端密集成穗状花序，此花序长 2.5~3.0 cm，径约 1 cm，不间断或基部 1~2 轮伞花序稍间断；苞片线状披针形，稍长于花萼；花梗长 1 mm，略被微柔毛；花萼钟形，花时长 1.5 mm，外面近无毛，具腺点，5 脉，不明显，萼 5 齿，三角状披针形，长 0.7 mm，边缘具缘毛，果时稍靠合；花冠淡紫色，长 3.5 mm，外面无毛，冠筒长 2 mm，冠檐具 4 裂片，裂片近等大，上裂片先端微凹；雄蕊 4 枚，伸出，近等长，花丝丝状，无毛，花药卵圆形，2 室；花柱伸出，先端相等 2 浅裂，裂片钻形；花盘平顶；子房褐色，无毛。小坚果卵珠状三棱形，长 0.7 mm，茶褐色，基部淡褐色，略具腺点，顶端圆。

4.1.3 利用情况

嫩枝、叶常作食用香料。也可药用，用于风热感冒、头痛、目赤、咽喉肿痛、口舌生疮、牙痛、荨麻疹等。

4.2 皱叶留兰香香气物质的提取及检测分析

4.2.1 顶空固相微萃取

将皱叶留兰香叶片用剪刀剪碎后准确称取 0.1883 g，放入固相微萃取瓶中，密封。在 40℃水浴中平衡 10 min，用 PDMS/DVB 萃取头吸附 15 min。采用全二维气相色谱-飞行时间质谱仪（GC-TOF/MS）对其成分进行检测分析。

4.2.2 GC-TOF/MS 检测分析

GC 分析条件：采用 DB-WAX 色谱柱（30 m × 0.25 mm × 0.25 μm），进样口温度为 250℃，氦气（99.999%）流速为 1.0 mL/min；起始柱温设置为 60℃，保持 1 min，然后以 3℃/min 的速率升温至 100℃，保持 1 min，以 5℃/min 的速率升温至 150℃，保持 1 min，以 8℃/min 的速率升温至 230℃，保持 3 min；不分流进样，样品解吸附 5 min。

TOF/MS 分析条件：EI 离子源，电离能量 70 eV，离子源温度 230℃；传输线温度 250℃，质量扫描范围（m/z）30~400，采集速率 10 spec/s，溶剂延迟 300 s。

检测分析结果见图和表。

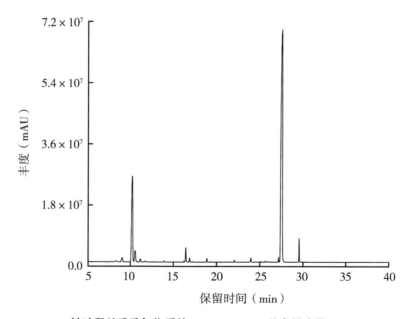

皱叶留兰香香气物质的 GC-TOF/MS 总离子流图

皱叶留兰香香气物质的组成及相对含量明细表

化合物名称	保留时间（min）	匹配度	分子式	CAS 号	相对含量（%）
(-)-β-蒎烯	7.78	742	$C_{10}H_{16}$	18172-67-3	0.04
3-己烯醛	8.30	801	$C_6H_{10}O$	4440-65-7	0.25
月桂烯	9.04	835	$C_{10}H_{16}$	123-35-3	0.99
(S)-(-)-柠檬烯	10.23	944	$C_{10}H_{16}$	5989-54-8	20.25
桉叶油醇	10.57	827	$C_{10}H_{18}O$	470-82-6	2.52
(3E)-3,7-二甲基辛-1,3,6-三烯	11.18	843	$C_{10}H_{16}$	3779-61-1	0.54
α-罗勒烯	11.78	791	$C_{10}H_{16}$	502-99-8	0.20
乙酸叶醇酯	13.94	830	$C_8H_{14}O_2$	3681-71-8	0.17
3-己烯-1-醇	16.46	926	$C_6H_{12}O$	544-12-7	1.85
3-辛醇	16.90	880	$C_8H_{18}O$	589-98-0	0.48
反式-2-己烯-1-醇	17.28	773	$C_6H_{12}O$	928-95-0	0.03
1-烯-3-辛醇	18.90	869	$C_8H_{16}O$	3391-86-4	0.44
反式-柠檬烯氧化物	19.37	766	$C_{10}H_{16}O$	4959-35-7	0.05
异戊酸叶醇酯	20.35	773	$C_{11}H_{20}O_2$	35154-45-1	0.04
β-波旁烯	21.64	801	$C_{15}H_{24}$	5208-59-3	0.05
芳樟醇	22.05	795	$C_{10}H_{18}O$	78-70-6	0.18
反式-β-金合欢烯	23.96	786	$C_{15}H_{24}$	28973-97-9	0.53
(2Z,7Z)-壬-2,7-二烯	24.48	795	C_9H_{16}	36901-84-5	0.03
反式-β-金合欢烯	25.63	789	$C_{15}H_{24}$	18794-84-8	0.10
2-烯丙基双环[2.2.1]庚烷	26.46	787	$C_{10}H_{16}$	2633-80-9	0.01
异二氢香芹醇	27.15	818	$C_{10}H_{18}O$	18675-35-9	0.42
香芹酮	27.57	932	$C_{10}H_{14}O$	99-49-0	68.28
反式-香芹醇	29.55	888	$C_{10}H_{16}O$	1197-07-5	1.94

5 广藿香

5.1 广藿香的分布、形态特征与利用情况

5.1.1 分 布

广藿香（*Pogostemon cablin*）为唇形科（Lamiaceae）刺蕊草属（*Pogostemon*）植物。我国台湾、广东、海南以及广西南宁、福建厦门等地广为栽培，供药用。印度、斯里兰卡、马来西亚、印度尼西亚及菲律宾也有分布。

5.1.2 形态特征

多年生芳香草本或半灌木。茎直立，高 0.3~1.0 m，四棱形，分枝，被绒毛。叶圆形或宽卵圆形，长 2.0~10.5 cm，宽 1.0~8.5 cm，先端钝或急尖，基部楔状渐狭，边缘具不规则的齿裂，草质，正面深绿色，被绒毛，老时渐稀疏，背面淡绿色，被绒毛，侧脉约 5 对，与中肋在正面稍凹陷或近平坦，背面突起；叶柄长 1~6 cm，被绒毛。轮伞花序 10 朵至多朵花，下部的稍疏离，向上密集，排列成长 4.0~6.5 cm、宽 1.5~1.8 cm 的穗状花序，穗状花序顶生及腋生，密被长绒毛，具总梗，梗长 0.5~2.0 cm，密被绒毛；苞片及小苞片线状披针形，比花萼稍短或与其近等长，密被绒毛；花萼筒状，长 7~9 mm，外被长绒毛，内被较短的绒毛，齿钻状披针形，长约为萼筒的 1/3；花冠紫色，长约 1 cm，裂片外面均被长毛；雄蕊外伸，具髯毛；花柱先端近相等 2 浅裂；花盘环状。花期 4 月。

5.1.3 利用情况

梗、叶供药用，主要用于缓解妊娠呕吐、胃气痛以及防治流感，可作健胃、解热、镇吐剂。其芳香油具有浓烈的香味，是优良的定香剂，同时又是白玫瑰和馥奇型香精的调和原料，可与香根草油共用作为东方型香精的调和基础。

5.2 广藿香香气物质的提取及检测分析

5.2.1 顶空固相微萃取

将广藿香的叶片用剪刀剪碎后准确称取 0.2584 g，放入固相微萃取瓶中，密封。在 40℃水浴中平衡 10 min，用 PDMS/DVB 萃取头吸附 15 min。采用气相色谱－质谱仪（GC-MS）对其成分进行检测分析。

5.2.2 GC-MS 检测分析

GC 分析条件：采用 DB－5Ms 色谱柱（30 m × 0.25 mm × 0.25 μm），氦气（99.999%）流速为 1.0 mL/min，进样口温度为 250℃，不分流；起始温度为 60℃，保持 1 min，然后以 2℃/min 的速率升温至 85℃，保持 1 min，以 3℃/min 的速率升温至 130℃，保持 1 min，以 2℃/min 的速率升温至 160℃，以 10℃/min 的速率升温至 230℃，保持 3 min；样品解吸附 5 min。

MS 分析条件：EI 离子源，电离能量 70 eV，离子源温度 230℃；传输线温度 250℃，质量扫描范围（m/z）30~400，采集速率 10 spec/s，溶剂延迟 180 s。

检测分析结果见图和表。

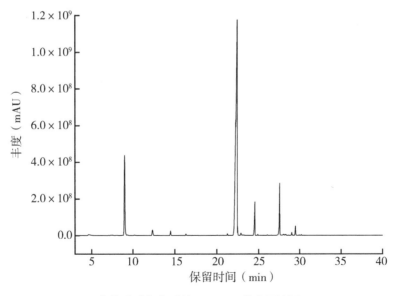

广藿香香气物质的 GC-MS 总离子流图

广藿香香气物质的组成及相对含量明细表

化合物名称	保留时间（min）	匹配度	分子式	CAS 号	相对含量（%）
顺-3-己烯-1-醇	4.64	888	$C_6H_{12}O$	928-96-1	0.390
(+)-α-蒎烯	5.93	833	$C_{10}H_{16}$	7785-70-8	0.042
桧烯	7.05	842	$C_{10}H_{16}$	3387-41-5	0.029
1-烯-3-辛醇	7.34	797	$C_8H_{16}O$	3391-86-4	0.073
乙酸叶醇酯	7.96	906	$C_8H_{14}O_2$	3681-71-8	0.099
柠檬烯	8.69	838	$C_{10}H_{16}$	138-86-3	0.039
(3E)-3,7-二甲基辛-1,3,6-三烯	9.00	929	$C_{10}H_{16}$	3779-61-1	15.086
(-)-α-蒎烯	9.31	819	$C_{10}H_{16}$	7785-26-4	0.102
反式-β-松油醇	10.15	863	$C_{10}H_{18}O$	7299-41-4	0.169
顺-2-己烯-1-醇	11.06	853	$C_6H_{12}O$	928-94-9	0.017
芳樟醇	11.29	765	$C_{10}H_{18}O$	78-70-6	0.051
(E)-2,7-二甲基-3-辛烯-5-炔	12.32	848	$C_{10}H_{16}$	55956-33-7	1.305
反式-己-3-烯基丁酸酯	14.48	866	$C_{10}H_{18}O_2$	53398-84-8	0.759
正戊酸-(Z)-3-己烯酯	16.32	810	$C_{11}H_{20}O_2$	35852-46-1	0.256
1,11-十二二炔	20.42	831	$C_{12}H_{18}$	20521-44-2	0.029
反式-α-红没药烯	20.74	800	$C_{15}H_{24}$	29837-07-8	0.037
香橙烯	21.40	795	$C_{15}H_{24}$	109119-91-7	0.023
丁香酚	22.45	881	$C_{10}H_{12}O_2$	97-53-0	67.010
α-波旁烯	22.89	849	$C_{15}H_{24}$	5208-58-2	0.442
β-榄香烯	23.25	794	$C_{15}H_{24}$	110823-68-2	0.087
β-石竹烯	24.56	876	$C_{15}H_{24}$	87-44-5	4.402
荜澄茄烯	24.90	830	$C_{15}H_{24}$	13744-15-5	0.206
(S)-(-)-柠檬烯	26.04	815	$C_{10}H_{16}$	5989-54-8	0.103
大根香叶烯	27.56	911	$C_{15}H_{24}$	23986-74-5	6.703
(-)-α-依兰油烯	28.02	906	$C_{15}H_{24}$	483-75-0	0.394
α-依兰油烯	28.32	905	$C_{15}H_{24}$	31983-22-9	0.119
γ-依兰油烯	29.03	907	$C_{15}H_{24}$	30021-74-0	0.408
δ-杜松烯	29.47	909	$C_{15}H_{24}$	483-76-1	1.311
荜澄茄油宁烯	29.92	856	$C_{15}H_{24}$	16728-99-7	0.087
α-白菖考烯	30.47	930	$C_{15}H_{20}$	21391-99-1	0.020

6 罗 勒

6.1 罗勒的分布、形态特征与利用情况

6.1.1 分 布

罗勒（*Ocimum basilicum*）为唇形科（Lamiaceae）罗勒属（*Ocimum*）一年生草本植物。原产于非洲、美洲及亚洲热带地区。中国主要分布于新疆、吉林、河北、河南、浙江、江苏、安徽、江西、湖北、湖南、广东、广西、福建、台湾、贵州、云南及四川。非洲和亚洲温暖地带也有分布。

6.1.2 形态特征

罗勒具圆锥形主根及自其上生出的密集须根。茎直立，四棱形，基部无毛，上部被倒向微柔毛，绿色，常染有红色，多分枝。叶互生，卵圆形至卵圆状长圆形，先端微钝或急尖，基部渐狭，边缘具不规则牙齿或近于全缘。总状花序顶生于茎、枝上，各部均被微柔毛，通常长 10~20 cm，由多数具 6 花交互对生的轮伞花序组成；花萼钟形；花冠唇形，淡紫色，或上唇白色、下唇紫红色，伸出花萼，长约 6 mm；花丝丝状，花柱超出雄蕊之上，先端相等 2 浅裂；花盘平顶，具 4 齿，齿不超出子房。小坚果卵珠形，长 2.5 mm，宽 1 mm，黑褐色，有具腺的穴陷，基部有 1 个白色果脐。通常花期 7—9 月，果期 9—12 月。

6.1.3 利用情况

茎、叶及花穗含芳香油，主要用作调香原料，配制化妆品、香皂及食用香精，亦用作牙膏、漱口剂中的矫味剂。嫩叶可食，亦可泡茶饮，有祛风、芳香、健胃及发汗作用。全草入药，用于治疗胃痛、胃痉挛、胃肠胀气、消化不良、肠炎腹泻、外感风寒、头痛、胸痛、跌打损伤、瘀肿、风湿性关节炎、小儿发热、肾脏炎、蛇咬伤、洗湿疹及皮炎；茎叶为产科要药，可使分娩前血行良好；种子名光明子，主治目翳，并试用于避孕。

6.2 罗勒香气物质的提取及检测分析

6.2.1 顶空固相微萃取

将罗勒的叶片用剪刀剪碎后准确称取 0.2050 g，放入固相微萃取瓶中，密封。在 40℃水浴中平衡 10 min，用 PDMS/DVB 萃取头吸附 15 min。采用气相色谱-质谱仪（GC-MS）对其成分进行检测分析。

6.2.2 GC-MS 检测分析

GC 分析条件：采用 DB-WAX 色谱柱（30 m × 0.25 mm × 0.25 μm），不分流，进样口温度为 250℃，氦气（99.999%）流速为 1.0 mL/min；起始柱温设置为 60℃，保持 1 min，然后以 5℃/min 的速率升温到 85℃，保持 1 min，以 1℃/min 的速率升温至 110℃，保持 3 min，以 5℃/min 的速率升温至 160℃，保持 3 min，以 10℃/min 的速率升温至 230℃，保持 3 min；样品解吸附。

MS 分析条件：EI 离子源，电离能量 70 eV，离子源温度 230℃；传输线温度 250℃，质量扫描范围（m/z）35~450，采集速率 10 spec/s，溶剂延迟 180 s。

检测分析结果见图和表。

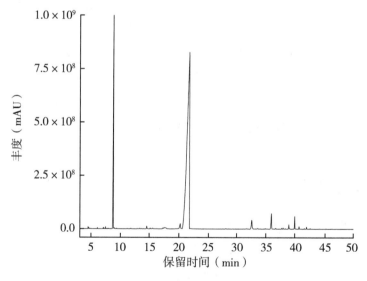

罗勒香气物质的 GC-MS 总离子流图

罗勒香气物质的组成及相对含量明细表

化合物名称	保留时间（min）	匹配度	分子式	CAS 号	相对含量（%）
2-甲基-4-戊醛	3.58	830	$C_6H_{10}O$	5187-71-3	0.034
反式-2-己烯醛	4.42	939	$C_6H_{10}O$	6728-26-3	0.139
顺-3-己烯-1-醇	4.54	942	$C_6H_{12}O$	928-96-1	0.097
庚基氢过氧化物	4.74	812	$C_7H_{16}O_2$	764-81-8	0.031
β-水芹烯	6.99	890	$C_{10}H_{16}$	555-10-2	0.051
(-)-β-蒎烯	7.09	940	$C_{10}H_{16}$	18172-67-3	0.091
β-蒎烯	7.42	907	$C_{10}H_{16}$	127-91-3	0.131
(S)-(-)-柠檬烯	8.77	917	$C_{10}H_{16}$	5989-54-8	22.232
α-蒎烯	8.94	918	$C_{10}H_{16}$	2437-95-8	0.068
1-甲基-4-(1-甲基乙烯基)苯	11.20	912	$C_{10}H_{12}$	1195-32-0	0.030
芳樟醇	11.75	883	$C_{10}H_{18}O$	78-70-6	0.068
顺式-柠檬烯氧化物	13.26	919	$C_{10}H_{16}O$	4680-24-4	0.059
反式-柠檬烯氧化物	13.53	902	$C_{10}H_{16}O$	6909-30-4	0.029
5-甲基-2-异丙基环己酮	14.47	945	$C_{10}H_{18}O$	10458-14-7	0.315
5-甲基-2-(1-甲乙烯基)-4-己烯-1-醇	15.45	899	$C_{10}H_{18}O$	58461-27-1	0.116
异胡薄荷酮	15.83	827	$C_{10}H_{16}O$	29606-79-9	0.010
4-萜烯醇	16.14	822	$C_{10}H_{18}O$	562-74-3	0.016
反式-2-甲基-5-(1-甲基乙烯基)环己酮	17.28	866	$C_{10}H_{16}O$	5948-04-9	0.144
二氢香芹醇	17.49	900	$C_{10}H_{18}O$	38049-26-2	0.299
二氢香芹酚	17.72	896	$C_{10}H_{18}O$	619-01-2	0.223
(4R,6R)-顺-香芹醇	20.22	919	$C_{10}H_{16}O$	1197-06-4	0.955
(+)-香芹酮	21.78	928	$C_{10}H_{14}O$	2244-16-8	68.148
(1R,5R)-rel-2-甲基-5-(1-甲基乙烯基)-2-环己烯-1-醇 1-乙酸酯	28.60	862	$C_{12}H_{18}O_2$	1205-42-1	0.017
(-)-α-荜澄茄油烯	29.28	826	$C_{15}H_{24}$	17699-14-8	0.019
(-)-α-蒎烯	31.68	885	$C_{15}H_{24}$	3856-25-5	0.062
β-波旁烯	32.62	893	$C_{15}H_{24}$	5208-59-3	1.736

（续表）

化合物名称	保留时间 （min）	匹配度	分子式	CAS 号	相对含量 （%）
(-)-异丁香烯	34.80	815	$C_{15}H_{24}$	118-65-0	0.021
(-)-α-古芸烯	34.99	911	$C_{15}H_{24}$	489-40-7	0.063
β-石竹烯	36.01	915	$C_{15}H_{24}$	87-44-5	2.322
巴伦西亚橘烯	37.37	866	$C_{15}H_{24}$	4630-07-3	0.018
α-石竹烯	38.36	898	$C_{15}H_{24}$	6753-98-6	0.068
荜澄茄烯	39.01	872	$C_{15}H_{24}$	13744-15-5	0.503
大根香叶烯	40.01	932	$C_{15}H_{24}$	23986-74-5	1.214
(-)-α-依兰油烯	40.26	862	$C_{15}H_{24}$	483-75-0	0.011
γ-榄香烯	40.74	872	$C_{15}H_{24}$	339154-91-5	0.246
γ-依兰油烯	41.62	900	$C_{15}H_{24}$	30021-74-0	0.064
菖蒲烯	42.00	859	$C_{15}H_{22}$	483-77-2	0.215
α-依兰油烯	42.62	890	$C_{15}H_{24}$	31983-22-9	0.067
荜澄茄油烯醇	45.36	882	$C_{15}H_{26}O$	21284-22-0	0.027

7 迷迭香

7.1　迷迭香的分布、形态特征与利用情况

7.1.1　分　布

迷迭香（*Rosmarinus officinalis*）为唇形科（Lamiaceae）迷迭香属（*Rosmarinus*）灌木。原产于欧洲及北非地中海沿岸，在欧洲南部主要作为经济作物栽培。我国曾在曹魏时期（220—266 年）引种，现主要在我国南方大部分地区与山东地区栽种。

7.1.2　形态特征

灌木，高达 2 m。茎及老枝圆柱形，皮层暗灰色，不规则纵裂，块状剥落，幼枝四棱形，密被白色星状细绒毛。叶常常在枝上丛生，具极短的柄或无柄，叶片线形，长 1~2.5 cm，宽 1~2 mm，先端钝，基部渐狭，全缘，向背面卷曲，革质，正面稍具光泽，近无毛，背面密被白色的星状绒毛。花近无梗，对生，少数聚集在短枝的顶端组成总状花序；苞片小，具柄；花萼卵状钟形，长约 4 mm。花冠蓝紫色，长不及 1 cm，外被疏短柔毛，内面无毛，冠筒稍外伸，冠檐二唇形，上唇直伸，2 浅裂，裂片卵圆形，下唇宽大，3 裂，中裂片最大，内凹，下倾，边缘为齿状，基部缢缩成柄，侧裂片长圆形；雄蕊 2 枚发育，着生于花冠下唇的下方，花丝中部有 1 向下的小齿，药室平行，仅 1 室能育；花柱细长，远超过雄蕊，先端不相等 2 浅裂，裂片钻形，后裂片短；花盘平顶，具相等的裂片；子房裂片与花盘裂片互生。花期 11 月。

7.1.3　利用情况

迷迭香是一种名贵的天然香料植物，生长季节会散发一种清香气味，有清心提神的功效。它的茎、叶和花具有宜人的香味，能从叶及着花短枝中提取油。油的主要成分为蒎烯，可用作香皂或化妆品香精的调和原料。迷迭香具有镇静、提神、醒脑作用，对消化不良和胃痛也有一定疗效。将其捣碎，用开水浸泡后饮用，一天 2~3 次，有镇静、

利尿作用，也可用于治疗失眠、心悸、头痛、消化不良等多种疾病。外用可治疗外伤和关节炎。此外，还具有强壮心脏、促进代谢、促进末梢血管的血液循环等作用。迷迭香还是西餐中常使用的香料，也可作观赏植物。

7.2　迷迭香香气物质的提取及检测分析

7.2.1　顶空固相微萃取

将迷迭香的叶片用剪刀剪碎后准确称取 0.2500 g，放入固相微萃取瓶中，密封。在40℃水浴中平衡 10 min，用 PDMS/DVB 萃取头吸附 15 min。采用全二维气相色谱–飞行时间质谱仪（GC-TOF/MS）对其成分进行检测分析。

7.2.2　GC-TOF/MS 检测分析

GC 分析条件：采用 DB-WAX 色谱柱（30 m × 0.25 mm × 0.25 μm），设置分流比为10∶1，进样口温度为250℃，氦气（99.999%）流速为 1.0 mL/min；起始柱温设置为60℃，保持 1 min，然后以 4℃/min 的速率升温至90℃，保持 1 min，以 5℃/min 的速率升温至130℃，保持 1 min，以 8℃/min 的速率升温至230℃，保持 3 min；样品解吸附 5 min。

TOF/MS 分析条件：EI 离子源，电离能量 70 eV，离子源温度230℃；传输线温度250℃，质量扫描范围（m/z）30~400，采集速率 10 spec/s，溶剂延迟 300 s。

检测分析结果见图和表。

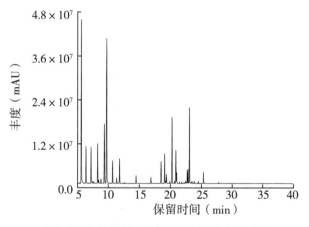

迷迭香香气物质的 GC-TOF/MS 总离子流图

迷迭香香气物质的组成及相对含量明细表

化合物名称	保留时间 （min）	匹配度	分子式	CAS 号	相对含量 （%）
α-侧柏烯	5.39	829	$C_{10}H_{16}$	2867/5/2	0.050
3-蒈烯	5.62	925	$C_{10}H_{16}$	13466-78-9	18.934
莰烯	6.39	942	$C_{10}H_{16}$	79-92-5	3.737
（-）-β-蒎烯	7.23	930	$C_{10}H_{16}$	18172-67-3	3.667
桧烯	7.44	784	$C_{10}H_{16}$	3387-41-5	0.028
侧柏二烯	7.54	809	$C_{10}H_{14}$	36262-09-6	0.248
3-甲基-3-戊烯-2-酮	7.55	770	$C_6H_{10}O$	565-62-8	0.230
3-己烯醛	7.69	840	$C_6H_{10}O$	4440-65-7	0.100
月桂烯	8.30	910	$C_{10}H_{16}$	123-35-3	4.066
水芹烯	8.48	854	$C_{10}H_{16}$	99-83-2	0.384
松油烯	8.84	800	$C_{10}H_{16}$	99-86-5	0.473
（S）-（-）-柠檬烯	9.38	934	$C_{10}H_{16}$	5989-54-8	7.461
桉叶油醇	9.76	931	$C_{10}H_{18}O$	470-82-6	20.920
2-正戊基呋喃	10.10	772	$C_9H_{14}O$	3777-69-3	0.042
γ-松油烯	10.70	864	$C_{10}H_{16}$	99-85-4	2.547
间伞花烃	11.36	863	$C_{10}H_{14}$	535-77-3	0.571
萜品油烯	11.81	889	$C_{10}H_{16}$	586-62-9	2.684
乙酸叶醇酯	12.58	828	$C_8H_{14}O_2$	3681-71-8	0.098
丙基环丙烷	13.56	820	C_6H_{12}	2415-72-7	0.041
3-己烯-1-醇	14.48	904	$C_6H_{12}O$	544-12-7	0.818
顺式-水合桧烯	16.89	789	$C_{10}H_{18}O$	15537-55-0	0.578
菊烯酮	18.16	784	$C_{10}H_{14}O$	473-06-3	0.028
樟脑	18.51	917	$C_{10}H_{16}O$	464-49-3	2.701
芳樟醇	19.09	874	$C_{10}H_{18}O$	78-70-6	2.813
反式-水合桧烯	19.26	780	$C_{10}H_{18}O$	17699-16-0	0.276
松莰酮	19.36	833	$C_{10}H_{16}O$	547-60-4	1.064
6,6-二甲基-2-亚甲基-降蒎烷-3-酮	19.92	788	$C_{10}H_{14}O$	16812-40-1	0.211
左旋乙酸冰片酯	20.27	906	$C_{12}H_{20}O_2$	5655-61-8	7.216

（续表）

化合物名称	保留时间（min）	匹配度	分子式	CAS 号	相对含量（%）
(-)-4-萜品醇	20.68	776	$C_{10}H_{18}O$	20126-76-5	0.233
(-)-异丁香烯	20.88	873	$C_{15}H_{24}$	118-65-0	4.860
(1S,2S,5S)-双环[3.1.0]己-3-烯-2-醇	21.49	774	$C_{10}H_{16}O$	97631-68-0	0.126
顺式-马鞭草烯醇	21.85	764	$C_{10}H_{16}O$	1845-30-3	0.118
A,α-二甲基-4-亚甲基环己烷甲醇	22.20	746	$C_{10}H_{18}O$	7299-42-5	0.080
α-罗勒烯	22.47	793	$C_{10}H_{16}$	502-99-8	0.265
(-)-乙酸桃金娘烯酯	22.63	772	$C_{12}H_{18}O_2$	1079-01-2	0.062
α-松油醇	22.72	880	$C_{10}H_{18}O$	98-55-5	1.094
异龙脑	22.85	849	$C_{10}H_{18}O$	124-76-5	1.274
马苄烯酮	23.08	934	$C_{10}H_{14}O$	80-57-9	7.837
橙花醛	23.40	771	$C_{10}H_{16}O$	141-27-5	0.144
1,2,4,5-四嗪	23.54	677	$C_2H_2N_4$	290-96-0	0.165
(-)-二氢乙酸香芹酯	23.83	813	$C_{12}H_{20}O_2$	20777-39-3	0.183
(R)-(+)-β-香茅醇	23.93	792	$C_{10}H_{20}O$	1117-61-9	0.054
3-亚甲基-2-戊酮	24.36	818	$C_6H_{10}O$	4359-77-7	0.042
橙花醇	25.32	829	$C_{10}H_{18}O$	106-25-2	1.041
甲基丁香酚	27.80	767	$C_{11}H_{14}O_2$	93-15-2	0.099

8 到手香

8.1 到手香的分布、形态特征与利用情况

8.1.1 分 布

到手香（*Coleus amboinicus*）为唇形科（Lamiaceae）鞘蕊花属（*Coleus*）植物。产于安哥拉、布隆迪、印度、肯尼亚、南非、莫桑比克、斯威士兰、坦桑尼亚等地。

8.1.2 形态特征

多年生常绿草本，株高 20~90 cm。茎蔓生，匍匐状细弱，茎枝棕色，嫩茎绿色，分枝多，全株被有细密的白色绒毛。叶对生，肥厚，肉质，卵圆形，先端钝尖，光滑厚革质，基部近截平，边缘有钝锯齿，叶绿色，具柄。穗状花序，花小，白色，顶生或腋生，小花唇形，淡紫色。瘦果。花期春季至秋季。

8.1.3 利用情况

到手香是小型盆栽香草植物，可作为家居室内和办公室的绿植，还可以用来制作香草，将叶片放入布袋、网袋、精美纸盒或玻璃瓶中，还可以搭配月季、菊花、松果、马尾草等干花草组合造景，制成到手香干花草工艺品。

8.2 到手香香气物质的提取及检测分析

8.2.1 水蒸气蒸馏提取

依据 GB/T 30385—2013《香辛料和调味品 挥发油含量的测定》对到手香叶片中的香气物质进行提取。将到手香叶片破碎，准确称取 100.00 g 放入 1000 mL 带有磨砂接口的圆底烧瓶中，加入 500 mL 去离子水，上接挥发油收集器和冷凝管，冷凝管冷却

用水为冷却循环泵提供，可将冷却温度调节至5℃以下，增强冷却效果。蒸馏提取3~4 h，提取出来的到手香精油用正己烷稀释200倍经无水硫酸钠脱除水分后，采用气相色谱-质谱仪（GC-MS）对其成分进行检测分析。

8.2.2 GC-MS 检测分析

GC分析条件：采用 DB-5Ms 色谱柱（30 m × 0.25 mm × 0.25 μm），氦气（99.999%）流速为 1.0 mL/min，进样口温度为250℃，分流比为 5∶1，进样量为1.0 μL；起始柱温设置为50℃，保持 1 min，以 4℃/min 的速率升温至80℃，以3℃/min 的速率升温至120℃，以 10℃/min 的速率升温至230℃，以 20℃/min 的速率升温至280℃，保持 3 min。

MS分析条件：EI 离子源，电离能量 70 eV，离子源温度 230℃；传输线温度250℃，质量扫描范围（m/z）30~400，采集速率 10 spec/s，溶剂延迟 300 s。

检测分析结果见图和表。

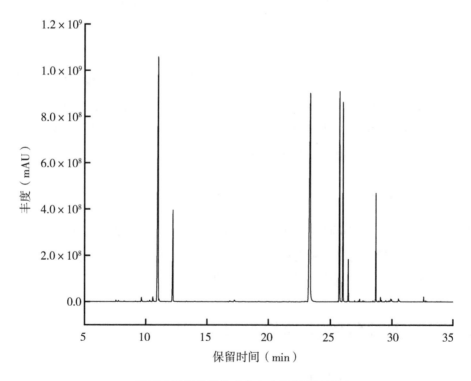

到手香香气物质的 GC-MS 总离子流图

到手香香气物质的组成及相对含量明细表

化合物名称	保留时间（min）	匹配度	分子式	CAS 号	相对含量（%）
4-甲基-1-(1-甲基乙基)-双环[3.1.0]己烷二氢衍生物	7.57	915	$C_{10}H_{16}$	58037-87-9	0.107
莰烯	8.25	946	$C_{10}H_{16}$	79-92-5	0.051
β-蒎烯	9.65	898	$C_{10}H_{16}$	127-91-3	0.354
水芹烯	10.14	889	$C_{10}H_{16}$	99-83-2	0.043
α-蒎烯	10.32	918	$C_{10}H_{16}$	2437-95-8	0.124
萜品油烯	10.58	912	$C_{10}H_{16}$	586-62-9	0.395
4-异丙基甲苯	11.01	941	$C_{10}H_{14}$	99-87-6	26.648
γ-松油烯	12.24	930	$C_{10}H_{16}$	99-85-4	6.400
芳樟醇	14.03	843	$C_{10}H_{18}O$	78-70-6	0.034
樟脑	15.70	823	$C_{10}H_{16}O$	76-22-2	0.013
龙脑	16.88	926	$C_{10}H_{18}O$	464-45-9	0.091
4-萜烯醇	17.26	873	$C_{10}H_{18}O$	562-74-3	0.193
α-松油醇	17.96	879	$C_{10}H_{18}O$	98-55-5	0.024
1,7,7-三甲基双环[2.2.1]庚-2-基甲酸酯	19.22	907	$C_{11}H_{18}O_2$	7492-41-3	0.030
顺式-柠檬醛	21.17	881	$C_{10}H_{16}O$	106-26-3	0.087
(-)-紫苏醛	21.38	819	$C_{10}H_{14}O$	2111-75-3	0.015
1,7,7-三甲基双环[2.2.1]庚烷-2-基乙酸酯	21.67	861	$C_{12}H_{20}O_2$	92618-89-8	0.032
乙酸-4-松油烯醇酯	22.30	832	$C_{12}H_{20}O_2$	4821-4-9	0.016
百里酚	22.69	848	$C_{10}H_{14}O$	89-83-8	0.029
香芹酚	23.38	896	$C_{10}H_{14}O$	499-75-2	32.159
乙酸香叶酯	24.84	879	$C_{12}H_{20}O_2$	16409-44-2	0.021
(-)-异丁香烯	25.40	797	$C_{15}H_{24}$	118-65-0	0.011
反式-α-佛柑油烯	25.58	907	$C_{15}H_{24}$	13474-59-4	0.026
β-石竹烯	25.75	953	$C_{15}H_{24}$	87-44-5	14.315
2,6-二甲基-6-(4-甲基-3-戊烯基)双环[3.1.1]庚-2-烯	26.03	948	$C_{15}H_{24}$	17699-05-7	11.219
α-石竹烯	26.45	928	$C_{15}H_{24}$	6753-98-6	1.828

（续表）

化合物名称	保留时间（min）	匹配度	分子式	CAS 号	相对含量（%）
反式-β-金合欢烯	26.95	886	$C_{15}H_{24}$	28973-97-9	0.060
α-依兰油烯	27.26	910	$C_{15}H_{24}$	31983-22-9	0.044
β-红没药烯	27.36	864	$C_{15}H_{24}$	495-61-4	0.136
γ-依兰油烯	27.52	833	$C_{15}H_{24}$	30021-74-0	0.018
β-倍半水芹烯	27.63	811	$C_{15}H_{24}$	20307-83-9	0.064
顺-(+)橙花叔醇	28.28	870	$C_{15}H_{26}O$	142-50-7	0.018
(+)-绿花白千层醇	28.45	857	$C_{15}H_{26}O$	552-02-3	0.061
氧化石竹烯	28.69	918	$C_{15}H_{24}O$	1139-30-6	4.963
环氧化蛇麻烯 II	29.06	833	$C_{15}H_{24}O$	19888-34-7	0.255

9 碰碰香

9.1 碰碰香的分布、形态特征与利用情况

9.1.1 分 布

碰碰香（*Plectranthus hadiensis* var. *tomentosus*）为唇形科（Lamiaceae）马刺花属（*Plectranthus*）植物。原产于非洲好望角、欧洲及西南亚地区。

9.1.2 形态特征

灌木状多年生草本植物。多分枝，全株被有细密的白色绒毛。茎细瘦，匍匐状，分枝多。肉质叶，交互对生，绿色，卵圆形，边缘有钝锯齿，叶片毛茸茸；花小，白色。因触碰后可散发出令人舒适的香气而被命名为碰碰香，又因其香味浓甜，颇似苹果香味，故享有"苹果香"的美誉。

9.1.3 利用情况

宜盆栽观赏，闻之令人神清气爽，宜放置在室内。叶片泡茶、酒，奇香诱人。亦可烹饪，煲汤、炒菜、凉拌皆可。

9.2 碰碰香香气物质的提取及检测分析

9.2.1 顶空固相微萃取

将碰碰香的叶片用剪刀剪碎后准确称取 0.1572 g，放入固相微萃取瓶中，密封。在 40℃水浴中平衡 10 min，用 PDMS/DVB 萃取头吸附 15 min。采用气相色谱–质谱仪（GC-MS）对其成分进行检测分析。

9.2.2 GC-MS 检测分析

GC 分析条件：采用 DB-5Ms 色谱柱（30 m × 0.25 mm × 0.25 μm），氦气（99.999%）流速为 1.0 mL/min，进样口温度为 250℃，分流比为 30:1；起始温度为 60℃，保持 1 min，以 5℃/min 的速率升温至 77.5℃，保持 2 min，以 5℃/min 的速率升温至 85℃，保持 1 min，以 3℃/min 的速率升温至 130℃，保持 1 min，以 1℃/min 的速率升温至 140℃，保持 1 min，以 15℃/min 的速率升温至 230℃，保持 3 min；样品解吸附 5 min。

MS 分析条件：EI 离子源，电离能量 70 eV，离子源温度 230℃；传输线温度 250℃，质量扫描范围（m/z）30~400，采集速率 10 spec/s，溶剂延迟 180 s。

检测分析结果见图和表。

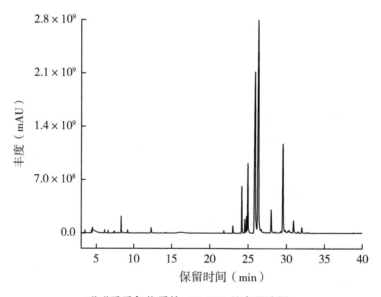

碰碰香香气物质的 GC-MS 总离子流图

碰碰香香气物质的组成及相对含量明细表

化合物名称	保留时间（min）	匹配度	分子式	CAS 号	相对含量（%）
3-己烯醛	3.49	898	$C_6H_{10}O$	4440-65-7	0.153
反式-2-己烯醛	4.36	963	$C_6H_{10}O$	6728-26-3	0.129
顺-3-己烯-1-醇	4.48	944	$C_6H_{12}O$	928-96-1	0.796
(+)-α-蒎烯	6.10	948	$C_{10}H_{16}$	7785-70-8	0.164

（续表）

化合物名称	保留时间 （min）	匹配度	分子式	CAS 号	相对含量 （%）
莰烯	6.56	963	$C_{10}H_{16}$	79-92-5	0.162
桧烯	7.29	932	$C_{10}H_{16}$	3387-41-5	0.062
(-)-β-蒎烯	7.41	943	$C_{10}H_{16}$	18172-67-3	0.187
乙酸叶醇酯	8.31	943	$C_8H_{14}O_2$	3681-71-8	1.080
罗勒烯	8.47	831	$C_{10}H_{16}$	13877-91-3	0.069
反式-2-己烯-醋酸盐	8.64	912	$C_8H_{14}O_2$	2497-18-9	0.031
邻伞花烃	9.05	946	$C_{10}H_{14}$	527-84-4	0.021
柠檬烯	9.17	926	$C_{10}H_{16}$	138-86-3	0.255
γ-松油烯	10.35	912	$C_{10}H_{16}$	99-85-4	0.032
反式-β-松油醇	10.92	909	$C_{10}H_{18}O$	7299-41-4	0.019
萜品油烯	11.56	921	$C_{10}H_{16}$	586-62-9	0.043
芳樟醇	12.26	963	$C_{10}H_{18}O$	78-70-6	0.590
左旋樟脑	14.03	953	$C_{10}H_{16}O$	464-48-2	0.029
龙脑	15.82	870	$C_{10}H_{18}O$	464-45-9	0.072
异冰片醇	16.14	949	$C_{10}H_{18}O$	10385-78-1	0.535
γ-榄香烯	22.49	857	$C_{15}H_{24}$	339154-91-5	0.031
(-)-α-荜澄茄油烯	23.01	922	$C_{15}H_{24}$	17699-14-8	0.614
α-愈创木烯	23.13	848	$C_{15}H_{24}$	3691-12-1	0.054
依兰烯	23.96	881	$C_{15}H_{24}$	14912-44-8	0.028
(-)-α-蒎烯	24.17	917	$C_{15}H_{24}$	3856-25-5	4.125
β-波旁烯	24.58	889	$C_{15}H_{24}$	5208-59-3	1.279
荜澄茄烯	24.80	905	$C_{15}H_{24}$	13744-15-5	1.387
β-榄香烯	24.96	913	$C_{15}H_{24}$	515-13-9	6.826
甲基丁香酚	25.91	929	$C_{11}H_{14}O_2$	93-15-2	27.440
β-石竹烯	26.35	959	$C_{15}H_{24}$	87-44-5	36.803
α-石竹烯	28.01	938	$C_{15}H_{24}$	6753-98-6	2.616
倍半水芹烯	28.52	862	$C_{15}H_{24}$	54324-03-7	0.118
γ-依兰油烯	29.28	943	$C_{15}H_{24}$	30021-74-0	0.503

（续表）

化合物名称	保留时间（min）	匹配度	分子式	CAS 号	相对含量（%）
大根香叶烯	29.55	933	$C_{15}H_{24}$	23986-74-5	11.850
佛术烯	29.83	894	$C_{15}H_{24}$	10219-75-7	0.321
γ-古芸烯	30.50	914	$C_{15}H_{24}$	22567-17-5	0.427
α-依兰油烯	30.65	926	$C_{15}H_{24}$	31983-22-9	0.150
（R）-γ-杜松烯	31.48	919	$C_{15}H_{24}$	39029-41-9	0.177
δ-杜松烯	32.01	908	$C_{15}H_{24}$	483-76-1	0.766
氧化石竹烯	35.87	911	$C_{15}H_{24}O$	1139-30-6	0.057

10　紫　苏

10.1　紫苏的分布、形态特征与利用情况

10.1.1　分　布

紫苏（*Perilla frutescens*）为唇形科（Labiatae）紫苏属（*Perilla*）草本植物。原产于中国，主要分布于印度、缅甸、中国、日本、朝鲜、韩国、印度尼西亚和俄罗斯等国家。中国西北、华北、华中、华南、西南及台湾地区均有野生种和栽培种。紫苏适应性很强，对土壤要求不严，排水良好的砂质壤土、壤土、黏壤土均能生长，房前屋后、沟边地边均可栽培。前茬作物以蔬菜为好，果树幼林下也能栽种。

10.1.2　形态特征

紫苏高 60~180 cm，有特异芳香。茎四棱形，紫色、绿紫色或绿色，有长柔毛，以茎节部较密。单叶对生；叶片宽卵形或圆卵形，长 7~21 cm，宽 4.5~16.0 cm，基部圆形或广楔形，先端渐尖或尾状尖，边缘具粗锯齿，两面紫色，或正面青色、背面紫色，或两面绿色，正面被疏柔毛，背面脉上被贴生柔毛；叶柄长 2.5~12.0 cm，密被长柔毛。轮伞花序 2 花，组成顶生和腋生的假总状花序；每花有 1 苞片，苞片卵圆形，先端渐尖；花萼钟状，二唇形，具 5 裂，下部被长柔毛，果时等膨大和加长，内面喉部具疏柔毛；花冠紫红色、粉红色至白色，二唇形，上唇微凹；子房 4 裂，柱头 2 裂。小坚果近球形，棕褐色或灰白色。

10.1.3　利用情况

紫苏在我国栽培极广，供药用和香料用。入药部分以茎叶及籽实为主，叶可作为发汗、镇咳、健胃、利尿药剂，有镇痛、镇静、解毒作用，用于治疗感冒以及因鱼蟹中毒导致的腹痛、呕吐有显著效果；梗有平气安胎之功效；籽实能镇咳、祛痰、平喘、发散精神之沉闷。叶又供食用，和肉类一起烹饪可增加肉类的香味。种子榨出的油，名苏子

油，供食用，又有防腐作用，供工业用。

10.2 紫苏香气物质的提取及检测分析

10.2.1 顶空固相微萃取

将紫苏的叶片用剪刀剪碎后准确称取 0.2169 g 至固相微萃取瓶中，密封。在 40℃水浴中平衡 10 min，用 PDMS/DVB 萃取头吸附 15 min。然后采用气相色谱-质谱仪（GC-MS）对其成分进行检测分析。

10.2.2 GC-MS 检测分析

GC 分析条件：采用 DB-5Ms 色谱柱（30 m × 0.25 mm × 0.25 μm），进样口温度为 250℃，氦气（99.999%）流速为 1.0 mL/min，分流比为 5∶1；起始温度为 60℃，保持 1min，以 5℃/min 速率升温至 85℃，保持 1min，以 3℃/min 速率升温至 130℃，保持 1min，以 2℃/min 升温至 160℃，以 10℃/min 速率升温至 230℃，保持 3min。样品解吸附 5 min。

MS 分析条件：EI 离子源，电离能量 70 eV，离子源温度 230℃；传输线温度 250℃，质量扫描范围（m/z）35~450，采集速率 10 spec/s，溶剂延迟 180 s。

检测分析结果见图和表。

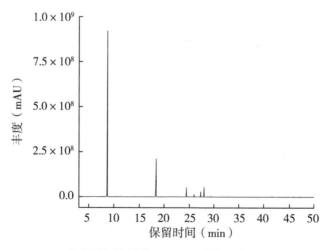

紫苏香气物质的 GC-MS 总离子流图

紫苏香气物质的组成及相对含量明细表

化合物名称	保留时间（min）	匹配度	分子式	CAS 号	相对含量（%）
3-己烯醛	3.60	801	$C_6H_{10}O$	4440-65-7	0.028
反式-2-己烯醛	4.46	859	$C_6H_{10}O$	6728-26-3	0.015
顺-3-己烯-1-醇	5.84	846	$C_6H_{12}O$	928-96-1	0.117
(−)-α-蒎烯	6.02	844	$C_{10}H_{16}$	7785-26-4	0.090
β-蒎烯	7.12	859	$C_{10}H_{16}$	127-91-3	0.083
5-甲基-3-庚酮	7.31	763	$C_8H_{16}O$	541-85-5	0.026
3-环戊基-1-丙炔	7.44	804	C_8H_{12}	116279-08-4	0.122
反式-3-己烯-1-醇乙酸酯	7.88	845	$C_8H_{14}O_2$	3681-82-1	0.079
α-蒎烯	8.06	861	$C_{10}H_{16}$	2437-95-8	0.091
(S)-(−)-柠檬烯	8.73	922	$C_{10}H_{16}$	5989-54-8	68.484
萜品油烯	10.69	824	$C_{10}H_{16}$	586-62-9	0.037
芳樟醇	11.34	785	$C_{10}H_{18}O$	78-70-6	0.398
α-松油醇	15.27	804	$C_{10}H_{18}O$	98-55-5	0.156
1,9-癸二炔	16.03	787	$C_{10}H_{14}$	1720-38-3	0.018
顺式-柠檬醛	16.81	792	$C_{10}H_{16}O$	106-26-3	0.018
(−)-紫苏醛	18.43	879	$C_{10}H_{14}O$	2111-75-3	17.780
7-(甲基乙亚基)-双环[4.1.0]庚烷	21.25	850	$C_{10}H_{16}$	53282-47-6	0.148
紫苏醇	21.69	794	$C_{10}H_{16}O$	536-59-4	0.020
二氢香芹醇乙酸脂	24.17	849	$C_{12}H_{20}O_2$	20777-49-5	0.014
(−)-异丁香烯	24.47	839	$C_{15}H_{24}$	118-65-0	3.725
醋酸紫苏子	25.21	831	$C_{12}H_{18}O_2$	15111-96-3	0.033
γ-榄香烯	25.50	796	$C_{15}H_{24}$	339154-91-5	0.015
α-石竹烯	26.02	910	$C_{15}H_{24}$	6753-98-6	1.051
荜澄茄烯	26.47	805	$C_{15}H_{24}$	13744-15-5	0.046
(−)-α-依兰油烯	27.13	920	$C_{15}H_{24}$	483-75-0	0.099
大根香叶烯	27.37	930	$C_{15}H_{24}$	23986-74-5	2.316
(Z,E)-α-金合欢烯	28.04	912	$C_{15}H_{24}$	26560-14-5	4.081
反式-α-佛柑油烯	28.43	796	$C_{15}H_{24}$	13474-59-4	0.013

（续表）

化合物名称	保留时间 （min）	匹配度	分子式	CAS 号	相对含量 （%）
δ-杜松烯	29.42	895	$C_{15}H_{24}$	483-76-1	0.271
荜澄茄油宁烯	29.89	754	$C_{15}H_{24}$	16728-99-7	0.021
α-依兰油烯	30.16	807	$C_{15}H_{24}$	31983-22-9	0.037
顺-(+)橙花叔醇	31.92	864	$C_{15}H_{26}O$	142-50-7	0.080
氧化石竹烯	32.43	739	$C_{15}H_{24}O$	1139-30-6	0.014
α-金合欢烯	33.27	762	$C_{15}H_{24}$	502-61-4	0.234

11 山苦茶

11.1 山苦茶的分布、形态特征与利用情况

11.1.1 分 布

山苦茶（*Mallotus peltatus*）为大戟科（Euphorbiaceae）野桐属（*Mallotus*）植物。山苦茶又称鹧鸪茶，我国产于广东和海南。生于海拔 200~1000 m 山坡灌丛、山谷疏林或林缘。分布于亚洲东南部各国。

11.1.2 形态特征

灌木或小乔木，高 2~10 m，小枝被星状短柔毛或变无毛，具颗粒状腺体。叶互生或有时近对生，长圆状倒卵形，长 5~15 cm，宽 2~6 cm，顶端急尖或尾状渐尖，下部渐狭，基部圆形或微心形，全缘或上部边缘微波状，正面无毛，背面中脉被星状毛或柔毛，侧脉腋有簇生柔毛，散生橙色颗粒状腺体；羽状脉，侧脉 8~10 对；基部有褐色斑状腺体 4~6 个；叶柄长 0.5~3.5 cm；托叶卵状披针形，被星状毛，早落。花雌雄异株。雄花序总状，顶生，长 4~12 cm，苞片卵状披针形，长 2~3 mm，雄花 2~5 朵簇生于苞腋，花梗长约 3 mm；雄花花蕾卵形，长约 1.5 mm，花萼裂片 3 枚，阔卵形，不等大，长约 1.5 mm，无毛；雄蕊 25~45 枚，药隔宽。雌花序总状，顶生，长 7~10 cm，苞片钻形，长约 2 mm，被毛，花梗长约 2.5 mm；雌花花萼佛焰苞状，长约 4.5 mm，一侧开裂，顶端 3 齿裂；子房球形，密生软刺和微柔毛，花柱中部以下合生，柱头长 4~5 mm，密生羽毛状突起。蒴果扁球形，直径约 1.4 cm，具 3 个分果爿，具 3 纵槽，疏生稍弯的软刺；种子球形，直径约 5 mm，具斑纹。花期 2—4 月，果期 6—11 月。

11.1.3 利用情况

山苦茶是一种具有海南特色的经济和药用植物，能清热解毒，并有好闻的药香，清热解渴，消食利胆，茶叶香气浓烈，冲泡后汤色清亮，饮后口味甘甜，余香无穷，是理

想的解油腻、助消化的保健饮料，有降压、减肥、健脾、养胃之效，还可防治感冒。

11.2 山苦茶香气物质的提取及检测分析

11.2.1 顶空固相微萃取

将山苦茶的叶片用剪刀剪碎后准确称取 0.6039 g，放入固相微萃取瓶中，密封。在 40℃水浴中平衡 10 min，用 PDMS/DVB 萃取头吸附 15 min。采用气相色谱-质谱仪 (GC-MS) 对其成分进行检测分析。

11.2.2 GC-MS 检测分析

GC 分析条件：采用 DB-5Ms 色谱柱（30 m × 0.25 mm × 0.25 μm），氦气 (99.999%) 流速为 1.0 mL/min，进样口温度为 250℃，不分流；起始柱温设置为 60℃，保持 1 min，以 2℃/min 的速率升温至 85℃，保持 1 min，以 3℃/min 的速率升温至 130℃，保持 1 min，以 2℃/min 的速率升温至 160℃，以 10℃/min 的速率升温至 230℃，保持 3 min；样品解吸附 5 min。

MS 分析条件：EI 离子源，电离能量 70 eV，离子源温度 230℃；传输线温度 250℃，质量扫描范围（m/z）30~400，采集速率 10 spec/s，溶剂延迟 180 s。

检测分析结果见图和表。

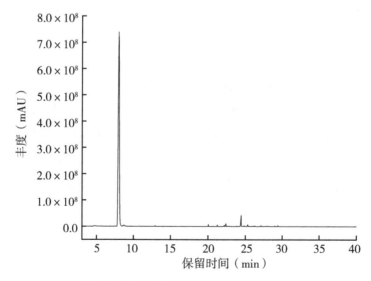

山苦茶香气物质的 GC-MS 总离子流图

山苦茶香气物质的组成及相对含量明细表

化合物名称	保留时间（min）	匹配度	分子式	CAS 号	相对含量（%）
顺-3-己烯-1-醇	4.64	909	$C_6H_{12}O$	928-96-1	0.322
梨醇酯	5.60	753	$C_7H_{12}O_2$	1191-16-8	0.012
月桂烯	7.52	789	$C_{10}H_{16}$	123-35-3	0.070
乙酸叶醇酯	8.05	920	$C_8H_{14}O_2$	3681-71-8	93.815
柠檬烯	8.72	841	$C_{10}H_{16}$	138-86-3	0.518
萜品油烯	10.74	802	$C_{10}H_{16}$	586-62-9	0.027
芳樟醇	11.33	722	$C_{10}H_{18}O$	78-70-6	0.019
2-乙基-6-甲基苯酚	12.31	754	$C_9H_{12}O$	1687-64-5	0.011
4-甲基-3-戊醇	16.49	811	$C_6H_{12}O$	4325-82-0	0.037
γ-榄香烯	20.73	821	$C_{15}H_{24}$	339154-91-5	0.058
荜澄茄烯	21.26	849	$C_{15}H_{24}$	13744-15-5	0.324
巴伦西亚橘烯	22.02	747	$C_{15}H_{24}$	4630-07-3	0.014
依兰烯	22.18	835	$C_{15}H_{24}$	14912-44-8	0.254
(-)-α-蒎烯	22.39	844	$C_{15}H_{24}$	3856-25-5	0.544
己酸叶醇酯	22.58	841	$C_{12}H_{22}O_2$	31501-11-8	0.065
1,11-十二二炔	22.81	771	$C_{12}H_{18}$	20521-44-2	0.100
大根香叶烯	23.28	847	$C_{15}H_{24}$	23986-74-5	0.033
(-)-α-古芸烯	23.87	843	$C_{15}H_{24}$	489-40-7	0.106
白菖烯	24.08	761	$C_{15}H_{24}$	17334-55-3	0.033
(-)-异丁香烯	24.44	848	$C_{15}H_{24}$	118-65-0	2.331
香橙烯	25.32	855	$C_{15}H_{24}$	109119-91-7	0.452
(S)-(-)-柠檬烯	26.01	830	$C_{10}H_{16}$	5989-54-8	0.094
(-)-α-依兰油烯	27.12	830	$C_{15}H_{24}$	483-75-0	0.210
反式-α-红没药烯	27.62	768	$C_{15}H_{24}$	29837-07-8	0.039
γ-依兰油烯	29.00	805	$C_{15}H_{24}$	30021-74-0	0.149
δ-杜松烯	29.42	825	$C_{15}H_{24}$	483-76-1	0.254
顺-(+)橙花叔醇	31.59	760	$C_{15}H_{26}O$	142-50-7	0.012

12 苦丁茶冬青

12.1　苦丁茶冬青的分布、形态特征与利用情况

12.1.1　分　布

苦丁茶冬青（*Ilex kudmcha*）为冬青科（Aquifoliaceae）冬青属（*Ilex*）植物。我国主要分布于广东、广西及海南等地区，按产地一般分为大新种、英德种、大埔种和海南野生种。

12.1.2　形态特征

常绿乔木，树皮赭黑色或灰黑色，枝条粗大，平滑。叶革质而厚，螺旋状互生，长椭圆形或卵状长椭圆形，先端锐尖，或稍圆，基部钝，边缘有疏齿，正面光泽，背面主脉突起。聚伞花序，多数密集在上部叶腋；雄花序 1~3 花，雌花序则仅有 1 花；苞片卵形，多数；萼 4 裂，裂片卵形，有缘毛，黄绿色；花瓣 4 枚，椭圆形；雄花有雄蕊 4 枚，较花瓣长，花丝直，花药卵形，子房球状卵形。核果球形，成熟后红色，有残留花柱；分核 4 颗，有 3 棱。花期 4—5 月，果期 10 月。

12.1.3　利用情况

苦丁茶冬青在我国有 2000 多年的饮用历史。现代科学临床应用表明，苦丁茶具有消暑解毒、止咳化痰、减肥抗癌、抗辐射、降血压、降血脂、降胆固醇等功效。其枝叶煲水内服外洗，可杀菌消炎，对粉刺、暗疮、痱子等多种皮肤病有明显效果，被国内外消费者誉为保健茶、益寿茶、美容茶，是一种应用极为广泛的天然多功能植物饮料。

12.2 苦丁茶冬青香气物质的提取及检测分析

12.2.1 顶空固相微萃取

将苦丁茶冬青的叶片用剪刀剪碎后准确称取 0.5363 g，放入固相微萃取瓶中，密封。在 40℃水浴中平衡 10 min，用 PDMS/DVB 萃取头吸附 15 min。采用气相色谱-质谱仪（GC-MS）对其成分进行检测分析。

12.2.2 GC-MS 检测分析

GC 分析条件：采用 DB-WAX 色谱柱（30 m × 0.25 mm × 0.25 μm），氦气（99.999%）流速为 1.0 mL/min，进样口温度为 250℃，不分流；起始温度为 60℃，保持 1 min，以 4℃/min 的速率升温至 90℃，保持 2 min，以 5℃/min 的速率升温至 170℃，保持 2 min，以 8℃/min 的速率升温至 230℃，保持 3 min；样品解吸附 5 min。

MS 分析条件：EI 离子源，电离能量 70 eV，离子源温度 230℃；传输线温度 250℃，质量扫描范围（m/z）30~400，采集速率 10 spec/s，溶剂延迟 300 s。

检测分析结果见图和表。

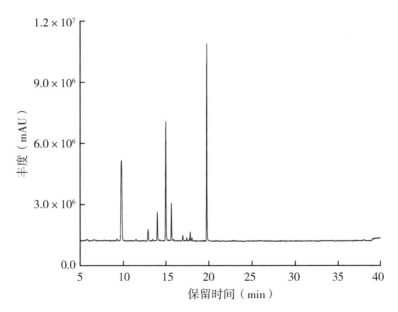

苦丁茶冬青香气物质的 GC-MS 总离子流图

苦丁茶冬青香气物质的组成及相对含量明细表

化合物名称	保留时间 （min）	匹配度	分子式	CAS 号	相对含量 （%）
顺式-3-己烯醛	7.75	796	$C_6H_{10}O$	6789-80-6	0.180
正戊醇	9.27	720	$C_5H_{12}O$	71-41-0	0.254
反式-2-己烯醛	9.79	926	$C_6H_{10}O$	6728-26-3	29.076
乙酸己酯	11.51	764	$C_8H_{16}O_2$	142-92-7	0.383
乙酸叶醇酯	12.92	861	$C_8H_{14}O_2$	3681-71-8	2.774
反式-2-己烯-醋酸盐	13.45	781	$C_8H_{14}O_2$	2497-18-9	0.258
甲酸己酯	14.00	858	$C_7H_{14}O_2$	629-33-4	5.842
3-己烯-1-醇	14.31	743	$C_6H_{12}O$	544-12-7	0.144
顺-3-己烯-1-醇	14.99	917	$C_6H_{12}O$	928-96-1	22.201
反式-2-己烯-1-醇	15.64	897	$C_6H_{12}O$	928-95-0	6.547
1-辛烯-3-醇	16.99	799	$C_8H_{16}O$	3391-86-4	0.983
异丁酸叶醇酯	17.45	823	$C_{10}H_{18}O_2$	41519-23-7	0.743
二甲基丁酸叶醇酯	17.85	802	$C_{11}H_{20}O_2$	53398-85-9	1.320
反式-己-2-烯基-2-甲基丁酸酯	18.05	801	$C_{11}H_{20}O_2$	94089-01-7	0.449
芳樟醇	19.77	848	$C_{10}H_{18}O$	78-70-6	28.301
2-甲基-3-己基-（E）-丙酸	22.74	781	$C_{10}H_{18}O_2$	84682-20-2	0.138

13 降　香

13.1　降香的分布、形态特征与利用情况

13.1.1　分　布

降香（*Dalbergia odorifera*）俗称黄花梨，为豆科（Fabaceae）黄檀属（*Dalbergia*）植物。产于海南中部和南部。生于中海拔的山坡疏林、林缘或林旁空地上。

13.1.2　形态特征

乔木，高 10~15 m；除幼嫩部分、花序及子房略被短柔毛外，全株无毛；树皮褐色或淡褐色，粗糙，有纵裂槽纹。小枝有小而密集的皮孔。羽状复叶，复叶长 12~25 cm；叶柄长 1.5~3.0 cm；托叶早落；小叶近革质，卵形或椭圆形，复叶顶端的 1 枚小叶最大，往下渐小。圆锥花序腋生，长 8~10 cm，径 6~7 cm，分枝呈伞房花序状；总花梗长 3~5 cm；基生小苞片近三角形，长 0.5 mm，副萼状小苞片阔卵形，长约 1 mm；花长约 5 mm，初时密集于花序分枝顶端，后渐疏离；花梗长约 1 mm；花萼长约 2 mm，下方 1 枚萼齿较长，披针形，其余阔卵形，急尖；花冠乳白色或淡黄色，各瓣近等长，均具长约 1 mm 瓣柄，旗瓣倒心形，连柄长约 5 mm，上部宽约 3 mm，先端截平，微凹缺，翼瓣长圆形，龙骨瓣半月形，背弯拱；子房狭椭圆形，具长柄，柄长约 2.5 mm，胚珠 1~2 粒。荚果舌状长圆形，长 4.5~8.0 cm，宽 1.5~1.8 cm，基部略被毛，顶端钝或急尖，基部骤然收窄与纤细的果颈相接，果颈长 5~10 mm，果瓣革质，有种子的部分明显凸起，状如棋子，厚可达 5 mm，种子 1~2 粒。

13.1.3　利用情况

木材质优，边材淡黄色，质略疏松，心材红褐色，坚重，纹理致密，为上等家具良材；有香味，可作香料；根部心材名降香，供药用，为良好的镇痛剂，可治刀伤出血。

13.2 降香香气物质的提取及检测分析

13.2.1 顶空固相微萃取

将降香的叶片用剪刀剪碎后准确称取 0.2176 g，放入固相微萃取瓶中，密封。在40℃水浴中平衡 10 min，用 PDMS/DVB 萃取头吸附 15 min。最后采用气相色谱–质谱仪（GC-MS）对其成分进行检测分析。

13.2.2 GC-MS 检测分析

GC 分析条件：采用 DB–5Ms 色谱柱（30 m × 0.25 mm × 0.25 μm），氦气（99.999%）流速为 1.0 mL/min，进样口温度为 250℃，分流比为 5∶1；起始温度为60℃，保持 1 min，以 2℃/min 的速率升温至 90℃，保持 2 min，以 2℃/min 的速率升温至 130℃，保持 1 min，以 2℃/min 的速率升温至 160℃，以 10℃/min 的速率升温至230℃，保持 3 min；样品解吸附 5 min。

MS 分析条件：EI 离子源，电离能量 70 eV，离子源温度 230℃；传输线温度250℃，质量扫描范围（m/z）30~400，采集速率 10 spec/s，溶剂延迟 180 s。

检测分析结果见图和表。

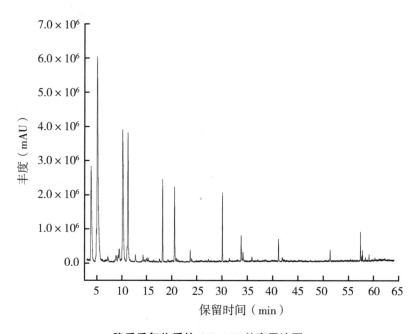

降香香气物质的 GC-MS 总离子流图

降香香气物质的组成及相对含量明细表

化合物名称	保留时间 （min）	匹配度	分子式	CAS 号	相对含量 （%）
3-己烯醛	3.81	818	$C_6H_{10}O$	4440-65-7	15.472
反式-2-己烯醛	4.91	845	$C_6H_{10}O$	6728-26-3	1.426
3-己烯-1-醇	5.07	896	$C_6H_{12}O$	544-12-7	28.985
（-）-β-蒎烯	8.85	823	$C_{10}H_{16}$	18172-67-3	0.909
1-辛烯-3-醇	9.25	748	$C_8H_{16}O$	3391-86-4	0.604
乙酸叶醇酯	10.16	920	$C_8H_{14}O_2$	3681-71-8	19.684
柠檬烯	11.20	856	$C_{10}H_{16}$	138-86-3	16.211
γ-松油烯	12.73	791	$C_{10}H_{16}$	99-85-4	0.788
3-辛炔-1-醇	13.94	790	$C_8H_{14}O$	14916-80-4	0.144
2-甲基-1-壬烯-3-炔	14.29	838	$C_{10}H_{16}$	70058-00-3	0.764
1-甲基-4-（1-甲基乙烯基）苯	14.57	763	$C_{10}H_{12}$	1195-32-0	0.226
2,4,6-三甲基庚烷	14.86	785	$C_{10}H_{22}$	2613-61-8	0.111
顺-2-己烯-1-醇	14.95	775	$C_6H_{12}O$	928-94-9	0.394
1-辛炔-3-醇	15.28	773	$C_8H_{14}O$	818-72-4	0.393
顺式-丁酸-2-己烯基酯	17.56	784	$C_{10}H_{18}O_2$	56922-77-1	0.339
反式-己-3-烯基丁酸酯	20.56	881	$C_{10}H_{18}O_2$	53398-84-8	6.432
丁酸己酯	20.96	740	$C_{10}H_{20}O_2$	2639-63-6	0.229
反式-3-甲基戊-2-烯-1-醇	21.20	805	$C_6H_{12}O$	30801-95-7	0.118
异戊酸叶醇酯	23.70	873	$C_{11}H_{20}O_2$	35154-45-1	0.977
2,2-二甲基庚烷	29.47	838	C_9H_{20}	1071-26-7	0.119
己酸叶醇酯	33.79	896	$C_{12}H_{22}O_2$	31501-11-8	2.156
香橙烯	35.92	751	$C_{15}H_{24}$	109119-91-7	0.396
β-红没药烯	41.92	785	$C_{15}H_{24}$	495-61-4	0.456
水杨酸辛酯	57.41	807	$C_{15}H_{22}O_3$	118-60-5	1.656
肉豆蔻酸异丙酯	57.82	799	$C_{17}H_{34}O_2$	110-27-0	0.472
水杨酸高孟酯	59.11	763	$C_{16}H_{22}O_3$	52253-93-7	0.345

14 吐鲁胶

14.1 吐鲁胶的分布、形态特征与利用情况

14.1.1 分　布

吐鲁胶 (*Myroxylon balsamum*) 为豆科 (Fabaceae) 香脂豆属 (*Myroxylon*) 植物。原产美洲热带地区，分布于巴西、阿根廷、哥伦比亚、委内瑞拉，20 世纪 60 年代我国海南省试种成功。

14.1.2 形态特征

常绿乔木，株高约 30 m。小叶卵形或卵状椭圆形，宽 5 cm 以下，先端长渐尖，叶缘波状起伏。

14.1.3 利用情况

被称为"三大香膏"之一、"战地急救包"的吐鲁胶，其树体流出的香膏清香宜人，有消炎、止血、镇痛的作用，可治疗外伤、疥疮、皮肤癣等症。据说第二次世界大战期间缺医少药，常用它来救治伤员。其树干切口流出的树脂，经提取可得到吐鲁香酯，挥发油含量为 7%，肉桂酸的含量为 12% ~ 15%，苯甲酸的含量为 2% ~ 8%，香草醛的含量为 0.05%。该品除在临床上用作祛痰药物外，在药剂中主要用作芳香矫味剂、抑菌防腐剂、半固体和固体的赋形剂。

14.2 吐鲁胶香气物质的提取及检测分析

14.2.1 顶空固相微萃取

将吐鲁胶的叶片用剪刀剪碎后准确称取 0.4031 g，放入固相微萃取瓶中，密封。在

40℃水浴中平衡 10 min，用 PDMS/DVB 萃取头吸附 15 min。采用气相色谱－质谱仪（GC-MS）对其成分进行检测分析。

14.2.2 GC-MS 检测分析

GC 分析条件：采用 DB－5Ms 色谱柱（30 m × 0.25 mm × 0.25 μm），氦气（99.999%）流速为 1.0 mL/min，进样口温度为 250℃，分流比 10∶1；起始温度为 60℃，保持 1 min，以 5℃/min 的速率升温至 120℃，以 0.5℃/min 的速率升温至 140℃，保持 1 min，以 10℃/min 的速率升温至 230℃，保持 3 min；样品解吸附 5 min。

MS 分析条件：EI 离子源，电离能量 70 eV，离子源温度 230℃；传输线温度 250℃，质量扫描范围（m/z）30～400，采集速率 10 spec/s，溶剂延迟 180 s。

检测分析结果见图和表。

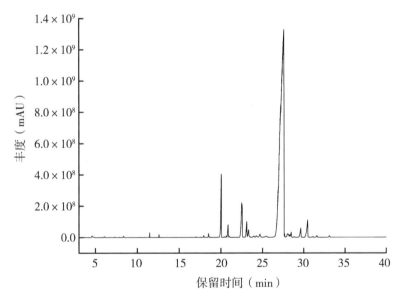

吐鲁胶香气物质的 GC-MS 总离子流图

吐鲁胶香气物质的组成及相对含量明细表

化合物名称	保留时间（min）	匹配度	分子式	CAS 号	相对含量（%）
3-己烯醛	3.64	796	$C_6H_{10}O$	4440－65－7	0.035
顺-3-己烯-1-醇	4.59	912	$C_6H_{12}O$	928－96－1	0.278
α-蒎烯	6.05	888	$C_{10}H_{16}$	2437－95－8	0.106
柠檬烯	8.37	869	$C_{10}H_{16}$	138－86－3	0.133

（续表）

化合物名称	保留时间（min）	匹配度	分子式	CAS 号	相对含量（%）
三环萜	9.96	824	$C_{10}H_{16}$	508-32-7	0.007
顺-2-己烯-1-醇	10.19	826	$C_6H_{12}O$	928-94-9	0.011
反式-己-3-烯基丁酸酯	12.59	881	$C_{10}H_{18}O_2$	53398-84-8	0.146
丁酸己酯	12.73	902	$C_{10}H_{20}O_2$	2639-63-6	0.010
香橙烯	17.55	826	$C_{15}H_{24}$	109119-91-7	0.033
δ-榄香烯	17.95	839	$C_{15}H_{24}$	20307-84-0	0.206
1,11-十二二炔	18.72	826	$C_{12}H_{18}$	20521-44-2	0.052
(-)-α-蒎烯	20.04	895	$C_{15}H_{24}$	3856-25-5	5.564
β-榄香烯	20.86	889	$C_{15}H_{24}$	515-13-9	1.131
依兰烯	22.03	701	$C_{15}H_{24}$	14912-44-8	0.030
β-石竹烯	22.50	886	$C_{15}H_{24}$	87-44-5	5.509
荜澄茄烯	23.11	911	$C_{15}H_{24}$	13744-15-5	1.643
γ-榄香烯	23.33	904	$C_{15}H_{24}$	339154-91-5	0.972
(-)-α-依兰油烯	23.97	897	$C_{15}H_{24}$	483-75-0	0.206
大根香叶烯	27.62	937	$C_{15}H_{24}$	23986-74-5	79.256
α-芹子烯	27.70	900	$C_{15}H_{24}$	473-13-2	0.051
γ-古芸烯	28.17	884	$C_{15}H_{24}$	22567-17-5	0.248
α-依兰油烯	28.50	923	$C_{15}H_{24}$	31983-22-9	0.463
γ-依兰油烯	29.65	887	$C_{15}H_{24}$	30021-74-0	1.201
δ-杜松烯	30.48	901	$C_{15}H_{24}$	483-76-1	2.557
香树烯	30.67	789	$C_{15}H_{24}$	25246-27-9	0.006
荜澄茄油宁烯	31.08	856	$C_{15}H_{24}$	16728-99-7	0.112
白菖烯	31.75	761	$C_{15}H_{24}$	17334-55-3	0.008
氧化石竹烯	35.61	764	$C_{15}H_{24}O$	1139-30-6	0.017

15 假鹰爪

15.1 假鹰爪的分布、形态特征与利用情况

15.1.1 分 布

假鹰爪 (*Desmos chinensis*) 为番荔枝科 (Annonaceae) 假鹰爪属 (*Desmos*) 植物。产于广东、广西、云南和贵州。生于丘陵山坡、林缘灌木丛，以及低海拔旷地、荒野和山谷等地。印度、老挝、柬埔寨、越南、马来西亚、新加坡、菲律宾和印度尼西亚也有生长。

15.1.2 形态特征

直立或攀缘灌木，有时上枝蔓延，除花外，全株无毛；枝皮粗糙，有纵条纹，有灰白色凸起的皮孔。叶薄纸质或膜质，长圆形或椭圆形，少数为阔卵形，长 4~13 cm，宽 2~5 cm，顶端钝或急尖，基部圆形或稍偏斜，正面有光泽，背面粉绿色。花黄白色，单朵与叶对生或互生；花梗长 2.0~5.5 cm，无毛；萼片卵圆形，长 3~5 mm，外面被微柔毛；外轮花瓣比内轮花瓣大，长圆形或长圆状披针形，长达 9 cm，宽达 2 cm，顶端钝，两面被微柔毛；内轮花瓣长圆状披针形，长达 7 cm，宽达 1.5 cm，两面被微毛；花托凸起，顶端平坦或略凹陷；雄蕊长圆形，药隔顶端截形；心皮长圆形，长 1.0~1.5 mm，被长柔毛，柱头近头状，向外弯，顶端 2 裂。果有柄，念珠状，长 2~5 cm，内有种子 1~7 颗；种子球状，直径约 5 mm。花期夏季至冬季，果期 6 月至翌年春季。

15.1.3 利用情况

根、叶可药用，主治风湿骨痛、产后腹痛、跌打、皮癣等；兽医用作治牛膨胀、牛肠胃积气、牛伤食宿草不转等。茎皮纤维可作人造棉和造纸原料，亦可代麻制绳索。海南民间用其叶制酒饼，故有"酒饼叶"之称。

15.2 假鹰爪香气物质的提取及检测分析

15.2.1 顶空固相微萃取

将假鹰爪的花瓣用剪刀剪碎后准确称取 0.4031 g，放入固相微萃取瓶中，密封。在 40℃水浴中平衡 10 min，用 PDMS/DVB 萃取头吸附 15 min。采用气相色谱-质谱仪（GC-MS）对其成分进行检测分析。

15.2.2 GC-MS 检测分析

GC 分析条件：采用 DB-5Ms 色谱柱（30 m × 0.25 mm × 0.25 μm），氦气（99.999%）流速为 1.0 mL/min，进样口温度为 250℃，不分流；起始温度为 60℃，保持 1 min，以 2℃/min 的速率升温至 85℃，保持 1 min，以 3℃/min 的速率升温至 130℃，保持 1 min，以 2℃/min 的速率升温至 160℃，以 10℃/min 的速率升温至 230℃，保持 3 min；样品解吸附 5 min。

MS 分析条件：EI 离子源，电离能量 70 eV，离子源温度 230℃；传输线温度 250℃，质量扫描范围（m/z）30~400，采集速率 10 spec/s，溶剂延迟 180 s。

检测分析结果见图和表。

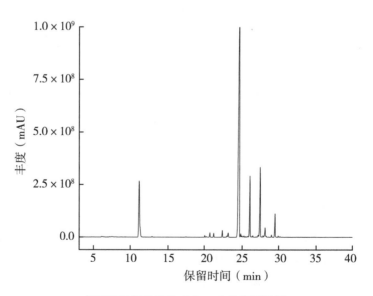

假鹰爪香气物质的 GC-MS 总离子流图

假鹰爪香气物质的组成及相对含量明细表

化合物名称	保留时间（min）	匹配度	分子式	CAS 号	相对含量（%）
顺-3-己烯-1-醇	4.78	872	$C_6H_{12}O$	928-96-1	0.022
α-蒎烯	6.10	899	$C_{10}H_{16}$	2437-95-8	0.163
β-蒎烯	7.17	861	$C_{10}H_{16}$	127-91-3	0.071
月桂烯	7.50	804	$C_{10}H_{16}$	123-35-3	0.142
乙酸叶醇酯	7.96	890	$C_8H_{14}O_2$	3681-71-8	0.030
柠檬烯	8.75	821	$C_{10}H_{16}$	138-86-3	0.033
(-)-α-蒎烯	9.31	848	$C_{10}H_{16}$	7785-26-4	0.026
苯甲酸甲酯	11.21	938	$C_8H_8O_2$	93-58-3	12.949
橙花醇	17.54	854	$C_{10}H_{18}O$	106-25-2	0.049
甲基(2E)-3,7-二甲基-2,6-辛二烯酸酯	20.27	807	$C_{11}H_{18}O_2$	2349-14-6	0.123
δ-榄香烯	20.78	840	$C_{15}H_{24}$	20307-84-0	0.597
荜澄茄烯	21.29	841	$C_{15}H_{24}$	13744-15-5	0.448
(-)-α-蒎烯	22.45	845	$C_{15}H_{24}$	3856-25-5	0.822
β-榄香烯	23.22	814	$C_{15}H_{24}$	110823-68-2	0.658
β-石竹烯	24.74	938	$C_{15}H_{24}$	87-44-5	60.416
香橙烯	25.36	894	$C_{15}H_{24}$	109119-91-7	0.138
(-)-α-荜澄茄油烯	25.88	815	$C_{15}H_{24}$	17699-14-8	0.168
α-石竹烯	26.16	928	$C_{15}H_{24}$	6753-98-6	7.602
白菖烯	26.38	850	$C_{15}H_{24}$	17334-55-3	0.034
(-)-α-依兰油烯	27.25	924	$C_{15}H_{24}$	483-75-0	0.281
大根香叶烯	27.51	917	$C_{15}H_{24}$	23986-74-5	10.288
α-芹子烯	27.70	822	$C_{15}H_{24}$	473-13-2	0.015
γ-榄香烯	28.17	881	$C_{15}H_{24}$	339154-91-5	1.336
α-依兰油烯	28.32	895	$C_{15}H_{24}$	31983-22-9	0.087
γ-依兰油烯	29.03	893	$C_{15}H_{24}$	30021-74-0	0.286
δ-杜松烯	29.52	914	$C_{15}H_{24}$	483-76-1	3.039
荜澄茄油宁烯	29.94	860	$C_{15}H_{24}$	16728-99-7	0.158
氧化石竹烯	32.43	799	$C_{15}H_{24}O$	1139-30-6	0.014

16 依　兰

16.1　依兰的分布、形态特征与利用情况

16.1.1　分　布

依兰（*Cananga odorata*）为番荔枝科（Annonaceae）依兰属（*Cananga*）植物。原产于东南亚的印度尼西亚、马来西亚、菲律宾。在印度尼西亚、菲律宾、缅甸、马来西亚以及中国广东、云南、福建、台湾、广西等地有栽培，现世界各热带地区均有种植。

16.1.2　形态特征

常绿大乔木，高达 20 m，胸径达 60 cm；树干通直，树皮灰色；小枝无毛，有小皮孔。叶大，膜质至薄纸质，卵状长圆形或长椭圆形，长 10~23 cm，宽 4~14 cm，顶端渐尖至急尖，基部圆形，叶面无毛，叶背仅在脉上被疏短柔毛；侧脉每边 9~12 条，正面扁平，背面凸起；叶柄长 1.0~1.5 cm。花序单生于叶腋内或叶腋外，有花 2~5 朵；花大，长约 8 cm，黄绿色，芳香，倒垂；总花梗长 2~5 mm，被短柔毛；花梗长 1~4 cm，被短柔毛，有鳞片状苞片；萼片卵圆形，绿色，两面被短柔毛；花瓣内外轮近等大，线形或线状披针形，长 5~8 cm，宽 8~16 mm，初时两面被短柔毛，老渐几无毛。雄蕊线状倒披针形，基部窄，上部宽，药隔顶端急尖，被短柔毛；心皮长圆形，被疏微毛，老渐无毛，柱头近头状羽裂。成熟心皮 10~12 个，有长柄，无毛。成熟的果近圆球状或卵状，长约 1.5 cm，直径约 1 cm，黑色。花期 4—8 月，果期 12 月至翌年 3 月。

16.1.3　利用情况

依兰花有浓郁的香气，可提取制作高级香精油，鲜花出油率达 2%~3%，具有独特浓郁的芳香气味，是珍贵的香料工业原材料，广泛用于香水、香皂和化妆品等。花、叶还可入药，对疟疾、头痛、眼炎、痛风、哮喘均有疗效。

16.2 依兰香气物质的提取及检测分析

16.2.1 顶空固相微萃取

将依兰花的花瓣用剪刀剪碎后准确称取 0.2500 g，放入固相微萃取瓶中，密封。在 40℃水浴中平衡 10 min，用 PDMS/DVB 萃取头吸附 15 min。采用全二维气相色谱-飞行时间质谱仪（GC-TOF/MS）对其成分进行检测分析。

16.2.2 GC-TOF/MS 检测分析

GC 分析条件：采用 DB-WAX 色谱柱（30 m × 0.25 mm × 0.25 μm），进样口温度为 250℃，氦气（99.999%）流速为 1.0 mL/min；起始柱温设置为 60℃，保持 1 min，然后以 5℃/min 的速率升温至 130℃，保持 1 min，以 2℃/min 的速率升温至 160℃，保持 2 min，以 5℃/min 的速率升温至 230℃，保持 3 min；分流比 5∶1，样品解吸附 5 min。

TOF/MS 分析条件：EI 离子源，电离能量 70 eV，离子源温度 230℃；传输线温度 250℃，质量扫描范围（m/z）30~400，采集速率 10 spec/s，溶剂延迟 300 s。

检测分析结果见图和表。

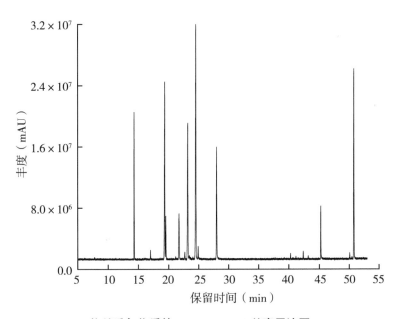

依兰香气物质的 GC-TOF/MS 总离子流图

依兰香气物质的组成及相对含量明细表

化合物名称	保留时间（min）	匹配度	分子式	CAS 号	相对含量（%）
月桂烯	7.78	804	$C_{10}H_{16}$	123-35-3	0.102
乙酸叶醇酯	11.25	759	$C_8H_{14}O_2$	3681-71-8	0.038
对甲苯甲醚	14.30	936	$C_8H_{10}O$	104-93-8	7.829
(−)-α-荜澄烯	16.12	762	$C_{15}H_{24}$	3856-25-5	0.054
芳樟醇	17.00	822	$C_{10}H_{18}O$	78-70-6	0.504
β-可巴烯	18.55	733	$C_{15}H_{24}$	18252-44-3	0.083
(−)-异丁香烯	19.35	898	$C_{15}H_{24}$	118-65-0	15.228
苯甲酸甲酯	19.53	934	$C_8H_8O_2$	93-58-3	3.132
4-烯丙基苯甲醚	21.18	858	$C_{10}H_{12}O$	140-67-0	0.146
α-石竹烯	21.73	856	$C_{15}H_{24}$	6753-98-6	4.410
(Z,E)-α-金合欢烯	22.69	829	$C_{15}H_{24}$	26560-14-5	0.552
大根香叶烯	23.19	888	$C_{15}H_{24}$	23986-74-5	13.898
橙花醛	23.46	789	$C_{10}H_{16}O$	141-27-5	0.219
2,5-二甲基-3-亚甲基-1,5-庚二烯	24.02	783	$C_{10}H_{16}$	74663-83-5	0.123
(Z)-3,7-二甲基-2,6-辛二烯-1-醇乙酸酯	24.53	892	$C_{12}H_{20}O_2$	141-12-8	22.934
δ-杜松烯	24.90	810	$C_{15}H_{24}$	483-76-1	0.799
香叶醇	28.00	879	$C_{10}H_{18}O$	106-24-1	9.843
苯甲酸叶醇酯	39.25	801	$C_{13}H_{16}O_2$	25152-85-6	0.035
丁香酚	40.30	844	$C_{10}H_{12}O_2$	97-53-0	0.305
α-荜澄茄醇	42.37	775	$C_{15}H_{26}O$	481-34-5	0.451
顺-(+)橙花叔醇	43.18	785	$C_{15}H_{26}O$	142-50-7	0.172
反式-金合欢醇	45.24	853	$C_{15}H_{26}O$	106-28-5	3.379
2,4-二甲基苄胺	50.08	832	$C_{17}H_{22}O_2$	94-48-4	0.336
苯甲酸苄酯	50.79	924	$C_{14}H_{12}O_2$	120-51-4	14.820

17 鹰爪花

17.1 鹰爪花的分布、形态特征与利用情况

17.1.1 分 布

鹰爪花（*Artabotrys hexapetalus*）为番荔枝科（Annonaceae）鹰爪花属（*Artabotrys*）植物。产于我国浙江、台湾、福建、江西、广东、广西和云南等省区，多见于栽培，少数为野生。印度、斯里兰卡、泰国、越南、柬埔寨、马来西亚、印度尼西亚和菲律宾等国也有栽培或野生。

17.1.2 形态特征

攀缘灌木，高达 4 m，无毛或近无毛。叶纸质，长圆形或阔披针形，长 6~16 cm，顶端渐尖或急尖，基部楔形，叶正面无毛，叶背面沿中脉上被疏柔毛或无毛。花 1~2 朵，淡绿色或淡黄色，芳香；萼片绿色，卵形，长约 8 mm，两面被稀疏柔毛；花瓣长圆状披针形，长 3.0~4.5 cm，外面基部密被柔毛，其余近无毛或稍被稀疏柔毛，近基部收缩；雄蕊长圆形，药隔三角形，无毛；心皮长圆形，柱头线状长椭圆形。果卵圆形，长 2.5~4.0 cm，直径约 2.5 cm，顶端尖，数个群集于果托上。花期 5—8 月，果期 5—12 月。

17.1.3 利用情况

绿化植物，花极香，常栽培于公园或屋旁。鲜花含芳香油 0.75%~1.00%，可提制鹰爪花浸膏，用作高级香水、化妆品和香皂的香精原料，亦供熏茶用。根可药用，用于治疗疟疾。

17.2 鹰爪花香气物质的提取及检测分析

17.2.1 顶空固相微萃取

将鹰爪花的叶片和花瓣用剪刀剪碎后分别准确称取 0.3197 g 和 0.2065 g，分别放

入固相微萃取瓶中，密封。在 40℃ 水浴中平衡 10 min，用 PDMS/DVB 萃取头吸附 15 min。采用气相色谱–质谱仪（GC-MS）对其成分进行检测分析。

17.2.2 GC-MS 检测分析

叶片的 GC 分析条件：采用 DB-5Ms 色谱柱（30 m × 0.25 mm × 0.25 μm），氦气（99.999%）流速为 1.0 mL/min，进样口温度为 250℃，不分流；起始温度为 60℃，保持 1 min，以 5℃/min 的速率升温至 85℃，保持 2 min，以 0.5℃/min 的速率升温至 90℃，保持 1 min，以 3℃/min 的速率升温至 130℃，保持 1 min，以 1℃/min 的速率升温至 140℃，以 2℃/min 的速率升温至 160℃，以 15℃/min 的速率升温至 230℃，保持 3 min；样品解吸附 5 min。

花的 GC 分析条件：采用 DB-5Ms 色谱柱（30 m × 0.25 mm × 0.25 μm），氦气（99.999%）流速为 1.0 mL/min，进样口温度为 250℃，分流比为 20∶1；起始温度为 60℃，保持 1 min，以 2℃/min 的速率升温至 90℃，以 5℃/min 的速率升温至 130℃，保持 1 min，以 0.5℃/min 的速率升温至 145℃，以 20℃/min 的速率升温至 230℃，保持 3 min；样品解吸附 5 min。

MS 分析条件：EI 离子源，电离能量 70 eV，离子源温度 230℃；传输线温度 250℃，质量扫描范围（m/z）30~400，采集速率 10 spec/s，溶剂延迟 180 s。

检测分析结果见图和表。

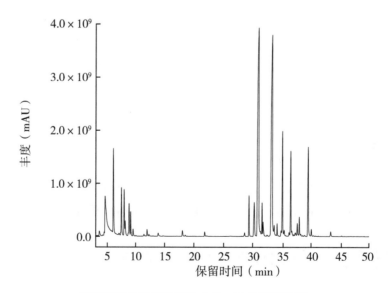

鹰爪花叶片香气物质的 GC-MS 总离子流图

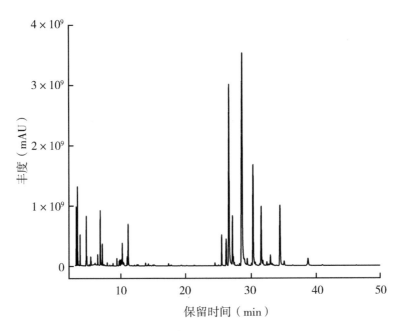

鹰爪花花瓣香气物质的 GC-MS 总离子流图

鹰爪花叶片香气物质的组成及相对含量明细表

化合物名称	保留时间（min）	匹配度	分子式	CAS 号	相对含量（%）
2-甲基-4-戊醛	3.63	882	$C_6H_{10}O$	5187-71-3	0.408
反式-2-己烯醛	4.46	965	$C_6H_{10}O$	6728-26-3	0.082
顺-3-己烯-1-醇	4.63	933	$C_6H_{12}O$	928-96-1	3.756
(+)-α-蒎烯	6.06	928	$C_{10}H_{16}$	7785-70-8	5.403
β-蒎烯	7.04	840	$C_{10}H_{16}$	127-91-3	0.066
α-蒎烯	7.49	910	$C_{10}H_{16}$	80-56-8	2.924
(E)-3-己烯-1-醇乙酸酯	7.97	899	$C_8H_{14}O_2$	3681-82-1	2.575
邻异丙基甲苯	8.71	948	$C_{10}H_{14}$	527-84-4	0.077
(R)-1-甲基-5-(1-甲基乙烯基)环己烯	8.84	910	$C_{10}H_{16}$	1461-27-4	2.189
(E)-β-罗勒烯	9.12	952	$C_{10}H_{16}$	3779-61-1	1.291
罗勒烯	9.55	951	$C_{10}H_{16}$	13877-91-3	0.413
γ-松油烯	10.05	924	$C_{10}H_{16}$	99-85-4	0.037
α-异松油烯	11.44	928	$C_{10}H_{16}$	586-62-9	0.129

（续表）

化合物名称	保留时间（min）	匹配度	分子式	CAS 号	相对含量（%）
（Z）-丙酸-3-己烯酯	11.98	894	$C_9H_{16}O_2$	33467-74-2	0.415
丙酸己酯	12.30	888	$C_9H_{18}O_2$	2445-76-3	0.111
3-亚甲基-1,1-二甲基-2-乙烯基环己烷	12.97	828	$C_{11}H_{18}$	95452-08-7	0.024
别罗勒烯	13.86	916	$C_{10}H_{16}$	7216-56-0	0.230
2-甲基-1-（2,2,3-三甲基环丙基亚基）-1	14.69	800	$C_{10}H_{16}$	14803-30-6	0.040
顺-3-己烯基丁酯	18.03	916	$C_{10}H_{18}O_2$	16491-36-4	0.428
丁酸己酯	18.51	956	$C_{10}H_{20}O_2$	2639-63-6	0.077
异戊酸叶醇酯	21.86	909	$C_{11}H_{20}O_2$	35154-45-1	0.291
异戊酸己酯	22.19	800	$C_{11}H_{22}O_2$	10032-15-2	0.045
4-烯丙基苯甲醚	26.16	913	$C_{10}H_{12}O$	140-67-0	0.037
甘香烯	28.61	945	$C_{15}H_{24}$	3242-08-8	0.256
（-）-α-荜澄茄油烯	29.37	929	$C_{15}H_{24}$	17699-14-8	2.212
α-依兰油烯	30.28	912	$C_{15}H_{24}$	31983-22-9	2.964
（-）-α-蒎烯	31.05	915	$C_{15}H_{24}$	3856-25-5	26.155
β-榄香烯	31.78	922	$C_{15}H_{24}$	515-13-9	0.756
（-）-异丁香烯	32.43	906	$C_{15}H_{24}$	118-65-0	0.100
β-石竹烯	33.33	953	$C_{15}H_{24}$	87-44-5	23.915
α-愈创木烯	34.17	925	$C_{15}H_{24}$	3691-12-1	0.589
α-石竹烯	35.10	936	$C_{15}H_{24}$	6753-98-6	6.670
香树烯	35.40	916	$C_{15}H_{24}$	25246-27-9	0.396
β-杜松烯	36.23	854	$C_{15}H_{24}$	523-47-7	0.161
γ-依兰油烯	36.53	947	$C_{15}H_{24}$	30021-74-0	5.921
大根香叶烯	36.72	938	$C_{15}H_{24}$	23986-74-5	0.258
（+）-β-芹子烯	37.03	912	$C_{15}H_{24}$	17066-67-0	0.053
荜澄茄烯	37.32	893	$C_{15}H_{24}$	13744-15-5	0.218
γ-榄香烯	37.64	893	$C_{15}H_{24}$	339154-91-5	0.711
δ-愈创木烯	38.23	926	$C_{15}H_{24}$	3691-11-0	0.084

（续表）

化合物名称	保留时间（min）	匹配度	分子式	CAS 号	相对含量（%）
α-雪松烯	38.54	907	$C_{15}H_{24}$	3853-83-6	0.042
(4aR,8aR)-2-异亚丙基-4A,8-二甲基-1,2,3,4,4A,5,6,8A-八氢萘	38.95	897	$C_{15}H_{24}$	6813-21-4	0.039
δ-杜松烯	39.51	899	$C_{15}H_{24}$	483-76-1	6.501
荜澄茄油宁烯	40.06	931	$C_{15}H_{24}$	16728-99-7	0.409
荜澄茄油烯醇	40.46	835	$C_{15}H_{26}O$	21284-22-0	0.047
氧化石竹烯	43.42	925	$C_{15}H_{24}O$	1139-30-6	0.363

鹰爪花花瓣香气物质的组成及相对含量明细表

化合物名称	保留时间（min）	匹配度	分子式	CAS 号	相对含量（%）
异丁酸乙酯	3.13	884	$C_6H_{12}O_2$	97-62-1	1.693
乙酸异丁酯	3.32	920	$C_6H_{12}O_2$	110-19-0	2.599
丁酸乙酯	3.72	906	$C_6H_{12}O_2$	105-54-4	0.987
2-甲基丁酸乙酯	4.68	939	$C_7H_{14}O_2$	7452-79-1	1.928
异戊酸乙酯	4.76	908	$C_7H_{14}O_2$	108-64-5	0.359
乙酸异戊酯	5.34	942	$C_7H_{14}O_2$	123-92-2	0.326
2-甲基丁基乙酸酯	5.40	907	$C_7H_{14}O_2$	624-41-9	0.199
顺-3-己烯-1-醇	5.74	890	$C_6H_{12}O$	928-96-1	0.105
戊酸乙酯	6.00	872	$C_7H_{14}O_2$	539-82-2	0.164
异丁酸异丁酯	6.41	913	$C_8H_{16}O_2$	97-85-8	0.435
3,3-二甲基丙烯酸乙酯	6.80	924	$C_7H_{12}O_2$	638-10-8	2.775
(+)-α-蒎烯	7.13	924	$C_{10}H_{16}$	7785-70-8	0.930
丁酸异丁酯	7.87	920	$C_8H_{16}O_2$	539-90-2	0.153
(-)-β-蒎烯	8.77	930	$C_{10}H_{16}$	18172-67-3	0.132
β-蒎烯	9.37	899	$C_{10}H_{16}$	127-91-3	0.397
己酸乙酯	9.73	928	$C_8H_{16}O_2$	123-66-0	0.237
2-甲基丁酸丁酯	9.85	917	$C_9H_{18}O_2$	15706-73-7	0.276

（续表）

化合物名称	保留时间（min）	匹配度	分子式	CAS 号	相对含量（%）
水芹烯	9.99	908	$C_{10}H_{16}$	99-83-2	0.275
乙酸叶醇酯	10.10	907	$C_8H_{14}O_2$	3681-71-8	0.331
3-蒈烯	10.22	907	$C_{10}H_{16}$	13466-78-9	1.364
乙酸己酯	10.39	921	$C_8H_{16}O_2$	142-92-7	0.174
异丁酸异戊酯	10.47	925	$C_9H_{18}O_2$	2445-69-4	0.147
间伞花烃	10.99	939	$C_{10}H_{14}$	535-77-3	0.470
(+)-柠檬烯	11.14	906	$C_{10}H_{16}$	5989-27-5	2.608
2-甲基丙酸-3-甲基丁酯	12.49	922	$C_9H_{18}O_2$	2050-01-3	0.068
γ-松油烯	12.67	897	$C_{10}H_{16}$	99-85-4	0.097
3-甲基-2-丁烯酸丁酯	13.81	863	$C_9H_{16}O_2$	54056-51-8	0.185
萜品油烯	14.25	941	$C_{10}H_{16}$	586-62-9	0.124
2-甲基丁酸-2-甲基丁酯	15.10	938	$C_{10}H_{20}O_2$	2445-78-5	0.064
顺式-3-己烯醇丁酸酯	17.34	896	$C_{10}H_{18}O_2$	16491-36-4	0.142
2-丁烯酸-3-甲基-3 甲基丁酯	19.36	896	$C_{10}H_{18}O_2$	56922-73-7	0.089
(-)-α-荜澄茄油烯	25.50	919	$C_{15}H_{24}$	17699-14-8	1.796
(-)-α-依兰油烯	26.19	898	$C_{15}H_{24}$	483-75-0	2.465
(-)-α-蒎烯	26.64	915	$C_{15}H_{24}$	3856-25-5	18.147
荜澄茄烯	27.17	915	$C_{15}H_{24}$	13744-15-5	3.077
β-榄香烯	27.30	896	$C_{15}H_{24}$	515-13-9	0.518
(+)-苜蓿烯	27.45	901	$C_{15}H_{24}$	3650-28-0	0.168
香橙烯	27.92	895	$C_{15}H_{24}$	109119-91-7	0.067
β-石竹烯	28.66	954	$C_{15}H_{24}$	87-44-5	28.023
α-愈创木烯	29.40	941	$C_{15}H_{24}$	3691-12-1	0.445
α-石竹烯	30.28	932	$C_{15}H_{24}$	6753-98-6	9.892
δ-杜松烯	31.31	865	$C_{15}H_{24}$	483-76-1	0.102
γ-依兰油烯	31.54	929	$C_{15}H_{24}$	30021-74-0	5.426
大根香叶烯	31.78	934	$C_{15}H_{24}$	23986-74-5	0.460
γ-古芸烯	32.67	892	$C_{15}H_{24}$	22567-17-5	0.113

（续表）

化合物名称	保留时间（min）	匹配度	分子式	CAS 号	相对含量（%）
α-依兰油烯	32.96	955	$C_{15}H_{24}$	31983-22-9	0.940
δ-愈创木烯	33.23	917	$C_{15}H_{24}$	3691-11-0	0.179
β-杜松烯	34.42	887	$C_{15}H_{24}$	523-47-7	6.797
荜澄茄油宁烯	35.07	920	$C_{15}H_{24}$	16728-99-7	0.397
氧化石竹烯	38.74	923	$C_{15}H_{24}O$	1139-30-6	0.933
环氧化蛇麻烯Ⅱ	40.95	870	$C_{15}H_{24}O$	19888-34-7	0.076

18 枫 茅

18.1 枫茅的分布、形态特征与利用情况

18.1.1 分 布

枫茅（*Cymbopogon winterianus*）为禾本科（Poaceae）香茅属（*Cymbopogon*）植物。我国海南、台湾、云南等地有引种栽培。分布于印度、斯里兰卡、马来西亚、印度尼西亚。

18.1.2 形态特征

多年生大型丛生草本，具强烈香气；根系较浅，根状茎粗短，质地硬，分蘖力强。叶鞘宽大，基部内面呈橘红色，向外反卷，上部具脊，无毛或与叶片连接处被微毛；叶舌长 2~3 mm，顶端尖，边缘具细纤毛；叶片长 40~100 厘米，宽 1.0~2.5 cm，中脉粗壮，下部渐狭，基部窄于叶鞘，正面具微毛，先端长渐尖，向下弯垂，侧脉平滑，边缘锯齿状，粗糙，背面粉绿色。伪圆锥花序大型，疏松，长 20~50 cm，多回复合，下垂，分枝节部具毛，呈"之"字形膝曲；佛焰苞较小，长约 1.5 cm；前叶脊上无毛；总状花序长 1.5~2.5 cm，有 3~5 对小穗；小穗柄及总状花序轴边缘或背部具长 1（中下部）~2（先端）mm 的柔毛；无柄小穗长约 5 mm，第一颖椭圆状倒披针形，背部扁平或下凹，宽 1.0~1.2 mm，上部具翼，边缘粗糙，脊间常具 3 脉或脉不明显，第二外稃具芒尖或芒长约 5 mm，大多不伸出于小穗之外。有柄小穗长约 5 mm，第一颖披针形，具 7 脉，边缘上部锯齿状，粗糙。

18.1.3 利用情况

香料植物，茎叶是提取精油香草醛（Citronellal）的原料。鲜叶含油量高，含量为 0.6%~0.7%，精油中总香叶醇（Geraniol）含量 83%~92%。

18.2 枫茅香气物质的提取及检测分析

18.2.1 顶空固相微萃取

将枫茅的叶片用剪刀剪碎后准确称取 0.2125 g，放入固相微萃取瓶中，密封。在 40℃水浴中平衡 10 min，用 PDMS/DVB 萃取头吸附 15 min。采用气相色谱-质谱仪（GC-MS）对其成分进行检测分析。

18.2.2 GC-MS 检测分析

GC 分析条件：采用 DB-5Ms 色谱柱（30 m × 0.25 mm × 0.25 μm），氦气（99.999%）流速为 1.0 mL/min，进样口温度为 250℃，分流比为 10∶1；起始温度为 60℃，保持 1 min，然后以 2℃/min 的速率升温至 85℃，保持 1 min，以 3℃/min 的速率升温至 130℃，保持 1 min，以 2℃/min 的速率升温至 160℃，以 10℃/min 的速率升温至 230℃，保持 3 min；样品解吸附 5 min。

MS 分析条件：EI 离子源，电离能量 70 eV，离子源温度 230℃；传输线温度 250℃，质量扫描范围（m/z）30~400，采集速率 10 spec/s，溶剂延迟 180 s。

检测分析结果见图和表。

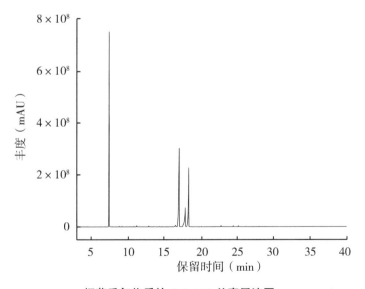

枫茅香气物质的 GC-MS 总离子流图

枫茅香气物质的组成及相对含量明细表

化合物名称	保留时间（min）	匹配度	分子式	CAS 号	相对含量（%）
3-己烯醛	3.57	796	$C_6H_{10}O$	4440-65-7	0.019
反式-2-己烯醛	4.43	819	$C_6H_{10}O$	6728-26-3	0.016
顺-3-己烯-1-醇	4.53	879	$C_6H_{12}O$	928-96-1	0.074
β-蒎烯	7.47	910	$C_{10}H_{16}$	127-91-3	37.886
(S)-(-)-柠檬烯	8.65	815	$C_{10}H_{16}$	5989-54-8	0.019
(-)-α-蒎烯	9.23	869	$C_{10}H_{16}$	7785-26-4	0.103
8-异亚丙基双环[5.1.0]辛烷	10.98	793	$C_{11}H_{18}$	54166-47-1	0.012
紫苏烯	11.14	775	$C_{10}H_{14}O$	539-52-6	0.045
芳樟醇	11.25	843	$C_{10}H_{18}O$	78-70-6	0.304
2,4,6-三甲基-1,3,6-庚三烯	11.69	793	$C_{10}H_{16}$	24648-33-7	0.021
1-甲基-4-丙-1-烯-2-基环己烷	12.41	809	$C_{10}H_{18}$	1124-27-2	0.008
1,3,4-三甲基-3-环己烯-1-羧醛	13.06	807	$C_{10}H_{16}O$	40702-26-9	0.041
香茅醛	13.13	844	$C_{10}H_{18}O$	106-23-0	0.058
3,7-二甲基-1,6-辛二烯	13.61	859	$C_{10}H_{18}$	2436-90-0	0.113
3-壬炔-1-醇	16.07	769	$C_9H_{16}O$	31333-13-8	0.037
顺式-柠檬醛	17.03	932	$C_{10}H_{16}O$	106-26-3	30.838
橙花醇	17.84	898	$C_{10}H_{18}O$	106-25-2	8.677
(E)-3,7-二甲基-2,6-辛二烯醛	18.33	919	$C_{10}H_{16}O$	141-27-5	19.240
4-甲基-2-己酮	19.00	818	$C_7H_{14}O$	105-42-0	0.021
反-3,7-二甲基-2,6-辛二烯乙酸酯	22.72	882	$C_{12}H_{20}O_2$	16409-44-2	0.331
(-)-异丁香烯	24.38	834	$C_{15}H_{24}$	118-65-0	0.321
(1S,5S,6R)-2,6-二甲基-6-(4-甲基-3-戊烯-1-基)双环[3.1.1]庚-2-烯	25.07	880	$C_{15}H_{24}$	13474-59-4	0.163
反式-β-金合欢烯	26.08	838	$C_{15}H_{24}$	18794-84-8	0.134
肉桂酸乙酯	26.92	809	$C_{11}H_{12}O_2$	103-36-6	0.010
α-芹子烯	27.40	770	$C_{15}H_{24}$	473-13-2	0.100

19 柠檬草

19.1 柠檬草的分布、形态特征与利用情况

19.1.1 分 布

柠檬草（*Cymbopogon citratus*）为禾本科（Poaceae）香茅属（*Cymbopogon*）香料作物。又称香茅，原产于东南亚热带地区，喜高温多雨的气候，在无霜或少霜的地区都生长良好。广泛种植于热带地区，我国主要在广东、海南、台湾栽培；西印度群岛与非洲东部也有栽培。

19.1.2 形态特征

多年生密丛型具香味草本植物，株高 60 cm，最高可达 2 m，粗壮，节下被白色蜡粉。叶鞘无毛，不向外反卷，内面浅绿色；叶舌质厚，长约 1 mm；叶片长 30~90 cm，宽 5~15 mm，顶端长渐尖，平滑或边缘粗糙。伪圆锥花序具多次复合分枝，长约 50 cm，疏散，分枝细长，顶端下垂；佛焰苞长 1.5~2.0 cm；总状花序不等长，具 3~4 节或 5~6 节，长约 1.5 cm；总梗无毛；总状花序轴节间及小穗柄长 2.5~4.0 mm，边缘疏生柔毛，顶端膨大或具齿裂。无柄小穗线状披针形，长 5~6 mm，宽约 0.7 mm；第一颖背部扁平或下凹成槽，无脉，上部具窄翼，边缘有短纤毛；第二外稃狭小，长约 3 mm，先端具 2 微齿，无芒或具长约 0.2 mm 的芒尖。有柄小穗长 4.5~5.0 mm。花果期夏季，少见有开花者。

19.1.3 利用情况

柠檬草茎叶可用来提取香精油，味道像是水果香及薰衣草的综合。其气味可以驱除蚊子、跳蚤，抑制病房中的细菌，驱虫效果显著，常用作室内芳香剂，也可制成香水、肥皂。嫩茎叶为制咖喱调香料的原料。药用有通络祛风、消肿止痛之效。其精油具有镇静、抗微生物、杀虫及诱变等作用。

19.2 柠檬草香气物质的提取及检测分析

19.2.1 柠檬草香气物质的提取

19.2.1.1 水蒸气蒸馏法

依据 GB/T 30385—2013《香辛料和调味品 挥发油含量的测定》对柠檬草叶中的香气物质进行提取。将新鲜柠檬草叶破碎，准确称取破碎后的柠檬草叶 40.00 g，放入 1000 mL 带有磨砂接口的圆底烧瓶中，加入 500 mL 去离子水，上接挥发油收集器和冷凝管，冷凝管冷却用水为冷却循环泵提供，可将冷却温度调节至 5℃以下以增强冷却效果。蒸馏提取 3~4 h，提取出来的柠檬草精油用正己烷稀释 200 倍，经无水硫酸钠脱除水分后，采用气相色谱-质谱仪（GC-MS）对其成分进行检测分析。

19.2.1.2 顶空固相微萃取

将柠檬草叶用剪刀剪碎后准确称取 0.2500 g，放入固相微萃取瓶中，密封。在 40℃水浴中平衡 10 min，用 PDMS/DVB 萃取头吸附 15 min。采用气相色谱-质谱仪（GC-MS）对其成分进行检测分析。

19.2.2 GC-MS 检测分析

柠檬草精油的 GC 分析条件：采用 DB-5Ms 色谱柱（30 m × 0.25 mm × 0.25 μm），进样口温度为 250℃，氦气（99.999%）流速为 1.0 mL/min，进样量 1.0 μL；起始柱温设置为 50℃，保持 1 min，然后以 4.0℃/min 的速率升温至 80℃，以 3℃/min 的速率升温至 120℃，以 10℃/min 的速率升温至 230℃，以 20℃/min 的速率升温至 280℃，保持 3 min；分流比 5∶1，样品解吸附 5 min。

柠檬草的顶空固相微萃取物的 GC 分析条件：采用 DB-5Ms 色谱柱（30 m × 0.25 mm × 0.25μm），进样口温度为 250℃，氦气（99.999%）流速为 1.0 mL/min，分流比 10∶1；起始柱温设置为 60℃，保持 1 min，以 2℃/min 速率升温至 85℃，保持 1 min，以 3℃/min 速率升温至 130℃，保持 1 min，以 2℃/min 升温至 160℃，以 10℃/min 速率升温至 230℃，保持 3 min，溶剂延迟 5 min；样品解吸附 5 min。

MS 分析条件（柠檬草精油与柠檬草顶空固相微萃取物的 MS 分析条件相同）：EI 离子源，电离能量 70 eV，离子源温度 230℃；传输线温度 280℃，质量扫描范围（m/z）35~450，采集速率 10 spec/s，溶剂延迟 180 s。

检测分析结果见图和表。

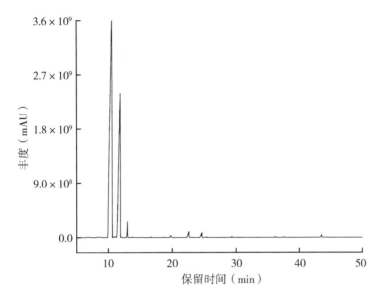

柠檬草精油的 GC-MS 总离子流图

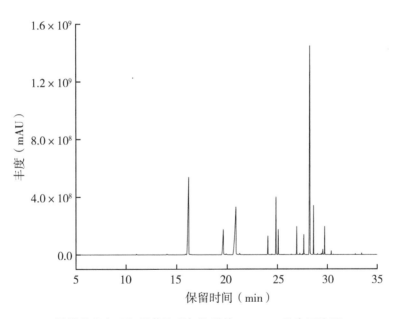

柠檬草顶空固相微萃取香气物质的 GC-MS 总离子流图

柠檬草精油香气物质的组成及相对含量明细表

化合物名称	保留时间 （min）	匹配度	分子式	CAS 号	相对含量 （%）
2-己烯-1-醇	3.59	802	$C_6H_{10}O$	764-60-3	0.005
反式-2-己烯醛	4.45	883	$C_6H_{10}O$	6728-26-3	0.006

（续表）

化合物名称	保留时间 （min）	匹配度	分子式	CAS 号	相对含量 （%）
顺-3-己烯-1-醇	4.55	931	$C_6H_{12}O$	928-96-1	0.017
β-蒎烯	7.44	875	$C_{10}H_{16}$	127-91-3	0.031
桧烯	7.90	754	$C_{10}H_{16}$	3387-41-5	0.006
α-蒎烯	8.06	854	$C_{10}H_{16}$	2437-95-8	0.005
双戊烯	8.68	917	$C_{10}H_{16}$	138-86-3	1.268
(-)-α-蒎烯	8.90	867	$C_{10}H_{16}$	7785-26-4	0.006
罗勒烯	9.27	833	$C_{10}H_{16}$	3338-55-4	0.005
3-甲基-4-戊醇	9.46	774	$C_6H_{12}O$	51174-44-8	0.004
α-异松油烯	10.71	898	$C_{10}H_{16}$	586-62-9	0.017
芳樟醇	11.32	886	$C_{10}H_{18}O$	78-70-6	0.169
(+)-香茅醛	13.66	919	$C_{10}H_{18}O$	2385-77-5	81.721
异蒲勒醇	13.76	878	$C_{10}H_{18}O$	89-79-2	0.015
4-萜烯醇	14.42	769	$C_{10}H_{18}O$	562-74-3	0.006
顺-4-癸烯醛	14.87	870	$C_{10}H_{18}O$	21662-09-9	0.006
α-松油醇	15.03	837	$C_{10}H_{18}O$	98-55-5	0.008
癸醛	15.32	884	$C_{10}H_{20}O$	112-31-2	0.030
香茅醇	16.64	935	$C_{10}H_{20}O$	106-22-9	3.649
顺式-柠檬醛	16.91	892	$C_{10}H_{16}O$	106-26-3	0.224
香叶醇	17.84	931	$C_{10}H_{18}O$	106-24-1	5.944
橙花醛	18.22	887	$C_{10}H_{16}O$	141-27-5	0.456
香树烯	20.43	828	$C_{15}H_{24}$	25246-27-9	0.005
γ-榄香烯	20.77	855	$C_{15}H_{24}$	339154-91-5	0.013
乙酸香茅酯	21.48	940	$C_{12}H_{22}O_2$	150-84-5	0.912
2-甲氧基-3-(2-丙烯基)-苯酚	22.03	899	$C_{10}H_{12}O_2$	1941-12-4	0.089
乙酸香叶酯	22.81	914	$C_{12}H_{20}O_2$	16409-44-2	0.931
香橙烯	24.41	883	$C_{15}H_{24}$	109119-91-7	0.065
荜澄茄烯	24.85	890	$C_{15}H_{24}$	13744-15-5	0.028
(-)-α-荜澄茄油烯	25.69	787	$C_{15}H_{24}$	17699-14-8	0.009

（续表）

化合物名称	保留时间（min）	匹配度	分子式	CAS 号	相对含量（%）
α-石竹烯	26.04	876	$C_{15}H_{24}$	6753-98-6	0.069
大根香叶烯	27.51	923	$C_{15}H_{24}$	23986-74-5	3.474
α-芹子烯	28.08	858	$C_{15}H_{24}$	473-13-2	0.032
α-依兰油烯	28.33	862	$C_{15}H_{24}$	31983-22-9	0.024
γ-依兰油烯	29.04	882	$C_{15}H_{24}$	30021-74-0	0.091
δ-杜松烯	29.47	897	$C_{15}H_{24}$	483-76-1	0.144
榄香醇	31.05	926	$C_{15}H_{26}O$	639-99-6	0.173
1,7-二甲基-4-丙-2-环癸-2,7-二烯-1-醇	32.30	921	$C_{15}H_{26}O$	72120-50-4	0.286
2Z,6E-金合欢醇	34.20	801	$C_{15}H_{26}O$	3790-71-4	0.009
γ-桉叶醇	35.13	748	$C_{15}H_{26}O$	1209-71-8	0.005
T-杜松醇	35.69	829	$C_{15}H_{26}O$	5937-11-1	0.016
β-桉叶醇	36.13	748	$C_{15}H_{26}O$	473-15-4	0.004
α-荜澄茄醇	36.38	823	$C_{15}H_{26}O$	481-34-5	0.014
2,3,5,8-四甲基-1,5,9-十三烯	45.04	768	$C_{14}H_{24}$	230646-72-7	0.006

柠檬草顶空固相微萃取香气物质的组成及相对含量明细表

化合物名称	保留时间（min）	匹配度	分子式	CAS 号	相对含量（%）
正己烷	5.02	839	C_6H_{14}	110-54-3	0.008
(1S)-β-蒎烯	9.66	825	$C_{10}H_{16}$	18172-67-3	0.012
双戊烯	11.03	907	$C_{10}H_{16}$	138-86-3	0.119
3-甲基-4-戊醇	12.00	740	$C_6H_{12}O$	51174-44-8	0.008
芳樟醇	14.03	909	$C_{10}H_{18}O$	78-70-6	0.156
2,6-二甲基庚-5-烯-1-醇	15.31	805	$C_9H_{18}O$	4234-93-9	0.012
异蒲勒醇	15.88	943	$C_{10}H_{18}O$	89-79-2	0.155
(+)-香茅醛	16.18	926	$C_{10}H_{18}O$	2385-77-5	20.352
香茅醛	16.37	910	$C_{10}H_{18}O$	106-23-0	0.048

（续表）

化合物名称	保留时间（min）	匹配度	分子式	CAS 号	相对含量（%）
马鞭草烯醇	17.31	735	$C_{10}H_{16}O$	473-67-6	0.009
α-松油醇	17.97	839	$C_{10}H_{18}O$	98-55-5	0.017
癸醛	18.29	858	$C_{10}H_{20}O$	112-31-2	0.019
香茅醇	19.60	945	$C_{10}H_{20}O$	106-22-9	6.137
顺式-柠檬醛	19.89	904	$C_{10}H_{16}O$	106-26-3	0.161
香叶醇	20.85	949	$C_{10}H_{18}O$	106-24-1	17.786
橙花醛	21.23	890	$C_{10}H_{16}O$	141-27-5	0.229
δ-榄香烯	23.55	866	$C_{15}H_{24}$	20307-84-0	0.014
乙酸香茅酯	24.03	954	$C_{12}H_{22}O_2$	150-84-5	2.019
乙酸香叶酯	24.33	877	$C_{12}H_{20}O_2$	16409-44-2	0.011
2-甲氧基-3-（2-丙烯基）-苯酚	24.44	899	$C_{10}H_{12}O_2$	1941-12-4	0.139
异丁香酚	24.64	844	$C_{10}H_{12}O_2$	97-54-1	0.011
乙酸香叶酯	24.86	935	$C_{12}H_{20}O_2$	105-87-3	6.638
β-榄香烯	25.09	895	$C_{15}H_{24}$	515-13-9	2.506
荜澄茄烯	25.68	895	$C_{15}H_{24}$	13744-15-5	0.068
香树烯	26.20	853	$C_{15}H_{24}$	25246-27-9	0.013
α-石竹烯	26.42	901	$C_{15}H_{24}$	6753-98-6	0.057
（-）-α-依兰油烯	26.84	928	$C_{15}H_{24}$	483-75-0	0.040
大根香叶烯	26.95	931	$C_{15}H_{24}$	23986-74-5	2.364
α-依兰油烯	27.26	928	$C_{15}H_{24}$	31983-22-9	0.170
α-芹子烯	27.38	882	$C_{15}H_{24}$	473-13-2	0.013
γ-依兰油烯	27.52	889	$C_{15}H_{24}$	30021-74-0	0.087
δ-杜松烯	27.65	917	$C_{15}H_{24}$	483-76-1	1.650
榄香醇	28.24	953	$C_{15}H_{26}O$	639-99-6	35.250
顺式,反式-金合欢醇	29.00	829	$C_{15}H_{26}O$	3790-71-4	0.094
荜澄茄油烯醇	29.31	871	$C_{15}H_{26}O$	21284-22-0	0.022
γ-桉叶醇	29.39	921	$C_{15}H_{26}O$	1209-71-8	0.134
（-）-α-荜澄茄醇	29.53	918	$C_{15}H_{26}O$	19912-62-0	0.632

（续表）

化合物名称	保留时间 （min）	匹配度	分子式	CAS 号	相对含量 （%）
α-荜橙茄醇	29.72	926	$C_{15}H_{26}O$	481-34-5	2.247
DL-2,3-二氢 6-金合欢醇	30.00	815	$C_{15}H_{28}O$	20576-54-9	0.013
金合欢醛	30.31	833	$C_{15}H_{24}O$	19317-11-4	0.028
反式-金合欢醇	30.40	918	$C_{15}H_{26}O$	106-28-5	0.296
（2-反式,6-反式）-金合欢醛	30.64	885	$C_{15}H_{24}O$	502-67-0	0.044
叶绿醇	31.62	849	$C_{20}H_{40}O$	102608-53-7	0.012
反,反-西基乙酸	31.68	826	$C_{17}H_{28}O_2$	4128-17-0	0.015
（Z）-3,7-二甲基-2,6- 辛二烯-1-醇乙酸酯	32.81	862	$C_{12}H_{20}O_2$	141-12-8	0.073
香叶基香叶醇	33.44	793	$C_{20}H_{34}O$	24034-73-9	0.116

20 长耳胡椒

20.1 长耳胡椒的分布、形态特征与利用情况

20.1.1 分 布

长耳胡椒（*Piper auritum*）为胡椒科（Piperaceae）胡椒属（*Piper*）植物。产于伯利兹、哥伦比亚、哥斯达黎加、厄瓜多尔、萨尔瓦多、圭亚那、危地马拉、洪都拉斯、墨西哥、尼加拉瓜、巴拿马、苏里南。

20.1.2 形态特征

灌木或小乔木；茎、枝有膨大的节，揉之有香气；外面的维管束联合成环，内面的维管束呈 1 列或 2 列散生。叶片较大，互生，全缘；托叶多少贴生于叶柄上，早落。花单性，雌雄异株，或稀有两性或杂性，聚集成与叶对生或稀有顶生的长穗状花序，花序通常宽于总花梗 3 倍以上；苞片离生，少有与花序轴或花合生，盾状或杯状；雄蕊 2~6 枚，通常着生于花序轴上，稀着生于子房基部，花药 2 室，2~4 裂；子房离生或有时嵌生于花序轴中而与其合生，有胚珠 1 颗，柱头 3~5 个，稀有 2 个。

20.1.3 利用情况

叶片有特殊的香味，可作为蔬菜食用。

20.2 长耳胡椒香气物质的提取及检测分析

20.2.1 顶空固相微萃取

将长耳胡椒的叶片用剪刀剪碎后准确称取 0.2062 g，放入固相微萃取瓶中，密封。在 40℃水浴中平衡 10 min，用 PDMS/DVB 萃取头吸附 15 min。采用气相色谱-质谱仪

（GC-MS）对其成分进行检测分析。

20.2.2 GC-MS 检测分析

GC 分析条件：采用 DB-5Ms 色谱柱（30 m × 0.25 mm × 0.25 μm），氦气（99.999%）流速为 1.0 mL/min，进样口温度为 250℃，分流比为 10∶1；起始温度为 60℃，保持 1 min，然后以 5℃/min 的速率升温至 85℃，保持 2 min，以 3℃/min 的速率升温至 130℃，保持 1 min，以 2℃/min 的速率升温至 160℃，以 10℃/min 的速率升温至 230℃，保持 3 min；样品解吸附 5 min。

MS 分析条件：EI 离子源，电离能量 70 eV，离子源温度 230℃；传输线温度 250℃，质量扫描范围（m/z）30~400，采集速率 10 spec/s，溶剂延迟 180 s。

检测分析结果见图和表。

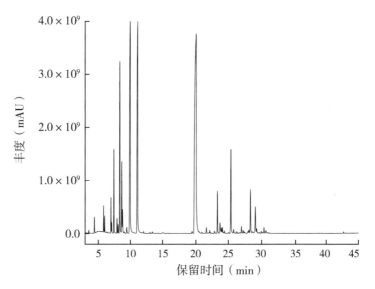

长耳胡椒香气物质的 GC-MS 总离子流图

长耳胡椒香气物质的组成及相对含量明细表

化合物名称	保留时间（min）	匹配度	分子式	CAS 号	相对含量（%）
3-己烯醛	3.57	858	$C_6H_{10}O$	4440-65-7	0.124
2-己烯醛	4.42	955	$C_6H_{10}O$	505-57-7	0.601
顺-3-己烯-1-醇	4.97	928	$C_6H_{12}O$	928-96-1	0.374
α-侧柏烯	5.85	942	$C_{10}H_{16}$	2867-05-2	0.792
(+)-α-蒎烯	6.02	945	$C_{10}H_{16}$	7785-70-8	0.496

化合物名称	保留时间 （min）	匹配度	分子式	CAS 号	相对含量 （%）
7-(甲基乙亚基)-双环[4.1.0]庚烷	6.39	876	$C_{10}H_{16}$	53282-47-6	0.030
β-水芹烯	7.00	922	$C_{10}H_{16}$	555-10-2	1.156
β-蒎烯	7.46	901	$C_{10}H_{16}$	127-91-3	3.424
松油烯	8.36	903	$C_{10}H_{16}$	99-86-5	8.365
间伞花烃	8.66	939	$C_{10}H_{14}$	535-77-3	2.809
(R)-1-甲基-5-(1-甲基乙烯基)环己烯	8.78	903	$C_{10}H_{16}$	1461-27-4	1.211
α-蒎烯	9.04	906	$C_{10}H_{16}$	2437-95-8	0.040
罗勒烯	9.43	952	$C_{10}H_{16}$	13877-91-3	0.276
γ-松油烯	9.96	936	$C_{10}H_{16}$	99-85-4	17.637
萜品油烯	11.09	927	$C_{10}H_{16}$	586-62-9	16.307
芳樟醇	11.66	802	$C_{10}H_{18}O$	78-70-6	0.031
p-薄荷-1,3,8-三烯	12.01	959	$C_{10}H_{14}$	21195-59-5	0.135
2,5-二甲基-2,4-己二烯	13.35	778	C_8H_{14}	764-13-6	0.098
4-萜烯醇	14.95	839	$C_{10}H_{18}O$	562-74-3	0.089
左旋乙酸冰片酯	19.43	923	$C_{12}H_{20}O_2$	5655-61-8	0.147
黄樟素	20.02	961	$C_{10}H_{10}O_2$	94-59-7	31.012
δ-榄香烯	21.60	933	$C_{15}H_{24}$	20307-84-0	0.308
顺式-异黄樟脑	21.96	931	$C_{10}H_{10}O_2$	17627-76-8	0.038
(-)-α-荜澄茄油烯	22.11	906	$C_{15}H_{24}$	17699-14-8	0.140
α-愈创木烯	22.25	812	$C_{15}H_{24}$	3691-12-1	0.031
(+)-环苜蓿烯	22.83	918	$C_{15}H_{24}$	22469-52-9	0.128
(-)-α-蒎烯	23.27	923	$C_{15}H_{24}$	3856-25-5	1.888
反式-异黄樟脑	23.66	836	$C_{10}H_{10}O_2$	4043-71-4	0.720
β-榄香烯	24.02	902	$C_{15}H_{24}$	515-13-9	0.290
β-杜松烯	24.32	889	$C_{15}H_{24}$	523-47-7	0.101
异喇叭烯	24.99	891	$C_{15}H_{24}$	29484-27-3	0.050
β-石竹烯	25.31	960	$C_{15}H_{24}$	87-44-5	4.654

（续表）

化合物名称	保留时间（min）	匹配度	分子式	CAS 号	相对含量（%）
荜澄茄烯	25.73	916	$C_{15}H_{24}$	13744-15-5	0.190
香木兰烯	26.20	932	$C_{15}H_{24}$	72747-25-2	0.090
佛术烯	26.39	864	$C_{15}H_{24}$	10219-75-7	0.029
α-石竹烯	26.93	943	$C_{15}H_{24}$	6753-98-6	0.362
δ-愈创木烯	27.19	810	$C_{15}H_{24}$	3691-11-0	0.162
倍半水芹烯	27.40	875	$C_{15}H_{24}$	54324-03-7	0.098
(-)-α-古芸烯	27.93	882	$C_{15}H_{24}$	489-40-7	0.109
γ-依兰油烯	28.06	929	$C_{15}H_{24}$	30021-74-0	0.194
大根香叶烯	28.29	936	$C_{15}H_{24}$	23986-74-5	2.420
(+)-β-芹子烯	28.56	896	$C_{15}H_{24}$	17066-67-0	0.083
γ-榄香烯	29.04	873	$C_{15}H_{24}$	339154-91-5	1.732
α-依兰油烯	29.25	955	$C_{15}H_{24}$	31983-22-9	0.246
β-红没药烯	29.63	914	$C_{15}H_{24}$	495-61-4	0.046
(R)-γ-杜松烯	29.95	926	$C_{15}H_{24}$	39029-41-9	0.111
δ-杜松烯	30.38	922	$C_{15}H_{24}$	483-76-1	0.324
肉豆蔻醚	30.66	936	$C_{11}H_{12}O_3$	607-91-0	0.200
荜澄茄油宁烯	30.86	873	$C_{15}H_{24}$	16728-99-7	0.040
水杨酸辛酯	42.69	898	$C_{15}H_{22}O_3$	118-60-5	0.062

21 胡 椒

21.1 胡椒的分布、形态特征与利用情况

21.1.1 分 布

胡椒（*Piper nigrum*）为胡椒科（Piperaceae）胡椒属（*Piper*）植物，被誉为"香料之王"，是古老而著名的香料。胡椒的栽培品种主要分布于印度、印度尼西亚、马来西亚和斯里兰卡等国。我国于 1947 年引种胡椒，目前胡椒种植面积和产量分别居世界第六位和第五位，海南省是我国胡椒的主产区，云南省有少量种植。

21.1.2 形态特征

胡椒为木质攀缘藤本植物，茎、枝无毛，节间显著膨大，常生小根。叶厚，近革质，阔卵形至卵状长圆形，长 10~15 cm，宽 5~9 cm，顶端短尖，基部圆，常稍偏斜，两面均无毛；叶脉 5~7 条，最上 1 对互生，离基 1.5~3.5 cm 从中脉发出，余者均自基出，最外 1 对极柔弱，网状脉明显；叶柄长 1~2 cm，无毛；叶鞘延长，长常为叶柄之半。花雌雄同株；花序与叶对生，短于叶或与叶等长；总花梗与叶柄近等长，无毛；苞片匙状长圆形，长 3.0~3.5 cm，中部宽约 0.8 mm，顶端阔而圆，与花序轴分离，呈浅杯状，狭长处与花序轴合生，仅边缘分离；雄蕊 2 枚，花药肾形，花丝粗短；子房球形，柱头 3~4 个，稀有 5 个。浆果球形，无柄，直径 3~4 mm，成熟时红色，未成熟时干后变黑色。花期 6—10 月。

21.1.3 利用情况

胡椒是世界十分重要的香辛料作物，因其独特的挥发性香气物质及胡椒碱等功效物质，使其在医药、食品工业甚至在军事领域中都有广泛的应用。胡椒种子含有挥发油、胡椒碱、粗蛋白、粗脂肪、淀粉、可溶性氮等物质，是人们喜爱的调味品。胡椒在腌制工业中用作防腐性香料；在医药工业上可用作健胃剂、解热剂及支气管黏膜刺激剂等，

可治疗消化不良、寒痰、咳嗽、肠炎、支气管炎、感冒和风湿病等；在食品工业上可用作抗氧化剂、防腐剂和保鲜剂。

21.2　胡椒香气物质的提取及检测分析

21.2.1　水蒸气蒸馏

依据 GB/T 30385—2013《香辛料和调味品　挥发油含量的测定》对胡椒粒中的精油进行提取。将胡椒粒粉碎后过 40 目筛，准确称取筛后的胡椒粉 40.00 g，放入1000 mL 带有磨砂接口的圆底烧瓶中，加入 500 mL 去离子水，上接挥发油收集器和冷凝管，冷凝管冷却用水为冷却循环泵提供，可将冷却温度调节至 5℃ 以下以增强冷却效果。蒸馏提取 3~4 h，提取出来的精油用正己烷稀释 200 倍，经无水硫酸钠脱除水分后，采用气相色谱-质谱仪（GC-MS）对其成分进行检测分析。

21.2.2　GC-MS 检测分析

GC 分析条件：采用 DB-5Ms 色谱柱（30 m × 0.25 mm × 0.25 μm），设置分流比为10∶1，进样口温度为 230℃，氦气（99.999%）流速为 1.0 mL/min，进样量 1 μL；起始柱温设置为 40℃，保持 3 min，然后以 5℃/min 的速率升温至 220℃，保持 2 min。

MS 分析条件：EI 离子源，电离能量 70 eV，离子源温度 150℃；传输线温度250℃，质量扫描范围（m/z）35~450，采集速率 10 spec/s，溶剂延迟 300 s。

检测分析结果见图和表。

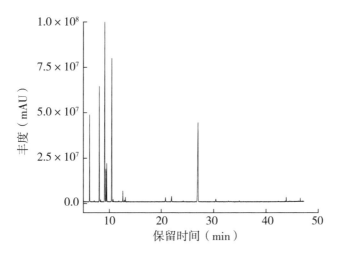

胡椒香气物质的 GC-MS 总离子流图

胡椒香气物质的组成及相对含量明细表

化合物	保留时间（min）	匹配度	分子式	CAS	相对含量（%）
α-蒎烯	6.18	927	$C_{10}H_{16}$	80-56-8	8.090
莰烯	7.08	880	$C_{10}H_{16}$	79-92-5	0.088
2-己酮	7.24	819	$C_6H_{12}O$	591-78-6	0.004
β-蒎烯	8.07	921	$C_{10}H_{16}$	127-91-3	13.375
桧烯	8.31	857	$C_{10}H_{16}$	3387-41-5	0.178
(Z)-β-罗勒烯	9.11	914	$C_{10}H_{16}$	13877-91-3	25.927
β-月桂烯	9.34	929	$C_{10}H_{16}$	123-35-3	3.124
α-水芹烯	9.49	895	$C_{10}H_{16}$	99-83-2	3.934
丙烯酸丁酯	9.62	828	$C_7H_{12}O_2$	141-32-2	0.012
1,3,5-三甲基-3,7,7-环庚三烯	9.75	806	$C_{10}H_{14}$	3479-89-8	0.008
γ-松油烯	9.87	829	$C_{10}H_{16}$	99-85-4	0.014
双戊烯	10.47	938	$C_{10}H_{16}$	138-86-3	20.730
桧烯	10.71	865	$C_{10}H_{16}$	3387-41-5	0.254
α-水芹烯	11.69	832	$C_{10}H_{16}$	99-83-2	0.027
邻伞花烃	12.58	944	$C_{10}H_{14}$	527-84-4	1.287
4-甲基-3-(1-甲基二乙烯基)-环己烷	12.87	863	$C_{10}H_{16}$	99805-90-0	0.186
萜品油烯	13.08	884	$C_{10}H_{16}$	586-62-9	0.525
δ-榄香烯	20.83	850	$C_{15}H_{24}$	20307-84-0	0.662
(-)-α-蒎烯	21.97	849	$C_{15}H_{24}$	3856-25-5	0.841
β-古巴烯	24.05	819	$C_{15}H_{24}$	18252-44-3	0.043
芳樟醇	24.24	806	$C_{10}H_{18}O$	78-70-6	0.120
β-榄香烯	26.55	782	$C_{15}H_{24}$	110823-68-2	0.078
β-石竹烯	27.04	914	$C_{15}H_{24}$	87-44-5	18.934
α-罗勒烯	30.42	851	$C_{10}H_{16}$	502-99-8	0.486
α-松油醇	31.77	756	$C_{10}H_{18}O$	98-55-5	0.039
2-(4-甲基-2,4-环己二烯基)-2-丙醇	32.77	817	$C_{10}H_{16}O$	1686-20-0	0.136
δ-杜松烯	34.86	822	$C_{15}H_{24}$	483-76-1	0.154

续表

化合物	保留时间 （min）	匹配度	分子式	CAS	相对含量 （%）
石竹烯氧化物	43.83	834	$C_{15}H_{24}O$	1139-30-6	0.490
3-异丙基-4-甲基-1-戊炔-3-醇	44.33	801	$C_9H_{16}O$	5333-87-9	0.037
（1S,2S,3R,5S）-（+）-2,3-蒎烷二醇	46.50	764	$C_{10}H_{18}O_2$	18680-27-8	0.219

22 假 蒟

22.1 假蒟的分布、形态特征与利用情况

22.1.1 分 布

假蒟（*Piper sarmentosum*）为胡椒科（Piperaceae）胡椒属（*Piper*）攀缘藤本植物。我国产于福建、广东、广西、云南、贵州及西藏（墨脱）各省区。生于林下或村旁湿地上。印度、越南、马来西亚、菲律宾、印度尼西亚、巴布亚新几内亚也有生长。

22.1.2 形态特征

多年生、匍匐、逐节生根草本，长数米至十余米；小枝近直立，无毛或幼时被极细的粉状短柔毛。叶近膜质，有细腺点，下部的阔卵形或近圆形，长 7~14 cm，宽 6~13 cm，顶端短尖，基部心形或稀有截平，两侧近相等，腹面无毛，背面沿脉上被极细的粉状短柔毛；叶脉 7 条，干时呈苍白色，背面显著凸起，最上 1 对离基部 1~2 cm 从中脉发出，弯拱上升至叶片顶部与中脉汇合，最外 1 对有时近基部分枝，网状脉明显；上部的叶小，卵形或卵状披针形，基部浅心形、圆形、截平或稀有渐狭；叶柄长 2~5 cm，被极细的粉状短柔毛，匍匐茎的叶柄长可达 7~10 cm；叶鞘长约为叶柄之半。花单性，雌雄异株，聚集成与叶对生的穗状花序。雄花序长 1.5~2.0 cm，直径 2~3 mm；总花梗与花序等长或略短，被极细的粉状短柔毛；花序轴被毛；苞片扁圆形，近无柄，盾状，直径 0.5~0.6 mm；雄蕊 2 枚，花药近球形，2 裂，花丝长为花药的 2 倍。雌花序长 6~8 mm，于果期稍延长；柱头 4 个，稀有 3 个或 5 个，被微柔毛。浆果近球形，具 4 角棱，无毛，直径 2.5~3.0 mm，基部嵌生于花序轴中并与其合生。花期 4—11 月。

22.1.3 利用情况

药用。根可用于治疗风湿骨痛、跌打损伤、风寒咳嗽、妊娠和产后水肿；果序可用于治疗牙痛、胃痛、腹胀、食欲不振等。

22.2 假蒟香气物质的提取及检测分析

22.2.1 顶空固相微萃取

将假蒟的叶片用剪刀剪碎后准确称取 0.5278 g,放入固相微萃取瓶中,密封。在 40℃水浴中平衡 10 min,用 PDMS/DVB 萃取头吸附 15 min。采用全二维气相色谱-飞行时间质谱仪(GC-TOF/MS)对其成分进行检测分析。

22.2.2 GC-TOF/MS 检测分析

GC 分析条件:采用 DB-WAX 色谱柱(30 m × 0.25 mm × 0.25 μm),进样口温度为 250℃,氦气(99.999 %)流速为 1.0 mL/min;起始柱温设置为 50℃,保持 0.2 min,然后以 1℃/min 的速率升温至 60℃,保持 2 min,以 5℃/min 的速率升温至 160℃,保持 1 min,以 8℃/min 的速率升温至 230℃,保持 3 min;不分流进样,样品解吸附 5 min。

TOF/MS 分析条件:EI 离子源,电离能量 70 eV,离子源温度 230℃;传输线温度 250℃,质量扫描范围(m/z)30~400,采集速率 10 spec/s,溶剂延迟 300 s。

检测分析结果见图和表。

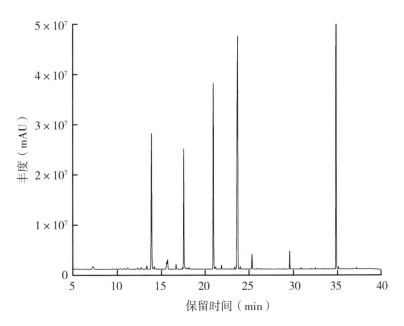

假蒟香气物质的 GC-TOF/MS 总离子流图

假蒌香气物质的组成及相对含量明细表

化合物名称	保留时间（min）	匹配度	分子式	CAS 号	相对含量（%）
4-双环[3.1.0]己-2-烯	7.273	846	$C_{10}H_{16}$	28634-89-1	0.546
桧烯	9.592	763	$C_{10}H_{16}$	3387-41-5	0.026
（Z）-3-己烯醛	10.378	516	$C_6H_{10}O$	6789-80-6	0.134
α-罗勒烯	10.817	686	$C_{10}H_{16}$	502-99-8	0.104
α-月桂烯	11.173	741	$C_{10}H_{16}$	123-35-3	0.229
α-水芹烯	11.285	782	$C_{10}H_{16}$	99-83-2	0.037
（S）-（-）-柠檬烯	12.332	831	$C_{10}H_{16}$	5989-54-8	0.172
（E）-2-己烯醛	12.718	871	$C_6H_{10}O$	6728-26-3	0.177
反式-α-罗勒烯	13.348	840	$C_{10}H_{16}$	3779-61-1	0.318
α-罗勒烯	13.895	926	$C_{10}H_{16}$	13877-91-3	12.924
乙酸仲丁酯	14.185	761	$C_6H_{12}O_2$	105-46-4	0.204
顺式-3-己烯醇甲酸酯	14.238	465	$C_7H_{12}O_2$	33467-73-1	0.014
1,3,5-三甲基-3,7,7-环庚三烯	14.432	798	$C_{10}H_{14}$	3479-89-8	0.022
4-甲基-3-戊烯-1-醇	15.538	737	$C_6H_{12}O$	763-89-3	0.070
十三烷	15.610	867	$C_{13}H_{28}$	629-50-5	0.792
顺-3-己烯基乙酸酯	15.712	856	$C_8H_{14}O_2$	3681-71-8	0.844
己醇	16.690	856	$C_6H_{14}O$	111-27-3	0.359
反式-3-己烯-1-醇	16.967	704	$C_6H_{12}O$	544-12-7	0.008
叶醇	17.575	944	$C_6H_{12}O$	928-96-1	8.871
2-甲基戊醛	17.838	849	$C_6H_{12}O$	123-15-9	0.051
2,6-二甲基-2,4,6-辛三烯	18.025	814	$C_{10}H_{16}$	3016-19-1	0.043
反式-2-己烯-1-醇	18.143	854	$C_6H_{12}O$	928-95-0	0.115
波斯菊萜	19.390	720	$C_{10}H_{14}$	460-01-5	0.023
吡咯	20.950	975	C_4H_5N	109-97-7	14.681
蒎烯	21.013	711	$C_{15}H_{24}$	3856-25-5	0.373
十六烷	21.185	845	$C_{16}H_{34}$	544-76-3	0.229
S-（+）-2-己醇	21.212	634	$C_6H_{14}O$	52019-78-0	0.170
芳樟醇	21.867	800	$C_{10}H_{18}O$	78-70-6	0.255

（续表）

化合物名称	保留时间 （min）	匹配度	分子式	CAS 号	相对含量 （%）
2-十一酮	23.375	803	$C_{11}H_{22}O$	112-12-9	0.164
石竹烯	23.732	923	$C_{15}H_{24}$	87-44-5	29.297
β-金合欢烯	24.018	758	$C_{15}H_{24}$	77129-48-7	0.162
丙酮酸丙酯	24.387	654	$C_6H_{10}O_3$	20279-43-0	0.014
(Z)-β-金合欢烯	24.958	704	$C_{15}H_{24}$	28973-97-9	0.005
α-石竹烯	25.335	841	$C_{15}H_{24}$	6753-98-6	1.144
2-癸烯-1-醇	25.990	791	$C_{10}H_{20}O$	22104-80-9	0.032
大根香叶烯	26.222	724	$C_{15}H_{24}$	23986-74-5	0.022
3,6-二甲基庚-1,5-二烯	28.268	695	C_9H_{16}	34891-10-6	0.042
甲基癸基酮	28.305	637	$C_{12}H_{24}O$	6175-49-1	0.017
黄樟素	29.597	866	$C_{10}H_{10}O_2$	94-59-7	1.056
3-苯丙基乙酸酯	30.875	882	$C_{11}H_{14}O_2$	122-72-5	0.078
甲基丁香酚	31.985	806	$C_{11}H_{14}O_2$	93-15-2	0.030
顺-(+)橙花叔醇	32.455	821	$C_{15}H_{26}O$	142-50-7	0.077
榄香醇	33.183	704	$C_{15}H_{26}O$	639-99-6	0.035
肉豆蔻醚	34.828	622	$C_{11}H_{12}O_3$	607-91-0	25.732
榄香素	35.105	821	$C_{12}H_{16}O_3$	487-11-6	0.114
卡帕辛	37.182	815	$C_{11}H_{12}O_3$	23953-63-1	0.084

23 重瓣狗牙花

23.1 重瓣狗牙花的分布、形态特征与利用情况

23.1.1 分 布

重瓣狗牙花（*Tabernaemontana divaricata* 'Flore Pleno'）为夹竹桃科（Apocy-naceae）山辣椒属（*Tabernaemontana*）植物。喜高温、湿润环境，分布于我国南部各省区。

23.1.2 形态特征

灌木，通常高达 3 m，除萼片有缘毛外，其余部位无毛；枝和小枝灰绿色，有皮孔；节间长 1.5~8.0 cm。腋内假托叶卵圆形，基部扩大而合生，长约 2 mm。叶坚纸质，椭圆形或椭圆状长圆形，短渐尖，基部楔形，长 5.5~11.5 cm，宽 1.5~3.5 cm，叶正面深绿色，背面淡绿色；侧脉 12 对，在叶背面扁平，在叶背面略凸起；叶柄长 0.5~1.0 cm。聚伞花序腋生，通常双生，近小枝端部集成假二歧状，着花 6~10 朵；总花梗长 2.5~6.0 cm；花梗长 0.5~1.0 cm；苞片和小苞片卵状披针形，长 2 mm，宽 1 mm；花蕾端部长圆状急尖；花萼基部内面有腺体，萼片长圆形，边缘有缘毛，长 3 mm，宽 2 mm；花冠白色，花冠筒长达 2 cm；雄蕊着生于花冠筒中部之下；花柱长 11 mm，柱头倒卵球形；花冠重瓣。种子 3~6 枚，长圆形。花期 6—11 月，果期秋季。

23.1.3 利用情况

狗牙花是常绿灌木，花期长，为重要的衬景和调配色彩花卉，适宜作花篱、花径或大型盆栽。含苞待放的时候，很像栀子花，叶子青翠欲滴，花朵晶莹洁白，还有阵阵幽香扑鼻。枝叶密生，株形整齐，是庭院、景点、街道绿化带种植的首选，有很高的欣赏价值。叶可药用，有降低血压效能，民间认为其可清凉、解热、利水、消肿，可治疗眼

病、疮疥、乳疮、癫狗咬伤等症；根可用于治疗头痛和骨折等。

23.2 重瓣狗牙花香气物质的提取及检测分析

23.2.1 顶空固相微萃取

将重瓣狗牙花的花瓣用剪刀剪碎后准确称取 0.5000 g，放入固相微萃取瓶中，密封。在 40℃水浴中平衡 10 min，用 PDMS/DVB 萃取头吸附 15 min。采用气相色谱-质谱仪（GC-MS）对其成分进行检测分析。

23.2.2 GC-MS 检测分析

GC 分析条件：采用 DB-5Ms 色谱柱（30 m × 0.25 mm × 0.25 μm），氦气（99.999%）流速为 1.0 mL/min，进样口温度为 250℃；起始柱温设置为 60℃，保持 0.5 min，然后以 5℃/min 的速率升温至 85℃，保持 1 min，以 3℃/min 的速率升温至 130℃，保持 1 min，以 2℃/min 的速率升温至 160℃，以 10℃/min 的速率升温至 230℃，保持 3 min；不分流进样，样品解吸附 5 min。

MS 分析条件：EI 离子源，电离能量 70 eV，离子源温度 230℃；传输线温度 250℃，质量扫描范围（m/z）30~400，采集速率 10 spec/s，溶剂延迟 180 s。

检测分析结果见图和表。

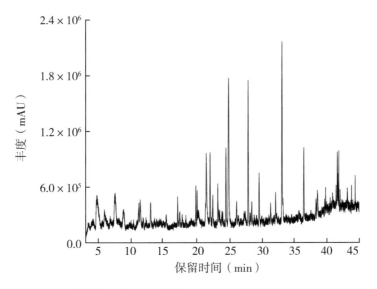

重瓣狗牙花香气物质的 GC-MS 总离子流图

重瓣狗牙花香气物质的组成及相对含量明细表

化合物名称	保留时间 （min）	匹配度	分子式	CAS 号	相对含量 （%）
反式-3-己烯-1-醇	4.71	857	$C_6H_{12}O$	928-97-2	4.845
叶醇	4.76	864	$C_6H_{12}O$	928-96-1	8.373
甲氧基苯肟	5.89	824	$C_8H_9NO_2$	67160-14-9	2.406
二氢卡维醇	8.86	777	$C_{10}H_{18}O$	619-01-2	4.232
1-环戊基-2-烯-1-醇	8.96	781	$C_8H_{14}O$	87453-54-1	1.435
反式-2-壬烯醛	17.77	808	$C_9H_{16}O$	18829-56-6	1.199
蒎烯	22.44	823	$C_{15}H_{24}$	3856-25-5	3.975
环噻吩咚	23.51	824	$C_{15}H_{24}$	2387-78-2	1.657
孕甾二醇	23.96	854	$C_{21}H_{36}O_2$	80-92-2	1.277
石竹烯	24.45	848	$C_{15}H_{24}$	87-44-5	8.175
2,4,7,9-四甲基-5- 癸炔-4,7-二醇	24.85	846	$C_{14}H_{26}O_2$	126-86-3	27.117
α-石竹烯	26.07	810	$C_{15}H_{24}$	6753-98-6	3.263
α-依兰烯	28.38	804	$C_{15}H_{24}$	31983-22-9	3.019
（+）-δ-杜松烯	29.50	862	$C_{15}H_{24}$	483-76-1	6.076
十七烷	38.29	784	$C_{17}H_{36}$	629-78-7	2.447
2,6,10-三甲基十六烷	38.52	807	$C_{19}H_{40}$	55000-52-7	4.729
5,8-二乙基十二烷	41.64	782	$C_{16}H_{34}$	24251-86-3	4.869
水杨酸-2-乙基己酯	41.73	777	$C_{15}H_{22}O_3$	118-60-5	2.123
14-甲基十五烷酸甲酯	43.83	785	$C_{17}H_{34}O_2$	5129-60-2	1.153

24 草 果

24.1 草果的分布、形态特征与利用情况

24.1.1 分 布

草果（*Amomum tsaoko*）为姜科（Zingiberaceae）豆蔻属（*Amomum*）植物。产于我国云南、广西、贵州等省区，栽培或野生于海拔 1100～1800 m 疏林下。

24.1.2 形态特征

茎丛生，高达 3 m，全株有辛香气，地下部分略似生姜。叶片长椭圆形或长圆形，顶端渐尖，基部渐狭，边缘干膜质，两面光滑无毛，无柄或具短柄，叶舌全缘，顶端钝圆。穗状花序不分枝，每花序有花 5～30 朵；总花梗长 10 cm 或更长，被密集的鳞片，鳞片长圆形或长椭圆形，顶端圆形，革质，干后褐色；苞片披针形，顶端渐尖；小苞片管状，一侧裂至中部，顶端 2～3 齿裂，萼管约与小苞片等长，顶端具钝三齿；花冠红色，裂片长圆形；唇瓣椭圆形，顶端微齿裂；花药长 1.3 cm，药隔附属体 3 裂，中间裂片四方形，两侧裂片稍狭。蒴果密生，熟时红色，干后褐色，不开裂，长圆形或长椭圆形，无毛，顶端具宿存花柱残迹，干后具皱缩的纵线条，果梗长 2～5 mm，基部常具宿存苞片，种子多角形，有浓郁香味。花期 4—6 月，果期 9—12 月。

24.1.3 利用情况

草果具有特殊浓郁的辛辣香味，能除腥气，增进食欲，是烹调佐料中的佳品，被人们誉为食品调味中的"五香之一"。草果还具有良好的药用效果，性味辛温，能燥湿散寒，温燥之性胜于草豆蔻，用于治疗脾胃寒虚、脘腹胀痛、呕吐或腹泻。常与草豆蔻同用。可以用来制作卤水。全株可提取芳香油。

24.2　草果香气物质的提取及检测分析

24.2.1　顶空固相微萃取

将新鲜的草果果实、果穗、叶及茎秆等样品直接置于通风阴凉处风干 3 d，干燥后的草果样品用粉碎机粉碎，分别收集草果果实粉、果穗粉、叶粉、茎秆粉于密封袋内，待测。准确称取 0.5000 g 草果样品置于 20 mL 顶空瓶中，盖上顶空瓶盖，放入恒温加热磁力搅拌器中，在 40℃下平衡 15 min，然后将 50/30 μm DVB/CAR/PDMS 萃取头插入顶空瓶中，距离样品 1 cm 处，萃取 15 min，待 GC-TOF/MS 分析。

24.2.2　GC-TOF/MS 检测分析

GC 分析条件：色谱柱为 DB－WAX（30 m × 0.25 mm × 0.25 μm），氦气（99.999%）流速为 1.0 mL/min，进样口温度为 250℃；起始温度为 50℃，保持 0.2 min，然后以 4℃/min 的速率升温至 90℃，以 2℃/min 的速率升温至 160℃，以 20℃/min 的速率升温至 220℃，保持 2 min；不分流进样，样品解吸附 5 min。

TOF/MS 分析条件：EI 离子源，电离能量 70 eV，离子源温度 200℃；传输线温度 250℃，质量扫描范围（m/z）35~450，采集速率 10 spec/s，溶剂延迟 180 s。

检测分析结果见图和表。

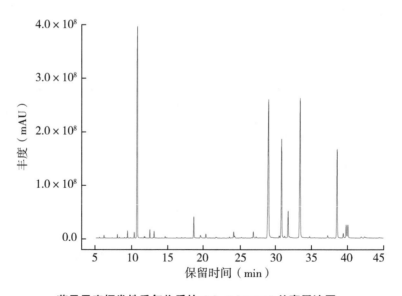

草果果实挥发性香气物质的 GC-TOF/MS 总离子流图

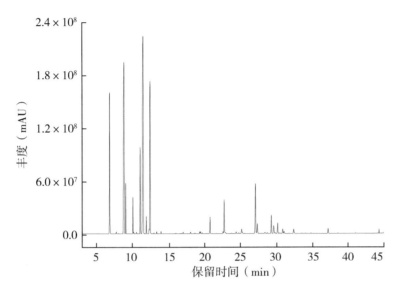

草果果穗挥发性香气物质的 GC-TOF/MS 总离子流图

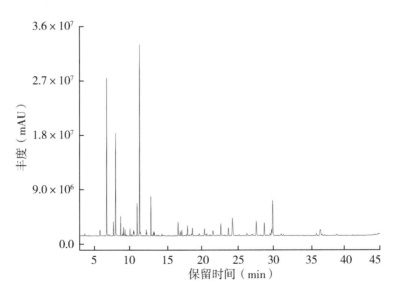

草果叶片挥发性香气物质的 GC-TOF/MS 总离子流图

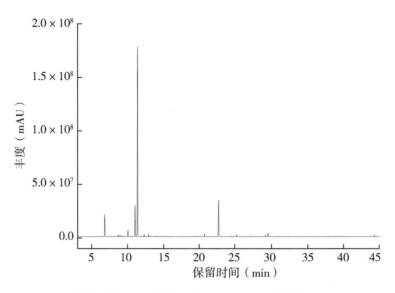

草果茎秆挥发性香气物质的 GC-TOF/MS 总离子流图

草果香气物质的组成及相对含量明细表

化合物名称	保留时间 （min）	匹配度	分子式	CAS 号	相对含量（%）			
					果实	果穗	叶片	茎秆
丙酮	3.733	951	C_3H_6O	67-64-1	ND	0.075	0.889	ND
2-丁酮	4.675	851	C_4H_8O	78-93-3	ND	0.016	ND	ND
顺-2-壬烯	5.275	854	C_9H_{18}	6434-77-1	0.078	ND	ND	ND
丁烯酮	5.357	770	C_4H_6O	78-94-4	ND	0.031	ND	ND
2-乙基呋喃	5.435	761	C_6H_8O	3208-16-0	ND	ND	0.060	ND
2,3-丁二酮	5.792	889	$C_4H_6O_2$	431-03-8	ND	ND	0.098	ND
正戊醛	5.887	908	$C_5H_{10}O$	110-62-3	ND	ND	0.312	ND
2,6-二甲基庚二烯	6.110	852	C_9H_{16}	6709-39-3	0.133	ND	ND	ND
2-甲基丁酸甲酯	6.490	852	$C_6H_{12}O_2$	868-57-5	ND	0.007	ND	ND
三环烯	6.507	869	$C_{10}H_{16}$	508-32-7	ND	ND	0.015	ND
α-蒎烯	6.712	912	$C_{10}H_{16}$	80-56-8	0.060	13.316	13.760	6.779
2-甲基-3-丁烯-2-醇	7.065	788	$C_5H_{10}O$	115-18-4	ND	ND	0.079	ND
(Z)-2-丁烯醛	7.108	755	C_4H_6O	15798-64-8	ND	ND	0.286	ND
(+)-莰烯	7.593	880	$C_{10}H_{16}$	5794-3-6	ND	0.024	ND	ND
莰烯	7.688	789	$C_{10}H_{16}$	79-92-5	0.013	0.243	1.146	0.176
正己醛	7.970	843	$C_6H_{12}O$	66-25-1	0.040	0.043	10.139	ND
β-蒎烯	8.650	914	$C_{10}H_{16}$	127-91-3	2.957	22.344	1.699	0.544

（续表）

化合物名称	保留时间（min）	匹配度	分子式	CAS 号	相对含量（%）			
					果实	果穗	叶片	茎秆
桧烯	8.963	866	$C_{10}H_{16}$	3387-41-5	0.137	5.853	0.228	0.109
β-水芹烯	9.070	855	$C_{10}H_{16}$	555-10-2	ND	ND	ND	0.091
4-亚甲基-1-（1-甲基乙基）-双环［3.1.0］己-2-烯	9.165	878	$C_{10}H_{14}$	36262-09-6	ND	ND	1.196	ND
正癸烯	9.572	889	$C_{10}H_{20}$	872-05-9	ND	ND	0.177	ND
1-壬烯	9.577	879	C_9H_{18}	124-11-8	0.041	ND	ND	ND
月桂烯	10.067	792	$C_{10}H_{16}$	123-35-3	0.287	6.849	1.089	6.961
α-水芹烯	10.175	866	$C_{10}H_{16}$	99-83-2	0.066	0.088	ND	0.092
乙酸戊酯	10.308	898	$C_7H_{14}O_2$	628-63-7	ND	ND	0.499	ND
萜品油烯	10.557	838	$C_{10}H_{16}$	586-62-9	0.034	ND	ND	ND
2-庚酮	10.560	880	$C_7H_{14}O$	110-43-0	ND	0.110	1.935	ND
庚醛	10.627	833	$C_7H_{14}O$	111-71-7	ND	ND	0.140	ND
γ-松油烯	10.587	847	$C_{10}H_{16}$	99-85-4	ND	0.133	ND	0.229
吡啶	10.647	860	C_5H_5N	110-86-1	ND	ND	0.115	ND
S-（-）-柠檬烯	11.057	913	$C_{10}H_{16}$	5989-54-8	0.319	10.940	2.297	14.366
桉叶油醇	11.388	902	$C_{10}H_{18}O$	470-82-6	10.955	2.941	27.348	42.203
3-甲基-2-亚甲基双环［3.2.1］辛-3-烯	11.493	818	$C_{10}H_{14}$	49826-53-1	ND	ND	0.035	ND
（E）-2-己烯醛	11.510	906	$C_6H_{10}O$	6728-26-3	ND	ND	0.092	ND
2-戊基呋喃	11.842	807	$C_9H_{14}O$	3777-69-3	ND	ND	0.106	ND
（E）-β-罗勒烯	11.918	898	$C_{10}H_{16}$	3779-61-1	0.268	1.565	ND	ND
（1S）-（-）-α-蒎烯	11.923	838	$C_{10}H_{16}$	7785-26-4	ND	ND	0.037	0.140
正戊醇	12.317	888	$C_5H_{12}O$	71-41-0	ND	0.032	0.851	0.268
（3Z）-3,7-二甲基-1,3,6-辛三烯	12.382	911	$C_{10}H_{16}$	3338-55-4	3.887	ND	ND	ND
β-罗勒烯	12.385	889	$C_{10}H_{16}$	13877-91-3	ND	ND	ND	0.195
3,7-二甲基-1,3,7-辛三烯	12.478	862	$C_{10}H_{16}$	502-99-8	ND	12.850	0.228	ND
5-甲基-3-庚酮	12.487	868	$C_8H_{16}O$	541-85-5	ND	ND	ND	0.280
（Z）-β-罗勒烯	12.780	818	$C_{10}H_{16}$	13877-91-3	0.017	0.022	ND	ND
o-伞花烃	12.950	912	$C_{10}H_{14}$	527-84-4	0.215	0.160	5.188	1.634

（续表）

化合物名称	保留时间（min）	匹配度	分子式	CAS 号	相对含量（%）			
					果实	果穗	叶片	茎秆
仲辛酮	13.328	904	$C_8H_{16}O$	111-13-7	0.040	0.204	0.616	ND
正辛醛	13.428	931	$C_8H_{16}O$	124-13-0	0.159	0.012	0.192	0.120
1-辛烯-3-酮	13.792	855	$C_8H_{14}O$	4312-99-6	ND	0.376	0.278	0.247
2-庚醇	14.297	899	$C_7H_{16}O$	543-49-7	0.043	0.100	ND	ND
(E)-2-庚烯醛	14.498	912	$C_7H_{12}O$	18829-55-5	ND	ND	0.254	ND
2-乙基-3-甲基-1-戊烯	14.783	783	C_8H_{16}	3404-67-9	0.041	ND	ND	ND
6-甲基-5-庚烯-2-酮	14.890	873	$C_8H_{14}O$	110-93-0	ND	ND	ND	0.264
2,6-二甲基-2,4,6-辛三烯	16.035	874	$C_{10}H_{16}$	3016-19-1	0.086	0.055	ND	ND
反式-3-己烯-1-醇	16.407	875	$C_6H_{12}O$	544-12-7	ND	ND	0.122	ND
2-壬酮	16.605	902	$C_9H_{18}O$	821-55-6	0.131	0.045	ND	0.152
壬醛	16.757	891	$C_9H_{18}O$	124-19-6	ND	ND	1.154	ND
罗勒烯	16.792	884	$C_{10}H_{16}$	7216-56-0	ND	0.047	ND	ND
葑酮	17.043	883	$C_{10}H_{16}O$	1195-79-5	0.026	0.369	0.856	0.248
3-辛烯-2-酮	17.263	862	$C_8H_{14}O$	18402-82-9	ND	ND	1.351	ND
龙脑烯醛	17.908	829	$C_{10}H_{16}O$	4501-58-0	ND	ND	0.110	ND
(E)-2-辛烯醛	18.057	926	$C_8H_{14}O$	2548-87-0	2.822	0.130	0.656	ND
3-甲基-2-亚甲基双环[3.2.1]辛-3-烯	18.173	843	$C_{10}H_{14}$	49826-53-1	ND	0.026	ND	ND
(3E,5E)-2,6-二甲基-1,3,5,7-辛四烯	18.628	842	$C_{10}H_{14}$	460-01-5	0.064	0.114	ND	ND
乙酸	18.715	807	$C_2H_4O_2$	64-19-7	0.240	ND	0.717	ND
1-辛烯-3-醇	18.735	900	$C_8H_{16}O$	3391-86-4	ND	0.048	2.035	0.145
(-)-α-荜澄茄油烯	19.310	824	$C_{15}H_{24}$	17699-14-8	0.031	0.236	ND	0.152
反式沙宾烯	19.440	871	$C_{10}H_{18}O$	17699-16-0	ND	0.180	ND	0.142
乙酸茴香酯	19.662	885	$C_{12}H_{20}O_2$	13851-11-1	ND	0.271	0.731	0.825
醋酸辛酯	19.778	894	$C_{10}H_{20}O_2$	112-14-1	0.251	ND	ND	ND
(+)-香茅醛	19.900	855	$C_{10}H_{18}O$	2385-77-5	0.041	ND	ND	ND
龙脑烯醛	20.393	859	$C_{10}H_{16}O$	4501-58-0	ND	0.042	0.922	ND
甲基辛基甲酮	20.512	829	$C_{10}H_{20}O$	693-54-9	ND	ND	0.184	ND
蒎烯	20.712	819	$C_{15}H_{24}$	3856-25-5	0.174	0.727	0.151	1.065

（续表）

化合物名称	保留时间（min）	匹配度	分子式	CAS号	相对含量（%）			
					果实	果穗	叶片	茎秆
菊烯酮	21.147	860	$C_{10}H_{14}O$	473-06-3	ND	ND	0.144	ND
7-甲基-3-亚甲基-6-辛烯醛	21.423	861	$C_{10}H_{16}O$	55050-40-3	0.220	ND	ND	ND
(+)-2-莰酮	21.575	887	$C_{10}H_{16}O$	464-49-3	ND	ND	0.849	ND
苯甲醛	21.637	876	C_7H_6O	100-52-7	ND	0.021	0.256	ND
1-辛烯-3-醇乙酸酯	22.202	783	$C_{10}H_{18}O_2$	2442-10-6	0.294	ND	0.199	ND
顺式-3,7-二甲基-3,6-辛二烯醛	22.515	819	$C_{10}H_{16}O$	72203-97-5	0.034	0.153	ND	ND
芳樟醇	22.683	890	$C_{10}H_{18}O$	78-70-6	0.362	3.733	1.161	14.860
顺式-水合桧烯	22.890	847	$C_{10}H_{18}O$	15537-55-0	ND	0.081	ND	ND
正辛醇	23.208	776	$C_8H_{18}O$	111-87-5	0.021	ND	0.186	ND
3,7-二甲基-3,6-辛二烯醛	23.717	821	$C_{10}H_{16}O$	55722-59-3	0.143	0.090	1.312	0.120
(+/-)-β-蒎烯	24.118	850	$C_{15}H_{24}$	18252-44-3	ND	0.014	ND	ND
乙酸冰片酯	24.282	891	$C_{12}H_{20}O_2$	5655-61-8	ND	ND	1.547	0.066
(1R)-1,3,3-三甲基双环[2.2.1]庚-2-醇	24.355	894	$C_{10}H_{18}O$	2217-2-9	ND	0.247	0.132	0.517
(-)-β-榄香烯	24.707	847	$C_{15}H_{24}$	110823-68-2	ND	0.083	ND	ND
2-辛酮	24.983	769	$C_8H_{16}O$	111-13-7	0.033	0.040	ND	ND
2-十一酮	24.987	774	$C_{11}H_{22}O$	112-12-9	ND	0.031	ND	ND
β-石竹烯	25.107	874	$C_{15}H_{24}$	87-44-5	0.023	0.345	ND	0.027
松油烯-4-醇	25.207	876	$C_{10}H_{18}O$	562-74-3	0.034	0.258	0.132	1.139
反式-2-癸烯醛	25.535	826	$C_{10}H_{18}O$	3913-81-3	0.200	0.055	ND	ND
(1R)-桃金娘醛	26.310	882	$C_{10}H_{14}O$	564-94-3	ND	ND	0.391	ND
(-)-α-荜澄茄油烯	26.640	811	$C_{15}H_{24}$	17699-14-8	ND	0.015	ND	ND
(Z)-2-癸烯醛	27.067	928	$C_{10}H_{18}O$	2497-25-8	11.434	5.111	ND	0.222
(+)-芳香树烯	27.275	827	$C_{15}H_{24}$	489-39-4	0.027	0.939	ND	0.528
(+)-cis-沙宾醇	27.603	865	$C_{10}H_{16}O$	471-16-9	ND	0.020	1.476	ND
乙酸香茅酯	27.847	856	$C_{12}H_{22}O_2$	150-84-5	0.306	0.022	ND	ND
5-乙烯基-5-甲基四氢呋喃-2-酮	28.003	812	$C_7H_{10}O_2$	1073-11-6	0.007	ND	0.133	ND
异戊酸	28.168	782	$C_5H_{10}O_2$	503-74-2	ND	ND	0.111	ND

（续表）

化合物名称	保留时间（min）	匹配度	分子式	CAS 号	相对含量（%）			
					果实	果穗	叶片	茎秆
α,α-二甲基-4-亚甲基环己烷甲醇	28.372	807	$C_{10}H_{18}O$	7299-42-5	ND	0.371	ND	0.426
(Z)-3,7-二甲基辛-2,6-二烯醛	28.702	919	$C_{10}H_{16}O$	106-26-3	8.124	0.101	ND	ND
顺式马鞭草醇	28.723	884	$C_{10}H_{16}O$	473-67-6	ND	ND	0.693	ND
γ-紫穗槐烯	29.182	850	$C_{15}H_{24}$	6980-46-7	0.100	ND	0.087	0.624
(-)-α-依兰油烯	29.233	899	$C_{15}H_{24}$	483-75-0	ND	1.113	ND	ND
α-松油醇	29.543	879	$C_{10}H_{18}O$	98-55-5	0.277	1.442	0.127	2.058
DL-异冰片醇	29.752	900	$C_{10}H_{18}O$	124-76-5	ND	0.218	1.460	0.415
马苄烯酮	29.923	895	$C_{10}H_{14}O$	80-57-9	ND	ND	2.744	ND
大根香叶烯	30.093	751	$C_{15}H_{24}$	23986-74-5	0.034	1.270	ND	ND
α-依兰烯	30.842	765	$C_{15}H_{24}$	31983-22-9	0.035	0.698	ND	0.312
香叶醛	31.115	928	$C_{10}H_{16}O$	141-27-5	24.503	0.510	0.406	0.309
乙酸反式-2-癸烯-1-酯	31.448	888	$C_{12}H_{22}O_2$	2497-23-6	1.389	ND	0.044	ND
β-荜澄茄烯	31.743	845	$C_{15}H_{24}$	13744-15-5	ND	0.037	ND	ND
乙酸香叶酯	32.352	899	$C_{12}H_{20}O_2$	16409-44-2	16.825	0.421	ND	0.127
(R)-(+)-β-香茅醇	32.858	869	$C_{10}H_{20}O$	1117-61-9	0.262	ND	ND	ND
荜澄茄油烯	33.508	820	$C_{15}H_{24}$	16728-99-7	ND	0.052	ND	ND
(±)-桃金娘烯醇	34.065	803	$C_{10}H_{16}O$	515-00-4	ND	0.076	0.073	ND
4,8,12-三甲基-1,3,7,11-十三碳四烯	34.770	832	$C_{16}H_{26}$	62235-06-7	0.047	0.125	ND	0.291
反式菖蒲烯	35.838	789	$C_{15}H_{22}$	73209-42-4	ND	0.023	ND	0.053
2-甲基-3-苯基丙醛	36.030	781	$C_{10}H_{12}O$	5445-77-2	3.784	ND	0.344	ND
己酸	36.545	865	$C_6H_{12}O_2$	142-62-1	ND	ND	1.852	ND
2-(4-甲基苯基)丙醇	36.640	829	$C_{10}H_{14}O$	1197-01-9	ND	ND	3.532	ND
香叶醇	36.762	883	$C_{10}H_{18}O$	106-24-1	3.069	ND	ND	ND
反-2-十二烯醛	37.205	900	$C_{12}H_{22}O$	20407-84-5	3.837	1.086	0.240	0.148
4-N-丙基苯甲醛	37.487	762	$C_{10}H_{12}O$	28785-06-0	0.237	ND	ND	ND
(2E,6Z)-2,6-十二碳二烯醛	38.543	776	$C_{12}H_{20}O$	21662-13-5	ND	0.020	ND	ND
荜澄茄醇	38.603	773	$C_{15}H_{26}O$	23445-02-5	ND	0.074	ND	ND

（续表）

化合物名称	保留时间（min）	匹配度	分子式	CAS 号	相对含量（%）			
					果实	果穗	叶片	茎秆
2,3-二氢-1H-茚-4-甲醛	42.505	851	$C_{10}H_{10}O$	51932-70-8	0.449	ND	ND	ND
α-甲基肉桂醛	44.193	781	$C_{10}H_{10}O$	101-39-3	0.014	ND	ND	ND
顺-(+)橙花叔醇	44.342	916	$C_{15}H_{26}O$	142-50-7	0.165	0.406	ND	0.523
马苄烯酮	44.562	770	$C_{10}H_{14}O$	80-57-9	0.015	ND	ND	ND
2-十三(碳)烯醛	44.930	804	$C_{13}H_{24}O$	7069-41-2	0.008	ND	ND	ND
榄香醇	44.997	852	$C_{15}H_{26}O$	639-99-6	0.018	0.044	ND	ND

注：ND 表示未检出。

25 蜂巢姜

25.1 蜂巢姜的分布、形态特征与利用情况

25.1.1 分 布

蜂巢姜 (*Zingiber spectabile*) 为姜科 (Zingiberaceae) 姜属 (*Zingiber*) 植物。原产于亚洲热带及亚热带地区，目前分布于亚洲热带及亚热带地区。

25.1.2 形态特征

根茎块状，内部淡黄色；株高 0.6~2.0 m。叶片披针形至长圆状披针形，长 15~40 cm，宽 3~8 cm，无毛或背面被疏长柔毛；无柄或具短柄；叶舌长 1.5~2.0 cm。总花梗长 10~30 cm，被 5~7 枚鳞片状鞘；花序球果状，顶端钝，长 6~15 cm，宽 3.5~5.0 cm；苞片覆瓦状排列，紧密，近圆形，长 2.0~3.5 cm，初时淡绿色，后变红色，边缘膜质，被小柔毛，内常贮有黏液；花萼长 1.2~2.0 cm，膜质，一侧开裂；花冠管长 2~3 cm，纤细，裂片披针形，淡黄色，后方的 1 枚长，长 1.5~2.5 cm；唇瓣淡黄色，中央裂片近圆形或近倒卵形，长 1.5~2.0 cm，宽约 1.5 cm，顶端 2 裂，侧裂片倒卵形，长约 1 cm；雄蕊长 1 cm，药隔附属体喙状，长 8 mm。蒴果椭圆形，长 8~12 mm。种子黑色。花期 7—9 月，果期 10 月。

25.1.3 利用情况

蜂巢姜是很好的园林布置材料和新奇的切花材料，具有观赏及药用价值。根茎能祛风解毒，治肚痛、腹泻，并可提取芳香油作调和香精原料；嫩茎叶可当蔬菜。

25.2 蜂巢姜香气物质的提取及检测分析

25.2.1 顶空固相微萃取

将蜂巢姜的叶片用剪刀剪碎后准确称取 0.5402 g，放入固相微萃取瓶中，密封。在 40℃ 水浴中平衡 5 min，用 PDMS/DVB 萃取头吸附 10 min。采用全二维气相色谱-飞行时间质谱仪（GC-TOF/MS）对其成分进行检测分析。

25.2.2 GC-TOF/MS 检测分析

GC 分析条件：采用 DB－WAX 色谱柱（30 m × 0.25 mm × 0.25 μm），氮气（99.999 %）流速为 1.0 mL/min，进样口温度为 250℃，分流比 4∶1；起始柱温设置为 60℃，保持 1 min，然后以 2℃/min 的速率升温至 90℃，保持 2 min，以 4℃/min 的速率升温至 130℃，保持 1 min，以 8℃/min 的速率升温至 230℃，保持 3 min；样品解吸附 5 min。

TOF/MS 分析条件：EI 离子源，电离能量 70 eV，离子源温度 230℃；传输线温度 250℃，质量扫描范围（m/z）30~400，采集速率 10 spec/s，溶剂延迟 300 s。

检测分析结果见图和表。

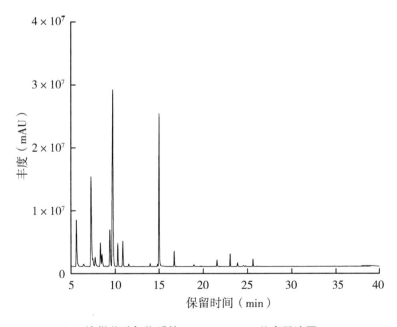

蜂巢姜香气物质的 GC-TOF/MS 总离子流图

蜂巢姜香气物质的组成及相对含量明细表

化合物名称	保留时间 （min）	匹配度	分子式	CAS号	相对含量 （%）
4-双环[3.1.0]己-2-烯	5.62	888	$C_{10}H_{16}$	28634-89-1	7.23
莰烯	6.42	768	$C_{10}H_{16}$	79-92-5	0.47
β-蒎烯	7.26	936	$C_{10}H_{16}$	18172-67-3	16.11
β-水芹烯	7.46	803	$C_{10}H_{16}$	555-10-2	1.29
3-己烯醛	7.72	855	$C_6H_{10}O$	4440-65-7	1.51
β-月桂烯	8.32	872	$C_{10}H_{16}$	123-35-3	3.47
α-水芹烯	8.51	865	$C_{10}H_{16}$	99-83-2	2.17
3-蒈烯	8.87	593	$C_{10}H_{16}$	13466-78-9	0.10
(E)-2-己烯醛	9.22	664	$C_6H_{10}O$	6728-26-3	0.06
(S)-(-)-柠檬烯	9.40	914	$C_{10}H_{16}$	5989-54-8	6.02
桧烯	9.73	908	$C_{10}H_{16}$	3387-41-5	33.03
反式-β-罗勒烯	10.86	856	$C_{10}H_{16}$	3779-61-1	3.49
p-伞花烃	11.54	854	$C_{10}H_{14}$	99-87-6	0.36
γ-松油烯	12.03	767	$C_{10}H_{16}$	99-85-4	0.05
1-戊烯-3-醇	12.84	675	$C_5H_{10}O$	616-25-1	0.02
己醇	13.99	879	$C_6H_{14}O$	111-27-3	0.35
叶醇	14.31	614	$C_6H_{12}O$	928-96-1	0.03
3,3,6,6-四甲基三环 [3.1.0.02,4]己烷	14.82	803	$C_{10}H_{16}$	58987-01-2	0.23
反式-3-己烯-1-醇	15.01	942	$C_6H_{12}O$	544-12-7	18.51
4-甲基苯甲醚	16.72	872	$C_8H_{10}O$	104-93-8	1.69
1-碘-2-甲基壬烷	18.95	783	$C_{10}H_{21}I$	616-14-8	0.31
芳樟醇	19.76	681	$C_{10}H_{18}O$	78-70-6	0.06
3-甲基-1,6-庚二烯-3-醇	21.38	751	$C_8H_{14}O$	34780-69-3	0.05
(-)-异丁香烯	21.57	801	$C_{15}H_{24}$	118-65-0	0.76
(E)-β-金合欢烯	23.04	841	$C_{15}H_{24}$	18794-84-8	1.19
(+)-β-瑟林烯	24.78	719	$C_{15}H_{24}$	17066-67-0	0.07
β-倍半水芹烯	25.61	775	$C_{15}H_{24}$	20307-83-9	0.73
3,4-二甲氧基甲苯	26.08	820	$C_9H_{12}O_2$	494-99-5	0.07

26 姜

26.1 姜的分布、形态特征与利用情况

26.1.1 分　布

姜（*Zingiber officinale*）为姜科（Zingiberaceae）姜属（*Zingiber*）植物。姜在中国中部、东南部至西南部各省区广为栽培。山东安丘、昌邑、莱芜、平度出产的大姜尤为知名。亚洲热带地区亦常见栽培。

26.1.2 形态特征

株高 0.5~1.0 m；根茎肥厚，多分枝，有芳香及辛辣味。叶片披针形或线状披针形，长 15~30 cm，宽 2.0~2.5 cm，无毛，无柄；叶舌膜质，长 2~4 mm。总花梗长达 25 cm；穗状花序球果状，长 4~5 cm；苞片卵形，长约 2.5 cm，淡绿色或边缘淡黄色，顶端有小尖头；花萼管长约 1 cm；花冠黄绿色，管长 2.0~2.5 cm，裂片披针形，长不及 2 cm；唇瓣中央裂片长圆状倒卵形，短于花冠裂片，有紫色条纹及淡黄色斑点，侧裂片卵形，长约 6 mm；雄蕊暗紫色，花药长约 9 mm；药隔附属体钻状，长约 7 mm。花期秋季。

26.1.3 利用情况

根茎供药用，干姜主治心腹冷痛、吐泻、肢冷脉微、寒饮喘咳、风寒湿痹。生姜主治感冒风寒、呕吐、痰饮、喘咳、胀满，解半夏、天南星、鱼蟹及鸟兽肉毒。可作烹调配料或制成酱菜、糖姜。茎、叶、根茎均可提取芳香油，用于食品、饮料及化妆品香料中。

26.2　姜香气物质的提取及检测分析

26.2.1　顶空固相微萃取

将姜的块茎用剪刀剪碎后准确称取 0.3730 g，放入固相微萃取瓶中，密封。在40℃水浴中平衡 10 min，用 PDMS/DVB 萃取头吸附 15 min。采用全二维气相色谱-飞行时间质谱仪（GC-TOF/MS）对其成分进行检测分析。

26.2.2　GC-TOF/MS 检测分析

GC 分析条件：采用 DB－WAX 色谱柱（30 m × 0.25 mm × 0.25 μm），氦气（99.999 %）流速为 1.0 mL/min，进样口温度为 250℃，分流比 3∶1；起始柱温设置为60℃，保持 1 min，然后以 3℃/min 的速率升温至 81℃，保持 1 min，以 4℃/min 的速率升温至 165℃，保持 2 min，以 8℃/min 的速率升温至 230℃，保持 3 min；样品解吸附5 min。

TOF/MS 分析条件：EI 离子源，电离能量 70 eV，离子源温度 230℃；传输线温度250℃，质量扫描范围（m/z）30~400，采集速率 10 spec/s，溶剂延迟 300 s。

检测分析结果见图和表。

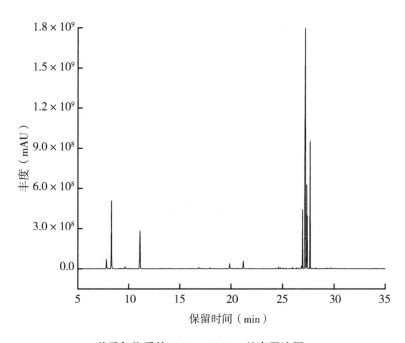

姜香气物质的 GC-TOF/MS 总离子流图

姜香气物质的组成及相对含量明细表

化合物名称	保留时间（min）	匹配度	分子式	CAS号	相对含量（%）
三环烯	7.42	898	$C_{10}H_{16}$	508-32-7	0.052
1R-α-蒎烯	7.79	945	$C_{10}H_{16}$	7785-70-8	2.060
莰烯	8.29	961	$C_{10}H_{16}$	79-92-5	11.636
6-甲基-5-庚烯-2-酮	9.54	900	$C_8H_{14}O$	110-93-0	0.153
β-蒎烯	9.65	897	$C_{10}H_{16}$	127-91-3	0.394
α-水芹烯	10.14	912	$C_{10}H_{16}$	99-83-2	0.094
反式沙宾烯	11.11	809	$C_{10}H_{18}O$	17699-16-0	8.072
异松油烯	13.34	911	$C_{10}H_{16}$	586-62-9	0.085
2-壬酮	13.50	888	$C_9H_{18}O$	821-55-6	0.020
芳樟醇	14.03	860	$C_{10}H_{18}O$	78-70-6	0.143
左旋樟脑	15.68	925	$C_{10}H_{16}O$	464-48-2	0.025
2,6-二甲基-1,7-辛二烯-3-醇	16.06	795	$C_{10}H_{18}O$	22460-59-9	0.019
异冰片醇	16.88	930	$C_{10}H_{18}O$	10385-78-1	0.282
松油烯-4-醇	17.25	869	$C_{10}H_{18}O$	562-74-3	0.073
α-松油醇	17.95	920	$C_{10}H_{18}O$	98-55-5	0.203
右旋-2,8-对位薄荷二烯-1-醇	18.54	805	$C_{10}H_{16}O$	22771-44-4	0.024
香茅醇	19.50	898	$C_{10}H_{20}O$	106-22-9	0.076
(Z)-3,7-二甲基辛-2,6-二烯醛	19.89	932	$C_{10}H_{16}O$	106-26-3	1.006
橙花醇	20.62	925	$C_{10}H_{18}O$	106-25-2	0.143
香叶醛	21.21	928	$C_{10}H_{16}O$	141-27-5	1.615
乙酸冰片酯	21.68	894	$C_{12}H_{20}O_2$	76-49-3	0.039
2-十一酮	22.07	928	$C_{11}H_{22}O$	112-12-9	0.054
2,6-二甲基辛-2,6-二烯	24.01	865	$C_{10}H_{18}$	2792-39-4	0.024
(+)-环苜蓿烯	24.38	885	$C_{15}H_{24}$	22469-52-9	0.110
蒎烯	24.64	890	$C_{15}H_{24}$	3856-25-5	0.187
乙酸香叶酯	24.81	935	$C_{12}H_{20}O_2$	16409-44-2	0.135
(-)-β-榄香烯	25.05	889	$C_{15}H_{24}$	110823-68-2	0.102
反式-α-佛手柑油烯	25.32	873	$C_{15}H_{24}$	13474-59-4	0.094

（续表）

化合物名称	保留时间（min）	匹配度	分子式	CAS 号	相对含量（%）
石竹烯	25.69	867	$C_{15}H_{24}$	87-44-5	0.040
γ-榄香烯	25.97	896	$C_{15}H_{24}$	339154-91-5	0.111
(+)-瓦伦塞	26.28	884	$C_{15}H_{24}$	4630-07-3	0.029
(Z)-β-金合欢烯	26.37	911	$C_{15}H_{24}$	28973-97-9	0.138
芳香树烯	26.54	920	$C_{15}H_{24}$	109119-91-7	0.087
γ-依兰烯	26.84	904	$C_{15}H_{24}$	30021-74-0	0.355
α-姜黄烯	26.95	951	$C_{15}H_{22}$	644-30-4	5.380
α-瑟林烯	27.06	904	$C_{15}H_{24}$	473-13-2	0.060
姜黄素	27.22	931	$C_{15}H_{24}$	495-60-3	42.871
α-金合欢烯	27.36	941	$C_{15}H_{24}$	502-61-4	6.068
β-红没药烯	27.40	891	$C_{15}H_{24}$	495-61-4	3.663
β-倍半水芹烯	27.69	927	$C_{15}H_{24}$	20307-83-9	13.542
反式橙花醇	28.26	891	$C_{15}H_{26}O$	40716-66-3	0.139
橙花醇	28.71	834	$C_{15}H_{26}O$	7212-44-4	0.025
α-红没药醇	29.04	829	$C_{15}H_{26}O$	515-69-5	0.050
γ-桉叶醇	29.22	877	$C_{15}H_{26}O$	1209-71-8	0.019
喇叭茶萜醇	29.29	810	$C_{15}H_{26}O$	577-27-5	0.055
榄香醇	29.37	858	$C_{15}H_{26}O$	639-99-6	0.071
T-依兰油醇	29.52	836	$C_{15}H_{26}O$	19912-62-0	0.028
β-桉叶醇	29.70	897	$C_{15}H_{26}O$	473-15-4	0.177
脱氢芳樟醇	30.05	790	$C_{10}H_{16}O$	29171-20-8	0.067
1,2-二(丙炔基)环己烷	30.18	752	$C_{12}H_{16}$	220078-91-1	0.031
佛手柑醇	30.82	715	$C_{15}H_{24}O$	88034-74-6	0.019
香叶基芳樟醇	32.95	751	$C_{20}H_{34}O$	1113-21-9	0.037
顺式,反式-金合欢醇	34.01	778	$C_{15}H_{26}O$	3790-71-4	0.021

27 莪 术

27.1 莪术的分布、形态特征与利用情况

27.1.1 分布

莪术（*Curcuma phaeocaulis*）为姜科（Zingiberaceae）姜黄属（*Curcuma*）植物，又称蓬莪术、广茂、蓬术、青姜、羌七、广术、黑心姜。莪术生于山野、村旁半阴湿的肥沃土壤，亦见于林下。我国分布于广东、广西、四川、云南等地，浙江、福建、湖南等地有少量栽培。印度、马来西亚亦有分布。

27.1.2 形态特征

株高约 1 m；根茎圆柱形，肉质，具樟脑般香味，淡黄色或白色；根细长或末端膨大成块根。叶直立，椭圆状长圆形至长圆状披针形，长 25~35 cm，宽 10~15 cm，中部常有紫斑，无毛；叶柄较叶片长。花葶由根茎单独发出，常先叶而生，长 10~20 cm，被疏松、细长的鳞片状鞘数枚；穗状花序阔椭圆形，长 10~18 cm，宽 5~8 cm；苞片卵形至倒卵形，稍开展，顶端钝，下部的苞片绿色而顶端红色，上部的苞片较长而紫色；花萼长 1.0~1.2 cm，白色，顶端 3 裂；花冠管长 2.0~2.5 cm，裂片长圆形，黄色，不相等，后方的 1 片较大，长 1.5~2.0 cm，顶端具小尖头；侧生退化雄蕊比唇瓣小；唇瓣黄色，近倒卵形，长约 2 cm，宽 1.2~1.5 cm，顶端微缺；花药长约 4 mm，药隔基部具叉开的距；子房无毛。花期 4—6 月。

27.1.3 利用情况

根茎称莪术，供药用，主治气血凝滞、心腹胀痛、症瘕、积聚、宿食不消、妇女血瘀经闭、跌打损伤作痛。块根称绿丝郁金，有行气解郁、破瘀、止痛的功用。

27.2 莪术香气物质的提取及检测分析

27.2.1 顶空固相微萃取

将莪术块茎用剪刀剪碎后准确称取 0.3002 g，放入固相微萃取瓶中，密封。在 40℃水浴中平衡 10 min，用 PDMS/DVB 萃取头吸附 15 min。采用气相色谱-质谱仪（GC-MS）对其成分进行检测分析。

27.2.2 GC-MS 检测分析

GC 分析条件：采用 DB-5Ms 色谱柱（30 m × 0.25 mm × 0.25 μm），氦气（99.999 %）流速为 1.0 mL/min，不分流，进样口温度 250℃；起始温度为 60℃，保持 1 min，然后以 5℃/min 的速率升温至 85℃，保持 1 min，以 3℃/min 的速率升温至 140℃，保持 2 min，以 1℃/min 的速率升温至 160℃，保持 1 min，以 10℃/min 的速率升温至 230℃，保持 3 min；样品解吸附 5 min。

MS 分析条件：EI 离子源，电离能量 70 eV，离子源温度 230℃；传输线温度 280℃，质量扫描范围（m/z）35~450，采集速率 10 spec/s，溶剂延迟 300 s。

检测分析结果见图和表。

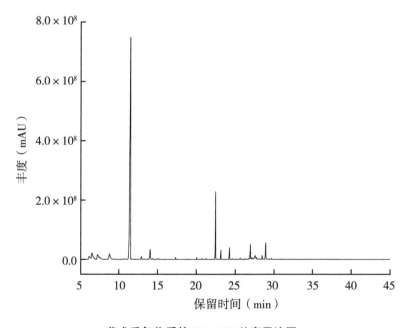

莪术香气物质的 GC-MS 总离子流图

莪术香气物质的组成及相对含量明细表

化合物名称	保留时间（min）	匹配度	分子式	CAS号	相对含量（%）
α-蒎烯	6.11	903	$C_{10}H_{16}$	2437-95-8	1.158
莰烯	6.48	906	$C_{10}H_{16}$	79-92-5	2.420
β-蒎烯	7.20	863	$C_{10}H_{16}$	127-91-3	3.187
β-松油基乙酸酯	8.78	832	$C_{12}H_{20}O_2$	10198-23-9	2.482
α-罗勒烯	9.31	830	$C_{10}H_{16}$	502-99-8	0.034
3-异丙基双环［1.0.6］己烯	10.79	839	$C_{10}H_{16}$	24524-57-0	0.277
芳樟醇	11.54	948	$C_{10}H_{18}O$	78-70-6	66.808
2,7-二甲基-3-辛烯-5-炔	12.31	796	$C_{10}H_{16}$	28935-76-4	0.033
3-异丙基-4-甲基-1-戊炔-3-醇	13.70	794	$C_9H_{16}O$	5333-87-9	0.085
L-硼醇	14.08	888	$C_{10}H_{18}O$	464-45-9	2.443
松油烯-4-醇	14.39	799	$C_{10}H_{18}O$	562-74-3	0.146
6E-6-壬烯酸甲酯	15.06	803	$C_{10}H_{18}O_2$	20731-21-9	0.267
β-环柠檬醛	15.99	835	$C_{10}H_{16}O$	432-25-7	0.044
β-环香叶酸甲酯	16.52	746	$C_{11}H_{18}O_2$	49815-58-9	0.030
2-氨基苯甲酸-3,7-二甲基-1,6-辛二烯-3-醇酯	17.32	844	$C_{17}H_{23}NO_2$	7149-26-0	0.343
乙酸异冰片酯	18.63	718	$C_{12}H_{20}O_2$	125-12-2	0.026
2-十一酮	18.97	839	$C_{11}H_{22}O$	112-12-9	0.063
1,11-十二二炔	20.41	835	$C_{12}H_{18}$	20521-44-2	0.039
蒎烯	22.46	887	$C_{15}H_{24}$	3856-25-5	8.283
（-）-异丁香烯	24.27	844	$C_{15}H_{24}$	118-65-0	2.233
芳香树烯	25.01	768	$C_{15}H_{24}$	109119-91-7	0.051
（S）-（-）-柠檬烯	25.64	842	$C_{10}H_{16}$	5989-54-8	0.279
（+）-白菖烯	25.90	824	$C_{15}H_{24}$	17334-55-3	0.040
大根香叶烯	26.69	796	$C_{15}H_{24}$	23986-74-5	0.148
β-荜澄茄烯	26.94	854	$C_{15}H_{24}$	13744-15-5	2.670
α-瑟林烯	27.14	908	$C_{15}H_{24}$	473-13-2	0.245
γ-榄香烯	27.56	890	$C_{15}H_{24}$	339154-91-5	1.394

（续表）

化合物名称	保留时间 （min）	匹配度	分子式	CAS 号	相对含量 （%）
α-依兰烯	27.75	911	$C_{15}H_{24}$	31983-22-9	0.300
γ-依兰烯	28.47	895	$C_{15}H_{24}$	30021-74-0	0.805
(+)-δ-杜松烯	28.93	909	$C_{15}H_{24}$	483-76-1	3.383
α-二去氢菖蒲烯	29.98	916	$C_{15}H_{20}$	21391-99-1	0.060
(Z)-β-金合欢烯	31.81	717	$C_{15}H_{24}$	28973-97-9	0.023
石竹烯氧化物	32.12	776	$C_{15}H_{24}O$	1139-30-6	0.031
T-依兰油醇	35.99	789	$C_{15}H_{26}O$	19912-62-0	0.041
α-荜澄茄醇	36.82	838	$C_{15}H_{26}O$	481-34-5	0.040
荜澄茄油烯醇	37.56	854	$C_{15}H_{26}O$	21284-22-0	0.063
4-甲氧基肉桂酸乙酯	44.17	773	$C_{12}H_{14}O_3$	1929-30-2	0.025

28　姜　黄

28.1　姜黄的分布、形态特征与利用情况

28.1.1　分　布

姜黄（*Curcuma longa*）为姜科（Zingiberaceae）姜黄属（*Curcuma*）植物。产于我国台湾、福建、广东、广西、云南、西藏等省区，喜生于向阳的地方。东亚及东南亚广泛栽培。

28.1.2　形态特征

株高 1.0~1.5 m，根茎很发达，成丛，分枝很多，椭圆形或圆柱状，橙黄色，极香；根粗壮，末端膨大呈块根。每株 5~7 片叶，叶片长圆形或椭圆形，长 30~45 cm，宽 15~18 cm，顶端短渐尖，基部渐狭，绿色，两面均无毛；叶柄长 20~45 cm。花葶由叶鞘内抽出，总花梗长 12~20 cm；穗状花序圆柱状，长 12~18 cm，直径 4~9 cm；苞片卵形或长圆形，长 3~5 cm，淡绿色，顶端钝，上部无花的较狭，顶端尖，开展，白色，边缘染淡红晕；花萼长 8~12 mm，白色，具不等的钝三齿，被微柔毛；花冠淡黄色，管长达 3 cm，上部膨大，裂片三角形，长 1.0~1.5 cm，后方的 1 片稍较大，具细尖头；侧生退化雄蕊比唇瓣短，与花丝及唇瓣的基部相连成管状；唇瓣倒卵形，长 1.2~2.0 cm，淡黄色，中部深黄，花药无毛，药室基部具 2 角状的距；子房被微毛。花期 8 月。

28.1.3　利用情况

根茎供药用，能行气破瘀、通经止痛，主治胸腹胀痛、肩臂痹痛、月经不调、闭经、跌打损伤；又可提取黄色食用色素；所含姜黄素可作分析化学试剂。近年来，国外还报道姜黄块茎的酒精提取液对八叠球菌、高夫克氏菌、棒状杆菌、梭状芽孢杆菌以及多种葡萄球菌、链球菌和芽孢杆菌有抑制作用。姜黄的水提取液和石油醚提取液对雌性大鼠有明显的抗生育活性。

28.2 姜黄香气物质的提取及检测分析

28.2.1 姜黄香气物质的提取

依据 GB/T 30385—2013《香辛料和调味品 挥发油含量的测定》对姜黄块茎中的香气物质进行提取。将姜黄块茎粉碎，准确称取破碎后的姜黄块茎粉 40.00 g，放入 1000 mL 带有磨砂接口的圆底烧瓶中，加入 500 mL 去离子水，上接挥发油收集器和冷凝管，冷凝管冷却用水为冷却循环泵提供，可将冷却温度调节至 5℃ 以下以增强冷却效果。蒸馏提取 3~4 h，提取出来的姜黄精油用正己烷稀释 200 倍，经无水硫酸钠脱除水分后，采用全二维气相-飞行时间质谱（GC-TOF/MS）对其成分进行检测分析。

28.2.2 GC-TOF/MS 的检测分析

GC 分析条件：采用 DB-WAX 色谱柱（30 m × 0.25 mm × 0.25 μm），设置分流比为 5：1，进样口温度为 250℃，氦气（99.999%）流速为 1.0 mL/min，进样量为 1 μL；起始柱温设置为 60℃，保持 1 min，然后以 5℃/min 的速率升温到 240℃，保持 3 min。

TOF/MS 分析条件：EI 离子源，电离能量 70 eV，离子源温度 230℃；传输线温度 250℃，质量扫描范围（m/z）30~400，采集速率 10 spec/s，溶剂延迟 300 s。

检测分析结果见图和表。

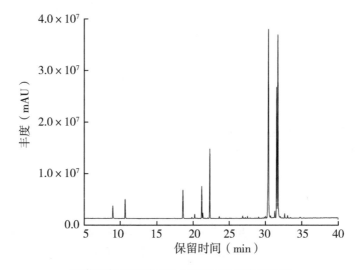

姜黄香气物质的 GC-TOF/MS 总离子流图

姜黄香气物质的组成及相对含量明细表

化合物名称	保留时间（min）	匹配度	分子式	CAS 号	相对含量（%）
螺[2.4]庚-4,6-二烯	5.56	765	C_7H_8	765-46-8	0.006
2-己酮	6.15	755	$C_6H_{12}O$	591-78-6	0.014
桉叶油醇	8.99	822	$C_{10}H_{18}O$	470-82-6	1.519
p-伞花烃	10.30	845	$C_{10}H_{14}$	99-87-6	0.035
异松油烯	10.67	875	$C_{10}H_{16}$	586-62-9	2.249
(-)-异丁香烯	18.59	867	$C_{15}H_{24}$	118-65-0	3.857
(E)-β-金合欢烯	19.82	816	$C_{15}H_{24}$	18794-84-8	0.111
α-罗勒烯	20.22	806	$C_{10}H_{16}$	502-99-8	0.539
(-)-β-姜黄烯	20.53	748	$C_{15}H_{24}$	28976-67-2	0.044
姜黄素	21.20	879	$C_{15}H_{24}$	495-60-3	3.783
(Z,E)-α-法呢烯	21.34	800	$C_{15}H_{24}$	26560-14-5	0.622
5-(1,5-二甲基-4-己烯基)-2-甲基双环[3.1.0]己-2-烯	21.63	719	$C_{15}H_{24}$	58319-06-5	0.048
(E)-γ-红没药烯	22.01	684	$C_{15}H_{24}$	53585-13-0	0.074
1-(1,5-二甲基-4-己烯)-4-亚甲基双环[3.1.0]己烷	22.32	767	$C_{15}H_{24}$	58319-04-3	7.753
2-(4-甲基苯基)丙醇	23.63	831	$C_{10}H_{14}O$	1197-01-9	0.172
3,3,5,5-四甲基环戊烯	25.09	790	C_9H_{16}	38667-10-6	0.028
石竹烯氧化物	26.88	725	$C_{15}H_{24}O$	1139-30-6	0.246
1-甲基-1,4-环己二烯	27.02	657	C_7H_{10}	4313-57-9	0.036
3,3,6-三甲基-1,5-庚二烯-4-酮	27.26	745	$C_{10}H_{16}O$	546-49-6	0.090
顺-(+)橙花叔醇	27.54	822	$C_{15}H_{26}O$	142-50-7	0.207
(Z)-β-金合欢烯	29.07	741	$C_{15}H_{24}$	28973-97-9	0.130
(Z)-γ-大西洋酮	30.04	727	$C_{15}H_{22}O$	108549-48-0	0.225
芳姜黄酮	30.44	883	$C_{15}H_{22}O$	180315-67-7	32.444
蝙蝠葛宁	30.72	775	$C_{15}H_{22}O$	38142-57-3	0.197
佛手柑醇	31.30	703	$C_{15}H_{24}O$	88034-74-6	0.757
姜黄新酮	31.57	877	$C_{15}H_{22}O$	87440-60-6	16.822
(+)-(S)-姜黄酮	31.74	898	$C_{15}H_{20}O$	532-65-0	26.577

（续表）

化合物名称	保留时间 （min）	匹配度	分子式	CAS 号	相对含量 （%）
（6R,7R)-红没药烯	32.66	803	$C_{15}H_{24}O$	72441-71-5	0.473
（E)-亚特兰酮	33.06	739	$C_{15}H_{22}O$	108645-54-1	0.300
（2-硝基-2-丙烯)-环己烷	34.77	700	$C_9H_{15}NO_2$	80255-17-0	0.198

29 高良姜

29.1 高良姜的分布、形态特征与利用情况

29.1.1 分　布

高良姜（*Alpinia officinarum*）为姜科（Zingiberaceae）山姜属（*Alpinia*）植物。我国台湾、广东、广西、云南等省区有栽培。南亚至东南亚地区亦有生长。

29.1.2 形态特征

根茎块状，单生或数枚连接，淡绿色或绿白色，芳香。叶通常2片贴近地面生长，近圆形，长7~13 cm，宽4~9 cm，无毛或于叶背面被稀疏的长柔毛，干时于叶正面可见红色小点，几无柄；叶鞘长2~3 cm。花4~12朵顶生，半藏于叶鞘中；苞片披针形，长2.5 cm；花白色，有香味，易凋谢；花萼约与苞片等长；花冠管长2.0~2.5 cm，裂片线形，长1.2 cm；侧生退化雄蕊倒卵状楔形，长1.2 cm；唇瓣白色，基部具紫斑，长2.5 cm，宽2 cm，深2裂至中部以下；雄蕊无花丝，药隔附属体正方形，2裂。果为蒴果。花期8—9月。

29.1.3 利用情况

根茎为芳香健胃剂，有散寒、去湿、温脾胃、辟恶气的功用，亦可作调味香料。从根茎中提取出来的芳香油，可作调香原料，定香力强。常栽培供药用或调味用。

29.2 高良姜香气物质的提取及检测分析

29.2.1 顶空固相微萃取

将高良姜的块茎用剪刀剪碎后准确称取0.2176 g，放入固相微萃取瓶中，密封。在

40℃水浴中平衡 10 min，用 PDMS/DVB 萃取头吸附 15 min。采用气相色谱－质谱仪（GC-MS）对其成分进行检测分析。

29.2.2 GC-MS 检测分析

GC 分析条件：采用 DB－5Ms 色谱柱（30 m × 0.25 mm × 0.25 μm），氦气（99.999%）流速为 1.0 mL/min，进样口温度 250℃；起始温度为 60℃，保持 1 min，然后以 2℃/min 的速率升温至 85℃，保持 1 min，以 3℃/min 的速率升温至 130℃，保持 1 min，以 2℃/min 的速率升温至 160℃，以 10℃/min 的速率升温至 230℃，保持 3 min；不分流进样，样品解吸附 5 min。

MS 分析条件：EI 离子源，电离能量 70 eV，离子源温度 230℃；传输线温度 280℃，质量扫描范围（m/z）35～450，采集速率 10 spec/s，溶剂延迟 300 s。

检测分析结果见图和表。

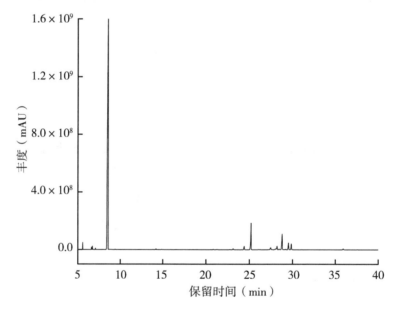

高良姜香气物质的 GC-MS 总离子流图

高良姜香气物质的组成及相对含量明细表

化合物名称	保留时间（min）	匹配度	分子式	CAS 号	相对含量（%）
α-侧柏烯	5.40	871	$C_{10}H_{16}$	2867－05－2	0.030
α-蒎烯	5.58	940	$C_{10}H_{16}$	2437－95－8	0.687
莰烯	5.97	894	$C_{10}H_{16}$	79－92－5	0.008

（续表）

化合物名称	保留时间（min）	匹配度	分子式	CAS 号	相对含量（%）
β-蒎烯	6.73	896	$C_{10}H_{16}$	127-91-3	0.922
α-松油烯	7.95	876	$C_{10}H_{16}$	99-86-5	0.027
桉叶油醇	8.56	923	$C_{10}H_{18}O$	470-82-6	80.933
二氢卡维醇	8.99	741	$C_{10}H_{18}O$	619-01-2	0.029
异松油烯	10.48	876	$C_{10}H_{16}$	586-62-9	0.014
α-对二甲基苯乙烯	10.64	807	$C_{10}H_{12}$	1195-32-0	0.006
cis-β-松油醇	11.05	764	$C_{10}H_{18}O$	7299-40-3	0.007
顺式马鞭草醇	11.95	715	$C_{10}H_{16}O$	473-67-6	0.008
3-乙烯基-2,5-二甲基-4-烯-2-醇	13.88	804	$C_{10}H_{18}O$	21149-19-9	0.039
松油烯-4-醇	14.22	832	$C_{10}H_{18}O$	562-74-3	0.177
α-松油醇	14.87	831	$C_{10}H_{18}O$	98-55-5	0.089
异丙烯醇	16.60	720	$C_{10}H_{16}O$	35628-00-3	0.012
4-蒈烯	17.66	813	$C_{10}H_{16}$	29050-33-7	0.007
乙酸异冰片酯	18.53	811	$C_{12}H_{20}O_2$	125-12-2	0.026
正十三烷	19.04	859	$C_{13}H_{28}$	629-50-5	0.023
乙酸二氢异丙苯酯	20.86	788	$C_{12}H_{18}O_2$	15111-96-3	0.131
3-(4-乙酰氧基苯基)-1-丙烯	21.25	875	$C_{11}H_{12}O_2$	61499-22-7	0.101
香芹酰乙酸酯	21.88	800	$C_{12}H_{18}O_2$	7111-29-7	0.018
乙酸香叶酯	22.71	875	$C_{12}H_{20}O_2$	16409-44-2	0.066
β-榄香烯	23.13	826	$C_{15}H_{24}$	110823-68-2	0.275
4-甲基十三烷	23.34	796	$C_{14}H_{30}$	26730-12-1	0.013
甲基丁香酚	23.94	849	$C_{11}H_{14}O_2$	93-15-2	0.010
(Z,Z)-α-金合欢烯	24.13	859	$C_{15}H_{24}$	28973-99-1	0.026
(-)-异丁香烯	24.41	842	$C_{15}H_{24}$	118-65-0	0.951
反式-α-佛手柑油烯	25.19	929	$C_{15}H_{24}$	13474-59-4	5.376
(E)-β-金合欢烯	26.09	815	$C_{15}H_{24}$	18794-84-8	0.144
雪芹烯	27.45	790	$C_{15}H_{24}$	11028-42-5	0.686
α-瑟林烯	27.62	881	$C_{15}H_{24}$	473-13-2	0.036

（续表）

化合物名称	保留时间 （min）	匹配度	分子式	CAS 号	相对含量 （%）
（+）-瓦伦塞	27.93	918	$C_{15}H_{24}$	4630-07-3	0.098
α-香柠檬烯	28.05	854	$C_{15}H_{24}$	17699-05-7	0.263
正十五烷	28.17	901	$C_{15}H_{32}$	629-62-9	0.888
反式-α-红没药烯	28.42	887	$C_{15}H_{24}$	29837-07-8	0.191
β-红没药烯	28.78	885	$C_{15}H_{24}$	495-61-4	4.174
α-泛辛烯	29.17	832	$C_{15}H_{24}$	56633-28-4	0.154
β-倍半水芹烯	29.52	892	$C_{15}H_{24}$	20307-83-9	1.841
（Z,E）-α-法呢烯	29.85	838	$C_{15}H_{24}$	26560-14-5	1.400
十六烷	33.15	844	$C_{16}H_{34}$	544-76-3	0.011
8-十七烯	37.56	867	$C_{17}H_{34}$	2579-04-6	0.087

30 海南三七

30.1 海南三七的分布、形态特征与利用情况

30.1.1 分布

海南三七（*Kaempferia rotunda*）为姜科（Zingiberaceae）山奈属（*Kaempferia*）植物。产于我国云南、广西、广东和台湾，生于草地阳处或栽培。亚洲南部至东南部亦有分布。

30.1.2 形态特征

根茎块状，根粗。先开花，后出叶；叶片长椭圆形，长 17 ~ 27 cm，宽 7.5 ~ 9.5 cm，叶正面淡绿色，中脉两侧深绿色，叶背面紫色；叶柄短，槽状。头状花序有花 4~6 朵，春季直接自根茎发出；苞片紫褐色，长 4.5~7.0 cm；花萼管长 4.5~7.0 cm，一侧开裂；花冠管约与萼管等长，花冠裂片线形，白色，长约 5 cm，花时平展，侧生退化雄蕊披针形，长约 5 cm，宽约 1.7 cm，白色，顶端急尖，直立，稍靠叠；唇瓣蓝紫色，近圆形，深 2 裂至中部以下呈 2 裂片，裂片长约 3.5 cm，宽约 2 cm，顶端急尖，下垂；药隔附属体 2 裂，呈鱼尾状，直立于药室的顶部，边缘具不整齐的缺刻，顶端尖。花期 4 月。

30.1.3 利用情况

海南三七叶片上面有鱼骨状美丽的花纹，叶背面紫色，可作为观叶植物，于园林阴湿处布置或盆栽室内观赏；同时，其先花后叶，花多而艳丽，4 枚瓣片红白相映显得十分淡雅，观花效果也很好。在人工控制栽培条件下可在春节前开花。根状茎可入药，有消肿止痛的功效，可用于治疗跌打损伤及胃痛。

30.2 海南三七香气物质的提取及检测分析

30.2.1 顶空固相微萃取

将海南三七的根用剪刀剪碎后准确称取 1.0169 g，放入固相微萃取瓶中，密封。在 40℃水浴中平衡 10 min，用 PDMS/DVB 萃取头吸附 15 min。采用气相色谱–质谱仪（GC-MS）对其成分进行检测分析。

30.2.2 GC-MS 检测分析

GC 分析条件：采用 DB-5Ms 色谱柱（30 m × 0.25 mm × 0.25 μm），氦气（99.999 %）流速为 1.0 mL/min，进样口温度为 250℃，不分流；起始温度为 60℃，保持 1 min，然后以 2℃/min 的速率升温至 85℃，保持 1 min，以 3℃/min 的速率升温至 130℃，保持 1 min，以 2℃/min 的速率升温至 160℃，以 10℃/min 的速率升温至 230℃，保持 3 min；样品解吸附 5 min。

MS 分析条件：EI 离子源，电离能量 70 eV，离子源温度 230℃；传输线温度 250℃，质量扫描范围（m/z）30~400，采集速率 10 spec/s，溶剂延迟 300 s。

检测分析结果见图和表。

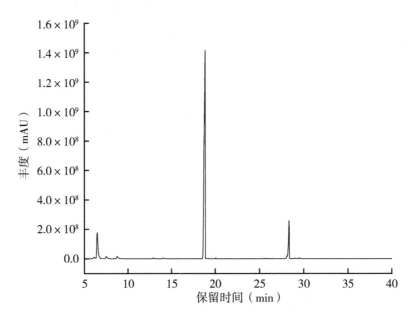

海南三七香气物质的 GC-MS 总离子流图

海南三七香气物质的组成及相对含量明细表

化合物名称	保留时间（min）	匹配度	分子式	CAS号	相对含量（%）
α-蒎烯	6.10	901	$C_{10}H_{16}$	2437-95-8	0.492
莰烯	6.49	951	$C_{10}H_{16}$	79-92-5	9.680
β-月桂烯	7.52	818	$C_{10}H_{16}$	123-35-3	1.022
柠檬烯	8.77	842	$C_{10}H_{16}$	138-86-3	1.013
1,2-环壬二烯	9.32	806	C_9H_{14}	1123-11-1	0.047
(E)-2,7-二甲基-3-辛烯-5-炔	10.76	810	$C_{10}H_{16}$	55956-33-7	0.026
芳樟醇	11.32	787	$C_{10}H_{18}O$	78-70-6	0.041
2-甲基-1-(2,2,3-三甲基环亚丙基)-1-丙烯	12.32	784	$C_{10}H_{16}$	14803-30-6	0.017
左旋樟脑	12.94	879	$C_{10}H_{16}O$	464-48-2	0.279
L-硼醇	14.04	881	$C_{10}H_{18}O$	464-45-9	0.266
松油烯-4-醇	14.38	764	$C_{10}H_{18}O$	562-74-3	0.027
α-松油醇	15.04	782	$C_{10}H_{18}O$	98-55-5	0.009
4-甲基-2,3-戊二酮	16.99	789	$C_6H_{10}O_2$	7493-58-5	0.006
乙酸冰片酯	18.87	938	$C_{12}H_{20}O_2$	5655-61-8	75.899
乙酸松油酯	21.32	818	$C_{12}H_{20}O_2$	80-26-2	0.047
(+)-α-长叶蒎烯	21.99	787	$C_{15}H_{24}$	5989-08-2	0.012
(-)-α-依兰油烯	22.20	802	$C_{15}H_{24}$	483-75-0	0.012
β-榄香烯	23.16	817	$C_{15}H_{24}$	110823-68-2	0.050
十四烷	23.35	779	$C_{14}H_{30}$	629-59-4	0.005
反式-α-佛手柑油烯	23.71	805	$C_{15}H_{24}$	13474-59-4	0.012
芳香树烯	25.50	863	$C_{15}H_{24}$	109119-91-7	0.136
2-(1E)-1,3-丁二烯-1-基-1,1-二甲基-3-亚甲基环己烷	25.90	811	$C_{13}H_{20}$	81983-67-7	0.103
(Z)-β-金合欢烯	26.11	775	$C_{15}H_{24}$	28973-97-9	0.007
(-)-异丁香烯	26.49	791	$C_{15}H_{24}$	118-65-0	0.105
α-瑟林烯	26.74	774	$C_{15}H_{24}$	473-13-2	0.025
(Z,E)-α-法呢烯	27.25	794	$C_{15}H_{24}$	26560-14-5	0.035
α-姜黄烯	27.48	788	$C_{15}H_{22}$	644-30-4	0.075

（续表）

化合物名称	保留时间 （min）	匹配度	分子式	CAS 号	相对含量 （%）
姜黄素	28.10	827	$C_{15}H_{24}$	495-60-3	0.355
十六烷	28.33	928	$C_{16}H_{34}$	544-76-3	9.506
β-红没药烯	28.77	864	$C_{15}H_{24}$	495-61-4	0.052
α-香柠檬烯	28.91	836	$C_{15}H_{24}$	17699-05-7	0.079
γ-依兰烯	29.10	887	$C_{15}H_{24}$	30021-74-0	0.129
雪芹烯	29.50	825	$C_{15}H_{24}$	11028-42-5	0.221
荜澄茄油烯醇	34.21	776	$C_{15}H_{26}O$	21284-22-0	0.009
9,12-十八烯醛	36.67	774	$C_{18}H_{32}O$	26537-70-2	0.008
正十九烷	38.24	861	$C_{19}H_{40}$	629-92-5	0.036

31 海南山姜

31.1 海南山姜的分布、形态特征与利用情况

31.1.1 分 布

海南山姜（*Alpinia hainanensis*）为姜科（Zingiberaceae）山姜属（*Alpinia*）植物。海南山姜又称草豆蔻，产于我国海南、广东、广西，生于山地林中。

31.1.2 形态特征

叶片带形，长 22~50 cm，宽 2~4 cm，顶端渐尖并有一旋卷的尾状尖头，基部渐狭，两面均无毛；无柄或因叶片基部渐狭而成一假柄；叶舌膜质，长 7~8 mm，顶端急尖。总状花序中等粗壮，长 13~15 cm，花序轴"之"字形，被黄色、稍粗硬的绢毛，顶部具长圆状卵形的苞片，长 4.0~4.5 cm，膜质，顶渐尖，无毛；小苞片长 2 cm，顶有小尖头，红棕色；小花梗长不及 2 mm；花萼筒钟状，顶端具 2 齿，一侧开裂至中部以上，外被黄色长柔毛，具缘毛；花冠管长 9~10 mm，无毛；裂片长 2.5~3.0 cm，喉部及侧生退化雄蕊被黄色小长柔毛；唇瓣倒卵形，长 3 cm，顶浅 2 裂；花丝长 1.5 cm，花药室长 11 mm，药隔附属体长 2 mm；腺体长 3 mm。

31.1.3 利用情况

海南山姜种子含挥发油，其主要成分为桉叶素和金合欢醇，此外还有山姜素和小豆蔻素等，有祛寒燥湿、健脾消食的作用。

31.2 海南山姜香气物质的提取及检测分析

31.2.1 顶空固相微萃取

将海南山姜的叶片和块茎用剪刀剪碎后分别准确称取 0.5235 g、0.5057 g，放入固

相微萃取瓶中，密封。在 40℃ 水浴中平衡 10 min，用 PDMS/DVB 萃取头吸附 10 min。采用全二维气相色谱-飞行时间质谱仪（GC-TOF/MS）对其成分进行检测分析。

31.2.2　GC-TOF/MS 检测分析

叶片 GC 分析条件：采用 DB-WAX 色谱柱（30 m × 0.25 mm × 0.25 μm），进样口温度为 250℃，氦气（99.999 %）流速为 1.0 mL/min；起始柱温设置为 50℃，保持 0.2 min，然后以 2℃/min 的速率升温至 60℃，保持 1 min，以 5℃/min 的速率升温至 160℃，保持 1 min，以 8℃/min 的速率升温至 230℃，保持 3 min；不分流进样，样品解吸附 5 min。

块茎 GC 分析条件：采用 DB-WAX 色谱柱（30 m × 0.25 mm × 0.25 μm），进样口温度为 250℃，氦气（99.999 %）流速为 1.0 mL/min；起始柱温设置为 60℃，保持 1 min，然后以 2℃/min 的速率升温至 90℃，保持 2 min，以 4℃/min 的速率升温至 130℃，以 10℃/min 的速率升温至 230℃，保持 3 min；分流比为 2∶1，样品解吸附 5 min。

TOF/MS 分析条件（叶片与块茎 MS 分析条件相同）：EI 离子源，电离能量 70 eV，离子源温度 230℃；传输线温度 250℃，质量扫描范围（m/z）30~400，采集速率 10 spec/s，溶剂延迟 300 s。

检测分析结果见图和表。

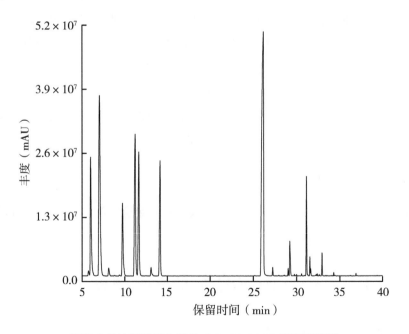

海南山姜块茎香气物质的 GC-TOF/MS 总离子流图

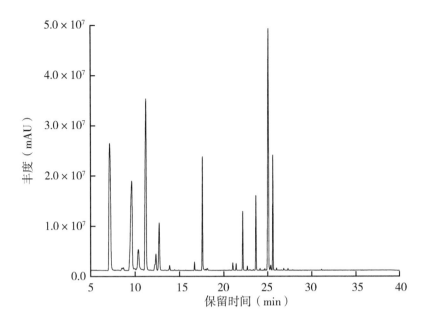

海南山姜叶片香气物质的 GC-TOF/MS 总离子流图

海南山姜块茎香气物质的组成及相对含量明细表

化合物名称	保留时间（min）	匹配度	分子式	CAS 号	相对含量（%）
三环烯	5.76	816	$C_{10}H_{16}$	508-32-7	0.271
α-蒎烯	6.02	924	$C_{10}H_{16}$	80-56-8	8.431
莰烯	7.05	945	$C_{10}H_{16}$	79-92-5	17.123
β-蒎烯	8.12	849	$C_{10}H_{16}$	18172-67-3	0.538
反式-β-罗勒烯	9.38	810	$C_{10}H_{16}$	3779-61-1	0.059
β-月桂烯	9.74	919	$C_{10}H_{16}$	123-35-3	5.258
α-水芹烯	9.90	851	$C_{10}H_{16}$	99-83-2	0.303
(S)-(-)-柠檬烯	11.26	935	$C_{10}H_{16}$	5989-54-8	11.682
桉叶油醇	11.69	927	$C_{10}H_{18}O$	470-82-6	8.369
γ-松油烯	13.10	786	$C_{10}H_{16}$	99-85-4	0.485
(Z)-β-罗勒烯	13.26	822	$C_{10}H_{16}$	3338-55-4	0.095
o-伞花烃	14.17	953	$C_{10}H_{14}$	527-84-4	7.777
L-茴香酮	20.58	696	$C_{10}H_{16}O$	7787-20-4	0.011
左旋樟脑	26.19	940	$C_{10}H_{16}O$	464-48-2	31.694

（续表）

化合物名称	保留时间（min）	匹配度	分子式	CAS 号	相对含量（%）
芳樟醇	27.26	812	$C_{10}H_{18}O$	78-70-6	0.317
松果芹酮	27.95	711	$C_{10}H_{14}O$	30460-92-5	0.023
茴香醇	28.58	684	$C_{10}H_{18}O$	1632-73-1	0.035
松油烯-4-醇	29.20	862	$C_{10}H_{18}O$	562-74-3	1.788
（+）-对薄荷醇-2,8-二烯-1-醇	29.89	526	$C_{10}H_{16}O$	7212-40-0	0.048
（+）-cis-沙宾醇	30.58	787	$C_{10}H_{16}O$	471-16-9	0.068
α,α-二甲基-4-亚甲基环己烷甲醇	30.99	494	$C_{10}H_{18}O$	7299-42-5	0.010
α-石竹烯	31.16	882	$C_{15}H_{24}$	6753-98-6	3.703
香叶醛	31.30	711	$C_{10}H_{16}O$	141-27-5	0.039
α-松油醇	31.54	901	$C_{10}H_{18}O$	98-55-5	0.537
DL-异冰片醇	31.63	825	$C_{10}H_{18}O$	124-76-5	0.222
（Z,Z）-α-金合欢烯	32.20	586	$C_{15}H_{24}$	28973-99-1	0.026
1H-3a,7-甲氮脲	32.28	654	$C_{15}H_{26}$	25491-20-7	0.092
（Z,E）-α-法呢烯	32.62	763	$C_{15}H_{24}$	26560-14-5	0.043
大根香叶烯	32.94	852	$C_{15}H_{24}$	23986-74-5	0.747
苄乙醚	33.51	402	$C_9H_{12}O$	539-30-0	0.017
2-（4-甲基苯基）丙醇	34.09	370	$C_{10}H_{14}O$	1197-01-9	0.012
苄丙酮	34.29	748	$C_{10}H_{12}O$	2550-26-7	0.084
3-异丙基-4-甲基-1-戊炔-3-醇	34.45	537	$C_9H_{16}O$	5333-87-9	0.015
（+）-α-环氧隆嘧啶	36.23	670	$C_{15}H_{24}O$	142792-93-6	0.013
蒲苇烯氧化物Ⅱ	36.89	748	$C_{15}H_{24}O$	19888-34-7	0.064

海南山姜叶片香气物质的组成及相对含量明细表

化合物名称	保留时间（min）	匹配度	分子式	CAS 号	相对含量（%）
2-乙基呋喃	5.64	683	C_6H_8O	3208-16-0	0.003
2-氧代丁酸乙酯	5.99	574	$C_6H_{10}O_3$	15933-07-0	0.001
α-蒎烯	7.17	927	$C_{10}H_{16}$	80-56-8	18.352

（续表）

化合物名称	保留时间（min）	匹配度	分子式	CAS 号	相对含量（%）
莰烯	8.06	754	$C_{10}H_{16}$	79-92-5	0.014
桧烯	8.47	568	$C_{10}H_{16}$	3387-41-5	0.027
己醛	8.70	865	$C_6H_{12}O$	66-25-1	0.234
β-蒎烯	9.63	938	$C_{10}H_{16}$	18172-67-3	13.863
双环[3.2.0]庚-2,6-二烯	10.00	743	C_7H_8	2422-86-8	0.136
3-己烯醛	10.37	884	$C_6H_{10}O$	4440-65-7	2.832
1-羟基-2-丁酮	10.83	696	$C_4H_8O_2$	5077-67-8	0.025
β-月桂烯	11.23	945	$C_{10}H_{16}$	123-35-3	17.947
异松油烯	11.75	658	$C_{10}H_{16}$	586-62-9	0.019
2-己烯醛	12.21	835	$C_6H_{10}O$	505-57-7	0.272
(S)-(-)-柠檬烯	12.34	899	$C_{10}H_{16}$	5989-54-8	1.646
4-双环[3.1.0]己-2-烯	12.65	743	$C_{10}H_{16}$	28634-89-1	0.751
(E)-2-己烯醛	12.72	912	$C_6H_{10}O$	6728-26-3	4.249
苯乙烯	13.90	816	C_8H_8	100-42-5	0.309
1,3,5-三甲基-3,7,7-环庚三烯	14.44	841	$C_{10}H_{14}$	3479-89-8	0.043
4-甲基-3-(1-甲基亚乙基)环己烯	14.89	775	$C_{10}H_{16}$	99805-90-0	0.025
4-己烯-1-醇乙酸酯	15.71	512	$C_8H_{14}O_2$	72237-36-6	0.020
甲酸己酯	16.70	879	$C_7H_{14}O_2$	629-33-4	0.390
反式-3-己烯-1-醇	16.97	767	$C_6H_{12}O$	544-12-7	0.026
叶醇	17.59	931	$C_6H_{12}O$	928-96-1	5.718
2,4-己二烯醛	18.09	837	C_6H_8O	142-83-6	0.103
反式-2-己烯-1-醇	18.15	761	$C_6H_{12}O$	928-95-0	0.071
龙脑烯醛	20.60	801	$C_{10}H_{16}O$	4501-58-0	0.013
4-(4-甲基-3-戊烯基)-1,2-二硫基-4-环己烯	20.86	638	$C_{10}H_{16}S_2$	73188-23-5	0.004
蓓烯	21.02	805	$C_{15}H_{24}$	3856-25-5	0.406
1,2,5-三甲基双环-[2,6,6]-庚烷-3-酮	21.40	842	$C_{10}H_{16}O$	547-60-4	0.325
(E)-3-频呐酮	22.16	892	$C_{10}H_{16}O$	15358-88-0	2.814

（续表）

化合物名称	保留时间 （min）	匹配度	分子式	CAS 号	相对含量 （%）
松果芹酮	22.67	803	$C_{10}H_{14}O$	30460-92-5	0.179
4-甲基-4-己烯-3-酮	22.97	720	$C_7H_{12}O$	52883-78-0	0.048
丙酮	23.34	639	C_3H_6O	67-64-1	0.030
2,3-己二酮	23.42	430	$C_6H_{10}O_2$	3848-24-6	0.011
（-）-异丁香烯	23.66	895	$C_{15}H_{24}$	118-65-0	4.005
（1R）-桃金娘醛	24.12	830	$C_{10}H_{14}O$	564-94-3	0.075
1-（5-己烯基）-2-碘环丙烷	24.52	601	$C_9H_{15}I$	74685-40-8	0.015
反式马芹醇	24.67	770	$C_{10}H_{16}O$	547-61-5	0.059
（+）-芳香树烯	24.82	595	$C_{15}H_{24}$	489-39-4	0.013
（E）-β-金合欢烯	25.11	918	$C_{15}H_{24}$	18794-84-8	18.906
侧柏-3-烯-2-醇	25.19	664	$C_{10}H_{16}O$	3310-03-0	0.048
α-罗勒烯	25.35	807	$C_{10}H_{16}$	502-99-8	0.300
3,1-二甲基双环[1.2.2] 庚-6-烯-6-羧酸甲酯	25.60	900	$C_{11}H_{16}O_2$	30649-97-9	5.298
反式-2-十一烯-1-醇	26.00	817	$C_{11}H_{22}O$	75039-84-8	0.088
β-金合欢烯	26.51	587	$C_{15}H_{24}$	77129-48-7	0.022
（-）-β-榄香烯	26.82	761	$C_{15}H_{24}$	110823-68-2	0.106
丙炔醛缩二乙酯	26.91	759	$C_7H_{12}O_2$	10160-87-9	0.009
（+）-δ-杜松烯	27.31	797	$C_{15}H_{24}$	483-76-1	0.080
（±）-桃金娘烯醇	27.84	761	$C_{10}H_{16}O$	515-00-4	0.022
醋酸辛酯	29.90	764	$C_{10}H_{20}O_2$	112-14-1	0.008
3,3-二甲基-2-氧代丁醛	31.09	779	$C_6H_{10}O_2$	77572-68-0	0.036

32　山　奈

32.1　山奈的分布、形态特征与利用情况

32.1.1　分　布

山奈（*Kaempferia galanga*）为姜科（Zingiberaceae）山奈属（*Kaempferia*）植物，俗称沙姜。我国台湾、广东、广西、云南等省区有栽培。南亚至东南亚地区亦有分布。

32.1.2　形态特征

根茎块状，单生或数枚连接，淡绿色或绿白色，芳香。叶通常 2 片贴近地面生长，近圆形，长 7~13 cm，宽 4~9 cm，无毛或于叶背面被稀疏的长柔毛，干时于叶正面可见红色小点，几无柄；叶鞘长 2~3 cm。花 4~12 朵顶生，半藏于叶鞘中；苞片披针形，长 2.5 cm；花白色，有香味，易凋谢；花萼约与苞片等长；花冠管长 2.0~2.5 cm，裂片线形，长 1.2 cm；侧生退化雄蕊倒卵状楔形，长 1.2 cm；唇瓣白色，基部具紫斑，长 2.5 cm，宽 2 cm，深 2 裂至中部以下；雄蕊无花丝，药隔附属体正方形，2 裂。果为蒴果。花期 8—9 月。

32.1.3　利用情况

根茎为芳香健胃剂，有散寒、祛湿、温脾胃、辟恶气的功用，亦可作调味香料。从根茎中提取出来的芳香油，可作调香原料，定香力强。常栽培供药用或调味用。

32.2　山奈香气物质的提取及检测分析

32.2.1　顶空固相微萃取

将山奈块茎用剪刀剪碎后准确称取 0.5375 g，放入固相微萃取瓶中，密封。在

40℃水浴中平衡 10 min，用 PDMS/DVB 萃取头吸附 15 min。采用气相色谱–质谱仪（GC–MS）对其成分进行检测分析。

32. 2. 2　GC–MS 检测分析

GC 分析条件：采用 DB–5Ms 色谱柱（30 m × 0.25 mm × 0.25 μm），氦气（99.999 %）流速为 1.0 mL/min，分流比 10∶1；进样口温度 250℃；起始温度为 60℃，保持 1 min，然后以 5℃/min 的速率升温至 100℃，保持 1 min，以 1℃/min 的速率升温至 140℃，保持 1 min，以 4℃/min 的速率升温至 160℃，以 10℃/min 的速率升温至 230℃，保持 3 min；样品解吸附 5 min。

MS 分析条件：EI 离子源，电离能量 70 eV，离子源温度 230℃；传输线温度 280℃，质量扫描范围（m/z）35~450，采集速率 10 spec/s，溶剂延迟 300 s。

检测分析结果见图和表。

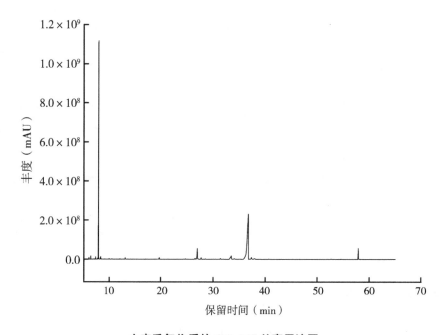

山柰香气物质的 GC–MS 总离子流图

山柰香气物质的组成及相对含量明细表

化合物名称	保留时间（min）	匹配度	分子式	CAS 号	相对含量（%）
α–蒎烯	6.00	924	$C_{10}H_{16}$	2437–95–8	0.314
莰烯	6.36	922	$C_{10}H_{16}$	79–92–5	0.566

（续表）

化合物名称	保留时间（min）	匹配度	分子式	CAS 号	相对含量（%）
β-蒎烯	7.02	867	$C_{10}H_{16}$	127-91-3	0.077
β-月桂烯	7.31	841	$C_{10}H_{16}$	123-35-3	0.478
α-水芹烯	7.71	877	$C_{10}H_{16}$	99-83-2	0.235
1R-α-蒎烯	7.89	929	$C_{10}H_{16}$	7785-70-8	44.723
o-伞花烃	8.25	923	$C_{10}H_{14}$	527-84-4	0.288
柠檬烯	8.34	879	$C_{10}H_{16}$	138-86-3	0.551
γ-松油烯	9.13	864	$C_{10}H_{16}$	99-85-4	0.062
异松油烯	9.99	868	$C_{10}H_{16}$	586-62-9	0.140
2-壬醇	10.46	822	$C_9H_{20}O$	628-99-9	0.038
顺式马鞭草醇	10.54	725	$C_{10}H_{16}O$	473-67-6	0.097
异丙烯醇	12.12	826	$C_{10}H_{16}O$	35628-00-3	0.126
1-甲基-3-(2-甲基环丙基)环丙烯	12.87	716	C_8H_{12}	61142-26-5	0.029
L-硼醇	13.13	890	$C_{10}H_{18}O$	464-45-9	0.442
松油烯-4-醇	13.49	750	$C_{10}H_{18}O$	562-74-3	0.028
2-十一酮	19.51	862	$C_{11}H_{22}O$	112-12-9	0.074
正十三烷	19.75	898	$C_{13}H_{28}$	629-50-5	0.631
β-荜澄茄烯	23.13	841	$C_{15}H_{24}$	13744-15-5	0.046
α-依兰烯	24.43	838	$C_{15}H_{24}$	31983-22-9	0.076
蒎烯	24.73	830	$C_{15}H_{24}$	3856-25-5	0.197
莎草烯	26.97	889	$C_{15}H_{24}$	2387-78-2	4.557
十四烷	27.10	890	$C_{14}H_{30}$	629-59-4	0.131
(-)-α-古芸烯	27.70	893	$C_{15}H_{24}$	489-40-7	0.753
芳香树烯	28.10	831	$C_{15}H_{24}$	109119-91-7	0.045
γ-榄香烯	29.78	814	$C_{15}H_{24}$	339154-91-5	0.053
α-石竹烯	31.39	799	$C_{15}H_{24}$	6753-98-6	0.425
肉桂酸乙酯	33.45	888	$C_{11}H_{12}O_2$	103-36-6	2.533
2-十五炔-1-醇	34.03	809	$C_{15}H_{28}O$	2834-00-6	0.466
正十五烷	36.75	930	$C_{15}H_{32}$	629-62-9	36.399

（续表）

化合物名称	保留时间 （min）	匹配度	分子式	CAS 号	相对含量 （%）
γ-依兰烯	37.34	894	$C_{15}H_{24}$	30021-74-0	1.030
(+)-瓦伦塞	37.75	842	$C_{15}H_{24}$	4630-07-3	0.129
(+)-δ-杜松烯	37.99	889	$C_{15}H_{24}$	483-76-1	0.196
β-橄榄烯	39.06	842	$C_{15}H_{24}$	489-29-2	0.060
α-瑟林烯	40.66	860	$C_{15}H_{24}$	473-13-2	0.191
石竹烯氧化物	43.15	723	$C_{15}H_{24}O$	1139-30-6	0.030
荜澄茄油烯醇	46.57	821	$C_{15}H_{26}O$	21284-22-0	0.045
8-十七烯	52.69	904	$C_{17}H_{34}$	2579-04-6	0.208
十六烷	54.59	883	$C_{16}H_{34}$	544-76-3	0.114
4-甲氧基肉桂酸乙酯	57.91	906	$C_{12}H_{14}O_3$	1929-30-2	3.421

33 益　智

33.1　益智的分布、形态特征与利用情况

33.1.1　分布

益智（*Alpinia oxyphylla*）为姜科（Zingiberaceae）山姜属（*Alpinia*）植物。我国产于广东、海南、广西，云南、福建也有少量试种。生长于阴湿林下。

33.1.2　形态特征

株高 1~3 m；茎丛生；根茎短，长 3~5 cm。叶片披针形，长 25~35 cm，宽 3~6 cm，顶端渐狭，具尾尖，基部近圆形，边缘具脱落性小刚毛；叶柄短；叶舌膜质，2裂；长 1~2 cm，稀更长，被淡棕色疏柔毛。总状花序在花蕾时全部包藏于一帽状总苞片中，花时整个脱落，花序轴被极短的柔毛；小花梗长 1~2 mm；大苞片极短，膜质，棕色；花萼筒状，长 1.2 cm，一侧开裂至中部，先端具 3 齿裂，外被短柔毛；花冠管长 8~10 mm，花冠裂片长圆形，长约 1.8 cm，后方的 1 枚稍大，白色，外被疏柔毛；侧生退化雄蕊钻状，长约 2 mm；唇瓣倒卵形，长约 2 cm，粉白色而具红色脉纹，先端边缘皱波状；花丝长 1.2 cm，花药长约 7 mm；子房密被绒毛。蒴果鲜时球形，干时纺锤形，长 1.5~2.0 cm，宽约 1 cm，被短柔毛，果皮上有隆起的维管束线条，顶端有花萼管的残迹；种子呈不规则扁圆形，被淡黄色假种皮。花期 3—5 月，果期 4—9 月。

33.1.3　利用情况

果实供药用，有益脾胃、理元气、补肾虚滑精的功用。治脾胃（或肾）虚寒所致的泄泻、腹痛、呕吐、食欲不振、唾液分泌增多、遗尿、小便频数等症。果实中挥发油含量约为 0.7%，油中主要成分为桉油精，占 55%，此外，还含有姜烯、姜醇等倍半萜类。

33.2 益智香气物质的提取及检测分析

33.2.1 益智香气物质的提取

依据 GB/T 30385—2013《香辛料和调味品 挥发油含量的测定》提取益智果实中的香气物质。将益智果实粉碎，准确称取破碎后的益智果实粉 40.00 g，放入 1000 mL 带有磨砂接口的圆底烧瓶中，加入 500 mL 去离子水，上接挥发油收集器和冷凝管，冷凝管冷却用水为冷却循环泵提供，可将冷却温度调节至 5℃ 以下以增强冷却效果。蒸馏提取 3~4 h，提取出来的益智精油用正己烷稀释 200 倍，经无水硫酸钠脱除水分后，采用全二维气相-飞行时间质谱（GC-TOF/MS）对其成分进行检测分析。

33.2.2 GC-TOF/MS 的检测分析

GC 分析条件：采用 DB-WAX 色谱柱（30 m × 0.25 mm × 0.25 μm），设置分流比为 5∶1，进样口温度为 250℃，氦气（99.999 %）流速为 1.0 mL/min，进样量 1 μL；起始柱温设置为 60℃，保持 1 min，然后以 5℃/min 的速率升温至 240℃，保持 3 min。

TOF/MS 分析条件：EI 离子源，电离能量 70 eV，离子源温度 230℃；传输线温度 250℃，质量扫描范围（m/z）30~400，采集速率 10 spec/s，溶剂延迟 300 s。

检测分析结果见图和表。

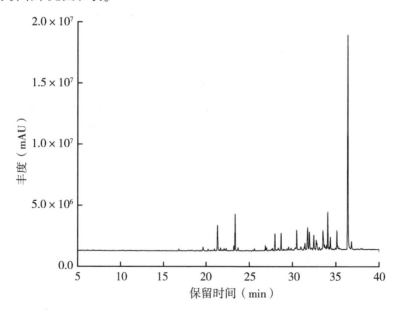

益智香气物质的 GC-TOF/MS 总离子流图

益智香气物质的组成及相对含量明细表

化合物	保留时间（min）	匹配度	分子式	CAS	相对含量（%）
2-己酮	6.16	721	$C_6H_{12}O$	591-78-6	0.09
p-伞花烃	10.31	827	$C_{10}H_{14}$	99-87-6	0.22
(S)-(+)-2-庚醇	11.23	730	$C_7H_{16}O$	6033-23-4	0.12
芳樟醇	16.81	768	$C_{10}H_{18}O$	78-70-6	0.34
3-甲基-1,6-庚二烯-3-醇	18.34	719	$C_8H_{14}O$	34780-69-3	0.16
苯乙酮	19.39	758	C_8H_8O	98-86-2	0.19
α-罗勒烯	20.23	773	$C_{10}H_{16}$	502-99-8	0.42
巴伦西亚橘烯	21.32	827	$C_{15}H_{24}$	4630-07-3	7.06
(Z,E)-α-法呢烯	21.68	799	$C_{15}H_{24}$	26560-14-5	0.51
(+)-δ-杜松烯	22.09	793	$C_{15}H_{24}$	483-76-1	0.36
α-泛辛烯	22.32	758	$C_{15}H_{24}$	56633-28-4	0.51
1,3-二甲基-3-环己烯甲基酮	23.22	782	$C_{10}H_{16}O$	51733-68-7	1.07
诺卡烯	23.38	812	$C_{15}H_{22}$	5090-61-9	8.10
顺-菖蒲烯	23.70	829	$C_{15}H_{22}$	73209-42-4	0.80
α-白菖考烯	25.41	781	$C_{15}H_2O$	21391-99-1	0.19
氧化石竹烯	26.88	779	$C_{15}H_{24}O$	1139-30-6	1.11
α-金合欢烯	27.03	771	$C_{15}H_{24}$	502-61-4	0.77
4,8-二甲基-1,7-壬二烯-4-醇	27.55	732	$C_{11}H_{20}O$	17920-92-2	0.19
喇叭茶醇	27.71	714	$C_{15}H_{26}O$	577-27-5	0.51
葎草烯环氧化物 II	27.97	793	$C_{15}H_{24}O$	19888-34-7	3.63
1,11-十二二炔	28.23	795	$C_{12}H_{18}$	20521-44-2	0.29
S-(Z)-3,7,11-三甲基-1,6,10-十二烷三烯-3-醇	28.94	738	$C_{15}H_{26}O$	142-50-7	0.23
1H-3a,7-甲氮脲	29.56	759	$C_{15}H_{26}$	25491-20-7	0.87
(1R,2R,7S,8R)-2,6,6,11-四甲基-三环[5.4.0.02,8]十一-10-烯-9-酮	31.95	738	$C_{15}H_{22}O$	64180-68-3	4.99
佛手柑醇	32.74	742	$C_{15}H_{24}O$	88034-74-6	2.49

（续表）

化合物	保留时间 （min）	匹配度	分子式	CAS	相对含量 （%）
(+)-香橙烯	33.11	773	$C_{15}H_{24}$	489-39-4	0.85
α-香附酮	33.51	778	$C_{15}H_{22}O$	473-08-5	5.75
1,2-二(丙炔基)环己烷	33.69	787	$C_{12}H_{16}$	220078-91-1	0.93
5,9-十四碳二炔	33.80	774	$C_{14}H_{22}$	51255-61-9	0.45
1,11-十六二炔	34.36	763	$C_{16}H_{26}$	71673-32-0	2.69
3-异丙基-4-甲基-1-戊炔-3-醇	34.62	722	$C_9H_{16}O$	5333-87-9	0.11
诺卡酮	36.38	890	$C_{15}H_{22}O$	4674-50-4	53.78
2,7-二甲基-3,5-辛二炔-2,7-二醇	37.94	763	$C_{10}H_{14}O_2$	5929-72-6	0.22

34 艾纳香

34.1 艾纳香的分布、形态特征与利用情况

34.1.1 分 布

艾纳香（*Blumea balsamifera*）为菊科（Compositae）艾纳香属（*Blumea*）植物。我国产于云南、贵州、广西、广东、福建和台湾，生于海拔 600~1000 m 的林缘、林下、河床谷地或草地上。印度、巴基斯坦、缅甸、泰国、马来西亚、印度尼西亚和菲律宾等国家也有分布。

34.1.2 形态特征

茎粗壮，直立，高 1~3 m，基部直径约 1.8 cm，茎皮灰褐色，有纵条棱，木质部松软，白色，有直径约 12 mm 的髓部，节间长 2~6 cm，被黄褐色密柔毛。下部叶宽椭圆形或长圆状披针形，长 22~25 cm，宽 8~10 cm，基部渐狭，具柄，柄两侧有 3~5 对狭线形的附属物，顶端短尖或钝，边缘有细锯齿，上面被柔毛，下面被淡褐色或黄白色密绢状棉毛，中脉在下面凸起，侧脉 10~15 对，弧状上升，有不明显的网脉；上部叶长圆状披针形或卵状披针形，长 7~12 cm，宽 1.5~3.5 cm，基部略尖，无柄或有短柄，柄的两侧常有 1~3 对狭线形的附属物，顶端渐尖，全缘、具细锯齿或羽状齿裂，侧脉斜上升，通常与中脉成锐角。头状花序多数，直径 5~8 mm，排列呈开展具叶的大圆锥花序；花序梗长 5~8 mm，被黄褐色密柔毛；总苞钟形，长约 7 mm，稍长于花盘。花黄色，雌花多数，花冠细管状，长约 6 mm，檐部 2~4 齿裂，裂片无毛；两性花较少数，与雌花几等长，花冠管状，向上渐宽，檐部 5 齿裂，裂片卵形，短尖，被短柔毛。瘦果圆柱形，长约 1 mm，具 5 条棱，被密柔毛。冠毛红褐色，糙毛状，长 4~6 mm。花期几乎全年。

34.1.3 利用情况

艾纳香全草入药，有祛风、除湿等功效，在黎族、苗族、壮族等少数民族地区有着

悠久的用药历史，是一种重要的民间药物。同时，艾纳香也是获取冰片、艾片的重要来源之一。艾纳香还是一种芳香植物。由艾纳香产生的艾油，具有独特的芳香气味，被广泛应用于香料以及化妆品行业。

34.2　艾纳香香气物质的提取及检测分析

34.2.1　顶空固相微萃取

将艾纳香的叶片用剪刀剪碎后准确称取 0.50 g，放入固相微萃取瓶中，密封。在 40℃水浴中平衡 5 min，用 PDMS/DVB 萃取头吸附 10 min。采用全二维气相色谱-飞行时间质谱仪（GC-TOF/MS）对其成分进行检测分析。

34.2.2　GC-TOF/MS 检测分析

GC 分析条件：采用 DB-WAX 色谱柱（30 m × 0.25 mm × 0.25 μm），设置分流比为 2：1，进样口温度为 250℃，氦气（99.999 %）流速为 1.0 mL/min；起始柱温设置为 60℃，保持 1 min，然后以 3℃/min 的速率升温至 100℃，保持 1 min，以 5℃/min 的速率升温至 150℃，保持 1 min，以 8℃/min 的速率升温至 230℃，保持 3 min；样品解吸附 5 min。

TOF/MS 分析条件：EI 离子源，电离能量 70 eV，离子源温度 230℃；传输线温度 250℃，质量扫描范围（m/z）30~400，采集速率 10 spec/s，溶剂延迟 300 s。

检测分析结果见图和表。

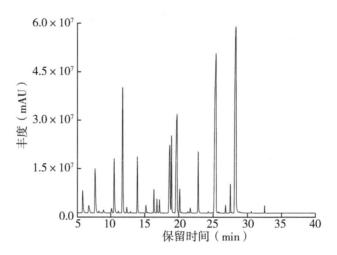

艾纳香香气物质的 GC-TOF/MS 总离子流图

艾纳香香气物质组成及相对含量明细表

化合物名称	保留时间 (min)	匹配度	分子式	CAS 号	相对含量 (%)
4-双环[3.1.0]己-2-烯	5.79	898	$C_{10}H_{16}$	28634-89-1	1.449
莰烯	6.68	889	$C_{10}H_{16}$	79-92-5	0.774
正己醛	6.79	727	$C_6H_{12}O$	66-25-1	0.176
β-蒎烯	7.64	941	$C_{10}H_{16}$	18172-67-3	3.742
(Z)-3-己烯醛	8.20	737	$C_6H_{10}O$	6789-80-6	0.139
β-月桂烯	8.92	809	$C_{10}H_{16}$	123-35-3	0.219
2-甲基-4-戊烯醛	9.96	430	$C_6H_{10}O$	5187-71-3	0.003
(S)-(-)-柠檬烯	10.12	843	$C_{10}H_{16}$	5989-54-8	0.304
(E)-2-己烯醛	10.52	954	$C_6H_{10}O$	6728-26-3	3.637
(E)-β-罗勒烯	11.13	757	$C_{10}H_{16}$	3779-61-1	0.104
(Z)-β-罗勒烯	11.79	945	$C_{10}H_{16}$	13877-91-3	8.764
3-辛酮	11.82	815	$C_8H_{16}O$	106-68-3	1.035
乙酸己酯	12.37	871	$C_8H_{16}O_2$	142-92-7	0.299
(+)-2-蒈烯	12.93	791	$C_{10}H_{16}$	4497-92-1	0.072
乙氧基乙炔	13.37	378	C_4H_6O	927-80-0	0.005
4-乙酸-1-己烯-1-醇	13.93	932	$C_8H_{14}O_2$	72237-36-6	2.795
顺-3-己烯基乙酸酯	14.52	632	$C_8H_{14}O_2$	3681-71-8	0.016
丙酮酸丙酯	14.73	573	$C_6H_{10}O_3$	20279-43-0	0.012
甲酸己酯	15.18	879	$C_7H_{14}O_2$	629-33-4	0.388
(Z)-2-辛烯-1-醇	15.38	573	$C_8H_{16}O$	26001-58-1	0.051
反式-3-己烯-1-醇	15.54	486	$C_6H_{12}O$	544-12-7	0.006
(1α,2β,4β,5α)-3,3,6,6-四甲基三环[3.1.0.02,4]己烷	16.13	779	$C_{10}H_{16}$	58987-01-2	0.015
叶醇	16.35	924	$C_6H_{12}O$	928-96-1	1.158
3-辛醇	16.80	919	$C_8H_{18}O$	589-98-0	0.641
反式-2-己烯-1-醇	17.18	911	$C_6H_{12}O$	928-95-0	0.636
5-乙基苯磺酸氯	18.69	872	$C_{15}H_{24}$	138752-24-6	6.775
1-辛烯-3-醇	18.96	936	$C_8H_{16}O$	3391-86-4	3.403

（续表）

化合物名称	保留时间 （min）	匹配度	分子式	CAS 号	相对含量 （%）
6-二氟甲醇	19.77	900	$C_{15}H_{24}$	74284-56-3	11.123
α-腈烯	20.40	749	$C_{15}H_{24}$	3691-11-0	0.035
2,3,4,4a,5,6-六氢-1,4a-二甲基-7-(1-甲基乙基)萘	21.33	747	$C_{15}H_{24}$	473-14-3	0.097
(+)-2-莰酮	21.67	890	$C_{10}H_{16}O$	464-49-3	0.277
芳樟醇	22.83	885	$C_{10}H_{18}O$	78-70-6	2.985
松果芹酮	23.71	753	$C_{10}H_{14}O$	30460-92-5	0.010
3-甲基-2-丁烯酸甲酯	24.21	731	$C_9H_{14}O_2$	51747-33-2	0.005
乙酸冰片酯	24.29	827	$C_{12}H_{20}O_2$	5655-61-8	0.096
(1-烯丙氧基-3-烯基)苯	24.87	737	$C_{13}H_{16}O$	98088-48-3	0.024
石竹烯	25.43	929	$C_{15}H_{24}$	87-44-5	21.916
(1R)-桃金娘醛	25.84	810	$C_{10}H_{14}O$	564-94-3	0.044
α-石竹烯	27.53	872	$C_{15}H_{24}$	6753-98-6	1.239
β-金合欢烯	27.74	757	$C_{15}H_{24}$	77129-48-7	0.043
DL-异冰片醇	28.35	924	$C_{10}H_{18}O$	124-76-5	23.730
二氢月桂烯	28.86	705	$C_{10}H_{18}$	2436-90-0	0.057
香芹酮	29.16	638	$C_{10}H_{14}O$	99-49-0	0.011
紫苏醛	30.57	860	$C_{10}H_{14}O$	2111-75-3	0.057
2,5-二甲氧基对半胱氨酸	32.52	826	$C_{12}H_{18}O_2$	14753-08-3	0.220

35 柔毛艾纳香

35.1 柔毛艾纳香的分布、形态特征与利用情况

35.1.1 分 布

柔毛艾纳香（*Blumea axillaris*）为菊科（Compositae）艾纳香属（*Blumea*）植物。我国产于云南、四川、贵州、湖南、广西、江西、广东、浙江及台湾等省区。生于海拔 400~900 m 的田野或空旷草地。也分布于非洲、阿富汗、巴基斯坦、不丹、尼泊尔、印度、斯里兰卡、菲律宾、中南半岛及大洋洲北部。

35.1.2 形态特征

草本，主根粗直，有纤维状叉开的侧根。茎直立，高 60~90 cm，分枝或少有不分枝，具沟纹，被开展的白色长柔毛，杂有具柄腺毛，节间长 3~5 cm。下部叶有长达 1~2 cm 的柄，叶片倒卵形，长 7~9 cm，宽 34 cm，基部楔状渐狭，顶端圆钝，边缘有不规则的密细齿，两面被绢状长柔毛，在背面通常较密，中脉在背面明显凸起，侧脉 5~7 对，弧状或斜上升，不抵边缘，网脉明显或仅在背面明显；中部叶具短柄，倒卵形至倒卵状长圆形，长 3~5 cm，宽 2.5~3.0 cm，基部楔尖，顶端钝或短尖；上部叶渐小，近无柄，长 1~2 cm，宽 0.3~0.8 cm。头状花序多数，无或有短柄，径 3~5 mm，通常 3~5 个簇生，密集成聚伞状花序，花序柄长达 1 cm，被密长柔毛；总苞圆柱形，长约 5 mm，总苞片近 4 层，草质，紫色至淡红色，长于花盘，花后反折，外层线形，长约 3 mm，顶端渐尖，背面被密柔毛。花紫红色或花冠下半部淡白色；瘦果圆柱形，近有角至表面圆滑，长约 1 mm，被短柔毛；冠毛白色，糙毛状，长约 3 mm，易脱落。花期几乎全年。

35.1.3 利用情况

柔毛艾纳香是一种药用植物，也是一种芳香植物。由其产生的艾油，具有独特的芳

香气味，被广泛应用于香料以及化妆品行业。全草入药，有祛风、除湿等功效，在黎族、苗族、壮族等少数民族地区有着悠久的用药历史，是一种重要的民间药物。同时，柔毛艾纳香也是获取冰片、艾片的重要来源之一。

35.2 柔毛艾纳香香气物质的提取及检测分析

35.2.1 顶空固相微萃取

将柔毛艾纳香的叶片用剪刀剪碎后准确称取 0.2015 g，放入固相微萃取瓶中，密封。在 40℃ 水浴中平衡 10 min，用 PDMS/DVB 萃取头吸附 15 min。采用气相色谱-质谱仪（GC-MS）对其成分进行检测分析。

35.2.2 GC-MS 检测分析

GC 分析条件：采用 DB-5Ms 色谱柱（30 m × 0.25 mm × 0.25 μm），进样口温度为 250℃，氦气（99.999 %）流速为 1.0 mL/min，分流比 15：1；起始柱温为 60℃，保持 1 min，然后以 5℃/min 的速率升温至 85℃，保持 1 min，以 1.5℃/min 的速率升温至 100℃，保持 2 min，以 1.5℃/min 的速率升温至 140℃，保持 1 min，以 3℃/min 的速率升温至 160℃，以 10℃/min 的速率升温至 230℃，保持 3 min；样品解吸附 5 min。

MS 分析条件：EI 离子源，电离能量 70 eV，离子源温度 230℃；传输线温度 250℃，质量扫描范围（m/z）35~450，采集速率 10 spec/s，溶剂延迟 180 s。

检测分析结果见图和表。

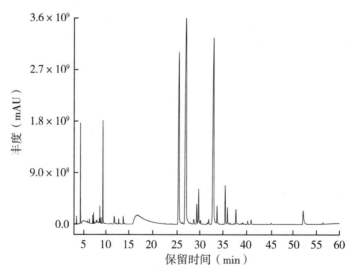

柔毛艾纳香香气物质的 GC-MS 总离子流图

柔毛艾纳香香气物质的组成及相对含量明细表

化合物名称	保留时间（min）	匹配度	分子式	CAS 号	相对含量（%）
正己醛	3.55	815	$C_6H_{12}O$	66-25-1	0.211
(E)-2-己烯醛	4.39	957	$C_6H_{10}O$	6728-26-3	2.760
顺式-2-己烯-1-醇	4.99	889	$C_6H_{12}O$	928-94-9	0.566
1R-α-蒎烯	6.00	831	$C_{10}H_{16}$	7785-70-8	0.044
莰烯	6.36	968	$C_{10}H_{16}$	79-92-5	0.107
β-蒎烯	7.09	936	$C_{10}H_{16}$	127-91-3	0.226
3-辛酮	7.29	922	$C_8H_{16}O$	106-68-3	0.304
β-月桂烯	7.42	873	$C_{10}H_{16}$	123-35-3	0.053
α-水芹烯	7.89	860	$C_{10}H_{16}$	99-83-2	0.202
三环烯	8.06	853	$C_{10}H_{16}$	508-32-7	0.192
o-伞花烃	8.58	955	$C_{10}H_{14}$	527-84-4	0.146
D-柠檬烯	8.70	920	$C_{10}H_{16}$	5989-27-5	0.551
(E)-β-罗勒烯	8.96	949	$C_{10}H_{16}$	3779-61-1	0.185
(Z)-β-罗勒烯	9.36	950	$C_{10}H_{16}$	13877-91-3	3.485
异松油烯	11.01	924	$C_{10}H_{16}$	586-62-9	0.032
芳樟醇	11.77	951	$C_{10}H_{18}O$	78-70-6	0.674
2-乙烯基-1,1-二甲基-3-亚甲基环己烷	12.25	835	$C_{11}H_{18}$	95452-08-7	0.031
菊烯酮	12.73	865	$C_{10}H_{14}O$	473-06-3	0.243
波斯菊萜	13.10	951	$C_{10}H_{14}$	460-01-5	0.031
3,5-庚二烯-2-醇-2,6-二甲基	13.69	844	$C_9H_{16}O$	77411-76-8	0.536
异冰片醇	16.39	957	$C_{10}H_{18}O$	10385-78-1	1.933
乙酸冰片酯	22.63	936	$C_{12}H_{20}O_2$	5655-61-8	0.038
2,2a,4a,5,6,7,7a,7b-八氢-2a,3,4a,7a-四甲基-(2aR,4aR,7aR,7bR)-1H-环戊茚	25.64	847	$C_{15}H_{24}$	137235-59-7	19.286
2,2,8-三甲基三环[6.2.2.0^1,6]十二烷-5-烯	26.36	843	$C_{15}H_{24}$	32391-44-9	0.113
β-愈创烯	27.95	782	$C_{15}H_{24}$	88-84-6	0.041
长叶烯-(V4)	28.73	895	$C_{15}H_{24}$	61262-67-7	0.491

（续表）

化合物名称	保留时间（min）	匹配度	分子式	CAS 号	相对含量（%）
α-广藿香烯	29.77	821	$C_{15}H_{24}$	560-32-7	2.446
α-愈创烯	31.62	876	$C_{15}H_{24}$	3691-12-1	0.100
(-)-α-古芸烯	31.91	902	$C_{15}H_{24}$	489-40-7	0.396
石竹烯	32.98	955	$C_{15}H_{24}$	87-44-5	23.301
2-叔丁基-1,4-二甲氧基苯	33.67	863	$C_{12}H_{18}O_2$	21112-37-8	1.197
α-石竹烯	35.43	937	$C_{15}H_{24}$	6753-98-6	2.742
(-)-异构体香树烯	35.91	924	$C_{15}H_{24}$	25246-27-9	1.156
γ-依兰烯	37.32	956	$C_{15}H_{24}$	30021-74-0	0.064
异丁子香烯	37.72	913	$C_{15}H_{24}$	13877-93-5	1.096
(-)-β-甘草烯	38.69	887	$C_{15}H_{24}$	18431-82-8	0.050
γ-古芸烯	39.01	866	$C_{15}H_{24}$	22567-17-5	0.070
α-依兰烯	39.21	948	$C_{15}H_{24}$	31983-22-9	0.114
(R)-γ-杜松烯	40.23	923	$C_{15}H_{24}$	39029-41-9	0.249
(+)-δ-杜松烯	40.97	915	$C_{15}H_{24}$	483-76-1	0.346
喇叭茶醇	44.34	909	$C_{15}H_{26}O$	5986-49-2	0.033
石竹烯氧化物	45.30	930	$C_{15}H_{24}O$	1139-30-6	0.116
花椒素	52.21	875	$C_{10}H_{12}O_4$	90-24-4	1.418
水杨酸-2-乙基己酯	56.46	901	$C_{15}H_{22}O_3$	118-60-5	0.055

36 艾

36.1 艾的分布、形态特征与利用情况

36.1.1 分 布

艾（*Artemisia argyi*）为菊科（Asteraceae）蒿属（*Artemisia*）植物。分布于蒙古国、朝鲜、俄罗斯和中国。在我国分布广，除极干旱与高寒地区外，几乎遍及全国。生于低海拔至中海拔地区的荒地、路旁、河边及山坡等地，也见于森林草原及草原地区，在局部地区为植物群落的优势种。

36.1.2 形态特征

主根明显，略粗长，直径达 1.5 cm，侧根多。茎单生或少数，高 80~250 cm，有明显纵棱，褐色或灰黄褐色，基部稍木质化，上部草质，并有少数短的分枝，枝长 3~5 cm；茎、枝均被灰色蛛丝状柔毛。叶厚纸质，上面被灰白色短柔毛，背面密被灰白色蛛丝状密绒毛；茎下叶近圆形或宽卵形，羽状深裂，每侧具裂片 2~3 枚，裂片椭圆形或倒卵状长椭圆形，每裂片有 2~3 枚小裂齿，干后背面主脉、侧脉多为深褐色或锈色，叶柄长 0.5~0.8 cm；中部叶卵形、三角状卵形或近菱形，长 5~8 cm，宽 4~7 cm，1~2 回羽状深裂至半裂，每侧裂片 2~3 枚，裂片卵形、卵状披针形或披针形，长 2.5~5.0 cm，宽 1.5~2.0 cm，上部叶与苞片叶羽状半裂、浅裂、3 深裂、3 浅裂或不分裂，为椭圆形、长椭圆状披针形、披针形或线状披针形。头状花序椭圆形，直径 2.5~3.5 mm；总苞片 3~4 层，覆瓦状排列，外层总苞片小，草质，卵形或狭卵形，背面密被灰白色蛛丝状绵毛，边缘膜质，中层总苞片较外层长，长卵形，背面被蛛丝状绵毛，内层总苞片质薄，背面近无毛；花序托小；雌花 6~10 朵，花冠狭管状，檐部具 2 裂齿，紫色，花柱细长，伸出花冠外甚长，先端 2 叉；两性花 8~12 朵，花冠管状或高脚杯状，外面有腺点，檐部紫色，花药狭线形，先端附属物尖，长三角形，基部有不明显的小尖头，花柱与花冠

近等长或略长于花冠，先端 2 叉，花后向外弯曲，叉端截形。瘦果长卵形或长圆形。花果期 7—10 月。

36.1.3 利用情况

全草入药，有温经、去湿、散寒、止血、消炎、平喘、止咳、安胎、抗过敏等作用。历代医籍记载其为"止血要药"，同时，是妇科常用药之一，用于治疗虚寒性的妇科疾患尤佳，煮水洗浴可防治产褥期母婴感染疾病，可用于制作药枕头、药背心，防治老年慢性支气管炎、哮喘及虚寒胃痛等；艾叶晒干捣碎得"艾绒"，制艾条供艾灸用，又可作"印泥"的原料。此外，全草作杀虫的农药或熏烟作房间消毒、杀虫药。嫩芽及幼苗可作蔬菜。

36.2 艾香气物质的提取及检测分析

36.2.1 顶空固相微萃取

将艾的叶片用剪刀剪碎后准确称取 0.2169 g，放入固相微萃取瓶中，密封。在 40℃水浴中平衡 10 min，用 PDMS/DVB 萃取头吸附 15 min。采用气相色谱-质谱仪 (GC-MS) 对其成分进行检测分析。

36.2.2 GC-MS 检测分析

GC 分析条件：采用 DB-5Ms 色谱柱（30 m × 0.25 mm × 0.25 μm），氦气（99.999%）流速为 1.0 mL/min，分流比为 5:1，进样口温度 250℃；起始温度为 60℃，保持 1 min，然后以 2℃/min 的速率升温至 85℃，保持 1 min，以 3℃/min 的速率升温至 130℃，保持 1 min，以 2℃/min 的速率升温至 160℃，以 10℃/min 的速率升温至 230℃，保持 3 min；样品解吸附 5 min。

MS 分析条件：EI 离子源，电离能量 70 eV，离子源温度 230℃；传输线温度 280℃，质量扫描范围（m/z）35~450，采集速率 10 spec/s，溶剂延迟 180 s。

检测分析结果见图和表。

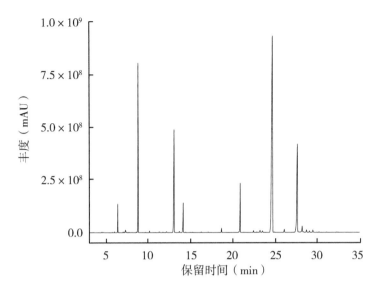

艾香气物质的 GC-MS 总离子流图

艾香气物质的组成及相对含量明细表

化合物名称	保留时间（min）	匹配度	分子式	CAS 号	相对含量（%）
（E）-2-己烯醛	4.39	862	$C_6H_{10}O$	6728-26-3	0.013
叶醇	4.50	902	$C_6H_{12}O$	928-96-1	0.057
己醇	4.71	848	$C_6H_{14}O$	111-27-3	0.028
α-蒎烯	5.99	904	$C_{10}H_{16}$	2437-95-8	0.089
莰烯	6.37	942	$C_{10}H_{16}$	79-92-5	1.519
β-蒎烯	7.08	882	$C_{10}H_{16}$	127-91-3	0.104
1-辛烯-3-醇	7.26	845	$C_8H_{16}O$	3391-86-4	0.329
3-环戊基-1-丙炔	7.41	805	C_8H_{12}	116279-08-4	0.022
3-辛醇	7.68	861	$C_8H_{18}O$	589-98-0	0.033
o-伞花烃	8.54	920	$C_{10}H_{14}$	527-84-4	0.067
桉叶油醇	8.75	942	$C_{10}H_{18}O$	470-82-6	13.864
3,7-二甲基辛-1,3,7-三烯	9.23	831	$C_{10}H_{16}$	502-99-8	0.015
γ-松油烯	9.63	869	$C_{10}H_{16}$	99-85-4	0.026
cis-β-松油醇	10.08	894	$C_{10}H_{18}O$	7299-41-4	0.237
2-乙烯基-1,1-二甲基-3-亚甲基环己烷	11.67	759	$C_{11}H_{18}$	95452-08-7	0.041

（续表）

化合物名称	保留时间 （min）	匹配度	分子式	CAS 号	相对含量 （%）
3,5-庚二烯-2-醇-2,6-二甲基	12.08	860	$C_9H_{16}O$	77411-76-8	0.128
左旋樟脑	12.99	949	$C_{10}H_{16}O$	464-48-2	12.589
8-(1-甲基亚乙基) 双环[5.1.0]辛烷	13.59	801	$C_{11}H_{18}$	54166-47-1	0.129
DL-异冰片醇	14.06	908	$C_{10}H_{18}O$	124-76-5	2.642
松油烯-4-醇	14.34	802	$C_{10}H_{18}O$	562-74-3	0.039
4,1-二甲基-4-亚甲基双环 [3.7.7]庚烷-4-醇	14.85	782	$C_{10}H_{16}O$	1753-35-1	0.018
7-(甲基乙亚基)-双环 [4.1.0]庚烷	14.96	825	$C_{10}H_{16}$	53282-47-6	0.037
(±)-桃金娘烯醇	15.18	854	$C_{10}H_{16}O$	515-00-4	0.036
(-)-马鞭草酮	15.53	824	$C_{10}H_{14}O$	1196-01-6	0.014
cis-卡维醇	16.17	834	$C_{10}H_{16}O$	1197-06-4	0.065
香芹酮	16.99	828	$C_{10}H_{14}O$	99-49-0	0.059
乙酸龙脑酯	18.61	880	$C_{12}H_{20}O_2$	76-49-3	0.405
δ-榄香烯	20.82	938	$C_{15}H_{24}$	20307-84-0	4.111
β-荜澄茄烯	21.25	815	$C_{15}H_{24}$	13744-15-5	0.023
(-)-α-蒎烯	22.40	843	$C_{15}H_{24}$	3856-25-5	0.209
1,11-十二二炔	22.79	772	$C_{12}H_{18}$	20521-44-2	0.067
环噻吩咚	23.48	894	$C_{15}H_{24}$	2387-78-2	0.200
石竹烯	24.69	943	$C_{15}H_{24}$	87-44-5	45.723
α-石竹烯	26.07	825	$C_{15}H_{24}$	6753-98-6	0.391
大根香叶烯	27.60	922	$C_{15}H_{24}$	23986-74-5	14.698
γ-榄香烯	28.16	877	$C_{15}H_{24}$	339154-91-5	0.873
α-金合欢烯	28.67	889	$C_{15}H_{24}$	502-61-4	0.351
γ-依兰烯	29.02	822	$C_{15}H_{24}$	30021-74-0	0.190
(+)-δ-杜松烯	29.44	898	$C_{15}H_{24}$	483-76-1	0.318
荜澄茄油烯	29.92	839	$C_{15}H_{24}$	16728-99-7	0.032
α-依兰烯	30.18	908	$C_{15}H_{24}$	31983-22-9	0.079
橙花醇	31.60	825	$C_{15}H_{26}O$	7212-44-4	0.016
石竹烯氧化物	32.43	862	$C_{15}H_{24}O$	1139-30-6	0.082

37 芳香万寿菊

37.1 芳香万寿菊的分布、形态特征与利用情况

37.1.1 分 布

芳香万寿菊（*Tagetes lemmonii*）为菊科（Asteraceae）万寿菊属（*Tagetes*）植物。我国全国范围内均有分布。

37.1.2 形态特征

芳香万寿菊为一年生、分枝、直立或披散草本。叶和总苞有油腺；叶对生，羽状分裂。头状花序放射状，小或大，单生或簇生；总苞片1列，合生成1管。瘦果顶端有3~10鳞片或刺毛。

37.1.3 利用情况

全株可入药，根部可用来治疗牙痛、口腔炎症、咽炎、气管炎等；叶子可以用来治疗皮肤病，如疖、疮等；花可清热解毒，化痰止咳。有香味，可作芳香剂，曾用作抑菌、镇静、解痉剂。

37.2 芳香万寿菊香气物质的提取及检测分析

37.2.1 顶空固相微萃取

将芳香万寿菊的花瓣用剪刀剪碎后准确称取0.5000 g，放入固相微萃取瓶中，密封。在40℃水浴中平衡5 min，用PDMS/DVB萃取头吸附10 min。采用全二维气相色谱-飞行时间质谱仪（GC-TOF/MS）对其成分进行检测分析。

37.2.2 GC-TOF/MS 检测分析

GC 分析条件：采用 DB-WAX 色谱柱（30 m × 0.25 mm × 0.25 μm），氦气（99.999 %）流速为 1.0 mL/min，进样口温度为 250℃，分流比 4∶1；起始柱温设置为 60℃，保持 1 min，然后以 2.0℃/min 的速率升温至 90℃，保持 2 min，以 4℃/min 的速率升温至 130℃，保持 1 min，以 8℃/min 的速率升温至 230℃，保持 3 min；样品解吸附 5 min。

TOF/MS 分析条件：EI 离子源，电离能量 70 eV，离子源温度 230℃；传输线温度 250℃，质量扫描范围（m/z）30~400，采集速率 10 spec/s，溶剂延迟 300 s。

检测分析结果见图和表。

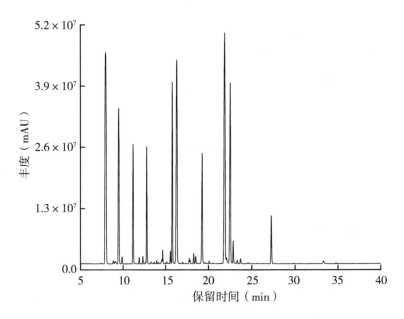

芳香万寿菊香气物质的 GC-TOF/MS 总离子流图

芳香万寿菊香气物质的组成及相对含量明细表

化合物名称	保留时间（min）	匹配度	分子式	CAS 号	相对含量（%）
甲基丙基乙烯酮	7.43	752	$C_6H_{10}O$	29336-29-6	0.04
β-月桂烯	7.97	949	$C_{10}H_{16}$	123-35-3	17.74
(S)-柠檬烯	8.86	861	$C_{10}H_{16}$	5989-54-8	0.17
2,4-侧柏二烯	9.19	709	$C_{10}H_{14}$	36262-09-6	0.23
(E)-β-罗勒烯	9.50	933	$C_{10}H_{16}$	3779-61-1	9.22

（续表）

化合物名称	保留时间 （min）	匹配度	分子式	CAS 号	相对含量 （%）
2,6-二甲基辛-7-烯-4-酮	11.21	890	$C_{10}H_{18}O$	1879-00-1	5.18
3-异丙基-6-甲基环己-2-烯-1-酮	11.94	760	$C_{10}H_{16}O$	499-74-1	0.24
α-蒎烯氧化物	12.36	725	$C_{10}H_{16}O$	1686-14-2	0.27
2,3-二甲基-2-丁烯	12.67	800	C_6H_{12}	563-79-1	0.06
2,6-二甲基-2,4,6-辛三烯	12.82	916	$C_{10}H_{16}$	3016-19-1	4.57
反式-3-己烯-1-醇	12.88	867	$C_6H_{12}O$	544-12-7	0.12
异香茅烯	13.29	710	$C_{10}H_{18}$	85006-04-8	0.11
1,5,5,6-四甲基环己-1,3-二烯	13.36	818	$C_{10}H_{16}$	514-94-3	0.04
月桂烯氧化物	13.67	784	$C_{10}H_{16}O$	29414-55-9	0.05
4,5,2-三甲基-3,3-庚二烯-6-酮	13.95	774	$C_{10}H_{16}O$	81250-41-1	0.10
3-甲基-2-己烯	14.16	740	C_7H_{14}	17618-77-8	0.05
7-甲基-3-（1-甲基乙基）-1,5-辛二烯	14.45	557	$C_{12}H_{22}$	74630-12-9	0.01
波斯菊萜	14.57	784	$C_{10}H_{14}$	460-01-5	0.22
3,3,6-三甲基-1,5-庚二烯-4-酮	14.66	840	$C_{10}H_{16}O$	546-49-6	0.45
2,2-二甲基-3-[（2Z）-3-甲基-2,4-戊二烯-1-基]-环氧乙烷	15.03	817	$C_{10}H_{16}O$	33281-83-3	0.03
（Z）-环氧乙烷	15.55	841	$C_{10}H_{16}O$	94607-48-4	0.46
2,6-二甲基辛-5,7-二烯-4-酮	15.80	888	$C_{10}H_{16}O$	6752-80-3	7.32
2,6-二甲基辛-5,7-二烯-4-酮	16.33	912	$C_{10}H_{16}O$	3588-18-9	14.23
芳樟醇	17.01	752	$C_{10}H_{18}O$	78-70-6	0.05
山梨酸乙烯基酯	17.87	800	$C_8H_{10}O_2$	42739-26-4	0.33
2,6-二甲基（5Z）-2,5,7-四甲基-4-八三烯酮	18.27	711	$C_{10}H_{14}O$	33746-71-3	0.38
2-烯丙基双环[2.2.1]庚烷	18.51	738	$C_{10}H_{16}$	2633-80-9	0.35
石竹烯	19.28	900	$C_{15}H_{24}$	87-44-5	5.64
（Z,E）-α-金合欢烯	19.59	740	$C_{15}H_{24}$	26560-14-5	0.03
L-香芹酮	20.09	715	$C_{10}H_{14}O$	6485-40-1	0.10
（S）-马鞭草酮	22.07	732	$C_{10}H_{14}O$	80-57-9	17.53

（续表）

化合物名称	保留时间 （min）	匹配度	分子式	CAS 号	相对含量 （%）
（E）-奥西美酮	22.53	883	$C_{10}H_{14}O$	33746-72-4	10.99
大根香叶烯	22.86	858	$C_{15}H_{24}$	23986-74-5	0.92
（E）-β-金合欢烯	23.33	803	$C_{15}H_{24}$	18794-84-8	0.15
1,4-己二烯-3-乙烯基-2,5-二甲基	23.71	810	$C_{10}H_{16}$	2153-66-4	0.24
（+）-δ-杜松烯	24.52	747	$C_{15}H_{24}$	483-76-1	0.03
异哌啶酮	27.26	885	$C_{10}H_{14}O$	16750-82-6	2.27
3,5-二甲基-2-环己烯-1-酮	29.83	693	$C_8H_{12}O$	1123-09-7	0.02
2,6,6-三甲基-2,4-环庚二烯-1-酮	34.77	705	$C_{10}H_{14}O$	503-93-5	0.04

38 糯米香

38.1 糯米香的分布、形态特征与利用情况

38.1.1 分　布

糯米香（*Strobilanthes tonkinensis*）为爵床科（Acanthaceae）马蓝属（*Strobilanthes*）草本植物。产于云南（勐腊）。生于林边草地。

38.1.2 形态特征

草本，高 0.5~1.0 m。枝四棱形，被短糙状毛，后变无毛，植株干时发出糯米香气。叶对生，叶片椭圆形、长椭圆形或卵形，长达 18.5 cm，宽 6 cm，先端急尖，基部楔形下延或偶有圆形，两面疏被短糙状毛，脉上较密，正面钟乳体明显，侧脉 5~6 对，到边缘弧曲，边缘具圆锯齿。穗状花序单生，顶生或腋生，花序轴被柔毛及腺毛；苞片线状匙形，长 10 mm，宽 2 mm，两面疏被短柔毛及白色小凸起，边缘被柔毛及腺毛，1 脉；小苞片线形，长 4.7 mm，宽 0.8 mm，两面被短柔毛；萼片 5，近相等，线形，长 1.2 mm，宽 3 mm，两面被疏短柔毛；苞片、小苞片及萼片有纵向排列的钟乳体；花冠新鲜时白色，干后粉红色或紫色，外面无毛，冠管长 10 mm，喉部长 16.7 mm，冠檐裂片近圆形，直径 5.3 mm，内面除支撑花柱的两列毛外无毛；花柱无毛，长 1.5 cm，子房倒长卵圆形，长 3 mm，直径 1 mm，上端被短腺毛。蒴果圆柱形，长 1.4 cm，先端急尖，被短腺毛，两爿片开裂时向外反卷。种子椭圆形，长 3 mm，宽 2 mm。

38.1.3 利用情况

糯米香含香草醇等多种芳香成分和对人体有益的氨基酸。可用于调配香精，亦可作茶叶配料，有清热解毒、养颜抗衰、补肾健胃之功效，此外，能治疗小儿疳积和妇女白带等。

38.2 糯米香香气物质的提取及检测分析

38.2.1 顶空固相微萃取

将糯米香的叶片用剪刀剪碎后准确称取 0.7944 g，放入固相微萃取瓶中，密封。在 40℃水浴中平衡 10 min，用 PDMS/DVB 萃取头吸附 15 min。采用气相色谱-质谱仪（GC-MS）对其成分进行检测分析。

38.2.2 GC-MS 检测分析

GC 分析条件：采用 DB-5Ms 色谱柱（30 m × 0.25 mm × 0.25 μm），进样口温度为 250℃，氦气（99.999 %）流速为 1.0 mL/min；起始温度为 40℃，保持 2 min，然后以 1.5℃/min 的速率升温至 65℃，保持 2 min，以 0.5℃/min 的速率升温至 70℃，以 5℃/min 的速率升温至 90℃，以 3℃/min 的速率升温至 170℃，以 10℃/min 的速率升温至 230℃，保持 3 min；不分流进样，样品解吸附 5 min。

MS 分析条件：EI 离子源，电离能量 70 eV，离子源温度 230℃；传输线温度 250℃，质量扫描范围（m/z）30~400，采集速率 10 spec/s，溶剂延迟 180 s。

检测分析结果见图和表。

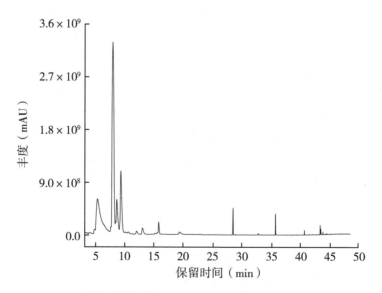

糯米香香气物质的 GC-MS 总离子流图

糯米香香气物质的组成及相对含量明细表

化合物名称	保留时间（min）	匹配度	分子式	CAS 号	相对含量（%）
反式-2-己烯醛	4.66	959	$C_6H_{10}O$	6728-26-3	0.533
顺-3-己烯-1-醇	5.17	858	$C_6H_{12}O$	928-96-1	10.719
己基过氧化氢	6.18	824	$C_6H_{14}O_2$	4312-76-9	0.012
4-甲基-1-戊醇	6.43	855	$C_6H_{14}O$	626-89-1	0.090
1-辛炔-3-醇	7.55	846	$C_8H_{14}O$	818-72-4	0.249
3-辛酮	7.88	897	$C_8H_{16}O$	106-68-3	62.277
水芹烯	8.42	840	$C_{10}H_{16}$	99-83-2	0.235
(1R)-α-蒎烯	8.61	911	$C_{10}H_{16}$	7785-70-8	6.408
(R)-1-甲基-5-(1-甲基乙烯基)环己烯	9.30	889	$C_{10}H_{16}$	1461-27-4	14.753
萜品油烯	12.01	929	$C_{10}H_{16}$	586-62-9	0.770
芳樟醇	13.04	947	$C_{10}H_{18}O$	78-70-6	1.643
2-丙酰基吡啶	15.19	883	C_8H_9NO	3238-55-9	0.170
2-丙酰基-3,4,5,6-四氢	15.62	854	$C_8H_{13}NO$	80933-75-1	0.202
水杨酸甲酯	19.40	944	$C_8H_8O_3$	119-36-8	0.709
2-丙酰基-1,4,5,6-四氢吡啶	22.95	920	$C_8H_{13}NO$	80933-74-0	0.094
δ-榄香烯	29.00	942	$C_{15}H_{24}$	20307-84-0	0.047
(-)-α-蒎烯	30.86	900	$C_{15}H_{24}$	3856-25-5	0.027
1-乙烯基-1-甲基-2,4-二(1-甲基乙烯基)-环己烷	31.69	873	$C_{15}H_{24}$	110823-68-2	0.014
石竹烯	32.79	947	$C_{15}H_{24}$	87-44-5	0.135
紫罗兰酮	33.27	887	$C_{13}H_{20}O$	127-41-3	0.012
香叶基丙酮	34.29	891	$C_{13}H_{22}O$	689-67-8	0.034
β-紫罗兰酮	35.53	805	$C_{13}H_{20}O$	14901-07-6	0.009
十五烷	35.93	904	$C_{15}H_{32}$	629-62-9	0.014
十六烷	39.23	919	$C_{16}H_{34}$	544-76-3	0.021
降姥鲛烷	40.44	828	$C_{18}H_{38}$	3892-00-0	0.014
十七烷	41.50	906	$C_{17}H_{36}$	629-78-7	0.008
2,6,10-三甲基十六烷	41.60	886	$C_{19}H_{40}$	55000-52-7	0.024

（续表）

化合物名称	保留时间 （min）	匹配度	分子式	CAS 号	相对含量 （%）
水杨酸-2-乙基己基酯	43.43	902	$C_{15}H_{22}O_3$	118-60-5	0.483
十四酸异丙酯	43.55	927	$C_{17}H_{34}O_2$	110-27-0	0.229
水杨酸高孟酯	44.59	932	$C_{16}H_{22}O_3$	52253-93-7	0.056

39　黄　兰

39.1　黄兰的分布、形态特征与利用情况

39.1.1　分　布

黄兰（*Cephalantheropsis obcordata*）为兰科（Orchidaceae）黄兰属（*Cephalantheropsis*）植物。产于我国福建、台湾、广东、香港和海南。常生于海拔约 450 m 的密林下。斯里兰卡、印度东北部、缅甸、老挝、越南、泰国、马来西亚、菲律宾和日本均有分布。

39.1.2　形态特征

植株高达 1 m。茎直立，圆柱形，长达 60 cm，具多数节，节间长 5~10 cm，被筒状膜质鞘。叶 5~8 枚，互生于茎上部，纸质，长圆形或长圆状披针形，长达 35 cm，宽 4~8 cm，先端急尖或渐尖，基部收狭为短柄。花葶 2~3 个，从茎的中部以下节上发出，直立，细圆柱形，长达 60 cm，不分枝或少有在基部具 1~2 个分枝；花序柄疏生 3~4 枚、长 3~5 cm 的鞘，密布细毛；花青绿色或黄绿色，伸展；花瓣卵状椭圆形，长 8~10 mm，宽 3.5~4.0 mm，先端稍钝并具短尖凸，两面或仅背面被毛，具 3 条脉；唇瓣的轮廓近长圆形，几乎平伸，比萼片短，但较宽，基部贴生于蕊柱基部，中部以上 3 裂，中部以下稍凹陷，无距；蕊柱长 3~5 mm，基部常扩大，无蕊柱足，中部以下两侧具翅，被毛；柱头近顶生；花粉团长约 0.8 mm；黏盘盾状。蒴果圆柱形，长 1.5~2.0 cm，粗 8~10 mm，具棱。花期 9—12 月，果期 11 月至翌年 3 月。

39.1.3　利用情况

花清香，可做观赏植物。

39.2　黄兰香气物质的提取及检测分析

39.2.1　顶空固相微萃取

将黄兰的花瓣用剪刀剪碎后准确称取 0.4144 g，放入固相微萃取瓶中，密封。在 40℃水浴中平衡 10 min，用 PDMS/DVB 萃取头吸附 15 min。采用气相色谱-质谱仪（GC-MS）对其成分进行检测分析。

39.2.2　GC-MS 检测分析

GC 分析条件：采用 DB-5Ms 色谱柱（30 m × 0.25 mm × 0.25 μm），氦气（99.999 %）流速为 1.0 mL/min，进样口温度为 250℃，不分流；起始温度为 60℃，保持 1 min，然后以 5℃/min 的速率升温至 85℃，保持 1 min，以 3℃/min 的速率升温至 130℃，保持 1 min，以 2℃/min 的速率升温至 160℃，以 10℃/min 的速率升温至 230℃，保持 3 min；样品解吸附 5 min。

MS 分析条件：EI 离子源，电离能量 70 eV，离子源温度 230℃；传输线温度 250℃，质量扫描范围（m/z）30~400，采集速率 10 spec/s，溶剂延迟 180 s。

检测分析结果见图和表。

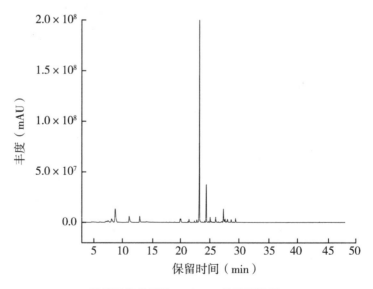

黄兰香气物质的 GC-MS 总离子流图

黄兰香气物质的组成及相对含量明细表

化合物名称	保留时间（min）	匹配度	分子式	CAS 号	相对含量（%）
5-[（E）-丙-1-烯基]苯并[1,3]二氧杂环	4.77	835	$C_5H_{11}NO$	49805-55-2	0.527
苯甲醛	6.89	840	C_7H_6O	100-52-7	0.066
β-蒎烯	7.50	786	$C_{10}H_{16}$	127-91-3	2.501
α-蒎烯	8.13	877	$C_{10}H_{16}$	2437-95-8	2.803
柠檬烯	8.76	848	$C_{10}H_{16}$	138-86-3	9.361
2-亚硝基甲苯	9.37	751	C_7H_7NO	611-23-4	0.194
（E）-2,7-二甲基-3-辛烯-5-炔	10.76	775	$C_{10}H_{16}$	55956-33-7	0.215
苯甲酸甲酯	11.17	854	$C_8H_8O_2$	93-58-3	4.023
（Z）-2,7-二甲基-3-辛烯-5-炔	12.31	748	$C_{10}H_{16}$	28935-76-4	0.044
溴代苯丙酮	14.06	881	C_9H_9BrO	2114-00-3	0.266
苯乙酸甲酯	14.32	780	$C_9H_{10}O_2$	101-41-7	0.146
四环[3.3.1.0.1(3,9)]癸-10-酮	15.20	669	$C_{10}H_{12}O$	16492-06-1	0.106
苯乙酸乙酯	17.05	822	$C_{10}H_{12}O_2$	101-97-3	0.069
苯乙醇乙酸酯	17.57	812	$C_{10}H_{12}O_2$	103-45-7	0.149
7,8-二氮杂双环[4.2.2]癸-2,4,7,9-四烯-7-氧化物	18.11	774	$C_8H_8N_2O$	66819-88-3	0.197
N-氯-2-苯基氮丙啶	18.97	712	C_8H_8ClN	13148-32-8	0.190
中氮茚	19.96	831	C_8H_7N	274-40-8	1.689
γ-榄香烯	20.78	772	$C_{15}H_{24}$	339154-91-5	0.073
邻氨基苯甲酸甲酯	21.48	872	$C_8H_9NO_2$	134-20-3	1.401
荜澄茄烯	22.42	815	$C_{15}H_{24}$	13744-15-5	0.771
（S）-柠檬烯	22.84	833	$C_{10}H_{16}$	5989-54-8	0.935
1-乙烯基-1-甲基-2,4-二(1-甲基乙烯基)-环己烷	23.30	882	$C_{15}H_{24}$	110823-68-2	46.357
反式-α-佛手柑内酯	24.17	905	$C_{15}H_{24}$	13474-59-4	0.395
石竹烯	24.45	903	$C_{15}H_{24}$	87-44-5	12.492
（Z,E）-α-金合欢烯	25.11	817	$C_{15}H_{24}$	26560-14-5	1.698
二氢-β-紫罗兰酮	25.33	835	$C_{13}H_{22}O$	17283-81-7	0.390

（续表）

化合物名称	保留时间 （min）	匹配度	分子式	CAS 号	相对含量 （%）
γ-依兰油烯	25.70	762	$C_{15}H_{24}$	30021-74-0	0.084
α-石竹烯	26.05	887	$C_{15}H_{24}$	6753-98-6	2.113
β-檀香萜烯	26.31	762	$C_{15}H_{24}$	25532-78-9	0.127
(-)-α-依兰油烯	27.16	892	$C_{15}H_{24}$	483-75-0	0.311
大根香叶烯	27.39	916	$C_{15}H_{24}$	23986-74-5	4.209
(E)-β-金合欢烯	27.49	851	$C_{15}H_{24}$	18794-84-8	0.659
α-芹子烯	28.08	865	$C_{15}H_{24}$	473-13-2	2.502
β-红没药烯	28.70	868	$C_{15}H_{24}$	495-61-4	1.022
香树烯	29.17	751	$C_{15}H_{24}$	25246-27-9	0.084
δ-杜松烯	29.45	870	$C_{15}H_{24}$	483-76-1	1.519
白菖烯	30.19	774	$C_{15}H_{24}$	17334-55-3	0.069
14-甲基十五烷酸甲酯	43.80	789	$C_{17}H_{34}O_2$	5129-60-2	0.081

40 香荚兰

40.1 香荚兰的分布、形态特征与利用情况

40.1.1 分 布

香荚兰（*Vanilla planifolia* Andrews）为兰科（Orchidaceae）香荚兰属（*Vanilla*）香料作物。香荚兰原产于中美洲，主要分布在南北纬25°以内、海拔700 m以下地区。商业性生产于墨西哥、马达加斯加、科摩罗群岛、留尼汪、印度尼西亚等热带海洋地区，塞舌尔、毛里求斯、波多黎各、斯里兰卡、塔希提、汤加、乌干达、印度等地也有少量栽培。中国1960年从印度尼西亚引种香荚兰成功之后，先后在福建、海南和云南栽培成功，现被广为栽培用作香料。

40.1.2 形态特征

攀缘植物，长可达数米。茎稍肥厚或肉质，每节生1枚叶和1条气生根。叶大，肉质，具短柄，有时退化为鳞片状。总状花序生于叶腋，具数花至多花；花通常较大，扭转，常在子房与花被之间具1离层；萼片与花瓣相似，离生，展开；唇瓣下部边缘常与蕊柱边缘合生，有时合生部分几达整个蕊柱长度，因而唇瓣常呈喇叭状，前部不合生部分常扩大，有时3裂；唇盘上一般有附属物，无距；蕊柱长，纤细；花药生于蕊柱顶端，俯倾；花粉团2个或4个，粒粉质或十分松散，不具花粉团柄或黏盘；蕊喙通常较宽阔，位于花药下方。果实为荚果状，肉质，不开裂或开裂。种子具厚的外种皮，常呈黑色，无翅。

40.1.3 利用情况

香荚兰是一种名贵的多年生热带攀缘藤本植物，其果实经加工处理之后的产品称为香荚兰，经济价值高，具有广泛的商业用途，香荚兰豆荚含有250多种挥发性芳香成分，香气独特，留香时间长达2~3年，被誉为"天然食品香料之王"。此外，它还富含有机酸、糖、脂质、矿物质等营养成分，被广泛用于食品和饮料的配香。在医药方面，

香荚兰具有强心、补脑、健胃、祛风、调经、利尿等保健作用。香荚兰在家庭中也有很大利用价值，除可用于炒菜、烧肉、煲汤，还可以置于衣柜或房间中去除杂味。

40.2 香荚兰香气物质的提取及检测分析

40.2.1 顶空固相微萃取

将香荚兰的发酵豆荚用研钵研碎后准确称取 0.1173 g，放入固相微萃取瓶中，密封。在 40℃ 水浴中平衡 10 min，用 PDMS/DVB 萃取头吸附 15 min。采用气相色谱-质谱仪（GC-MS）对其成分进行检测分析。

40.2.2 GC-MS 检测分析

GC 分析条件：采用 DB-5Ms 色谱柱（30 m × 0.25 mm × 0.25 μm），进样口温度为 250℃，氦气（99.999 %）流速为 1.0 mL/min，不分流；起始温度为 40℃，保持 2 min，然后以 1.5℃/min 的速率升温至 65℃，保持 2 min，以 0.5℃/min 的速率升温至 70℃，以 5℃/min 的速率升温至 90℃，以 3℃/min 的速率升温至 170℃，以 10℃/min 的速率升温至 230℃，保持 3 min；样品解吸附 5 min。

MS 分析条件：EI 离子源，电离能量 70 eV，离子源温度 230℃；传输线温度 250℃，质量扫描范围（m/z）30~400，采集速率 10 spec/s，溶剂延迟 180 s。

检测分析结果见图和表。

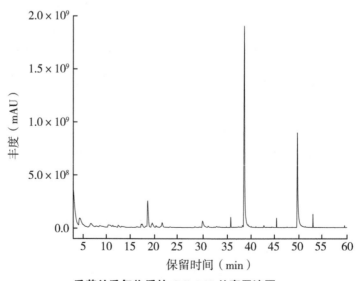

香荚兰香气物质的 GC-MS 总离子流图

香荚兰香气物质的组成及相对含量明细表

化合物名称	保留时间（min）	匹配度	分子式	CAS 号	相对含量（%）
醋酸	3.05	927	$C_2H_4O_2$	64-19-7	6.326
3-羟基-2-丁酮	4.33	912	$C_4H_8O_2$	513-86-0	3.448
（R）-3-甲基-2-丁醇	5.17	762	$C_5H_{12}O$	1572-93-6	0.059
2,4-二甲基己烷	6.71	885	C_8H_{18}	589-43-5	1.295
糠醛	8.60	951	$C_5H_4O_2$	98-01-1	0.432
11-十六炔-1-醇	9.23	699	$C_{16}H_{30}O$	65686-49-9	0.066
丁二酸单甲酯	10.44	722	$C_5H_8O_4$	3878-55-5	1.632
2-甲基丁酸	11.37	850	$C_5H_{10}O_2$	116-53-0	0.336
硝呋酚酰肼杂质	11.82	711	$C_{10}H_{20}O$	118452-32-7	0.116
γ-丁内酯	13.17	947	$C_4H_6O_2$	96-48-0	0.278
苯甲醛	16.36	890	C_7H_6O	100-52-7	0.148
2-庚基-1,3-二氧六环	17.23	741	$C_{12}H_{24}O_2$	61732-92-1	0.737
4,6-二羟基嘧啶	18.14	999	$C_4H_4N_2O_2$	1193-24-4	0.227
2-正戊基呋喃	18.56	889	$C_9H_{14}O$	3777-69-3	8.115
邻异丙基甲苯	21.32	915	$C_{10}H_{14}$	527-84-4	0.254
（S）-柠檬烯	21.58	921	$C_{10}H_{16}$	5989-54-8	1.468
3-辛烯-2-酮	23.19	929	$C_8H_{14}O$	1669-44-9	0.155
1-溴金刚烷醇	28.29	841	$C_{10}H_{16}O$	768-95-6	0.245
2-壬酮	29.49	897	$C_9H_{18}O$	821-55-6	0.096
愈创木酚	29.88	941	$C_7H_8O_2$	90-05-1	2.102
壬醛	31.06	922	$C_9H_{18}O$	124-19-6	0.315
2-十五烷基-1,3-二氧六环	32.29	792	$C_{20}H_{40}O_2$	41563-29-5	0.139
对甲酚	32.80	854	C_7H_8O	106-44-5	0.311
4,5-二甲基-2-十五基-1,3-二氧戊环	34.86	769	$C_{20}H_{40}O_2$	56599-61-2	0.107
异冰片醇	37.42	738	$C_{10}H_{18}O$	10385-78-1	0.114
水杨酸甲酯	38.24	926	$C_8H_8O_3$	119-36-8	0.334
4-甲基愈创木酚	38.62	952	$C_8H_{10}O_2$	93-51-6	48.482

（续表）

化合物名称	保留时间（min）	匹配度	分子式	CAS 号	相对含量（%）
壬酸甲酯	40.09	671	$C_{10}H_{20}O_2$	1731-84-6	0.081
顺式-柠檬醛	41.01	897	$C_{10}H_{16}O$	106-26-3	0.143
橙花醛	42.71	903	$C_{10}H_{16}O$	141-27-5	0.410
洋绣球酸	44.36	912	$C_9H_{18}O_2$	112-05-0	0.170
γ-壬内酯	47.46	905	$C_9H_{16}O_2$	104-61-0	0.066
(-)-α-蒎烯	47.61	889	$C_{15}H_{24}$	3856-25-5	0.071
肉桂酸甲酯	48.55	884	$C_{10}H_{10}O_2$	1754-62-7	0.077
香兰素	49.70	953	$C_8H_8O_3$	121-33-5	21.551
金合欢烯	51.36	876	$C_{15}H_{24}$	18794-84-8	0.047

41 水 蓼

41.1 水蓼的分布、形态特征与利用情况

41.1.1 分 布

水蓼（*Persicaria hydropiper*）为蓼科（Polygonaceae）蓼属（*Persicaria*）植物。该属共有约230种，广泛分布于全世界，主要在北温带；我国有113种26变种，南北各地均有。

41.1.2 形态特征

一年生草本植物。茎直立、平卧或上升，无毛、被毛或具倒生钩刺，通常节部膨大。叶互生，线形、披针形、卵形、椭圆形、箭形或戟形，全缘；托叶鞘膜质或草质，筒状，顶端截形或偏斜，全缘或分裂，有缘毛或无缘毛。花序穗状、总状、头状或圆锥状，顶生或腋生，稀为花簇，生于叶腋；花两性稀单性，簇生稀为单生；苞片及小苞片为膜质；花梗具关节；花被5深裂，稀4裂，宿存；花盘腺状、环状，有时无花盘；雄蕊8枚，稀4~7枚；子房卵形；花柱2~3个，离生或中下部合生，柱头头状。瘦果卵形，三棱或双凸镜状，包于宿存花被内或凸出于花被之外。

41.1.3 利用情况

叶味辛，可用来调味。大多生长在水边。全草可以入药。叶或茎则可用来制作染料使用。

41.2 水蓼香气物质的提取及检测分析

41.2.1 顶空固相微萃取

将水蓼的叶片用剪刀剪碎后准确称取 0.4422 g，放入固相微萃取瓶中，密封。在

40℃水浴中平衡 10 min，用 PDMS/DVB 萃取头吸附 15 min。采用全二维气相色谱-飞行时间质谱仪（GC-TOF/MS）对其成分进行检测分析。

41.2.2 GC-TOF/MS 的检测分析

GC 分析条件：采用 DB-WAX 色谱柱（30m × 0.25 mm × 0.25 μm），进样口温度为 250℃，氦气（99.999%）流速为 1.0 mL/min，不分流；起始柱温设置为 50℃，保持 0.2 min，然后以 1℃/min 的速率升温到 60℃，保持 2 min，以 2℃/min 的速率升温至 90℃，保持 1 min，以 10℃/min 的速率升温至 230℃，保持 3 min；样品解吸附 5 min。

TOF/MS 分析条件：EI 离子源，电离能量 70 eV，离子源温度 230℃；传输线温度 250℃，质量扫描范围（m/z）30~400，采集速率 10 spec/s，溶剂延迟 300 s。

检测分析结果见图和表。

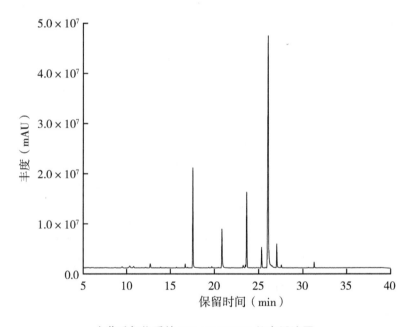

水蓼香气物质的 GC-TOF/MS 总离子流图

水蓼香气物质的组成及相对含量明细表

化合物名称	保留时间（min）	匹配度	分子式	CAS 号	相对含量（%）
丙酸酐	6.02	753	$C_6H_{10}O_3$	123-62-6	0.030
正己醛	8.67	760	$C_6H_{12}O$	66-25-1	0.100
2,5,9-三甲基癸烷	9.48	870	$C_{13}H_{28}$	62108-22-9	0.360
3-己烯醛	10.37	819	$C_6H_{10}O$	4440-65-7	0.640

（续表）

化合物名称	保留时间（min）	匹配度	分子式	CAS 号	相对含量（%）
1-戊烯-3-醇	10.83	844	$C_5H_{10}O$	616-25-1	0.330
2-己烯醛	12.73	892	$C_6H_{10}O$	505-57-7	0.860
苯并环丁烯	13.91	808	C_8H_8	694-87-1	0.130
环丁基甲醇	15.69	726	$C_5H_{10}O$	4415-82-1	0.130
正己醇	16.70	887	$C_6H_{14}O$	111-27-3	0.540
叶醇	16.97	836	$C_6H_{12}O$	928-96-1	0.080
3-己烯-1-醇	17.58	936	$C_6H_{12}O$	544-12-7	14.500
1-己烯-3-醇	19.36	773	$C_6H_{12}O$	4798-44-1	0.070
(±)-6-甲基-5-庚烯基-2-醇	19.71	810	$C_8H_{16}O$	1569-60-4	0.140
异丁酸叶醇酯	19.78	811	$C_{10}H_{18}O_2$	41519-23-7	0.060
2-乙基己醇	20.43	771	$C_8H_{18}O$	104-76-7	0.070
癸醛	20.86	894	$C_{10}H_{20}O$	112-31-2	7.050
(Z,E)-α-金合欢烯	23.25	820	$C_{15}H_{24}$	26560-14-5	0.420
2-辛酮	23.34	753	$C_8H_{16}O$	111-13-7	0.060
十一醛	23.50	850	$C_{11}H_{22}O$	112-44-7	0.380
(-)-异丁香烯	23.65	888	$C_{15}H_{24}$	118-65-0	12.290
α-石竹烯	25.34	853	$C_{15}H_{24}$	6753-98-6	3.370
十二醛	26.09	963	$C_{12}H_{24}O$	112-54-9	52.240
1,11-十六二炔	26.39	702	$C_{16}H_{26}$	71673-32-0	0.760
正癸醇	27.04	895	$C_{10}H_{22}O$	112-30-1	3.350
α-姜黄烯	27.55	727	$C_{15}H_{22}$	644-30-4	0.420
环十二烷	29.35	778	$C_{12}H_{24}$	294-62-2	0.040
反-2-十二碳烯醇	30.62	806	$C_{12}H_{24}O$	69064-37-5	0.080
十一醇	31.28	875	$C_{11}H_{24}O$	112-42-5	0.680

42 坡 垒

42.1 坡垒的分布、形态特征与利用情况

42.1.1 分 布

坡垒（*Hopea hainanensis*）为龙脑香科（Dipterocarpaceae）坡垒属（*Hopea*）植物。我国产于海南，生于海拔 700 m 左右的密林中。越南北部有分布。

42.1.2 形态特征

乔木，具白色芳香树脂，高约 20 m；树皮灰白色或褐色，具白色皮孔。叶近革质，长圆形至长圆状卵形，长 8~14 cm，宽 5~8 cm，先端微钝或渐尖，基部圆形，侧脉 9~12 对，下面明显突起；叶柄粗壮，长约 2 cm，均无毛或具粉状鳞秕。圆锥花序腋生或顶生，长 3~10 cm，密被短的星状毛或灰色绒毛；花偏生于花序分枝的一侧，每朵花具早落的小苞片 1 枚；花萼裂片 5 枚，覆瓦状排列，长约 2.5 mm，顶端圆形，外面 2 枚全部被毛；增大的 2 枚花萼裂片为长圆形或倒披针形，长 5~7 cm，宽 2.5 cm，具纵脉 9~11 条，被疏星状毛；花瓣 5 枚，旋转排列，长圆形或长圆状椭圆形，长约 6 mm，宽约 3 mm，先端具不规则的齿缺，基部略收缩偏斜；雄蕊 15 枚，两轮排列，外轮的花丝呈阔卵形，内轮的花丝呈线形，花药卵圆形，药隔附属体丝状，长约 1 mm；子房长圆形，基部具长丝毛，花柱锥状，柱头明显，具花柱基。果实卵圆形，具尖头，被蜡质。花期 6—7 月，果期 11—12 月。

42.1.3 利用情况

坡垒是我国珍贵用材树种之一，为有名的高强度用材，经久耐用，最适宜做渔轮的外龙骨、内龙筋、轴套、尾轴筒、首尾柱，亦用作码头桩材、桥梁和其他建筑用材等。

42.2　坡垒香气物质的提取及检测分析

42.2.1　顶空固相微萃取

　　将坡垒的树皮用剪刀剪碎后准确称取 1.0331 g，放入固相微萃取瓶中，密封。在40℃水浴中平衡 10 min，用 PDMS/DVB 萃取头吸附 15 min。采用气相色谱-质谱仪（GC-MS）对其成分进行检测分析。

42.2.2　GC-MS 检测分析

　　GC 分析条件：采用 DB-5Ms 色谱柱（30m × 0.25 mm × 0.25 μm），氦气（99.999%）流速为 1.0 mL/min，进样口温度为 250℃，不分流；起始温度为 60℃，保持 1 min，然后以 5℃/min 的速率升温至 85℃，保持 1 min，以 3℃/min 的速率升温至130℃，保持 1 min，以 2℃/min 的速率升温至 160℃，以 10℃/min 的速率升温至230℃，保持 3 min；样品解吸附 5 min。

　　MS 分析条件：EI 离子源，电离能量 70 eV，离子源温度 230℃；传输线温度250℃，质量扫描范围（m/z）30~400，采集速率 10 spec/s，溶剂延迟 300 s。

　　检测分析结果见图和表。

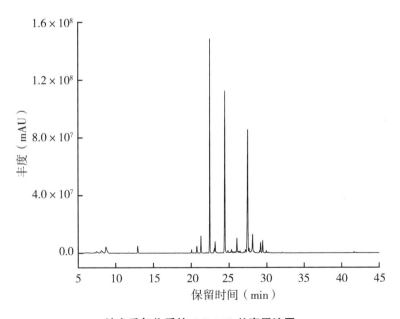

坡垒香气物质的 GC-MS 总离子流图

坡垒香气物质的组成及相对含量明细表

化合物名称	保留时间 （min）	匹配度	分子式	CAS 号	相对含量 （%）
2,6-壬二烯-1-醇	6.39	777	$C_9H_{16}O$	7786-44-9	0.076
水芹烯	7.95	817	$C_{10}H_{16}$	99-83-2	0.069
(1S)-(-)-α-蒎烯	8.11	878	$C_{10}H_{16}$	7785-26-4	1.066
(S)-(-)-柠檬烯	8.71	840	$C_{10}H_{16}$	5989-54-8	2.540
2-甲基-1-壬烯-3-炔	10.82	825	$C_{10}H_{16}$	70058-00-3	0.054
(Z)-2-硝基-1,4-壬二烯	11.73	700	$C_9H_{15}NO_2$	80255-19-2	0.113
7-(甲基乙亚基)-双环[4.1.0]庚烷	16.32	770	$C_{10}H_{16}$	53282-47-6	0.033
3,5-二甲氧基甲苯	18.13	728	$C_9H_{12}O_2$	4179-19-5	0.033
莰烯	20.33	827	$C_{10}H_{16}$	79-92-5	0.112
荜澄茄烯	21.28	850	$C_{15}H_{24}$	13744-15-5	2.625
(-)-α-蒎烯	22.47	865	$C_{15}H_{24}$	3856-25-5	22.744
β-榄烯	23.16	876	$C_{15}H_{24}$	110823-68-2	1.886
莎草烯	23.47	773	$C_{15}H_{24}$	2387-78-2	0.030
马兜铃烯	23.89	710	$C_{15}H_{24}$	6831-16-9	0.125
反式石竹烯	24.46	925	$C_{15}H_{24}$	87-44-5	26.865
香橙烯	25.32	905	$C_{15}H_{24}$	109119-91-7	0.665
香树烯	25.50	875	$C_{15}H_{24}$	25246-27-9	0.259
γ-木罗烯	25.85	812	$C_{15}H_{24}$	30021-74-0	0.262
α-石竹烯	26.04	900	$C_{15}H_{24}$	6753-98-6	2.581
(-)-α-依兰油烯	27.17	904	$C_{15}H_{24}$	483-75-0	0.542
(-)-α-新丁香三环烯	27.49	843	$C_{15}H_{24}$	4545-68-0	27.280
α-芹子烯	27.66	892	$C_{15}H_{24}$	473-13-2	0.715
γ-榄香烯	28.12	881	$C_{15}H_{24}$	339154-91-5	4.117
白菖烯	29.17	830	$C_{15}H_{24}$	17334-55-3	1.979
δ-杜松烯	29.44	840	$C_{15}H_{24}$	483-76-1	2.526
α-依兰油烯	30.18	848	$C_{15}H_{24}$	31983-22-9	0.398
水杨酸异辛酯	41.68	759	$C_{15}H_{22}O_3$	118-60-5	0.181
肉豆蔻酸异丙酯	42.01	761	$C_{17}H_{34}O_2$	110-27-0	0.041

43　长叶露兜草

43.1　长叶露兜草的分布、形态特征与利用情况

43.1.1　分　布

长叶露兜草（*Pandanus austrosinensis var. longifolius*）为露兜树科（Pandanaceae）露兜树属（*Pandanus*）常绿草本。主要分布在海南（尖峰岭），生于海拔约 800 m 的林中、沟旁。

43.1.2　形态特征

常绿草本。地上茎分枝，有气根。叶常聚生于枝顶；叶长剑形，边缘及背面沿中脉具锐刺，无柄，具鞘；长达 5 m 以上，宽约 5 cm。聚花果较大，长约 18 cm，直径约 12 cm，由近 300 枚核果组成；每枚核果长约 3.3 cm，宽约 1.2 cm。

43.1.3　利用情况

长叶露兜草香味清新淡雅，除了鲜叶可直接作为食用调味料外，还可用于制作浸膏，用于调配新型的香料。

43.2　长叶露兜草香气物质的提取及检测分析

43.2.1　顶空固相微萃取

将长叶露兜草的叶片用剪刀剪碎后准确称取 1.0464 g，放入固相微萃取瓶中，密封。在 40℃水浴中平衡 10 min，用 PDMS/DVB 萃取头吸附 15 min。采用气相色谱-质谱仪（GC-MS）对其成分进行检测分析。

43.2.2 GC-MS 检测分析

GC 分析条件：采用 DB-5Ms 色谱柱（30 m × 0.25 mm × 0.25 μm），氦气（99.999%）流速为 1.0 mL/min，进样口温度为 250℃，分流比为 10∶1；起始温度为 40℃，保持 2 min，然后以 5℃/min 的速率升温至 85℃，保持 1 min，以 3℃/min 的速率升温至 150℃，保持 1 min，以 10℃/min 的速率升温至 230℃，保持 3 min；样品解吸附 5 min。

MS 分析条件：EI 离子源，电离能量 70 eV，离子源温度 230℃；传输线温度 250℃，质量扫描范围（m/z）30~400，采集速率 10 spec/s，溶剂延迟 300 s。

检测分析结果见图和表。

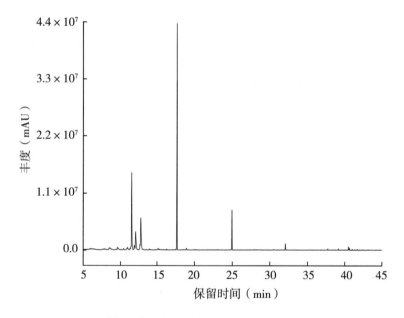

长叶露兜草香气物质的 GC-MS 总离子流图

长叶露兜草香气物质的组成及相对含量明细表

化合物名称	保留时间（min）	匹配度	分子式	CAS 号	相对含量（%）
2-己醇	6.06	793	$C_6H_{14}O$	626-93-7	1.215
3-甲基-2-庚醇	6.12	791	$C_8H_{18}O$	31367-46-1	1.023
1-乙炔基-1-环己烯	7.85	844	C_8H_{10}	931-49-7	2.786
1,3,5,7-环辛四烯(含稳定剂 HQ)	8.59	875	C_8H_8	629-20-9	4.938
(1S)-(-)-α-蒎烯	9.66	864	$C_{10}H_{16}$	7785-26-4	4.230

（续表）

化合物名称	保留时间（min）	匹配度	分子式	CAS 号	相对含量（%）
β-蒎烯	11.00	865	$C_{10}H_{16}$	18172-67-3	4.470
2-壬烯-1-醇	11.36	802	$C_9H_{18}O$	22104-79-6	1.579
水芹烯	11.96	851	$C_{10}H_{16}$	99-83-2	4.638
2-蒎烯	12.14	883	$C_{10}H_{16}$	2437-95-8	22.832
邻伞花烃	12.73	919	$C_{10}H_{14}$	527-84-4	3.754
柠檬烯	12.85	865	$C_{10}H_{16}$	138-86-3	38.931
γ-松油烯	14.01	770	$C_{10}H_{16}$	99-85-4	0.969
萜品油烯	15.16	843	$C_{10}H_{16}$	586-62-9	1.886
4-异丙烯基甲苯	15.35	811	$C_{10}H_{12}$	1195-32-0	0.821
左旋樟脑	17.48	791	$C_{10}H_{16}O$	464-48-2	0.470
(-)-薄荷醇	18.95	856	$C_{10}H_{20}O$	2216-51-5	1.495
癸醛	20.09	753	$C_{10}H_{20}O$	112-31-2	0.516
染料木苷	23.08	826	$C_{21}H_{20}O_{10}$	529-59-9	0.288
水杨酸异辛酯	40.54	787	$C_{15}H_{22}O_3$	118-60-5	2.057
肉豆蔻酸异丙酯	40.68	827	$C_{17}H_{34}O_2$	110-27-0	1.093

44 香露兜

44.1 香露兜的分布、形态特征与利用情况

44.1.1 分　布

香露兜（*Pandanus amaryllifolius*）为露兜树科（Pandanaceae）露兜树属（*Pandanus*）常绿草本。香露兜生长在热带地区，山头坡地、庭院、耕作地等的潮湿酸性土壤上均可生长。

44.1.2 形态特征

常绿草本。地上茎分枝，有气根。叶常聚生于枝顶；叶长剑形，边缘及背面沿中脉具锐刺，无柄，具鞘；长约 30 cm，宽约 1.5 cm，叶缘偶被微刺，叶尖刺稍密，叶背面先端有微刺，叶鞘有窄白膜。花单性，雌雄异株，无花被；花序穗状、头状或圆锥状，具佛焰苞；雄花多数，每花雄蕊多枚；雌花无退化雄蕊，心皮 1 个至多个，有时以不定数联合而成束；子房上位，1 室至多室，每室胚珠 1 颗，着生于近基底胎座上。果实为或大或小的圆球形或椭圆形聚花果，由多数木质、有棱角的核果或核果束组成；宿存柱头头状、齿状或马蹄状等。

44.1.3 利用情况

香露兜香味清新淡雅，除了鲜叶可直接作为食用调味料外，还可制作浸膏，用于调配新型的香料。香露兜叶的挥发油中含有大量的角鲨烯、甾醇、不饱和脂肪酸、醛类、酯类以及炔类等。角鲨烯是具有较强生物活性和特殊结构的天然直链三萜烯，在深海鱼类中，特别是鲨鱼的肝脏中含量最为丰富，具有渗透、扩散、杀菌作用，有很强的输送氧的能力，可增强细胞的活力及免疫力，加强细胞新陈代谢，消除疲劳。在医学上香露兜对心脏病、肝炎及胃炎等均有疗效，还有养颜、润肤等功效，在医用产品及化妆品领域有着极好的应用价值和发展前景。

44.2   香露兜香气物质的提取及检测分析

44.2.1   顶空固相微萃取

将香露兜的叶片用剪刀剪碎后准确称取 0.5000 g，放入固相微萃取瓶中，密封。在 60℃水浴中平衡 10 min，用 PDMS/DVB 萃取头吸附 10 min。采用全二维气相色谱-飞行时间质谱仪（GC-TOF/MS）对其成分进行检测分析。

44.2.2   GC-TOF/MS 检测分析

GC 分析条件：采用 DB-WAX 色谱柱（30 m × 0.25 mm × 0.25 μm），进样口温度为 250℃，氦气（99.999%）流速为 1.0 mL/min；起始柱温设置为 40℃，保持 2 min，然后以 5.0℃/min 的速率升温到 100℃，保持 1 min，以 3℃/min 的速率升温至 240℃，保持 3 min；不分流进样，样品解吸附 5 min。

TOF/MS 分析条件：EI 离子源，电离能量 70 eV，离子源温度 230℃；传输线温度 250℃，质量扫描范围（m/z）30~350，采集速率 10 spec/s，溶剂延迟 300 s。

检测分析结果见图和表。

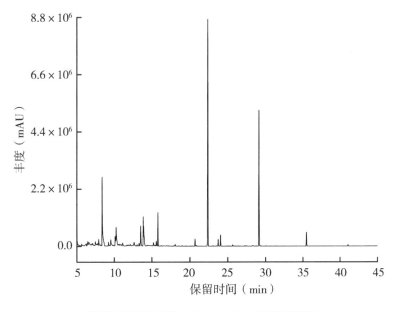

香露兜香气物质的 GC-TOF/MS 总离子流图

香露兜香气物质的组成及相对含量明细表

化合物名称	保留时间（min）	匹配度	分子式	CAS 号	相对含量（%）
丁酸乙酯	5.115	892	$C_6H_{12}O_2$	105-54-4	0.34
2-己烯醛	6.423	869	$C_6H_{10}O$	505-57-7	0.26
反式-3-己烯-1-醇	6.496	745	$C_6H_{12}O$	928-97-2	0.14
苯乙烯	7.470	760	C_8H_8	100-42-5	3.56
3-甲硫基丙醛	7.920	822	C_4H_8OS	3268-49-3	1.49
2-乙酰基-1-吡咯啉	8.379	709	C_6H_9NO	85213-22-5	10.70
α-甲基-γ-丁内酯	9.237	731	$C_5H_8O_2$	1679-47-6	0.66
2,3,4,5-四氢吡啶	9.542	778	C_5H_9N	505-18-0	0.43
异己酸乙酯	9.767	767	$C_8H_{16}O_2$	25415-67-2	0.70
4-甲基-2(5H)-呋喃酮	10.116	830	$C_5H_6O_2$	6124-79-4	3.92
（E）-3-甲基己-3-烯	10.167	711	C_7H_{14}	3899-36-3	5.06
苯酚	10.269	735	C_6H_6O	108-95-2	4.76
苯甲醇	11.825	858	C_7H_8O	100-51-6	1.56
2-乙酰吡咯	12.624	907	C_6H_7NO	1072-83-9	1.81
芳樟醇	13.816	754	$C_{10}H_{18}O$	78-70-6	3.31
杂螺[3.4]辛烷-5-酮	13.933	776	$C_8H_{12}O$	10468-36-7	7.79
2-丙基环己醇	15.212	756	$C_9H_{18}O$	90676-25-8	10.79
4-甲氧基苯乙烯	15.583	733	$C_9H_{10}O$	637-69-4	1.74
（2α,4aα8aα）-3,4,4a,5,6,8a-六氢-2,5,5,8a-四甲基-2H-1-苯并吡喃	16.665	725	$C_{13}H_{22}O$	41678-32-4	2.24
正十六烷	21.106	748	$C_{16}H_{34}$	544-76-3	1.02
3,4-二甲氧基苯乙烯	23.733	798	$C_{10}H_{12}O_2$	6380-23-0	14.74
丙烯酸异冰片酯	24.038	739	$C_{13}H_{20}O_2$	5888-33-5	2.01
（-）-α-古芸烯	24.739	757	$C_{15}H_{24}$	489-40-7	1.23
二氢猕猴桃内酯	29.912	790	$C_{11}H_{16}O_2$	17092-92-1	11.57
贝壳杉烯	35.867	759	$C_{20}H_{32}$	562-28-7	3.23
叶绿醇	41.125	781	$C_{10}H_{40}O$	150-86-7	0.13

45 牡 荆

45.1 牡荆的分布、形态特征与利用情况

45.1.1 分 布

牡荆（*Vitex negundo var. cannabifolia*）为唇形科（Lamiaceae）牡荆属（*Vitex*）植物。我国产于华东地区以及河北、湖南、湖北、广东、广西、四川、贵州、云南。生于山坡路边灌丛中。

45.1.2 形态特征

落叶灌木或小乔木；小枝四棱形。叶对生，掌状复叶，小叶 5 枚，少有 3 枚；小叶片披针形或椭圆状披针形，顶端渐尖，基部楔形，边缘有粗锯齿，正面绿色，背面淡绿色，通常被柔毛。圆锥花序顶生，长 10~20 cm；花冠淡紫色。果实近球形，黑色。花期 6—7 月，果期 8—11 月。

45.1.3 利用情况

牡荆的新鲜叶入药，对风寒感冒、痧气腹痛、吐泻、痢疾、风湿痛、脚气、流火、痈肿、足癣等症有治疗作用。牡荆树姿优美，老桩苍古奇特，是杂木类树桩盆景的优良树种。牡荆的材质坚硬，是制作家具、木雕、根艺等的上等用材。

45.2 牡荆香气物质的提取及检测分析

45.2.1 顶空固相微萃取

将牡荆的叶片用剪刀剪碎后准确称取 0.1552 g，放入固相微萃取瓶中，密封。在 40℃水浴中平衡 10 min，用 PDMS/DVB 萃取头吸附 15 min。采用气相色谱-质谱仪

（GC-MS）对其成分进行检测分析。

45.2.2 GC-MS 检测分析

GC 分析条件：采用 DB-5Ms 色谱柱（30 m × 0.25 mm × 0.25 μm），氦气（99.999%）流速为 1.0 mL/min，分流比为 10∶1，进样口温度 250℃；起始温度为 60℃，保持 1 min，然后以 4℃/min 的速率升温至 80℃，保持 2 min，以 1℃/min 的速率升温至 100℃，保持 1 min，以 1.5℃/min 的速率升温至 140℃，保持 2 min，以15℃/min的速率升温至 230℃，保持 3 min；样品解吸附 5 min。

MS 分析条件：EI 离子源，电离能量 70 eV，离子源温度 230℃；传输线温度 280℃，质量扫描范围（m/z）35~450，采集速率 10 spec/s，溶剂延迟 180 s。

检测分析结果见图和表。

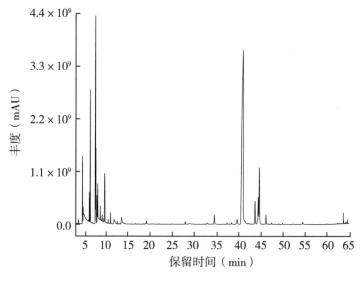

牡荆香气物质的 GC-MS 总离子流图

牡荆香气物质的组成及相对含量明细表

化合物名称	保留时间（min）	匹配度	分子式	CAS 号	相对含量（%）
(+/-)-反式-1,2-环戊二醇	3.12	807	$C_5H_{10}O_2$	5057-99-8	0.071
3-己烯醛	3.62	877	$C_6H_{10}O$	4440-65-7	0.244
反-2-己烯醛	4.53	957	$C_6H_{10}O$	6728-26-3	3.268
3-己烯-1-醇	4.70	935	$C_6H_{12}O$	544-12-7	2.137
(E)-4-己烯-1-醇	5.93	892	$C_6H_{12}O$	928-92-7	0.053

（续表）

化合物名称	保留时间（min）	匹配度	分子式	CAS 号	相对含量（%）
α-侧柏烯	6.12	943	$C_{10}H_{16}$	2867-05-2	1.222
(+)-α-蒎烯	6.32	940	$C_{10}H_{16}$	7785-70-8	6.368
β-水芹烯	7.52	913	$C_{10}H_{16}$	555-10-2	15.333
β-蒎烯	7.62	933	$C_{10}H_{16}$	127-91-3	2.630
1-辛烯-3-醇	7.87	863	$C_8H_{16}O$	3391-86-4	1.354
β-蒎烯	8.04	880	$C_{10}H_{16}$	18172-67-3	1.749
(E)-4-己烯-1-yl-乙酸酯	8.62	883	$C_8H_{14}O_2$	42125-17-7	0.656
萜品油烯	9.08	905	$C_{10}H_{16}$	586-62-9	0.376
邻伞花烃	9.46	959	$C_{10}H_{14}$	527-84-4	0.182
(+)-莰烯	9.64	878	$C_{10}H_{16}$	5794-03-6	4.431
罗勒烯	10.48	947	$C_{10}H_{16}$	13877-91-3	0.222
γ-松油烯	11.02	949	$C_{10}H_{16}$	99-85-4	0.627
反式-β-松油醇	11.84	937	$C_{10}H_{18}O$	7299-41-4	0.752
2-甲基丁酸-3-甲基丁酯	13.21	911	$C_{10}H_{20}O_2$	27625-35-0	0.054
异戊酸异戊酯	13.56	919	$C_{10}H_{20}O_2$	659-70-1	0.768
(S)-(-)-2-甲基-6-次甲基-7-辛烯-4-醇	14.29	795	$C_{10}H_{18}O$	35628-05-8	0.035
水芹醛	18.48	851	$C_{10}H_{16}O$	21391-98-0	0.037
(-)-萜品-4-醇	18.96	935	$C_{10}H_{18}O$	20126-76-5	0.084
2-丁烯酸-3-甲基-3-甲基丁酯	19.18	905	$C_{10}H_{18}O_2$	56922-73-7	0.281
γ-萜品醇	25.00	835	$C_{10}H_{18}O$	586-81-2	0.038
乙酸龙脑酯	27.99	941	$C_{12}H_{20}O_2$	5655-61-8	0.261
茴香脑	28.86	926	$C_{10}H_{12}O$	104-46-1	0.156
(1R,5S)-乙酸香芹酯	32.87	802	$C_{12}H_{18}O_2$	1134-95-8	0.109
δ-榄香烯	33.06	943	$C_{15}H_{24}$	20307-84-0	0.074
(-)-α-荜澄茄油烯	34.19	888	$C_{15}H_{24}$	17699-14-8	0.038
乙酸松油酯	34.53	938	$C_{12}H_{20}O_2$	80-26-2	0.898
β-波旁烯	37.39	922	$C_{15}H_{24}$	5208-59-3	0.170

（续表）

化合物名称	保留时间（min）	匹配度	分子式	CAS 号	相对含量（%）
β-榄香烯	38.39	920	$C_{15}H_{24}$	515-13-9	0.193
(+)-γ-橄榄烯	39.63	902	$C_{15}H_{24}$	20071-49-2	0.587
反式石竹烯	40.99	954	$C_{15}H_{24}$	87-44-5	41.914
(E)-β-金合欢烯	42.27	904	$C_{15}H_{24}$	28973-97-9	0.103
α-石竹烯	43.66	939	$C_{15}H_{24}$	6753-98-6	2.188
香树烯	44.20	926	$C_{15}H_{24}$	25246-27-9	0.301
(-)-α-古芸烯	44.37	896	$C_{15}H_{24}$	489-40-7	2.403
反式-β-金合欢烯	44.62	940	$C_{15}H_{24}$	18794-84-8	5.417
大根香叶烯	46.12	940	$C_{15}H_{24}$	23986-74-5	0.885
γ-古芸烯	46.67	879	$C_{15}H_{24}$	22567-17-5	0.046
γ-榄香烯	47.41	891	$C_{15}H_{24}$	339154-91-5	0.178
(R)-γ-杜松烯	49.06	920	$C_{15}H_{24}$	39029-41-9	0.066
δ-杜松烯	49.90	911	$C_{15}H_{24}$	483-76-1	0.119
石竹素	54.49	937	$C_{15}H_{24}O$	1139-30-6	0.236
α-荜澄茄醇	59.99	932	$C_{15}H_{26}O$	481-34-5	0.061
香紫苏醇	63.72	822	$C_{20}H_{36}O_2$	515-03-7	0.256
13-表迈诺醇	63.80	807	$C_{20}H_{34}O$	1438-62-6	0.075
韦得醇	64.23	791	$C_{15}H_{26}O$	6892-80-4	0.037
西松烯	64.65	823	$C_{20}H_{32}$	1898-13-1	0.168
异扁枝烯	65.39	781	$C_{20}H_{32}$	511-85-3	0.090

46　香叶天竺葵

46.1　香叶天竺葵的分布、形态特征与利用情况

46.1.1　分　布

香叶天竺葵（*Pelargonium graveolens*）为牻牛儿苗科（Geraniaceae）天竺葵属（*Pelargonium*）植物。香叶天竺葵原产于摩洛哥、阿尔及利亚、法国、埃及等国家，1962 年中国科学院昆明植物研究所引入，在云南昆明、玉溪、石屏、宾川等地栽培成功，现在中国各地庭园都有栽培。

46.1.2　形态特征

多年生亚灌木，高可达 1 m。茎直立，基部木质化，上部肉质，密被具光泽的柔毛，有香味。叶互生；托叶宽三角形或宽卵形，长 6~9 mm，先端急尖；叶柄与叶片近等长，被柔毛；叶片近圆形，基部心形，直径 2~10 cm，掌状 5~7 裂达中部或近基部，裂片矩圆形或披针形，小裂片边缘为不规则的齿裂或锯齿，两面被长糙毛。伞形花序与叶对生，长于叶，具花 5~12 朵；苞片卵形，被短柔毛，边缘具绿毛；花梗长 3~8 mm 或几无梗；萼片长卵形，绿色，长 6~9 mm，宽 2~3 mm，先端急尖，距长 4~9 mm；花瓣玫瑰色或粉红色，长为萼片的 2 倍，先端钝圆，上面 2 片较大；雄蕊与萼片近等长，下部扩展；心皮被茸毛。蒴果长约 2 cm，被柔毛。花期 5—7 月，果期 8—9 月。

46.1.3　利用情况

香叶天竺葵植株具有挥发性香气，可用于制作精油，其成分主要有香叶草醇、香茅醇、芳樟醇等。香叶天竺葵有多种气味，包括玫瑰、柑橘、薄荷、椰子、豆蔻与多种水果味。因栽培管理容易且精油产量高，可作为其他低产量精油的代替品。该精油能够平衡皮肤油脂分泌，对湿疹、灼伤、带状疱疹及冻疮有疗效。苍白无活力的皮肤使用香叶天竺葵精油后有助于变得较为红润而有活力，因此香叶天竺葵被称为"小玫瑰"。

46.2 香叶天竺葵香气物质的提取及检测分析

46.2.1 水蒸气蒸馏法

依据 GB/T 30385—2013《香辛料和调味品 挥发油含量的测定》对香叶天竺葵叶片中的香气物质进行提取。将香叶天竺葵叶片破碎后准确称取 100.00 g，放入 1000 mL 带有磨砂接口的圆底烧瓶中，加入 500 mL 去离子水，上接挥发油收集器和冷凝管，冷凝管冷却用水为冷却循环泵提供，可将冷却温度调节至 5℃以下以增强冷却效果。蒸馏提取 3~4 h，提取出来的香叶天竺葵精油用正己烷稀释 200 倍，经无水硫酸钠脱除水分后，采用气相色谱–质谱（GC-MS）对其成分进行检测分析。

46.2.2 GC–MS 检测分析

GC 分析条件：采用 DB–5Ms 色谱柱（30 m × 0.25 mm × 0.25 μm），氦气（99.999%）流速为 1.0 mL/min，进样口温度为 250℃，分流比 5∶1，进样量为 1.0 μL；起始柱温设置为 50℃，保持 1 min，然后以 4℃/min 的速率升温至 80℃，以 3℃/min 的速率升温至 120℃，以 8℃/min 升温至 230℃，以 20℃/min 的速率升温至 280℃，保持 3 min。

MS 分析条件：EI 离子源，电离能量 70 eV，离子源温度 230℃；传输线温度 250℃，质量扫描范围（m/z）30~400，采集速率 10 spec/s，溶剂延迟 300 s。

检测分析结果见图和表。

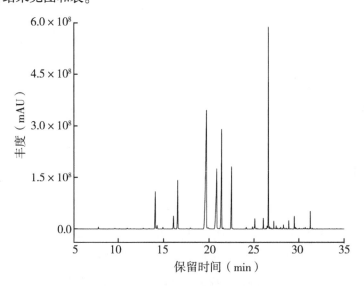

香叶天竺葵香气物质的 GC-MS 总离子流图

香叶天竺葵香气物质的组成及相对含量明细表

化合物名称	保留时间（min）	匹配度	分子式	CAS 号	相对含量（%）
2-蒎烯	7.76	927	$C_{10}H_{16}$	2437-95-8	0.211
β-蒎烯	9.63	838	$C_{10}H_{16}$	127-91-3	0.116
水芹烯	10.12	871	$C_{10}H_{16}$	99-83-2	0.036
邻伞花烃	10.89	922	$C_{10}H_{14}$	527-84-4	0.036
柠檬烯	11.01	881	$C_{10}H_{16}$	138-86-3	0.127
(1S)-(-)-α-蒎烯	11.35	902	$C_{10}H_{16}$	7785-26-4	0.043
顺-α,α-5-三甲基-5-乙烯基四氢化呋喃-2-甲醇	12.76	868	$C_{10}H_{18}O_2$	5989-33-3	0.183
芳樟醇	14.07	922	$C_{10}H_{18}O$	78-70-6	4.910
(-)-玫瑰醚	14.26	907	$C_{10}H_{18}O$	16409-43-1	0.696
异薄荷酮	16.11	948	$C_{10}H_{18}O$	491-07-6	1.563
薄荷酮	16.57	957	$C_{10}H_{18}O$	10458-14-7	5.825
(-)-薄荷醇	17.56	900	$C_{10}H_{20}O$	2216-51-5	0.056
α-松油醇	17.94	859	$C_{10}H_{18}O$	98-55-5	0.205
香茅醇	19.71	934	$C_{10}H_{20}O$	106-22-9	30.296
顺式-柠檬醛	19.90	830	$C_{10}H_{16}O$	106-26-3	0.126
香叶醇	20.85	921	$C_{10}H_{18}O$	106-24-1	13.379
甲酸香茅酯	21.40	911	$C_{11}H_{20}O_2$	105-85-1	13.070
甲酸香叶酯	22.49	918	$C_{11}H_{18}O_2$	105-86-2	6.917
(-)-α-荜澄茄油烯	24.00	825	$C_{15}H_{24}$	17699-14-8	0.040
(6E)-2,6-二甲基辛-2,6-二烯	24.13	862	$C_{10}H_{18}$	2792-39-4	0.201
(-)-α-蒎烯	24.82	887	$C_{15}H_{24}$	3856-25-5	0.197
β-波旁烯	25.09	853	$C_{15}H_{24}$	5208-59-3	1.006
异丁酸2-苯乙酯	25.41	853	$C_{12}H_{16}O_2$	103-48-0	0.123
反式石竹烯	26.01	888	$C_{15}H_{24}$	87-44-5	0.795
荜澄茄烯	26.24	879	$C_{15}H_{24}$	13744-15-5	0.040
反式-α-佛柑油烯	26.36	904	$C_{15}H_{24}$	13474-59-4	0.058
α-芹子烯	26.44	887	$C_{15}H_{24}$	473-13-2	0.245

（续表）

化合物名称	保留时间 （min）	匹配度	分子式	CAS 号	相对含量 （%）
α-依兰油烯	26.59	872	$C_{15}H_{24}$	31983-22-9	14.959
(-)-α-新丁香三环烯	26.70	873	$C_{15}H_{24}$	4545-68-0	0.218
α-石竹烯	26.85	857	$C_{15}H_{24}$	6753-98-6	0.120
香橙烯	27.00	892	$C_{15}H_{24}$	109119-91-7	0.051
丙酸叶醇酯	27.19	880	$C_{13}H_{22}O_2$	105-90-8	0.491
大根香叶烯	27.46	910	$C_{15}H_{24}$	23986-74-5	0.246
δ-杜松烯	28.28	783	$C_{15}H_{24}$	483-76-1	0.480
异丁酸香叶酯	28.88	879	$C_{14}H_{24}O_2$	2345-26-8	0.542
十八碳二炔酸甲酯	29.49	757	$C_{19}H_{30}O_2$	57156-91-9	0.814
3-甲基-丁酸-1-乙基-1,5-二甲基-4-己烯酯	29.62	848	$C_{15}H_{26}O_2$	1118-27-0	0.143
荜澄茄油烯醇	30.07	820	$C_{15}H_{26}O$	21284-22-0	0.133
(S)-1-甲基-4-(5-甲基-1-亚甲基-4-己烯基)环己烯	30.52	813	$C_{15}H_{24}$	495-61-4	0.102
蒎烷	30.69	873	$C_{10}H_{18}$	473-55-2	0.137
α-荜澄茄醇	30.78	783	$C_{15}H_{26}O$	481-34-5	0.051
惕各酸香叶酯	31.25	836	$C_{15}H_{24}O_2$	7785-33-3	0.906
乙酸香叶酯	31.47	812	$C_{12}H_{20}O_2$	16409-44-2	0.081
金合欢醇	34.18	793	$C_{15}H_{26}O$	106-28-5	0.029

47 八 角

47.1 八角的分布、形态特征与利用情况

47.1.1 分 布

八角（*Illicium verum*）为五味子科（Schisandraceae）八角属（*Illicium*）植物。主产于广西西部和南部海拔 200~700 m 地区，福建南部、广东西部、云南东南部和南部、海南也有种植。八角为南亚热带树种，喜冬暖夏凉的山地气候，适宜种植在土层深厚、排水良好、肥沃湿润、偏酸性的砂质壤土或壤土上。

47.1.2 形态特征

乔木，高 10~15 m；树冠塔形，椭圆形或圆锥形；树皮深灰色；枝密集。叶不整齐互生，顶端 3~6 片近轮生或松散簇生，革质或厚革质，倒卵状椭圆形、倒披针形或椭圆形，长 5~15 cm，宽 2~5 cm，先端骤尖或短渐尖，基部渐狭或楔形；中脉在叶正面稍凹下，在背面隆起；叶柄长 8~20 mm。花粉红色至深红色，单生叶腋或近顶生，花梗长 15~40 mm；花被片 7~12 片，常具不明显的半透明腺点，最大的花被片宽椭圆形到宽卵圆形，长 9~12 mm，宽 8~12 mm；雄蕊 11~20 枚，长 1.8~3.5 mm，花丝长 0.5~1.6 mm；心皮通常 8 个，在花期长 2.5~4.5 mm，子房长 1.2~2.0 mm，花柱钻形。果梗长 20~56 mm，聚合果，直径 3.5~4.0 cm，饱满平直，蓇葖多为 8 个，呈八角形，长 14~20 mm，宽 7~12 mm，厚 3~6 mm，先端钝或钝尖。种子长 7~10 mm，宽 4~6 mm，厚 2.5~3.0 mm。正糙果 3—5 月开花，9—10 月果熟；春糙果 8—10 月开花，翌年 3—4 月果熟。

47.1.3 利用情况

八角为经济树种。果为著名的调味香料，味香甜；也供药用，有祛风理气、和胃调中的功能，用于治疗中寒呕逆、腹部冷痛、胃部胀闷等，但多食会损目发疮。果皮、种子、叶都含芳香油，称八角茴香油（简称茴油），是制造化妆品、甜香酒、啤酒和食品

工业的重要原料。八角和茴油除供应国内市场外，也是重要的出口物资，我国八角产量占世界市场的80%以上。八角木材淡红褐色至红褐色，纹理直，结构细，质轻软，有香气，可供细木工、家具、箱板等用材。

47.2　八角香气物质的提取及检测分析

47.2.1　顶空固相微萃取

将八角的果实用剪刀剪碎后准确称取 0.2137 g，放入固相微萃取瓶中，密封。在40℃水浴中平衡 10 min，用 PDMS/DVB 萃取头吸附 15 min。采用气相色谱-质谱仪（GC-MS）对其成分进行检测分析。

47.2.2　GC-MS 的检测分析

GC 分析条件：采用 DB-5Ms 色谱柱（30 m × 0.25 mm × 0.25 μm），进样口温度为250℃，氦气（99.999%）流速为 1.0 mL/min，分流比为 30:1；起始柱温设置为60℃，保持 1 min，然后以 5℃/min 的速率升温至 90℃，保持 2 min，以 3℃/min 的速率升温至 130℃，保持 3 min，以 2℃/min 的速率升温至 160℃，以 10℃/min 的速率升温至 230℃，保持 3 min；样品解吸附 5 min。

MS 分析条件：EI 离子源，电离能量 70 eV，离子源温度 230℃；传输线温度250℃，质量扫描范围（m/z）35~450，采集速率 10 spec/s，溶剂延迟 180 s。

检测分析结果见图和表。

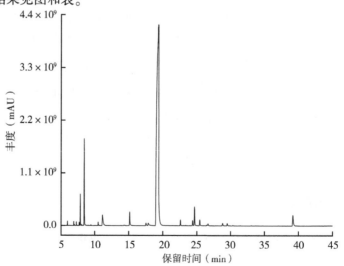

八角香气物质的 GC-MS 总离子流图

八角香气物质的组成及相对含量明细表

化合物名称	保留时间（min）	匹配度	分子式	CAS 号	相对含量（%）
(+)-α-蒎烯	5.96	956	$C_{10}H_{16}$	7785-70-8	0.209
(+)-莰烯	6.28	933	$C_{10}H_{16}$	5794-03-6	0.009
桧烯	6.89	936	$C_{10}H_{16}$	3387-41-5	0.206
(-)-β-蒎烯	6.99	936	$C_{10}H_{16}$	18172-67-3	0.056
β-蒎烯	7.28	919	$C_{10}H_{16}$	127-91-3	0.202
水芹烯	7.70	915	$C_{10}H_{16}$	99-83-2	0.193
3-蒈烯	7.85	928	$C_{10}H_{16}$	13466-78-9	1.718
α-松油烯	8.05	924	$C_{10}H_{16}$	99-86-5	0.069
邻伞花烃	8.33	913	$C_{10}H_{14}$	527-84-4	0.026
柠檬烯	8.44	914	$C_{10}H_{16}$	138-86-3	6.158
罗勒烯	9.03	905	$C_{10}H_{16}$	13877-91-3	0.024
γ-松油烯	9.44	925	$C_{10}H_{16}$	99-85-4	0.056
4-甲基-3-(1-甲基二乙烯基)-环己烷	10.43	906	$C_{10}H_{16}$	99805-90-0	0.012
萜品油烯	10.53	942	$C_{10}H_{16}$	586-62-9	0.264
芳樟醇	11.16	964	$C_{10}H_{18}O$	78-70-6	1.937
对苯二甲醚	13.82	902	$C_8H_{10}O_2$	150-78-7	0.010
(-)-萜品-4-醇	14.35	931	$C_{10}H_{18}O$	20126-76-5	0.087
草蒿脑	15.15	943	$C_{10}H_{12}O$	140-67-0	1.446
4-甲氧基苯甲醛	17.86	939	$C_8H_8O_2$	123-11-5	0.426
茴香脑	19.34	943	$C_{10}H_{12}O$	104-46-1	80.411
γ-衣兰油烯	21.45	809	$C_{15}H_{24}$	30021-74-0	0.013
(-)-α-蒎烯	22.59	921	$C_{15}H_{24}$	3856-25-5	0.548
(+)-1,7-二表-α-雪松烯	23.19	761	$C_{15}H_{24}$	50894-66-1	0.008
β-榄香烯	23.35	867	$C_{15}H_{24}$	515-13-9	0.031
反式-α-佛柑油烯	23.92	868	$C_{15}H_{24}$	13474-59-4	0.010
反式石竹烯	24.66	962	$C_{15}H_{24}$	87-44-5	2.113
2,6-二甲基-6-(4-甲基-3-戊烯基)双环[3.1.1]庚-2-烯	25.44	957	$C_{15}H_{24}$	17699-05-7	0.707

（续表）

化合物名称	保留时间（min）	匹配度	分子式	CAS 号	相对含量（%）
α-石竹烯	26.49	934	$C_{15}H_{24}$	6753-98-6	0.082
反式-β-金合欢烯	26.68	905	$C_{15}H_{24}$	18794-84-8	0.294
香橙烯	26.83	917	$C_{15}H_{24}$	109119-91-7	0.026
大根香叶烯	27.99	906	$C_{15}H_{24}$	23986-74-5	0.015
（E）-β-金合欢烯	28.14	844	$C_{15}H_{24}$	28973-97-9	0.010
甘香烯	28.83	923	$C_{15}H_{24}$	3242-08-8	0.358
α-依兰油烯	29.06	875	$C_{15}H_{24}$	31983-22-9	0.009
α-金合欢烯	29.51	925	$C_{15}H_{24}$	502-61-4	0.319
（R）-γ-杜松烯	29.86	917	$C_{15}H_{24}$	39029-41-9	0.013
δ-杜松烯	30.34	925	$C_{15}H_{24}$	483-76-1	0.058
反式-α-红没药烯	31.40	877	$C_{15}H_{24}$	29837-07-8	0.024
反式-橙花叔醇	33.07	902	$C_{15}H_{26}O$	40716-66-3	0.025
石竹素	33.65	799	$C_{15}H_{24}O$	1139-30-6	0.015
桉油烯醇	33.97	774	$C_{15}H_{24}O$	6750-60-3	0.014
4-烯丙基苯酚	37.06	840	$C_9H_{10}O$	501-92-8	0.007
4-烯丙基苯基乙酸酯	39.21	870	$C_{11}H_{12}O_2$	61499-22-7	1.759
水杨酸异辛酯	43.84	849	$C_{15}H_{22}O_3$	118-60-5	0.011

48 白　兰

48.1　白兰的分布、形态特征与利用情况

48.1.1　分　布

白兰（*Michelia × alba*）为木兰科（Magnoliaceae）含笑属（*Michelia*）常绿乔木。原产于印度尼西亚，现广泛种植于东南亚。中国福建、广东、广西、云南等省区栽培极盛；长江流域地区多盆栽，在温室越冬。

48.1.2　形态特征

常绿乔木，高达 17 m，枝广展，呈阔伞形树冠；胸径 30 cm；树皮灰色；揉枝叶有芳香；嫩枝及芽密被淡黄白色微柔毛，老时毛渐脱落。叶薄革质，长椭圆形或披针状椭圆形，长 10~27 cm，宽 4~9.5 cm，先端长渐尖或尾状渐尖，基部楔形，上面无毛，下面疏生微柔毛，干时两面网脉均很明显；叶柄长 1.5~2.0 cm，疏被微柔毛；托叶痕几达叶柄中部。花白色，极香；花被片 10 片，披针形，长 3~4 cm，宽 3~5 mm；雄蕊的药隔伸出长尖头；雌蕊群被微柔毛，雌蕊群柄长约 4 mm；心皮多数，通常部分不发育，成熟时随着花托的延伸，形成蓇葖疏生的聚合果；蓇葖熟时鲜红色。花期 4—9 月，夏季盛开，通常不结实。

48.1.3　利用情况

花洁白清香，夏秋开放，花期长，叶色浓绿，为著名的观赏树种。花可提取香精或用于熏茶，也可提制浸膏供药用，有行气化浊、治咳嗽等功效。鲜叶可提取香油，称"白兰叶油"，可供调配香精。根皮入药可治便秘。

48.2　白兰香气物质的提取及检测分析

48.2.1　顶空固相微萃取

将白兰的花瓣用剪刀剪碎后准确称取 0.5461 g，放入固相微萃取瓶中，密封。在 40℃水浴中平衡 10 min，用 PDMS/DVB 萃取头吸附 15 min。采用气相色谱-质谱仪（GC-MS）对其成分进行检测分析。

48.2.2　GC-MS 检测分析

GC 分析条件：采用 DB-WAX 色谱柱（30 m × 0.25 mm × 0.25 μm），进样口温度为 250℃，氦气（99.999%）流速为 1.0 mL/min；起始柱温设置为 60℃，保持1 min，然后以 2℃/min 的速率升温至 85℃，保持 1 min，以 3℃/min 的速率升温至 130℃，保持 1 min，以 2℃/min 的速率升温至 160℃，保持 3 min，以 10℃/min 的速率升温至 230℃，保持 3 min；分流比为 5∶1，样品解吸附 5 min。

MS 分析条件：EI 离子源，电离能量 70 eV，离子源温度 230℃；传输线温度 280℃，质量扫描范围（m/z）35~450，采集速率 10 spec/s，溶剂延迟 180 s。

检测分析结果见图和表。

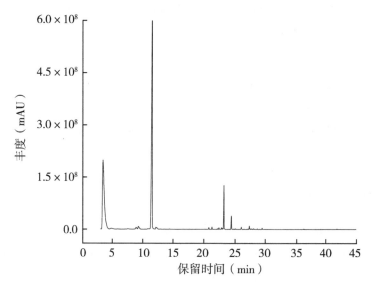

白兰香气物质的 GC-MS 总离子流图

白兰香气物质的组成及相对含量明细表

化合物名称	保留时间（min）	匹配度	分子式	CAS 号	相对含量（%）
2-甲基丁酸甲酯	3.38	923	$C_6H_{12}O_2$	868-57-5	27.497
4-戊烯酸甲酯	4.74	726	$C_6H_{10}O_2$	818-57-5	0.358
己酸甲酯	5.81	841	$C_7H_{14}O_2$	106-70-7	0.104
β-蒎烯	7.58	813	$C_{10}H_{16}$	127-91-3	0.185
1-甲基-4-(1-甲基乙烯基)环己醇乙酸酯	8.76	849	$C_{12}H_{20}O_2$	10198-23-9	0.032
α-蒎烯	8.92	916	$C_{10}H_{16}$	2437-95-8	0.526
罗勒烯	9.30	898	$C_{10}H_{16}$	13877-91-3	0.911
顺-α,α-5-三甲基-5-乙烯基四氢化呋喃-2-甲醇	10.82	866	$C_{10}H_{18}O_2$	5989-33-3	0.186
芳樟醇	11.54	951	$C_{10}H_{18}O$	78-70-6	58.333
苯乙醇	12.16	904	$C_8H_{10}O$	60-12-8	0.452
苄基甲基醚	12.28	843	$C_8H_{10}O$	538-86-3	0.312
2-甲基-1-(2,2,3-三甲基环丙基亚基)-1-丙烯	12.90	825	$C_{10}H_{16}$	14803-30-6	0.063
10-十一烯醇	13.47	838	$C_{11}H_{22}O$	112-43-6	0.062
2,2,6-三甲基-6-乙烯基四氢吡喃-3-醇	14.39	790	$C_{10}H_{18}O_2$	14049-11-7	0.077
Z-3-甲基丁酸-3-己烯酯	16.36	875	$C_{11}H_{20}O_2$	35154-45-1	0.020
异戊酸己酯	16.52	783	$C_{11}H_{22}O_2$	10032-15-2	0.028
橙花醇	17.60	823	$C_{10}H_{18}O$	106-25-2	0.020
(Z)-癸-2-烯醛	17.76	851	$C_{10}H_{18}O$	2497-25-8	0.029
5-[(E)-丙-1-烯基]苯并[1,3]二氧杂环戊烯	19.05	787	$C_{10}H_{10}O_2$	4043-71-4	0.027
δ-榄香烯	20.80	919	$C_{15}H_{24}$	20307-84-0	0.288
(-)-α-荜澄茄油烯	21.30	890	$C_{15}H_{24}$	17699-14-8	0.331
2-十一烯醛	22.03	843	$C_{11}H_{20}O$	2463-77-6	0.029
α-衣兰烯	22.23	890	$C_{15}H_{24}$	14912-44-8	0.100
(-)-α-蒎烯	22.44	881	$C_{15}H_{24}$	3856-25-5	0.250
β-榄香烯	22.85	864	$C_{15}H_{24}$	515-13-9	0.260

（续表）

化合物名称	保留时间（min）	匹配度	分子式	CAS 号	相对含量（%）
β-榄烯	23.26	889	$C_{15}H_{24}$	110823-68-2	5.627
甲基丁香酚	24.01	863	$C_{11}H_{14}O_2$	93-15-2	0.020
(Z,E)-α-金合欢烯	24.19	855	$C_{15}H_{24}$	26560-14-5	0.026
反式石竹烯	24.47	894	$C_{15}H_{24}$	87-44-5	1.989
反式-α-佛柑油烯	25.13	909	$C_{15}H_{24}$	13474-59-4	0.134
香树烯	25.28	832	$C_{15}H_{24}$	25246-27-9	0.022
巴伦西亚橘烯	25.57	728	$C_{15}H_{24}$	4630-07-3	0.024
α-石竹烯	26.08	883	$C_{15}H_{24}$	6753-98-6	0.368
(-)-α-依兰油烯	27.19	889	$C_{15}H_{24}$	483-75-0	0.071
荜澄茄烯	27.42	901	$C_{15}H_{24}$	13744-15-5	0.538
α-芹子烯	28.13	866	$C_{15}H_{24}$	473-13-2	0.241
香橙烯	28.25	846	$C_{15}H_{24}$	109119-91-7	0.017
β-红没药烯	28.73	848	$C_{15}H_{24}$	495-61-4	0.096
大根香叶烯	29.08	901	$C_{15}H_{24}$	23986-74-5	0.036
δ-杜松烯	29.50	903	$C_{15}H_{24}$	483-76-1	0.237
α-金合欢烯	33.36	729	$C_{15}H_{24}$	502-61-4	0.017

49 夜香木兰

49.1 夜香木兰的分布、形态特征与利用情况

49.1.1 分布

夜香木兰（*Lirianthe coco*）为木兰科（Magnoliaceae）木兰属（*Magnolia*）植物。原产于我国浙江、福建、台湾、广东、广西、云南，生于海拔 600~900 m 土壤湿润肥沃的林下。现广泛种植于亚洲东南部。

49.1.2 形态特征

常绿灌木或小乔木，高 2~4 m，全株各部无毛；树皮灰色，小枝绿色，平滑，稍具角棱而有光泽。叶革质，椭圆形，狭椭圆形或倒卵状椭圆形，长 7~28 cm，宽 2~9 cm，先端长渐尖，基部楔形，上面深绿色有光泽，稍起波皱，边缘稍反卷，侧脉每边 8~10 条，网眼稀疏；叶柄长 5~10 mm；托叶痕达叶柄顶端。花梗向下弯垂，具 3~4 苞片脱落痕；花圆球形，直径 3~4 cm，花被片 9 枚，肉质，倒卵形，腹面凹，外面的 3 片带绿色，有 5 条纵脉纹，长约 2 cm，内两轮纯白色，长 3~4 cm，宽约 4 cm；雄蕊长 4~6 mm，花药长约 3 mm，药隔伸出成短尖头；花丝白色，长约 2 mm；雌蕊群绿色，卵形，长 1.5~2.0 cm；心皮约 10 个，狭卵形，长 5~6 mm，背面有 1 纵沟至花柱基部，柱头短，脱落后顶端平截。聚合果长约 3 cm；蓇葖近木质；种子卵圆形，高约 1 cm，内种皮褐色，腹面顶端具侧孔，腹沟不明显，基部尖。花期夏季，在广州几乎全年持续开花，果期秋季。

49.1.3 利用情况

夜香木兰枝叶深绿婆娑，花朵纯白，入夜香气更浓郁。为我国华南地区久经栽培的著名庭园观赏树种。花可提取香精，亦可掺入茶叶内作熏香剂。根皮入药，能散瘀除湿，治风湿跌打；花可用于治疗淋浊带下。

49.2 夜香木兰香气物质的提取及检测分析

49.2.1 顶空固相微萃取

将夜香木兰的花瓣用剪刀剪碎后准确称取 0.5217 g，放入固相微萃取瓶中，密封。在 40℃水浴中平衡 10 min，用 PDMS/DVB 萃取头吸附 15 min。采用气相色谱–质谱仪（GC-MS）对其成分进行检测分析。

49.2.2 GC-MS 检测分析

GC 分析条件：采用 DB‒5Ms 色谱柱（30 m × 0.25 mm × 0.25 μm），氦气（99.999%）流速为 1.0 mL/min，进样口温度为 250℃，不分流；起始柱温设置为 60℃，保持 1 min，然后以 2℃/min 的速率升温至 85℃，保持 1 min，以 3℃/min 的速率升温至 130℃，保持 1 min，以 2℃/min 的速率升温至 160℃，以 10℃/min 的速率升温至 230℃，保持 3 min；样品解吸附 5 min。

MS 分析条件：EI 离子源，电离能量 70 eV，离子源温度 230℃；传输线温度 250℃，质量扫描范围（m/z）30~400，采集速率 10 spec/s，溶剂延迟 180 s。

检测分析结果见图和表。

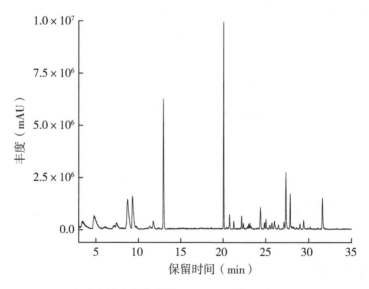

夜香木兰香气物质的 GC-MS 总离子流图

夜香木兰香气物质的组成及相对含量明细表

化合物名称	保留时间 （min）	匹配度	分子式	CAS 号	相对含量 （%）
2-甲基丁酸甲酯	3.48	822	$C_6H_{12}O_2$	868-57-5	5.413
2-亚甲基丁酸甲酯	4.80	794	$C_6H_{10}O_2$	2177-67-5	9.523
α-蒎烯	6.23	772	$C_{10}H_{16}$	2437-95-8	0.236
桧烯	7.14	803	$C_{10}H_{16}$	3387-41-5	2.088
柠檬烯	8.73	835	$C_{10}H_{16}$	138-86-3	17.663
(1S)-(-)-α-蒎烯	9.31	858	$C_{10}H_{16}$	7785-26-4	16.274
γ-松油烯	9.74	775	$C_{10}H_{16}$	99-85-4	0.483
δ-榄香烯	20.76	839	$C_{15}H_{24}$	20307-84-0	3.887
β-榄香烯	23.14	790	$C_{15}H_{24}$	110823-68-2	1.038
香橙烯	24.37	822	$C_{15}H_{24}$	109119-91-7	6.654
γ-榄香烯	25.02	817	$C_{15}H_{24}$	339154-91-5	2.491
(-)-α-古芸烯	25.45	769	$C_{15}H_{24}$	489-40-7	1.127
大根香叶烯	25.71	852	$C_{15}H_{24}$	23986-74-5	1.776
反式-α-红没药烯	26.00	788	$C_{15}H_{24}$	29837-07-8	2.752
(-)-α-依兰油烯	27.12	788	$C_{15}H_{24}$	483-75-0	1.725
荜澄茄烯	27.35	826	$C_{15}H_{24}$	13744-15-5	14.394
δ-杜松烯	29.41	816	$C_{15}H_{24}$	483-76-1	2.660
反式橙花叔醇	31.61	871	$C_{15}H_{26}O$	7212-44-4	9.276

50 小叶巧玲花

50.1 小叶巧玲花的分布、形态特征与利用情况

50.1.1 分 布

小叶巧玲花（*Syringa pubescens* subsp. *microphylla*）为木樨科（Oleaceae）丁香属（*Syringa*）植物。产于我国河北西南部、山西、陕西、宁夏南部、甘肃、青海东部、河南西部、湖北西部、四川东北部。生于海拔 500~3400 m 的山坡灌丛或疏林，山谷林下、林缘或河边，山顶草地或石缝间。

50.1.2 形态特征

小枝、花序轴近圆柱形，连同花梗、花萼呈紫色，被微柔毛或短柔毛，稀密被短柔毛或近无毛。叶片卵形、椭圆状卵形至披针形、近圆形或倒卵形，下面疏被或密被短柔毛、柔毛或近无毛。花冠紫红色，盛开时外面呈淡紫红色，内带白色，长 0.8~1.7 cm，花冠管近圆柱形，长 0.6~1.3 cm，裂片长 2~4 mm；花药紫色或紫黑色，着生于距花冠管喉部 0~3 mm 处。花期 5—6 月；人工栽培每年开花两次，第一次春季，第二次 8—9 月，故称四季丁香。果期 7—9 月。

50.1.3 利用情况

小叶巧玲花俗称小叶丁香，叶子比普通丁香小，枝干也较低，枝条柔细，树姿秀丽，花色鲜艳，且一年两度开花，解决了夏秋无花的现状，为园林中优良的花灌木。适于种在庭院、居住区、医院、学校、幼儿园、园林或风景区。孤植或丛植均可，可在路边、草坪、角隅、林缘成片栽植，也可与其他乔灌木尤其是常绿树种配植。

50.2　小叶巧玲花香气物质的提取及检测分析

50.2.1　顶空固相微萃取

将小叶巧玲花的叶片用剪刀剪碎后准确称取 0.5128 g，放入固相微萃取瓶中，密封。在 40℃水浴中平衡 5 min，用 PDMS/DVB 萃取头吸附 10 min。采用全二维气相色谱-飞行时间质谱仪（GC-TOF/MS）对其成分进行检测分析。

50.2.2　GC-TOF/MS 的检测分析

GC 分析条件：采用 DB-WAX 色谱柱（30 m × 0.25 mm × 0.25 μm），进样口温度为 250℃，氦气（99.999%）流速为 1.0 mL/min；起始柱温设置为 50℃，保持 0.2 min，然后以 2.0℃/min 的速率升温至 60℃，保持 1 min，以 5℃/min 的速率升温至 160℃，保持 1 min，以 8℃/min 的速率升温至 230℃，保持 3 min；分流比 3:1，样品解吸附 5 min。

TOF/MS 分析条件：EI 离子源，电离能量 70 eV，离子源温度 230℃；传输线温度 250℃，质量扫描范围（m/z）30~400，采集速率 10 spec/s，溶剂延迟 300 s。

检测分析结果见图和表。

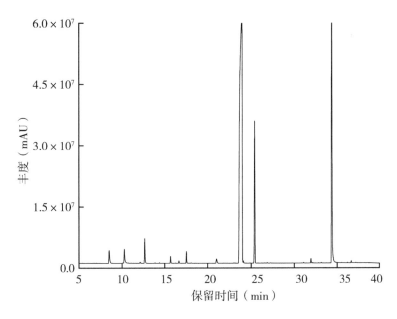

小叶巧玲花香气物质的 GC-TOF/MS 总离子流图

小叶巧玲花香气物质的组成及相对含量明细表

化合物名称	保留时间（min）	匹配度	分子式	CAS号	相对含量（%）
1-戊烯-3-酮	6.77	791	C_5H_8O	1629-58-9	0.015
正己醛	8.50	902	$C_6H_{12}O$	66-25-1	1.145
3-己烯醛	10.27	882	$C_6H_{10}O$	4440-65-7	1.239
顺式-3-己烯醛	12.13	816	$C_6H_{10}O$	6789-80-6	0.081
反-2-己烯醛	12.66	933	$C_6H_{10}O$	6728-26-3	1.581
苯乙烯	13.85	820	C_8H_8	100-42-5	0.027
乙酸己酯	14.39	797	$C_8H_{16}O_2$	142-92-7	0.029
乙酸叶醇酯	15.68	874	$C_8H_{14}O_2$	3681-71-8	0.366
正己醇	16.67	847	$C_6H_{14}O$	111-27-3	0.130
3-己烯-1-醇	17.54	924	$C_6H_{12}O$	544-12-7	0.603
(−)-α-蒎烯	21.02	828	$C_{15}H_{24}$	3856-25-5	0.395
4-氧代己-2-烯醛	22.97	702	$C_6H_8O_2$	20697-55-6	0.008
反式石竹烯	23.96	938	$C_{15}H_{24}$	87-44-5	63.974
β-金合欢烯	24.11	750	$C_{15}H_{24}$	77129-48-7	0.066
1,11-十二二炔	24.85	762	$C_{12}H_{18}$	20521-44-2	0.016
α-石竹烯	25.43	906	$C_{15}H_{24}$	6753-98-6	9.254
(Z,E)-α-金合欢烯	26.85	816	$C_{15}H_{24}$	26560-14-5	0.035
石竹素	31.93	777	$C_{15}H_{24}O$	1139-30-6	0.235
肉桂酸甲酯	33.11	807	$C_{10}H_{10}O_2$	1754-62-7	0.027
丁香酚	34.34	735	$C_{10}H_{12}O_2$	97-53-0	20.074
异丁香酚	36.67	788	$C_{10}H_{12}O_2$	97-54-1	0.099

51 大叶丁香蒲桃

51.1 大叶丁香蒲桃的分布、形态特征与利用情况

51.1.1 分布

大叶丁香蒲桃（*Syzygium caryophyllatum*）为桃金娘科（Myrtaceae）蒲桃属（*Syzygium*）植物。主要分布在非洲热带地区。

51.1.2 形态特征

常绿乔木，高 10~20 m；树皮灰白而光滑。单叶大，叶对生，叶片革质，卵状长椭圆形，全缘。密布油腺点，叶柄明显，叶芽顶尖。聚伞花序或圆锥花序，花为红色或粉红色；花 3 朵一组，花瓣 4 片，花蕾初起白色，后转为绿色，当长到 1.5~2.0 cm 长时转为红色，花萼呈筒状，萼托长，顶端 4 裂，裂片呈三角形，鲜红色，雄蕊多数，子房下位。浆果卵圆形，红色或深紫色，内有种子 1 枚，呈椭圆形。花期 1—2 月，果期6—7 月。

51.1.3 利用情况

主要用作庭园观赏，花果也可药用。

51.2 大叶丁香蒲桃香气物质的提取及检测分析

51.2.1 大叶丁香蒲桃香气物质的提取

将大叶丁香蒲桃花破碎后过 20 目筛，准确称取筛后的大叶丁香蒲桃花 40.00 g，放入 1000 mL 带有磨砂接口的圆底烧瓶中，加入 500 mL 去离子水，上接挥发油收集器和冷凝管，冷凝管冷却用水为冷却循环泵提供，可将冷却温度调节至 5℃以下以增强冷却

效果。蒸馏提取 3~4 h，提取出来的精油用正己烷稀释 200 倍，经无水硫酸钠脱除水分后，采用气相色谱-质谱仪（GC-MS）对其成分进行检测分析。

51.2.2 GC-MS 检测分析

GC 分析条件：采用 DB-5Ms 色谱柱（30 m × 0.25 mm × 0.25 μm），氦气（99.999%）流速为 1.0 mL/min，分流比为 5：1，进样量为 1.0 μL，进样口温度 250℃；起始温度为 50℃，保持 1 min，然后以 4℃/min 的速率升温至 80℃，以 3℃/min 的速率升温至 120℃，以 10℃/min 的速率升温至 230℃，以 20℃/min 的速率升温至 280℃，保持 3 min。

MS 分析条件：EI 离子源，电离能量 70 eV，离子源温度 230℃；传输线温度 280℃，质量扫描范围（m/z）30~400，采集速率 10 spec/s，溶剂延迟 300 s。

检测分析结果见图和表。

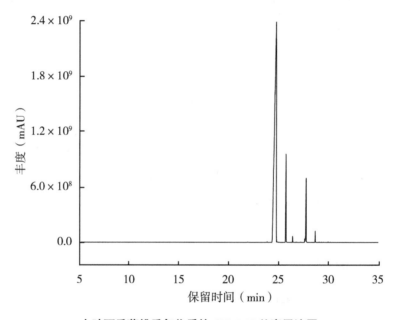

大叶丁香蒲桃香气物质的 GC-MS 总离子流图

大叶丁香蒲桃香气物质的组成及相对含量明细表

化合物名称	保留时间（min）	匹配度	分子式	CAS 号	相对含量（%）
正己烷	5.45	766	C_6H_{14}	110-54-3	0.002
(S)-(-)-柠檬烯	11.02	827	$C_{10}H_{16}$	5989-54-8	0.003
1-甲基乙酸己酯	11.48	841	$C_9H_{18}O_2$	5921-82-4	0.003

（续表）

化合物名称	保留时间（min）	匹配度	分子式	CAS 号	相对含量（%）
芳樟醇	14.03	799	$C_{10}H_{18}O$	78-70-6	0.005
3-亚甲基-1,1-二甲基-2-乙烯基环己烷	14.47	830	$C_{11}H_{18}$	95452-08-7	0.003
水杨酸甲酯	18.07	878	$C_8H_8O_3$	119-36-8	0.019
4-烯丙基苯酚	21.92	892	$C_9H_{10}O$	501-92-8	0.053
(-)-α-荜澄茄油烯	23.90	869	$C_{15}H_{24}$	17699-14-8	0.065
丁香酚	24.78	924	$C_{10}H_{12}O_2$	97-53-0	83.666
异丁香酚	25.44	813	$C_{10}H_{12}O_2$	97-54-1	0.005
反式石竹烯	25.77	952	$C_{15}H_{24}$	87-44-5	8.390
荜澄茄烯	26.34	811	$C_{15}H_{24}$	13744-15-5	0.005
α-石竹烯	26.44	924	$C_{15}H_{24}$	6753-98-6	0.381
香橙烯	26.56	902	$C_{15}H_{24}$	109119-91-7	0.014
(-)-α-依兰油烯	26.84	918	$C_{15}H_{24}$	483-75-0	0.021
α-芹子烯	27.06	828	$C_{15}H_{24}$	473-13-2	0.003
α-依兰油烯	27.25	865	$C_{15}H_{24}$	31983-22-9	0.035
δ-杜松烯	27.65	919	$C_{15}H_{24}$	483-76-1	0.231
乙酸丁香酚酯	27.77	928	$C_{12}H_{14}O_3$	93-28-7	6.320
喇叭茶醇	28.54	737	$C_{15}H_{26}O$	5986-49-2	0.004
石竹素	28.68	908	$C_{15}H_{24}O$	1139-30-6	0.635
白千层醇	28.99	795	$C_{15}H_{26}O$	552-02-3	0.004
葎草烯环氧化物 II	29.06	835	$C_{15}H_{24}O$	19888-34-7	0.034
荜澄茄油烯醇	29.50	840	$C_{15}H_{26}O$	21284-22-0	0.052
2′,3′,4′-三甲氧基苯乙酮	30.15	806	$C_{11}H_{14}O_4$	13909-73-4	0.029

52 木樨

52.1 木樨的分布、形态特征与利用情况

52.1.1 分 布

木樨（*Osmanthus fragrans*）为木樨科（Oleaceae）木樨属（*Osmanthus*）植物。原产我国西南部，现各地广泛栽培。

52.1.2 形态特征

常绿乔木或灌木，高 3~5 m，最高可达 18 m；树皮灰褐色；小枝黄褐色，无毛。叶片革质，椭圆形、长椭圆形或椭圆状披针形，长 7.0~14.5 cm，宽 2.6~4.5 cm，先端渐尖，基部渐狭呈楔形或宽楔形，全缘或通常上半部具细锯齿，两面无毛；侧脉通常 6~8 对，最多达 10 对，在正面凹入，背面凸起；叶柄长 0.8~1.2 cm，无毛。聚伞花序簇生于叶腋，或近于帚状，腋内有花多朵；苞片宽卵形，质厚，长 2~4 mm；花梗长 4~10 mm，无毛；花极芳香；花冠黄白色、淡黄色、黄色或橘红色，长 3~4 mm，花冠管仅长 0.5~1.0 mm；雄蕊着生于花冠管中部，花丝极短，长约 0.5 mm，花药长约 1 mm，药隔在花药先端稍延伸呈不明显的小尖头；雌蕊长约 1.5 mm，花柱长约 0.5 mm。果歪斜，椭圆形，长 1.0~1.5 cm，呈紫黑色。花期 9 月至 10 月上旬，果期翌年 3 月。

52.1.3 利用情况

木樨俗称桂花，是中国传统十大名花之一，集绿化、美化、香化于一体，是观赏与实用兼备的优良园林树种，尤其是仲秋时节，陈香扑鼻，令人神清气爽。桂花可提取芳香油，制桂花浸膏，可用于食品、化妆品行业。花、果实及根均可入药，秋季采花，春季采果，四季采根，分别晒干。花：辛、温，可散寒破结、化痰止咳，用于治疗牙痛、咳喘痰多、经闭腹痛。果：辛、甘、温，可暖胃、平肝、散寒，用于治疗虚寒胃痛。根：甘、微涩、平，可祛风湿、散寒，用于治疗风湿筋骨疼痛、腰痛、肾虚牙痛。桂花

也可酿酒、制茶，桂花茶可养颜美容，舒缓喉咙，改善多痰、咳嗽症状。

52.2 木樨香气物质的提取及检测分析

52.2.1 顶空固相微萃取

将木樨的花瓣用剪刀剪碎后准确称取 0.5310 g，放入固相微萃取瓶中，密封。在 40℃水浴中平衡 10 min，用 PDMS/DVB 萃取头吸附 15 min。采用全二维气相色谱-飞行时间质谱仪（GC-TOF/MS）对其成分进行检测分析。

52.2.2 GC-TOF/MS 检测分析

GC 分析条件：采用 DB-WAX 色谱柱（30 m × 0.25 mm × 0.25 μm），进样口温度为 250℃，氦气（99.999%）流速为 1.0 mL/min；起始柱温设置为 60℃，保持 1 min，然后以 5℃/min 的速率升温至 130℃，保持 1 min，以 2℃/min 的速率升温至 160℃，以 8℃/min 的速率升温至 230℃，保持 3 min；不分流进样；样品解吸附 5 min。

TOF/MS 分析条件：EI 离子源，电离能量 70 eV，离子源温度 230℃；传输线温度 250℃，质量扫描范围（m/z）30~400，采集速率 10 spec/s，溶剂延迟 300 s。

检测分析结果见图和表。

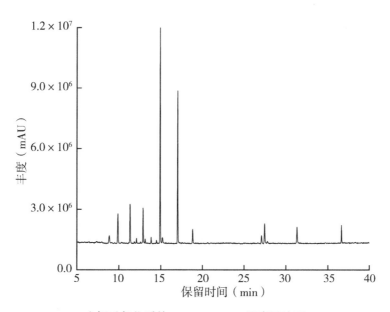

木樨香气物质的 GC-TOF/MS 总离子流图

木樨香气物质的组成及相对含量明细表

化合物名称	保留时间（min）	匹配度	分子式	CAS 号	相对含量（%）
(S)-(-)-柠檬烯	8.85	858	$C_{10}H_{16}$	5989-54-8	2.088
罗勒烯	9.89	828	$C_{10}H_{16}$	13877-91-3	6.570
乙酸己酯	10.31	575	$C_8H_{16}O_2$	142-92-7	0.200
溴代环戊烷	11.19	548	C_5H_9Br	137-43-9	0.163
乙酸叶醇酯	11.34	892	$C_8H_{14}O_2$	3681-71-8	7.284
甲基庚烯酮	11.85	708	$C_8H_{14}O$	110-93-0	0.306
丙基环丙烷	12.10	851	C_6H_{12}	2415-72-7	0.702
(Z)-戊-2-烯基丁酸酯	12.57	753	$C_9H_{16}O_2$	42125-13-3	0.164
3-己烯-1-醇	12.88	909	$C_6H_{12}O$	544-12-7	5.853
异丁酸叶醇酯	13.13	845	$C_{10}H_{18}O_2$	41519-23-7	0.701
丁酸己酯	13.84	838	$C_{10}H_{20}O_2$	2639-63-6	0.953
顺-α,α-5-三甲基-5-乙烯基四氢化呋喃-2-甲醇	14.48	786	$C_{10}H_{18}O_2$	5989-33-3	0.500
反式-己-3-烯基丁酸酯	14.91	937	$C_{10}H_{18}O_2$	53398-84-8	32.804
反式-α,α-5-三甲基-5-乙烯基四氢化-2-呋喃甲醇	15.17	730	$C_{10}H_{18}O_2$	34995-77-2	1.418
二甲基丁酸叶醇酯	15.24	806	$C_{11}H_{20}O_2$	53398-85-9	0.286
芳樟醇	17.02	880	$C_{10}H_{18}O$	78-70-6	23.301
巴豆酸顺-3-己烯-1-基酯	18.82	889	$C_{10}H_{16}O_2$	65405-80-3	2.800
己酸叶醇酯	20.64	607	$C_{12}H_{22}O_2$	31501-11-8	0.173
1,2,3,4,4a,5,6,7-八氢-2,5,5-三甲基-2-萘酚	27.08	792	$C_{13}H_{22}O$	41199-19-3	1.824
橙花醇	27.45	804	$C_{10}H_{18}O$	106-25-2	4.477
4-(2,2-二甲基-6-亚甲基环己基)-3-丁烯-2-酮	27.78	669	$C_{13}H_{20}O$	79-76-5	0.660
β-紫罗酮	31.32	808	$C_{13}H_{20}O$	79-77-6	3.529
R-γ-癸内酯	36.65	888	$C_{10}H_{18}O_2$	706-14-9	2.570

53 茉莉花

53.1 茉莉花的分布、形态特征与利用情况

53.1.1 分 布

茉莉花（*Jasminum sambac*）为木樨科（Oleaceae）素馨属（*Jasminum*）直立或攀缘灌木。原产于印度，现广泛栽植于亚热带地区。主要分布在伊朗、埃及、土耳其、摩洛哥、阿尔及利亚、突尼斯、西班牙、法国、意大利等国家，东南亚各国均有栽培。我国大部分地区均有栽培，广西横县的茉莉花，产量和质量都居全国之首。

53.1.2 形态特征

茉莉花株高可达 3 m。小枝圆柱形或稍压扁状，有时中空，疏被柔毛。叶对生，单叶，叶片纸质，圆形、椭圆形、卵状椭圆形或倒卵形，长 4.0~12.5 cm，宽 2.0~7.5 cm，两端圆或钝，基部有时微心形，侧脉 4~6 对，正面稍凹入，背面凸起，细脉在两面常明显，微凸起，除背面脉腋间常具簇毛外，其余无毛；叶柄长 2~6 mm，被短柔毛，具关节。聚伞花序顶生，通常有花 3 朵，有时单花或多达 5 朵；花序梗长 1.0~4.5 cm，被短柔毛；苞片微小，锥形，长 4~8 mm；花梗长 0.3~2.0 cm；花极芳香；花萼无毛或疏被短柔毛，裂片线形，长 5~7 mm；花冠白色，花冠管长 0.7~1.5 cm，裂片长圆形至近圆形，宽 5~9 mm，先端圆或钝。果球形，直径约 1 cm，呈紫黑色。花期 5—8 月，果期 7—9 月。

53.1.3 利用情况

茉莉花可提取茉莉花油，油中主要成分为苯甲醇及其酯类、茉莉花素、芳樟醇、苯甲酸、芳樟醇酯，有行气止痛、解郁散结的作用，可缓解胸腹胀痛、下痢里急后重等症状，为止痛之食疗佳品。花、叶药用治目赤肿痛，并有止咳化痰之效。常绿小灌木类的茉莉花叶色翠绿，花色洁白，香味浓厚，为常见庭园及盆栽观赏芳香花卉。茉莉花还可熏制茶叶，茉莉花茶有"可闻春天的气味"之美誉。

53.2 茉莉花香气物质的提取及检测分析

53.2.1 顶空固相微萃取

将茉莉花的花瓣用剪刀剪碎后准确称取 0.3167 g，放入固相微萃取瓶中，密封。在 40℃水浴中平衡 10 min，用 PDMS/DVB 萃取头吸附 15 min。采用气相色谱－质谱仪（GC-MS）对其成分进行检测分析。

53.2.2 GC-MS 检测分析

GC 分析条件：采用 DB-5Ms 色谱柱（30 m × 0.25 mm × 0.25 μm），氦气（99.999%）流速为 1.0 mL/min，进样口温度为 250℃；起始柱温设置为 60℃，保持 0.5 min，然后以 5℃/min 的速率升温至 85℃，保持 1 min，以 3℃/min 的速率升温至 130℃，保持 1 min，以 2℃/min 的速率升温至 160℃，以 10℃/min 的速率升温至 230℃，保持 3 min；不分流进样，样品解吸附 5 min。

MS 分析条件：EI 离子源，电离能量 70 eV，离子源温度 230℃；传输线温度 280℃，质量扫描范围（m/z）35~450，采集速率 10 spec/s，溶剂延迟 300 s。

检测分析结果见图和表。

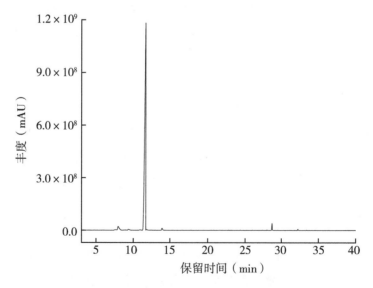

茉莉花香气物质的 GC-MS 总离子流图

茉莉花香气物质的组成及相对含量明细表

化合物名称	保留时间（min）	匹配度	分子式	CAS 号	相对含量（%）
甲基-3,6-十八碳二炔酸酯	3.99	766	$C_{19}H_{30}O_2$	56554-43-9	0.010
叶醇	4.73	890	$C_6H_{12}O$	928-96-1	0.022
3-己烯-1-醇	4.82	888	$C_6H_{12}O$	544-12-7	0.011
梨醇酯	5.85	810	$C_7H_{12}O_2$	1191-16-8	0.032
β-蒎烯	7.58	883	$C_{10}H_{16}$	127-91-3	0.266
乙酸叶醇酯	8.00	926	$C_8H_{14}O_2$	3681-71-8	2.007
1-甲基-4-(1-甲基乙烯基)环己醇乙酸酯	8.84	861	$C_{12}H_{20}O_2$	10198-23-9	0.042
(S)-(-)-柠檬烯	8.99	865	$C_{10}H_{16}$	5989-54-8	0.088
罗勒烯	9.35	889	$C_{10}H_{16}$	13877-91-3	0.505
顺-α,α-5-三甲基-5-乙烯基四氢化呋喃-2-甲醇	10.87	841	$C_{10}H_{18}O_2$	5989-33-3	0.216
芳樟醇	11.65	953	$C_{10}H_{18}O$	78-70-6	93.183
2,7-二甲基-2,6-辛二烯-1-醇	11.86	772	$C_{10}H_{18}O$	22410-74-8	0.026
2-甲基-1-(2,2,3-三甲基环丙基亚基)-1-丙烯	12.92	803	$C_{10}H_{16}$	14803-30-6	0.020
乙酸苄酯	13.86	918	$C_9H_{10}O_2$	140-11-4	0.852
水杨酸甲酯	15.20	895	$C_8H_8O_3$	119-36-8	0.046
5,5-二甲基-3-环己烯-1-醇	16.55	815	$C_8H_{14}O$	82299-68-1	0.052
橙花醇	17.63	893	$C_{10}H_{18}O$	106-25-2	0.032
(Z)-癸-2-烯醛	17.78	861	$C_{10}H_{18}O$	2497-25-8	0.024
吲哚嗪	20.22	824	C_8H_7N	274-40-8	0.009
α-环己基苯乙腈	20.31	761	$C_{14}H_{17}N$	3893-23-0	0.021
γ-榄香烯	20.79	841	$C_{15}H_{24}$	339154-91-5	0.026
邻氨基苯甲酸甲酯	21.59	912	$C_8H_9NO_2$	134-20-3	0.054
2-十一烯醛	22.04	866	$C_{11}H_{20}O$	2463-77-6	0.022
(-)-α-蒎烯	22.44	800	$C_{15}H_{24}$	3856-25-5	0.011
β-波旁烯	22.86	838	$C_{15}H_{24}$	5208-59-3	0.065
(-)-α-古芸烯	23.94	801	$C_{15}H_{24}$	489-40-7	0.011

（续表）

化合物名称	保留时间（min）	匹配度	分子式	CAS 号	相对含量（%）
反式石竹烯	24.45	876	$C_{15}H_{24}$	87-44-5	0.079
荜澄茄烯	24.90	829	$C_{15}H_{24}$	13744-15-5	0.013
香树烯	25.37	813	$C_{15}H_{24}$	25246-27-9	0.007
α-石竹烯	26.09	884	$C_{15}H_{24}$	6753-98-6	0.048
白菖烯	26.41	775	$C_{15}H_{24}$	17334-55-3	0.007
α-依兰油烯	27.20	801	$C_{15}H_{24}$	31983-22-9	0.013
大根香叶烯	27.42	927	$C_{15}H_{24}$	23986-74-5	0.076
α-香柠檬烯	28.06	917	$C_{15}H_{24}$	17699-05-7	0.119
α-金合欢烯	28.75	930	$C_{15}H_{24}$	502-61-4	1.531
δ-杜松烯	29.50	867	$C_{15}H_{24}$	483-76-1	0.029
α-雪松烯	29.64	787	$C_{15}H_{24}$	3853-83-6	0.018
7,11-二甲基-3-亚甲基十二碳-1,6,10-三烯	31.75	755	$C_{15}H_{24}$	77129-48-7	0.007
黑蚁素	32.25	802	$C_{15}H_{22}O$	23262-34-2	0.305
α-广藿香烯	33.37	753	$C_{15}H_{24}$	560-32-7	0.061

54 巴西肖乳香

54.1 巴西肖乳香的分布、形态特征与利用情况

54.1.1 分 布

巴西肖乳香（*Schinus terebinthifolia*）为漆树科（Myrtaceae）肖乳香属（*Schinus*）植物。原产于巴西，我国台湾于 1909 年引进栽培。

54.1.2 形态特征

中乔木，树形优美，老茎有垂直的深裂痕，树皮灰白，新枝带点暗红色，分枝多。奇数羽状复叶，互生，具叶柄，叶柄具狭翼，小叶 3~7 片，几乎无柄，长椭圆形或卵状长椭圆形，叶基近圆形，叶尖钝，具 1 微尖，叶缘全缘或不明显疏锯齿状缘，正面暗绿色。呈密集枝圆锥花序，生于枝顶或枝梢之叶腋，花小，花萼短，5 裂，裂片三角形，花瓣 5 片，长椭圆形，雄蕊 10 枚，长短不等，子房球形，1 室，花柱 3 裂。核果，球形。花期 4—5 月。

54.1.3 利用情况

种子有胡椒味，用于烹调。树皮、果实和叶等药用，可缓解感冒、发热、咳嗽等。可作行道树、庭园绿化等。

54.2 巴西肖乳香香气物质的提取及检测分析

54.2.1 顶空固相微萃取

将巴西肖乳香的叶片用剪刀剪碎后准确称取 0.5000 g，放入固相微萃取瓶中，密封。在 40℃水浴中平衡 5 min，用 PDMS/DVB 萃取头吸附 10 min。采用全二维气相色

谱-飞行时间质谱仪（GC-TOF/MS）对其成分进行检测分析。

54.2.2　GC-TOF/MS 检测分析

GC 分析条件：采用 DB-WAX 色谱柱（30 m × 0.25 mm × 0.25 μm），氦气（99.999%）流速为 1.0 mL/min，进样口温度为 250℃；起始柱温设置为 60℃，保持 1 min，然后以 3℃/min 的速率升温至 90℃，保持 3 min，以 5℃/min 的速率升温至 160℃，保持 2 min，以 8℃/min 的速率升温至 230℃，保持 3 min；分流比 5∶1，样品解吸附 5 min。

TOF/MS 分析条件：EI 离子源，电离能量 70 eV，离子源温度 230℃；传输线温度 250℃，质量扫描范围（m/z）30~400，采集速率 10 spec/s，溶剂延迟 300 s。

检测分析结果见图和表。

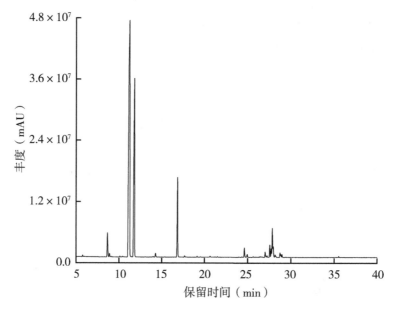

巴西肖乳香香气物质的 GC-TOF/MS 总离子流图

巴西肖乳香香气物质的组成及相对含量明细表

化合物名称	保留时间（min）	匹配度	分子式	CAS 号	相对含量（%）
α-侧柏烯	5.78	840	$C_{10}H_{16}$	2867-05-2	0.128
(Z)-3,7-二甲基-1,3,6-十八烷三烯	8.66	844	$C_{10}H_{16}$	3338-55-4	2.776
月桂烯	8.90	814	$C_{10}H_{16}$	123-35-3	0.385

（续表）

化合物名称	保留时间（min）	匹配度	分子式	CAS 号	相对含量（%）
水芹烯	9.09	831	$C_{10}H_{16}$	99-83-2	0.078
(S)-(-)-柠檬烯	10.11	841	$C_{10}H_{16}$	5989-54-8	0.080
(E)-B-罗勒烯	11.28	933	$C_{10}H_{16}$	3779-61-1	51.573
罗勒烯	11.84	932	$C_{10}H_{16}$	13877-91-3	26.616
2,5-二甲基-3-乙烯-2,4-己二烯醛	14.02	699	$C_{10}H_{16}$	113687-24-4	0.041
乙酸叶醇酯	14.30	853	$C_8H_{14}O_2$	3681-71-8	0.421
2,6-二甲基-2,4,6-辛三烯	16.87	912	$C_{10}H_{16}$	3016-19-1	8.542
3,3,6,6-四甲基环己-1,4-二烯	17.70	753	$C_{10}H_{16}$	2223-54-3	0.113
1-甲氧基-1,3,5-环庚三烯	19.15	822	$C_8H_{10}O$	1728-32-1	0.087
2,4-芐二烯	19.54	744	$C_{10}H_{14}$	36262-09-6	0.047
蒈烯	20.66	806	$C_{10}H_{16}$	4497-92-1	0.127
(-)-α-荜澄茄油烯	21.50	797	$C_{15}H_{24}$	17699-14-8	0.068
β-榄香烯	24.33	759	$C_{15}H_{24}$	110823-68-2	0.046
(-)-异丁香烯	24.63	816	$C_{15}H_{24}$	118-65-0	0.902
1,11-十六二炔	24.95	790	$C_{16}H_{26}$	71673-32-0	0.284
2,5-二甲基-3-乙烯基-1,4-己二烯	25.64	757	$C_{10}H_{16}$	2153-66-4	0.075
(Z,Z)-α-法呢烯	25.97	610	$C_{15}H_{24}$	28973-99-1	0.031
γ-紫穗槐烯	27.05	810	$C_{15}H_{24}$	6980-46-7	0.563
(Z,E)-α-金合欢烯	27.26	743	$C_{15}H_{24}$	26560-14-5	0.149
β-古巴烯	27.58	813	$C_{15}H_{24}$	18252-44-3	1.183
α-芹子烯	27.87	850	$C_{15}H_{24}$	473-13-2	3.250
γ-古芸烯	27.97	795	$C_{15}H_{24}$	22567-17-5	1.035
2,5-二甲基-3-亚甲基-1,5-庚二烯	28.18	783	$C_{10}H_{16}$	74663-83-5	0.196
δ-杜松烯	28.74	778	$C_{15}H_{24}$	483-76-1	0.426
大根香叶烯	28.84	757	$C_{15}H_{24}$	23986-74-5	0.574
肉桂酸甲酯	35.54	800	$C_{10}H_{10}O_2$	1754-62-7	0.078

55 散沫花

55.1 散沫花的分布、形态特征与利用情况

55.1.1 分 布

散沫花（*Lawsonia inermis*）为千屈菜科（Lythraceae）散沫花属（*Lawsonia*）植物。广东、广西、云南、福建、江苏、浙江等省区有栽培。

55.1.2 形态特征

无毛大灌木，高可达 6 m；小枝略呈四棱形。叶交互对生，薄革质，椭圆形或椭圆状披针形，长 1.5~5.0 cm，宽 1~2 cm，顶端短尖，基部楔形或渐狭成叶柄，侧脉 5 对，纤细，在两面微凸起。花序长可达 40 cm；花极香，白色或玫瑰红色至朱红色，直径约 6 mm，盛开时达 8~10 mm；花萼长 2~5 mm，4 深裂，裂片阔卵状三角形；花瓣 4 枚，略长于萼裂，边缘内卷，有齿；雄蕊通常 8 枚，花丝丝状，长为花萼裂片的 2 倍；子房近球形，花柱丝状，略长于雄蕊，柱头钻状。蒴果扁球形，直径 6~7 mm，通常有 4 条凹痕；种子多数，肥厚，三角状尖塔形。花期 6—10 月，果期 12 月。

55.1.3 利用情况

花极香，除栽于庭园供观赏外，其叶可作红色染料，花可提取香油和浸取香膏，用于化妆品。

55.2 散沫花香气物质的提取及检测分析

55.2.1 顶空固相微萃取

将散沫花的花瓣用剪刀剪碎后准确称取 0.3338 g，放入固相微萃取瓶中，密封。在

40℃水浴中平衡 10 min，用 PDMS/DVB 萃取头吸附 15 min。采用气相色谱-质谱仪（GC-MS）对其成分进行检测分析。

55.2.2   GC-MS 检测分析

GC 分析条件：采用 DB-5Ms 色谱柱（30 m × 0.25 mm × 0.25 μm），氦气（99.999%）流速为 1.0 mL/min，进样口温度为 250℃，不分流；起始温度为 60℃，保持 1 min，然后以 5℃/min 的速率升温至 85℃，保持 1 min，以 3℃/min 的速率升温至 130℃，保持 1 min，以 2℃/min 的速率升温至 160℃，以 10℃/min 的速率升温至 230℃，保持 3 min；样品解吸附 5 min。

MS 分析条件：EI 离子源，电离能量 70 eV，离子源温度 230℃；传输线温度 250℃，质量扫描范围（m/z）30~400，采集速率 10 spec/s，溶剂延迟 300 s。

检测分析结果见图和表。

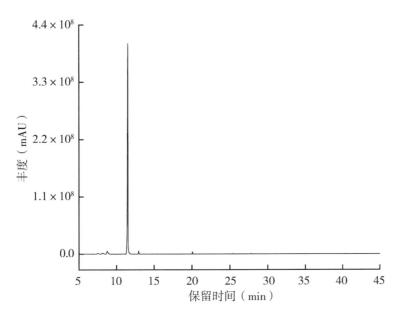

散沫花香气物质的 GC-MS 总离子流图

散沫花香气物质的组成及相对含量明细表

化合物名称	保留时间（min）	匹配度	分子式	CAS 号	相对含量（%）
3-己烯-1-醇	5.40	812	$C_6H_{12}O$	544-12-7	0.050
反式-3-己烯-1-醇	5.48	786	$C_6H_{12}O$	928-97-2	0.044
叶醇	5.59	804	$C_6H_{12}O$	928-96-1	0.055

化合物名称	保留时间 （min）	匹配度	分子式	CAS 号	相对含量 （%）
二氢月桂烯	6.09	785	$C_{10}H_{18}$	2436-90-0	0.036
(Z)-4-己烯-1-醇	6.22	816	$C_6H_{12}O$	928-91-6	0.011
(1S)-(-)-α-蒎烯	8.12	859	$C_{10}H_{16}$	7785-26-4	1.068
(S)-(-)-柠檬烯	8.74	852	$C_{10}H_{16}$	5989-54-8	2.523
6-壬炔酸	9.39	742	$C_9H_{14}O_2$	56630-31-0	0.011
芳樟醇	11.52	940	$C_{10}H_{18}O$	78-70-6	95.164
草蒿脑	15.21	836	$C_{10}H_{12}O$	140-67-0	0.084
4-甲基-1-戊烯-3-醇	16.34	743	$C_6H_{12}O$	4798-45-2	0.069
1-环己基-1-丁醇	18.63	695	$C_{10}H_{20}O$	4352-42-5	0.113
L-紫苏醇	20.78	697	$C_{10}H_{16}O$	536-59-4	0.020
7,8-二氢紫罗兰酮	24.31	802	$C_{13}H_{22}O$	31499-72-6	0.009
香橙烯	24.40	782	$C_{15}H_{24}$	109119-91-7	0.022
紫罗兰酮	24.83	730	$C_{13}H_{20}O$	127-41-3	0.033
4-(2,6,6-三甲基-1-环己烯-1-基)-2-丁酮	25.32	833	$C_{13}H_{22}O$	17283-81-7	0.062
β-紫罗兰酮	27.62	827	$C_{13}H_{20}O$	14901-07-6	0.036
正癸烷	28.13	786	$C_{10}H_{22}$	124-18-5	0.201
反式-α-佛柑油烯	28.44	844	$C_{15}H_{24}$	13474-59-4	0.087
α-金合欢烯	28.66	794	$C_{15}H_{24}$	502-61-4	0.010
反式橙花叔醇	31.93	781	$C_{15}H_{26}O$	7212-44-4	0.130

56 小粒咖啡

56.1 小粒咖啡的分布、形态特征与利用情况

56.1.1 分　布

小粒咖啡（*Coffea arabica*）为茜草科（Rubiaceae）咖啡属（*Coffea*）饮料作物。原产于埃塞俄比亚或阿拉伯半岛，我国福建、台湾、广东、海南、广西、四川、贵州和云南均有栽培。本种为咖啡属中栽培最广泛的品种。由于其抗寒力强，又耐短期低温，在热带地区可生长于海拔 2100 m 的高山上，但不耐旱。

56.1.2 形态特征

灌木或乔木；枝略呈圆柱形，顶部略压扁。叶对生，极少 3 枚轮生，膜质或薄革质，无柄或具柄；托叶阔，生于叶柄间，不脱落。花通常芳香，无梗或具短梗，簇生于叶腋内呈球形或排成腋生小花的聚伞花序，偶有单生；苞片常常合生；萼管短，近管形或陀螺形，顶部截平或 4~6 齿裂；花冠白色或浅黄色，罕有呈玫瑰红色，高脚碟形或漏斗形，喉部无毛或被长柔毛，顶部 5~9 裂，极少 4 裂，裂片开展，花蕾时旋转排列；雄蕊 4~8 枚，生于冠管喉部，花丝短或缺，花药近基部背着，线形，突出或内藏；花盘肿胀；子房 2 室，花柱线形，稍粗，柱头 2 裂；胚珠每室 1 颗。浆果球形或长圆形，干燥或肉质，有小核 2 颗；小核革质或膜质，背部凸起；种子腹面凹陷或具纵槽；胚根圆柱形，向下。

56.1.3 利用情况

咖啡是世界三大饮料之一，具有醒神、利尿、健胃的功效。小粒咖啡香气较其他咖啡更精致，且咖啡因含量仅占咖啡全重的 1%。其全球产量占比达 90%。咖啡果加工后味香醇，是流行于世界的重要饮品。咖啡除做饮料外，还可提取咖啡碱和咖啡油（食用），咖啡碱在医药上用作麻醉剂、兴奋剂、利尿剂和强心剂，咖啡花含有香油，可提

取高级香料。

56.2 小粒咖啡花香气物质的提取及检测分析

56.2.1 顶空固相微萃取

将小粒咖啡花的花瓣用剪刀剪碎后准确称取 0.5260 g，放入固相微萃取瓶中，密封。在 40℃水浴中平衡 10 min，用 PDMS/DVB 萃取头吸附 15 min。采用全二维气相色谱-飞行时间质谱仪（GC-TOF/MS）对其成分进行检测分析。

56.2.2 GC-TOF/MS 检测分析

GC 分析条件：采用 DB-WAX 色谱柱（30 m × 0.25 mm × 0.25 μm），设置进样口温度为 250℃，氦气（99.999%）流速为 1.0 mL/min，不分流；起始柱温设置为 60℃，保持 1 min，然后以 5℃/min 的速率升温至 130℃，保持 1 min，以 2℃/min 的速率升温至 160℃，保持 1 min，以 5℃/min 的速率升温至 230℃，保持 3 min；样品解吸附 5 min。

TOF/MS 分析条件：EI 离子源，电离能量 70 eV，离子源温度 230℃；传输线温度 250℃，质量扫描范围（m/z）30~400，采集速率 10 spec/s，溶剂延迟 300 s。

检测分析结果见图和表。

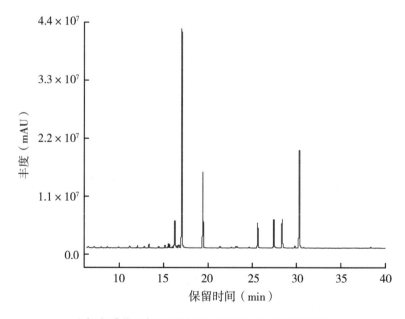

小粒咖啡花香气物质的 GC-TOF/MS 总离子流图

小粒咖啡花香气物质的组成及相对含量明细表

化合物名称	保留时间（min）	匹配度	分子式	CAS 号	相对含量（%）
2-甲基丁腈	6.51	850	C_5H_9N	18936-17-9	0.156
异戊腈	7.15	822	C_5H_9N	625-28-5	0.358
月桂烯	7.96	777	$C_{10}H_{16}$	123-35-3	0.246
异戊醇	8.65	789	$C_5H_{12}O$	123-51-3	0.254
3-辛酮	9.93	799	$C_8H_{16}O$	106-68-3	0.227
6-乙基-2-甲基癸烷	11.19	825	$C_{13}H_{28}$	62108-21-8	0.436
正己醇	12.09	849	$C_6H_{14}O$	111-27-3	0.341
冰醋酸	12.67	765	$C_2H_4O_2$	64-19-7	0.067
叶醇	12.87	842	$C_6H_{12}O$	928-96-1	0.253
反式-2-己烯-1-醇	13.37	875	$C_6H_{12}O$	928-95-0	0.527
1-辛烯-3-醇	14.45	793	$C_8H_{16}O$	3391-86-4	0.183
顺式氧化芳樟醇	15.16	825	$C_{10}H_{18}O_2$	1365-19-1	0.348
(E)-2-甲基丁醛肟	15.49	729	$C_5H_{11}NO$	49805-55-2	0.502
异戊羟肟	15.63	799	$C_5H_{11}NO$	626-90-4	0.587
正十六烷	16.25	916	$C_{16}H_{34}$	544-76-3	5.829
苯甲醛	16.46	871	C_7H_6O	100-52-7	0.223
5-十二烯	16.77	856	$C_{12}H_{24}$	7206-28-2	0.477
芳樟醇	17.05	940	$C_{10}H_{18}O$	78-70-6	37.980
苯甲酸甲酯	19.41	929	$C_8H_8O_2$	93-58-3	11.751
顺式-柠檬醛	21.39	774	$C_{10}H_{16}O$	106-26-3	0.457
2,4,6-三甲基辛烷	22.64	719	$C_{11}H_{24}$	62016-37-9	0.130
(E)-3,7-二甲基-2,6-辛二烯醛	23.13	814	$C_{10}H_{16}O$	141-27-5	0.216
(Z)-3-十四烯	23.28	804	$C_{14}H_{28}$	41446-67-7	0.344
水杨酸甲酯	24.67	809	$C_8H_8O_3$	119-36-8	0.159
橙花醇	25.63	857	$C_{10}H_{18}O$	106-25-2	4.436
香叶醇;(E)-3,7-二甲基-2,6-辛二烯-1-醇	27.45	840	$C_{10}H_{18}O$	106-24-1	5.326
苯甲醇	28.37	893	C_7H_8O	100-51-6	5.840

（续表）

化合物名称	保留时间 （min）	匹配度	分子式	CAS 号	相对含量 （%）
苯乙醇	29.83	894	$C_8H_{10}O$	60-12-8	0.361
苯乙腈	30.35	934	C_8H_7N	140-29-4	21.132
十四烷醛	30.82	731	$C_{14}H_{28}O$	124-25-4	0.117
反-2-十二碳烯醇	38.37	811	$C_{12}H_{24}O$	69064-37-5	0.159

57 辣　椒

57.1　辣椒的分布、形态特征与利用情况

57.1.1　分　布

辣椒（*Capsicum annuum*）为茄科（Solanaceae）辣椒属（*Capsicum*）植物。辣椒原变种最早的分布区在墨西哥到哥伦比亚，现世界各国普遍栽培。我国栽培历史悠久，由于长期人工栽培、杂交育种，形成了丰富的品种。一般根据果实生长的状态、形状、大小和辣味的程度而划分为若干个变种，常见栽培的变种还有菜椒（灯笼椒）、朝天椒、簇生椒等，以上变种我国南北均有栽培。

57.1.2　形态特征

高 40~80 cm。茎近无毛或微生柔毛，分枝稍"之"字形折曲。叶互生，枝顶端节不伸长而呈双生或簇生状，矩圆状卵形、卵形或卵状披针形，长 4~13 cm，宽 1.5~4.0 cm，全缘，顶端短渐尖或急尖，基部狭楔形；叶柄长 4~7 cm。花单生，俯垂；花萼杯状，不显著 5 齿；花冠白色，裂片卵形；花药灰紫色。果梗较粗壮，俯垂；果实长指状，顶端渐尖且常弯曲，未成熟时绿色，成熟后呈红色、橙色或紫红色，味辣。种子扁肾形，长 3~5 mm，淡黄色。花果期 5—11 月。各变种形态特征如下。

菜椒（灯笼椒）：植物体粗壮而高大。叶矩圆形或卵形，长 10~13 cm。果梗直立或俯垂，果实大型，近球状、圆柱状或扁球状，多纵沟，顶端截形或稍内陷，基部截形且常稍向内凹入，味不辣而略带甜味或稍带椒味。

朝天椒：植物体多二歧分枝。叶长 4~7 cm，卵形。花常单生于二分叉间，花梗直立，花稍俯垂，花冠白色或带紫色。果梗及果实均直立，果实较小，圆锥状，长 1.5~3.0 cm，成熟后红色或紫色，味极辣。

簇生椒：植株高可达 1 m。叶卵状披针形，叶柄细长。花在枝下部常单生，在枝顶

端由于节间极短缩而数朵花（可达 8~10 朵，和数片叶一起呈簇生状），花梗细瘦，直立或斜升，花稍俯垂。果梗粗壮，直立，浆果指状或圆锥状，长 4~10 cm，微弓曲，在梗上直立生，成熟后呈红色，味很辣。

57.1.3　利用情况

辣椒为重要的蔬菜和调味品，种子油可食用，果亦有驱虫和发汗之药效。辣椒的果实因果皮含有辣椒素而有辣味，能增进食欲。辣椒中维生素 C 的含量在蔬菜中居首位。在药理方面，辣椒酊或辣椒碱，内服可作健胃剂，有促进食欲、改善消化的作用。辣椒碱对蜡样芽孢杆菌及枯草杆菌有显著抑制作用。临床也有用辣椒果实治疗腰腿痛、冻疮冻伤、外伤瘀肿及一般外科炎症。

57.2　辣椒香气物质的提取及检测分析

57.2.1　顶空固相微萃取

将辣椒的果实用剪刀剪碎后准确称取 0.5182 g，放入固相微萃取瓶中，密封。在 40℃ 水浴中平衡 5 min，用 PDMS/DVB 萃取头吸附 10 min。采用全二维气相色谱-飞行时间质谱仪（GC-TOF/MS）对其成分进行检测分析。

57.2.2　GC-TOF/MS 检测分析

GC 分析条件：采用 DB-WAX 色谱柱（30 m × 0.25 mm × 0.25 μm），氦气（99.999%）流速为 1.0 mL/min，进样口温度为 250℃；起始柱温设置为 60℃，保持 1 min，然后以 4℃/min 的速率升温至 90℃，保持 1 min，以 5℃/min 的速率升温至 130℃，保持 1 min，以 8℃/min 的速率升温至 230℃，保持 3 min；不分流进样，样品解吸附 5 min。

TOF/MS 分析条件：EI 离子源，电离能量 70 eV，离子源温度 230℃；传输线温度 250℃，质量扫描范围（m/z）30~400，采集速率 10 spec/s，溶剂延迟 300 s。

检测分析结果见图和表。

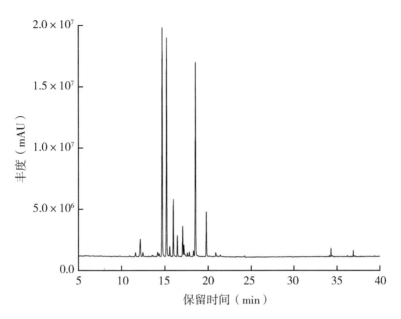

辣椒香气物质的 GC-TOF/MS 总离子流图

辣椒香气物质的组成及相对含量明细表

化合物名称	保留时间 （min）	匹配度	分子式	CAS 号	相对含量 （%）
2-甲基丁酸-3-甲基丁酯	11.62	800	$C_{10}H_{20}O_2$	27625-35-0	0.53
异丁酸己酯	12.17	835	$C_{10}H_{20}O_2$	2349-07-7	2.54
4-甲基-1-戊醇	12.47	884	$C_6H_{14}O$	626-89-1	0.47
2-甲基丙酸丙酯	13.49	796	$C_7H_{14}O_2$	644-49-5	0.08
己基过氧化氢	13.60	777	$C_6H_{14}O_2$	4312-76-9	0.12
2,7-二甲基辛烷	14.16	816	$C_{10}H_{22}$	1072-16-8	0.60
丁酸己酯	14.32	773	$C_{10}H_{20}O_2$	2639-63-6	0.32
4-二甲基 2-甲基丁酸甲酯	14.68	890	$C_{11}H_{22}O_2$	35852-40-5	27.29
4-甲基戊基 3-甲基丁酸乙酯	15.19	909	$C_{11}H_{22}O_2$	850309-45-4	24.52
丁酸庚酯	15.44	706	$C_{11}H_{22}O_2$	5870-93-9	0.08
异戊酸己酯	15.98	884	$C_{11}H_{22}O_2$	10032-15-2	5.79
异戊酸正己酯	16.44	871	$C_{11}H_{22}O_2$	10032-13-0	2.11
正戊酸己酯	17.06	819	$C_{11}H_{22}O_2$	1117-59-5	3.20
二甲基丁酸叶醇酯	17.20	855	$C_{11}H_{20}O_2$	53398-85-9	1.26

（续表）

化合物名称	保留时间（min）	匹配度	分子式	CAS 号	相对含量（%）
1,1-二甲基-2-戊基环丙烷	17.31	787	$C_{10}H_{20}$	62167-97-9	0.33
Z-3-甲基丁酸-3-己烯酯	17.59	818	$C_{11}H_{20}O_2$	35154-45-1	0.31
2,2-二甲基丙酸庚酯	17.81	797	$C_{12}H_{24}O_2$	17660-61-6	0.49
3-甲基-丁酸-5-异庚基酯	18.30	741	$C_{12}H_{24}O_2$	1215127-79-9	0.66
4-甲基戊基-4-戊酸甲酯	18.53	933	$C_{12}H_{24}O_2$	35852-42-7	22.31
己酸己酯	19.80	830	$C_{12}H_{24}O_2$	6378-65-0	4.71
4-己烯-1-醇乙酸酯	20.87	784	$C_8H_{14}O_2$	72237-36-6	0.47
4-甲基-1-戊烯	21.06	733	C_6H_{12}	691-37-2	0.04
异辛烯	21.40	736	C_8H_{16}	5026-76-6	0.20
水杨酸甲酯	24.24	841	$C_8H_8O_3$	119-36-8	0.12

58 肉豆蔻

58.1 肉豆蔻的分布、形态特征与利用情况

58.1.1 分 布

肉豆蔻（*Myristica fragrans*）为肉豆蔻科（Myristicaceae）肉豆蔻属（*Myristica*）植物。原产于马鲁古群岛，热带地区广泛栽培。我国台湾、广东、云南、海南等地已引种试种。

58.1.2 形态特征

小乔木；幼枝细长。叶近革质，椭圆形或椭圆状披针形，先端短渐尖，基部宽楔形或近圆形，两面无毛；侧脉 8~10 对；叶柄长 7~10 mm。雄花序长 1~3 cm，无毛，着花 3~20 朵，稀 1~2 朵，小花长 4~5 mm；花被 3~4 裂，三角状卵形，外面密被灰褐色绒毛；花药 9~12 枚，线形，长约雄蕊柱的一半；雌花序较雄花序为长；总梗粗壮，着花 1~2 朵；花长 6 mm，直径约 4 mm；花被 3 裂，外面密被微绒毛；花梗长于雌花；小苞片着生在花被基部，脱落后残存通常为环形的瘢痕；子房椭圆形，外面密被锈色绒毛，花柱极短，柱头先端 2 裂。果通常单生，具短柄，有时具残存的花被片；假种皮红色，至基部撕裂；种子卵珠形；子叶短，蜷曲，基部连合。

58.1.3 利用情况

本种为热带著名的香料和药用植物，产地用假种皮捣碎加入凉菜或其他腌渍品中作为调味料；种子含固体油，可供工业用油，其余部分供药用，治虚泻冷痢、脘腹冷痛、呕吐等，外用可作寄生虫驱除剂，还可治疗风湿病等。

58.2　肉豆蔻香气物质的提取及检测分析

58.2.1　顶空固相微萃取

将肉豆蔻的叶片用剪刀剪碎后准确称取 0.5203 g，放入固相微萃取瓶中，密封。在40℃水浴中平衡 5 min，用 PDMS/DVB 萃取头吸附 10 min。采用全二维气相色谱-飞行时间质谱仪（GC-TOF/MS）对其成分进行检测分析。

58.2.2　GC-TOF/MS 检测分析

GC 分析条件：采用 DB-WAX 色谱柱（30 m × 0.25 mm × 0.25 μm），氦气（99.999%）流速为 1.0 mL/min，进样口温度为 250℃，分流比 4∶1；起始柱温设置为60℃，保持 1 min，然后以 2℃/min 的速率升温至 90℃，保持 2 min，以 4℃/min 的速率升温至 130℃，保持 1 min，以 8℃/min 的速率升温至 230℃，保持 3 min；样品解吸附5 min。

TOF/MS 分析条件：EI 离子源，电离能量 70 eV，离子源温度 230℃；传输线温度250℃，质量扫描范围（m/z）30~400，采集速率 10 spec/s，溶剂延迟 300 s。

检测分析结果见图和表。

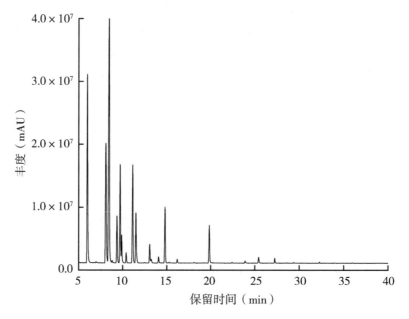

肉豆蔻香气物质的 GC-TOF/MS 总离子流图

肉豆蔻香气物质的组成及相对含量明细表

化合物名称	保留时间（min）	匹配度	分子式	CAS 号	相对含量（%）
α-蒎烯	6.00	927	$C_{10}H_{16}$	80-56-8	16.755
莰烯	6.99	803	$C_{10}H_{16}$	79-92-5	0.087
β-蒎烯	8.12	942	$C_{10}H_{16}$	18172-67-3	12.791
桧烯	8.49	924	$C_{10}H_{16}$	3387-41-5	27.988
3-己烯醛	8.82	805	$C_6H_{10}O$	4440-65-7	0.159
罗勒烯	9.36	873	$C_{10}H_{16}$	13877-91-3	4.128
月桂烯	9.72	918	$C_{10}H_{16}$	123-35-3	8.118
水芹烯	9.89	881	$C_{10}H_{16}$	99-83-2	2.357
2-蒈烯	10.41	819	$C_{10}H_{16}$	554-61-0	0.845
(S)-(-)-柠檬烯	11.17	932	$C_{10}H_{16}$	5989-54-8	9.161
β-水芹烯	11.54	843	$C_{10}H_{16}$	555-10-2	4.696
反-2-己烯醛	11.64	859	$C_6H_{10}O$	6728-26-3	0.285
γ-松油烯	13.09	804	$C_{10}H_{16}$	99-85-4	1.604
苯乙烯	13.28	874	C_8H_8	100-42-5	0.392
4-异丙基甲苯	14.07	873	$C_{10}H_{14}$	99-87-6	0.538
萜品油烯	14.80	904	$C_{10}H_{16}$	586-62-9	4.980
异戊酸异戊酯	15.29	813	$C_{10}H_{20}O_2$	659-70-1	0.055
乙酸叶醇酯	16.19	839	$C_8H_{14}O_2$	3681-71-8	0.323
乙酸叶醇酯	18.14	754	C_6H_{12}	2415-72-7	0.041
3-己烯-1-醇	19.85	918	$C_6H_{12}O$	544-12-7	3.353
4-甲基苯甲醚	22.43	798	$C_8H_{10}O$	104-93-8	0.059
(2R,5R)-2-甲基-5-丙烷-2-基双环[3.1.0]己烷-2-醇	23.90	726	$C_{10}H_{18}O$	17699-16-0	0.186
(-)-α-蒎烯	25.43	802	$C_{15}H_{24}$	3856-25-5	0.549
芳樟醇	27.25	774	$C_{10}H_{18}O$	78-70-6	0.345
乙酸龙脑酯	28.58	743	$C_{12}H_{20}O_2$	5655-61-8	0.037
α-松油醇	32.29	797	$C_{10}H_{18}O$	98-55-5	0.071

59 土沉香

59.1 土沉香的分布、形态特征与利用情况

59.1.1 分　布

土沉香（*Aquilaria sinensis*）为瑞香科（Thymelaeaceae）沉香属（*Aquilaria*）乔木。产于我国广东、海南、广西、福建。喜生于低海拔的山地、丘陵以及路边阳处疏林中。

59.1.2 形态特征

乔木，高5~15 m，树皮暗灰色，几平滑，纤维坚韧；小枝圆柱形，具皱纹，幼时被疏柔毛，后逐渐脱落，无毛或近无毛。叶革质，圆形、椭圆形至长圆形，长5~9 cm，宽2.8~6.0 cm，先端锐尖或急尖而具短尖头，基部宽楔形，正面暗绿色或紫绿色，光亮，背面淡绿色，两面均无毛，每边15~20侧脉，在背面更明显，小脉纤细，近平行，不明显，边缘有时被稀疏的柔毛；叶柄长5~7 mm，被毛。花芳香，黄绿色，多朵，组成伞形花序；花梗长5~6 mm，密被黄灰色短柔毛；萼筒浅钟状，长5~6 mm，两面均密被短柔毛，5裂，裂片卵形，长4~5 mm，先端圆钝或急尖，两面被短柔毛；花瓣10枚，鳞片状，着生于花萼筒喉部，密被毛；雄蕊10枚，排成1轮，花丝长约1 mm，花药长圆形，长约4 mm；子房卵形，密被灰白色毛，2室，每室1胚珠，花柱极短或无，柱头头状。蒴果果梗短，卵球形，幼时绿色，长2~3 cm，直径约2 cm，顶端具短尖头，基部渐狭，密被黄色短柔毛，2瓣裂，2室，每室具有1粒种子，种子褐色，卵球形，长约1 cm，宽约5.5 mm，疏被柔毛，基部具有附属体，附属体长约1.5 cm，上端宽扁，宽约4 mm，下端成柄状。花期春夏，果期夏秋。

59.1.3 利用情况

老茎受伤后分泌积累的树脂，俗称沉香，可作香料原料，并为治胃病特效药；树皮纤维柔韧，色白而细致，可作为高级纸及人造棉原料；木质部可提取芳香油；花可制浸膏。

59.2　土沉香香气物质的提取及检测分析

59.2.1　顶空固相微萃取

将土沉香的木块用剪刀剪碎后准确称取 0.2300 g，放入固相微萃取瓶中，密封。在 40℃水浴中平衡 10 min，用 PDMS/DVB 萃取头吸附 15 min。采用气相色谱–质谱仪（GC-MS）对其成分进行检测分析。

59.2.2　GC-MS 检测分析

GC 分析条件：采用 DB‑5Ms 色谱柱（30 m × 0.25 mm × 0.25 μm），氦气（99.999%）流速为 1.0 mL/min，进样口温度为 250℃；起始柱温设置为 60℃，保持 1 min，然后以 5.0℃/min 的速率升温至 85℃，保持 1 min，以 3℃/min 的速率升温至 130℃，保持 1 min，以 1℃/min 的速率升温至 160℃，以 10℃/min 的速率升温至 230℃，保持 3 min；不分流进样，样品解吸附 5 min。

MS 分析条件：EI 离子源，电离能量 70 eV，离子源温度 230℃；传输线温度 280℃，质量扫描范围（m/z）35~450，采集速率 10 spec/s，溶剂延迟 180 s。

检测分析结果见图和表。

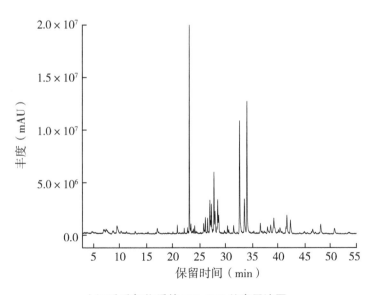

土沉香香气物质的 GC-MS 总离子流图

土沉香香气物质的组成及相对含量明细表

化合物名称	保留时间（min）	匹配度	分子式	CAS 号	相对含量（%）
丙二醇单甲醚乙酸酯	4.82	837	$C_6H_{12}O_3$	108-65-6	0.380
苯甲醛	7.02	840	C_7H_6O	100-52-7	1.006
甲基庚烯酮	7.50	811	$C_8H_{14}O$	110-93-0	0.482
(3E,5E)-3,7-二甲基-1,3,5-三烯	8.78	744	$C_{10}H_{16}$	29714-87-2	1.049
十一醛	11.36	818	$C_{11}H_{22}O$	112-44-7	0.386
(S)-(+)-香芹酮	17.13	887	$C_{10}H_{14}O$	2244-16-8	1.220
α-衣兰烯	22.23	826	$C_{15}H_{24}$	14912-44-8	0.689
β-榄香烯	23.20	891	$C_{15}H_{24}$	515-13-9	23.597
莎草烯	23.51	892	$C_{15}H_{24}$	2387-78-2	1.133
雪松烯	24.21	838	$C_{15}H_{24}$	11028-42-5	0.968
反式石竹烯	24.47	770	$C_{15}H_{24}$	87-44-5	0.281
环氧异长叶烯	25.89	738	$C_{15}H_{24}O$	67999-56-8	1.735
α-石竹烯	26.22	902	$C_{15}H_{24}$	6753-98-6	2.182
1,8-环戊并癸二炔	26.64	834	$C_{15}H_{22}$	4722-42-3	1.953
α-依兰油烯	27.06	862	$C_{15}H_{24}$	31983-22-9	4.366
α-姜黄烯	27.85	906	$C_{15}H_{22}$	644-30-4	8.586
α-芹子烯	28.04	905	$C_{15}H_{24}$	473-13-2	2.967
巴伦西亚橘烯	28.39	857	$C_{15}H_{24}$	4630-07-3	1.268
榄香醇	32.19	810	$C_{15}H_{26}O$	639-99-6	1.338
β-榄香烯	33.61	853	$C_{15}H_{24}$	110823-68-2	6.503
α-檀香醇	34.11	832	$C_{15}H_{24}O$	19903-72-1	21.434
(-)-异长叶醇	35.42	703	$C_{15}H_{26}O$	1139-17-9	0.504
γ-桉叶醇	36.67	874	$C_{15}H_{26}O$	1209-71-8	2.220
白菖烯	38.66	833	$C_{15}H_{24}$	17334-55-3	1.803

（续表）

化合物名称	保留时间（min）	匹配度	分子式	CAS 号	相对含量（%）
1(5)-愈创木烯-11-醇	39.27	864	$C_{15}H_{26}O$	13822-35-0	5.212
2-甲基-6-(4-甲基-3-环己烯-1-基)-2,6-庚二烯-1-醇	40.80	811	$C_{15}H_{24}O$	10067-29-5	1.360
吉马酮	46.65	734	$C_{15}H_{22}O$	6902-91-6	1.058
(4aR,5S)-4a,5-二甲基-3-丙-2-亚基-5,6,7,8-四氢-4H-萘-2-酮	50.84	842	$C_{15}H_{22}O$	19598-45-9	1.447

60 蕺 菜

60.1 蕺菜的分布、形态特征与利用情况

60.1.1 分 布

蕺菜（*Houttuynia cordata*）为三白草科（Saururaceae）蕺菜属（*Houttuynia*）多年生草本植物，俗称鱼腥草。产于我国中部、东南至西南部，东起台湾，西南至云南、西藏，北达陕西、甘肃。生于沟边、溪边或林下湿地。亚洲东部和东南部广泛分布。

60.1.2 形态特征

高 30~60 cm；茎下部伏地，节上轮生小根，上部直立，无毛或节上被毛，有时带紫红色。叶薄纸质，有腺点，背面尤甚，卵形或阔卵形，长 4~10 cm，宽 2.5~6.0 cm，顶端短渐尖，基部心形，两面有时除叶脉被毛外余均无毛，背面常呈紫红色；叶脉 5~7 条，全部基出或最内 1 对离基约 5 mm 从中脉发出，如为 7 脉时，则最外 1 对很纤细或不明显；叶柄长 1.0~3.5 cm，无毛；托叶膜质，长 1.0~2.5 cm，顶端钝，下部与叶柄合生而呈长 8~20 mm 的鞘，且常有缘毛，基部扩大，略抱茎。花序长约 2 cm，宽 5~6 mm；总花梗长 1.5~3.0 cm，无毛；总苞片长圆形或倒卵形，长 10~15 mm，宽 5~7 mm，顶端钝圆；雄蕊长于子房，花丝长为花药的 3 倍。蒴果长 2~3 mm，顶端有宿存的花柱。花期 4—7 月。

60.1.3 利用情况

蕺菜是一种药食一体的植物。嫩根茎可食，我国西南地区人民常作蔬菜或调味品。全株可入药，有清热、解毒、利水之效，可治肠炎、痢疾、肾炎水肿、乳腺炎、中耳炎等。鱼腥草还含有槲皮苷等有效成分，具有抗病毒和利尿作用。鱼腥草对于上呼吸道感染、支气管炎、肺炎、慢性气管炎、慢性宫颈炎、百日咳等均有较好的疗效，对急性结膜炎、尿路感染等也有一定疗效。鱼腥草还能增强机体免疫功能，

增强白细胞吞噬能力，具有镇痛、止咳、止血、促进组织再生、扩张毛细血管并增加血流量等作用。

60.2　蕺菜香气物质的提取及检测分析

60.2.1　顶空固相微萃取

将蕺菜的叶片用剪刀剪碎后准确称取 0.5243 g，放入固相微萃取瓶中，密封。在40℃水浴中平衡 10 min，用 PDMS/DVB 萃取头吸附 15 min。采用全二维气相色谱-飞行时间质谱仪（GC-TOF/MS）对其成分进行检测分析。

60.2.2　GC-TOF/MS 的检测分析

GC 分析条件：采用 DB-WAX 色谱柱（30 m × 0.25 mm × 0.25 μm），设置进样口温度为 250℃，氦气（99.999%）流速为 1.0 mL/min；起始柱温设置为 50℃，保持 0.2 min，然后以 2℃/min 的速率升温至 60℃，保持 1 min，以 5℃/min 的速率升温至 160℃，保持 1 min，以 8℃/min 的速率升温至 230℃，保持 3 min；分流比为 5:1，样品解吸附 4 min。

TOF/MS 分析条件：EI 离子源，电离能量 70 eV，离子源温度 230℃；传输线温度 250℃，质量扫描范围（m/z）30~400，采集速率 10 spec/s，溶剂延迟 300 s。

检测分析结果见图和表。

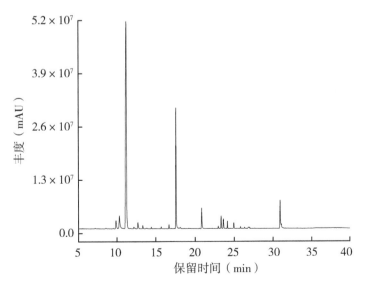

蕺菜香气物质的 GC-TOF/MS 总离子流图

截菜香气物质的组成及相对含量明细表

化合物名称	保留时间 （min）	匹配度	分子式	CAS 号	相对含量 （%）
正己醛	8.55	758	$C_6H_{12}O$	66-25-1	0.18
桧烯	9.50	789	$C_{10}H_{16}$	3387-41-5	0.08
3-异丙基-6-亚甲基-1-环己烯	9.88	833	$C_{10}H_{16}$	555-10-2	1.86
3-己烯醛	10.31	866	$C_6H_{10}O$	4440-65-7	3.56
月桂烯	11.23	944	$C_{10}H_{16}$	123-35-3	57.80
α-侧柏烯	11.70	696	$C_{10}H_{16}$	75715-79-6	0.06
顺式-3-己烯醛	12.17	795	$C_6H_{10}O$	6789-80-6	0.28
(S)-(-)-柠檬烯	12.29	818	$C_{10}H_{16}$	5989-54-8	0.13
反式-2-己烯醛	12.69	914	$C_6H_{10}O$	6728-26-3	1.16
(3E)-3,7-二甲基辛-1,3,6-三烯	13.32	831	$C_{10}H_{16}$	3779-61-1	0.45
水芹烯	13.73	815	$C_{10}H_{16}$	99-83-2	0.07
(Z)-3,7-二甲基-1,3,6-十八烷三烯	13.84	774	$C_{10}H_{16}$	3338-55-4	0.13
3,6-二亚甲基-1,7-辛二烯	14.41	775	$C_{10}H_{14}$	3382-59-0	0.22
γ-松油烯	14.87	789	$C_{10}H_{16}$	99-85-4	0.05
乙酸叶醇酯	15.70	846	$C_8H_{14}O_2$	3681-71-8	0.27
正己醇	16.68	855	$C_6H_{14}O$	111-27-3	0.52
3-己烯-1-醇	17.58	943	$C_6H_{12}O$	544-12-7	17.13
(E,E)-2,4-己二烯醛	18.09	795	C_6H_8O	142-83-6	0.31
2,5-二甲基-3-亚甲基-1,5-庚二烯	20.57	784	$C_{10}H_{16}$	74663-83-5	0.06
正癸醛	20.84	869	$C_{10}H_{20}O$	112-31-2	3.30
芳樟醇	21.86	662	$C_{10}H_{18}O$	78-70-6	0.03
乙酸芳樟酯	22.20	711	$C_{12}H_{20}O_2$	115-95-7	0.03
左旋乙酸冰片酯	22.98	765	$C_{12}H_{20}O_2$	5655-61-8	0.34
2-壬酮	23.34	822	$C_9H_{18}O$	821-55-6	1.64
(-)-异丁香烯	23.63	826	$C_{15}H_{24}$	118-65-0	1.49
乙酸炔丙酯	23.68	738	$C_5H_6O_2$	627-09-8	0.13
α-罗勒烯	25.32	759	$C_{10}H_{16}$	502-99-8	0.03

（续表）

化合物名称	保留时间 （min）	匹配度	分子式	CAS 号	相对含量 （%）
(Z,E)-α-金合欢烯	26.32	772	$C_{15}H_{24}$	26560-14-5	0.14
2,5-二甲基-3- 乙烯基-1,4-乙二烯	26.79	798	$C_{10}H_{16}$	2153-66-4	0.16
α-金合欢烯	26.85	717	$C_{15}H_{24}$	502-61-4	0.15
(-)-二氢乙酸香芹酯	26.93	720	$C_{12}H_{20}O_2$	20777-39-3	0.17
正壬醇	27.02	837	$C_9H_{20}O$	143-08-8	0.06
3,3-二甲基-2,4-戊二酮	30.92	784	$C_7H_{12}O_2$	3142-58-3	4.54
3,3-二甲基-1-硫代氰基-2-丁酮	31.08	754	$C_7H_{11}NOS$	57518-71-5	0.86
反式-肉桂酸甲酯	33.11	787	$C_{10}H_{10}O_2$	1754-62-7	0.03

61 刺 芹

61.1 刺芹的分布、形态特征与利用情况

61.1.1 分 布

刺芹（*Eryngium foetidum*）为伞形科（Apiaceae）刺芹属（*Eryngium*）植物，亦称刺元荽。原产于我国广东、广西、贵州、云南等省区。通常生长在海拔 100~1540 m 的丘陵、山地林下、路旁、沟边等湿润处。南美洲东部、中美洲、安的列斯群岛以及亚洲、非洲的热带地区也有分布。

61.1.2 形态特征

高 11~40 cm。茎绿色直立，粗壮，无毛，有数条槽纹，上部有 3~5 个歧聚伞式的分枝。基生叶披针形或倒披针形不分裂，革质，长 5~25 cm，宽 1.2~4.0 cm，顶端钝，基部渐窄有膜质叶鞘，边缘有骨质尖锐锯齿，近基部的锯齿狭窄呈刚毛状，正面深绿色，背面淡绿色，两面无毛，羽状网脉；叶柄短，基部有鞘可达 3 cm；茎生叶着生在每一叉状分枝的基部，对生，无柄，边缘有深锯齿，齿尖刺状，顶端不分裂或 3~5 深裂。头状花序呈圆柱形，长 0.5~1.2 cm，宽 3~5 mm，无花序梗；总苞片 4~7 枚，长 1.5~3.5 cm，宽 4~10 mm，叶状，披针形，边缘有 1~3 个刺状锯齿；小总苞片阔线形至披针形，长 1.5~1.8 mm，宽约 0.6 mm，边缘透明膜质；萼齿卵状披针形至卵状三角形，长 0.5~1.0 mm，顶端尖锐；花瓣与萼齿近等长，倒披针形至倒卵形，顶端内折，白色、淡黄色或草绿色；花丝长约 1.4 mm；花柱直立或稍向外倾斜，长约 1.1 mm。果卵圆形或球形，长 1.1~1.3 mm，宽 1.2~1.3 mm，表面有瘤状凸起，果棱不明显。花果期 4—12 月。

61.1.3 利用情况

可作食用香料，气味同芫荽。可用于治疗水肿病、蛇咬伤、感冒、麻疹内陷、气管

炎、肠炎、腹泻、急性传染性肝炎，外用治跌打肿痛，此外，还有利尿的效果。

61.2 刺芹香气物质的提取及检测分析

61.2.1 顶空固相微萃取

将刺芹的叶片用剪刀剪碎后准确称取 0.4380 g，放入固相微萃取瓶中，密封。在40℃水浴中平衡 10 min，用 PDMS/DVB 萃取头吸附 15 min。采用全二维气相色谱-飞行时间质谱仪（GC-TOF/MS）对其成分进行检测分析。

61.2.2 GC-TOF/MS 的检测分析

GC 分析条件：采用 DB-WAX 色谱柱（30 m × 0.25 mm × 0.25 μm），设置分流比为2∶1，进样口温度为250℃，氦气（99.999%）流速为1.0 mL/min；起始柱温设置为60℃，保持 1 min，然后以 4℃/min 的速率升温至 90℃，保持 1 min，以 5℃/min 的速率升温至130℃，保持 1 min，以 8℃/min 的速率升温至 230℃，保持 3 min；样品解吸附 5 min。

TOF/MS 分析条件：EI 离子源，电离能量 70 eV，离子源温度230℃；传输线温度250℃，质量扫描范围（m/z）30~400，采集速率 10 spec/s，溶剂延迟 300 s。

检测分析结果见图和表。

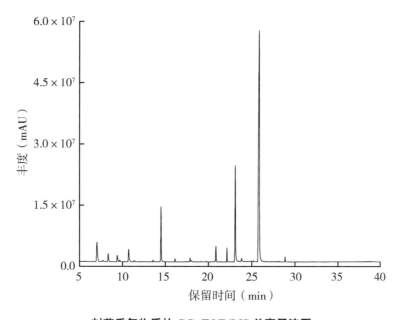

刺芹香气物质的 GC-TOF/MS 总离子流图

刺芹香气物质的组成及相对含量明细表

化合物名称	保留时间（min）	匹配度	分子式	CAS 号	相对含量（%）
4-双环[3.1.0]己-2-烯	5.61	804	$C_{10}H_{16}$	28634-89-1	0.088
十一烷	7.02	920	$C_{11}H_{24}$	1120-21-4	4.588
桧烯	7.46	759	$C_{10}H_{16}$	3387-41-5	0.020
3-己烯醛	7.72	823	$C_6H_{10}O$	4440-65-7	0.321
月桂烯	8.32	846	$C_{10}H_{16}$	123-35-3	1.577
(S)-(-)-柠檬烯	9.38	874	$C_{10}H_{16}$	5989-54-8	1.344
3-异丙基-6-亚甲基-1-环己烯	9.67	839	$C_{10}H_{16}$	555-10-2	0.379
(3E)-3,7-二甲基辛-1,3,6-三烯	10.24	740	$C_{10}H_{16}$	3779-61-1	0.077
γ-松油烯	10.72	831	$C_{10}H_{16}$	99-85-4	2.596
苯乙烯	10.86	863	C_8H_8	100-42-5	0.149
1,3,5-三甲基-3,7,7-环	11.38	851	$C_{10}H_{14}$	3479-89-8	0.221
庚三烯	11.69	769	C_9H_{12}	526-73-8	0.018
2,2-二甲基己酮	12.44	758	$C_8H_{16}O$	5405-79-8	0.081
乙酸叶醇酯	12.59	786	$C_8H_{14}O_2$	3681-71-8	0.052
正己醇	13.57	851	$C_6H_{14}O$	111-27-3	0.253
3-己烯-1-醇	14.50	929	$C_6H_{12}O$	544-12-7	7.722
对甲苯甲醚	16.13	863	$C_8H_{10}O$	104-93-8	0.401
丙烯酸(2-乙基己)酯	17.48	801	$C_{11}H_{20}O_2$	103-11-7	0.045
正癸醛	17.90	903	$C_{10}H_{20}O$	112-31-2	0.610
1,2,4,5,8,8a-六氢-6,8a-二甲基-3-异丙基萘	18.05	734	$C_{15}H_{24}$	16661-00-0	0.205
反式-α-佛柑油烯	19.78	758	$C_{15}H_{24}$	13474-59-4	0.107
β-倍半水芹烯	20.31	679	$C_{15}H_{24}$	20307-83-9	0.041
(Z,E)-α-金合欢烯	20.49	738	$C_{15}H_{24}$	26560-14-5	0.039
十一醛	20.76	827	$C_{11}H_{22}O$	112-44-7	0.118
(-)-异丁香烯	20.88	841	$C_{15}H_{24}$	118-65-0	2.172
4-烯丙基苯甲醚	22.15	848	$C_{10}H_{12}O$	140-67-0	1.446
(Z)-3,7-二甲基-1,3,6-十八烷三烯	22.46	728	$C_{10}H_{16}$	3338-55-4	0.032

（续表）

化合物名称	保留时间（min）	匹配度	分子式	CAS 号	相对含量（%）
十二醛	23.11	958	$C_{12}H_{24}O$	112-54-9	14.545
反式-β-金合欢烯	23.49	740	$C_{15}H_{24}$	18794-84-8	0.063
2,4-二甲基苯甲醛	23.71	842	$C_9H_{10}O$	15764-16-6	0.008
2-十一烯醛	23.84	832	$C_{11}H_{20}O$	2463-77-6	0.712
惕格酸	24.15	732	$C_5H_8O_2$	80-59-1	0.033
2-乙基-4-戊烯醛	24.89	708	$C_7H_{12}O$	5204-80-8	0.117
反-2-辛烯醛	25.15	777	$C_8H_{14}O$	2548-87-0	0.163
反-2-十二烯醛	25.85	919	$C_{12}H_{22}O$	20407-84-5	58.597
反-2-十二碳烯醇	26.68	783	$C_{12}H_{24}O$	69064-36-4	0.052
环十二烷	27.19	834	$C_{12}H_{24}$	294-62-2	0.036
反-2-十一烯醛	27.36	730	$C_{11}H_{20}O$	53448-07-0	0.075
米醛	27.67	842	$C_{10}H_{12}O$	487-68-3	0.037
2-癸烯-1-醇	27.95	839	$C_{10}H_{20}O$	22104-80-9	0.077
2,4-二烯醛	28.18	827	$C_9H_{14}O$	6750-03-4	0.055
2-十三（碳）烯醛	28.85	867	$C_{13}H_{24}O$	7069-41-2	0.506
蒿酮	32.02	716	$C_{10}H_{16}O$	546-49-6	0.029

62 茴 香

62.1 茴香的分布、形态特征与利用情况

62.1.1 分 布

茴香（*Foeniculum vulgare*）为伞形科（Apiaceae）茴香属（*Foeniculum*）植物。原产地中海地区。我国各地区均有栽培。

62.1.2 形态特征

草本，高 0.4~2.0 m；茎直立，光滑，灰绿色或苍白色，多分枝。较下部的茎生叶柄长 5~15 cm，中部或上部的叶柄部分或全部成鞘状，叶鞘边缘膜质；叶片轮廓为阔三角形，长 4~30 cm，宽 5~40 cm，4~5 回羽状全裂，末回裂片线形，长 1~6 cm，宽约 1 mm。复伞形花序顶生与侧生，花序梗长 2~25 cm；伞辐 6~29，不等长，长 1.5~10.0 cm；小伞形花序有花 14~39 朵；花柄纤细，不等长；无萼齿；花瓣黄色，倒卵形或近倒卵圆形，长约 1 mm，先端有内折的小舌片，中脉 1 条；花丝略长于花瓣，花药卵圆形，淡黄色；花柱基圆锥形，花柱极短，向外叉开或贴伏在花柱基上。果实长圆形，长 4~6 mm，宽 1.5~2.2 mm，主棱 5 条，尖锐；每棱槽内有 1 油管，合生面有 2 油管；胚乳腹面近平直或微凹。花期 5—6 月，果期 7—9 月。

62.1.3 利用情况

嫩叶可作蔬菜食用或作调味品。叶与果实均具有特异香气。嫩叶洗净后切细加盐、味精、香油及其他调料拌食，味清香，可促进食欲；也可作为饺子或包子馅。果实多作香料，用于酒类和糖果，或加入鱼、肉、酱中，有去腥增香的作用，并能增进食欲；研磨为粉末可用于制作五香粉，用于面食等调味。茴香还可用于药膳，如茴香炒腰花能补肾止痛，茴香炖牛肉可温肝暖胃、行气止痛，茴香粥可散寒止痛，茴香姜糖汤可治感冒、疝气痛、胃冷痛等。果实入药，有祛风、祛痰、散寒、健胃和止痛之效，是重要的中药。

62.2 茴香香气物质的提取及检测分析

62.2.1 顶空固相微萃取

将新鲜茴香苗的叶片用剪刀剪碎后准确称取 0.5723 g，放入固相微萃取瓶中，密封。在 40℃水浴中平衡 5 min，用 PDMS/DVB 萃取头吸附 10 min。采用全二维气相色谱-飞行时间质谱仪（GC-TOF/MS）对其成分进行检测分析。

62.2.2 GC-TOF/MS 检测分析

GC 分析条件：采用 DB-WAX 色谱柱（30 m × 0.25 mm × 0.25 μm），设置分流比为 4:1，进样口温度为 250℃，氦气（99.999%）流速为 1.0 mL/min；起始柱温设置为 60℃，保持 0.5 min，然后以 4℃/min 的速率升温至 130℃，保持 1 min，以 5℃/min 的速率升温至 185℃，保持 1 min，以 8℃/min 的速率升温至 230℃，保持 3 min；样品解吸附 5 min。

TOF/MS 分析条件：EI 离子源，电离能量 70 eV，离子源温度 230℃；传输线温度 250℃，质量扫描范围（m/z）30～400，采集速率 10 spec/s，溶剂延迟 300 s。

检测分析结果见图和表。

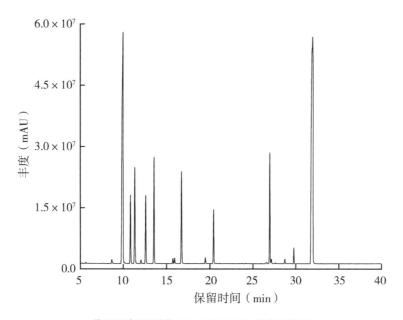

茴香香气物质的 GC-TOF/MS 总离子流图

茴香香气物质的组成及相对含量明细表

化合物名称	保留时间（min）	匹配度	分子式	CAS 号	相对含量（%）
α-侧柏烯	5.67	858	$C_{10}H_{16}$	2867-05-2	0.077
3-异丙基-6-亚甲基-1-环己烯	7.69	796	$C_{10}H_{16}$	555-10-2	0.029
月桂烯	8.67	831	$C_{10}H_{16}$	123-35-3	0.317
双戊烯	9.96	932	$C_{10}H_{16}$	138-86-3	27.361
(3E)-3,7-二甲基辛-1,3,6-三烯	10.84	921	$C_{10}H_{16}$	3779-61-1	4.533
γ-松油烯	11.34	934	$C_{10}H_{16}$	99-85-4	7.294
4-异丙基甲苯	12.06	875	$C_{10}H_{14}$	99-87-6	0.271
萜品油烯	12.61	918	$C_{10}H_{16}$	586-62-9	4.627
乙酸叶醇酯	13.56	937	$C_8H_{14}O_2$	3681-71-8	6.649
别罗勒烯	15.73	820	$C_{10}H_{16}$	7216-56-0	0.335
3-己烯-1-醇	15.93	907	$C_6H_{12}O$	544-12-7	0.374
葑酮	16.73	943	$C_{10}H_{16}O$	1195-79-5	6.859
[(1S,4R,6R)-1,5,5-三甲基-6-双环[2.2.1]庚烷基]乙酸酯	19.48	830	$C_{12}H_{20}O_2$	76109-40-5	0.407
乙酸小茴香酯	20.43	888	$C_{12}H_{20}O_2$	13851-11-1	3.696
樟脑	21.20	835	$C_{10}H_{16}O$	464-49-3	0.035
乙酸龙脑酯	23.73	695	$C_{12}H_{20}O_2$	76-49-3	0.050
(Z,E)-α-金合欢烯	24.16	773	$C_{15}H_{24}$	26560-14-5	0.047
4-烯丙基苯甲醚	26.96	943	$C_{10}H_{12}O$	140-67-0	7.125
反式-β-金合欢烯	27.13	841	$C_{15}H_{24}$	18794-84-8	0.343
β-古巴烯	28.71	803	$C_{15}H_{24}$	18252-44-3	0.298
(Z)-茴香脑	29.78	865	$C_{10}H_{12}O$	25679-28-1	0.853
反式茴香脑	31.82	913	$C_{10}H_{12}O$	4180-23-8	5.971
茴香脑	31.96	885	$C_{10}H_{12}O$	104-46-1	20.298
3-甲基苯噻吩	32.03	747	C_9H_8S	1455-18-1	1.938

63 芫 荽

63.1 芫荽的分布、形态特征与利用情况

63.1.1 分 布

芫荽（*Coriandrum sativum*）为伞形科（Apiaceae）芫荽属（*Coriandrum*）植物，俗称香菜。原产欧洲地中海地区，我国西汉时张骞从西域带回，现我国东北、河北、山东、安徽、江苏、浙江、江西、湖南、广东、广西、陕西、四川、贵州、云南、西藏等省区均有栽培。

63.1.2 形态特征

草本，高 20~100 cm。根纺锤形，细长，有多数纤细的支根。茎圆柱形，直立，多分枝，有条纹，通常光滑。根生叶有柄，柄长 2~8 cm；叶片 1 回或 2 回羽状全裂，羽片广卵形或扇形半裂，长 1~2 cm，宽 1~1.5 cm，边缘有钝锯齿、缺刻或深裂，上部的茎生叶 3 回以至多回羽状分裂，末回裂片狭线形，长 5~10 mm，宽 0.5~1.0 mm，顶端钝，全缘。伞形花序顶生或与叶对生，花序梗长 2~8 cm；伞辐 3~7，长 1.0~2.5 cm；小总苞片 2~5 枚，线形，全缘；小伞形花序有孕花 3~9 朵，花白色或带淡紫色；花瓣倒卵形，长 1.0~1.2 mm，宽约 1 mm，顶端有内凹的小舌片，辐射瓣长 2.0~3.5 mm，宽 1~2 mm，通常全缘，有 3~5 脉；花丝长 1~2 mm，花药卵形，长约 0.7 mm。果实圆球形，背面主棱及相邻的次棱明显；胚乳腹面内凹；油管不明显，或有 1 个位于次棱的下方。花果期 4—11 月。

63.1.3 利用情况

芫荽茎叶常被用作菜肴的点缀、提味之品，是一种人们喜欢食用的蔬菜，并有健胃消食作用；果实能祛除肉类的腥膻味，可提取芳香油，种子含油量约为 20%。果实入药，有祛风、透疹、健胃、祛痰之效。

63.2 芫荽香气物质的提取及检测分析

63.2.1 顶空固相微萃取

将芫荽的叶片用剪刀剪碎后准确称取 0.6021 g，放入固相微萃取瓶中，密封。在 40℃水浴中平衡 10 min，用 PDMS/DVB 萃取头吸附 10 min。采用全二维气相色谱-飞行时间质谱仪（GC-TOF/MS）对其成分进行检测分析。

63.2.2 GC-TOF/MS 检测分析

GC 分析条件：采用 DB－WAX 色谱柱（30 m × 0.25 mm × 0.25 μm），氦气（99.999%）流速为 1.0 mL/min，进样口温度为 250℃；起始柱温设置为 60℃，保持 1 min，然后以 4℃/min 的速率升温至 90℃，保持 1 min，以 5℃/min 的速率升温至 130℃，保持 1 min，以 8℃/min 的速率升温至 230℃，保持 3 min；分流比 2∶1，样品解吸附 5 min。

TOF/MS 分析条件：EI 离子源，电离能量 70 eV，离子源温度 230℃；传输线温度 250℃，质量扫描范围（m/z）30~400，采集速率 10 spec/s，溶剂延迟 300 s。

检测分析结果见图和表。

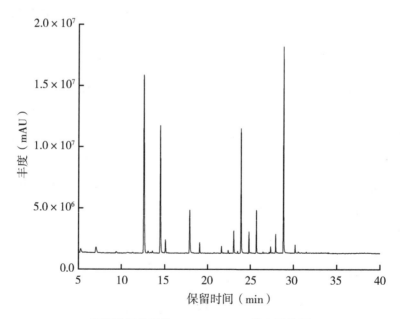

芫荽香气物质的 GC-TOF/MS 总离子流图

芫荽香气物质的组成及相对含量明细表

化合物名称	保留时间（min）	匹配度	分子式	CAS 号	相对含量（%）
壬烷	5.24	858	C_9H_{20}	111-84-2	0.857
癸烷	7.04	871	$C_{10}H_{22}$	124-18-5	1.547
(S)-(-)-柠檬烯	9.39	781	$C_{10}H_{16}$	5989-54-8	0.166
水芹烯	10.72	757	$C_{10}H_{16}$	99-83-2	0.059
乙酸己酯	11.32	658	$C_8H_{16}O_2$	142-92-7	0.046
4-己烯-1-醇乙酸酯	12.61	932	$C_8H_{14}O_2$	72237-36-6	26.749
乙酸反-2-己烯酯	13.08	805	$C_8H_{14}O_2$	2497-18-9	0.244
丙基环丙烷	13.57	813	C_6H_{12}	2415-72-7	0.222
顺-3-己烯-1-醇	14.49	927	$C_6H_{12}O$	928-96-1	16.816
反式-2-己烯-1-醇	15.09	888	$C_6H_{12}O$	928-95-0	1.580
正癸醛	17.90	870	$C_{10}H_{20}O$	112-31-2	6.501
芳樟醇	19.07	819	$C_{10}H_{18}O$	78-70-6	1.072
反式-2-十一烯醇	20.75	820	$C_{11}H_{22}O$	75039-84-8	0.090
(Z)-癸-2-烯醛	21.63	833	$C_{10}H_{18}O$	2497-25-8	0.732
乙酸癸酯	22.41	823	$C_{12}H_{24}O_2$	112-17-4	0.296
十一醛	23.06	876	$C_{11}H_{22}O$	112-44-7	2.406
(2E)-2-癸烯-1-基乙酸酯	23.51	732	$C_{12}H_{22}O_2$	2497-23-6	0.153
1-癸醇	23.91	891	$C_{10}H_{22}O$	112-30-1	11.859
双环[7.1.0]癸烷	24.48	787	$C_{10}H_{18}$	286-76-0	0.034
2-癸烯-1-醇	24.84	894	$C_{10}H_{20}O$	22104-80-9	1.957
反式-2-十二烯醛	25.71	882	$C_{12}H_{22}O$	20407-84-5	4.007
反式-2-壬烯-1-醇	26.47	781	$C_9H_{18}O$	31502-14-4	0.111
辛基-环丙烷	27.18	828	$C_{11}H_{22}$	1472-09-9	0.100
反式-2-癸烯醛	27.35	825	$C_{10}H_{18}O$	3913-81-3	0.575
反式-2-癸烯醇	27.94	890	$C_{10}H_{20}O$	18409-18-2	1.703

（续表）

化合物名称	保留时间 （min）	匹配度	分子式	CAS 号	相对含量 （%）
2-十三（碳）烯醛	28.86	899	$C_{13}H_{24}O$	7069-41-2	19.116
反式-2-十一烯醛	30.20	828	$C_{11}H_{20}O$	53448-07-0	0.669
反式-2-十二碳烯醇	30.56	775	$C_{12}H_{24}O$	69064-36-4	0.141
2,4-癸二烯醛	30.94	770	$C_{10}H_{16}O$	2363-88-4	0.056
2-十二烯醛	31.49	794	$C_{12}H_{22}O$	4826-62-4	0.092

64 孜然芹

64.1 孜然芹的分布、形态特征与利用情况

64.1.1 分　布

　　孜然芹（*Cuminum cyminum*）为伞形科（Apiaceae）孜然芹属（*Cuminum*）植物，又称枯茗、孜然。原产于埃及、埃塞俄比亚。我国新疆有栽培；俄罗斯、伊朗、印度及北美洲也有栽培。

64.1.2 形态特征

　　一年生或二年生草本，高 20~40 cm，全株（除果实外）光滑无毛。叶柄长 1~2 cm 或近无柄，有狭披针形的鞘；叶片三出式二回羽状全裂，末回裂片狭线形，长 1.5~5.0 cm，宽 0.3~0.5 mm。复伞形花序多数，多呈二歧式分枝，伞形花序直径 2~3 cm；总苞片 3~6 枚，线形或线状披针形，边缘膜质，白色，顶端有长芒状的刺，有时 3 深裂，不等长，长 1~5 cm，反折；伞辐 3~5，不等长；小伞形花序通常有花 7 朵，小总苞片 3~5 枚，与总苞片相似，顶端针芒状，反折，较小，长 3.5~5.0 mm，宽 0.5 mm；花瓣粉红色或白色，长圆形，顶端微缺，有内折的小舌片；萼齿钻形，长超过花柱；花柱基圆锥状，花柱短，叉开，柱头头状。分生果长圆形，两端狭窄，长 6 mm，宽 1.5 mm，密被白色刚毛；每棱槽内 1 油管，合生面 2 油管，胚乳腹面微凹。花期 4 月，果期 5 月。

64.1.3 利用情况

　　孜然芹种子是烧烤食品必用的佐料，富有油性，气味芳香浓烈，主要用于调味、提取香料等，是配制咖喱粉的主要原料之一。用孜然芹种子加工牛羊肉，可以祛腥解腻，并能令其肉质更加鲜美芳香，增加人的食欲。孜然芹种子还具有醒脑通脉、降火平肝等功效，能祛寒除湿、理气开胃、祛风止痛，对消化不良、胃寒疼痛、肾虚便频、月经不调均有疗效。

64.2 孜然芹香气物质的提取及检测分析

64.2.1 顶空固相微萃取

将孜然芹的种子用研钵研磨成粉后准确称取 0.6039 g，放入固相微萃取瓶中，密封。在40℃水浴中平衡10 min，用 PDMS/DVB 萃取头吸附15 min。采用气相色谱–质谱仪（GC-MS）对其成分进行检测分析。

64.2.2 GC-MS 检测分析

GC 分析条件：采用 DB–5Ms 色谱柱（30 m × 0.25 mm × 0.25 μm），氦气（99.999%）流速为1.0 mL/min，进样口温度为250℃；起始柱温设置为60℃，保持1 min，然后以2℃/min 的速率升温至85℃，保持1 min，以3℃/min 的速率升温至130℃，保持1 min，以2℃/min 的速率升温至160℃，以10℃/min 的速率升温至230℃，保持3 min；不分流进样，样品解吸附5 min。

MS 分析条件：EI 离子源，电离能量70 eV，离子源温度230℃；传输线温度250℃，质量扫描范围（m/z）30~400，采集速率10 spec/s，溶剂延迟300 s。

检测分析结果见图和表。

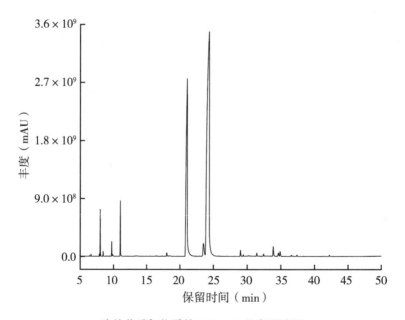

孜然芹香气物质的 GC-MS 总离子流图

孜然芹香气物质的组成及相对含量明细表

化合物名称	保留时间 （min）	匹配度	分子式	CAS 号	相对含量 （%）
4-甲基-1-（1-甲基乙基）-双环 [3.1.0]己烷二氢衍生物	6.41	926	$C_{10}H_{16}$	58037-87-9	0.030
（+）-α-蒎烯	6.63	956	$C_{10}H_{16}$	7785-70-8	0.070
桧烯	7.87	934	$C_{10}H_{16}$	3387-41-5	0.085
α-蒎烯	7.99	931	$C_{10}H_{16}$	2437-95-8	1.708
β-蒎烯	8.44	912	$C_{10}H_{16}$	127-91-3	0.189
水芹烯	8.95	916	$C_{10}H_{16}$	99-83-2	0.017
萜品油烯	9.39	922	$C_{10}H_{16}$	586-62-9	0.011
邻-异丙基苯	9.73	945	$C_{10}H_{14}$	527-84-4	0.605
（-）-β-蒎烯	9.86	861	$C_{10}H_{16}$	18172-67-3	0.119
γ-松油烯	11.02	944	$C_{10}H_{16}$	99-85-4	2.386
顺式-水合桧烯	11.79	869	$C_{10}H_{18}O$	15537-55-0	0.016
芳樟醇	13.15	885	$C_{10}H_{18}O$	78-70-6	0.014
反式-β-松油醇	13.5	922	$C_{10}H_{18}O$	7299-41-4	0.081
6,6-二甲基-2- 亚甲基-降蒎烷-3-酮	16.21	850	$C_{10}H_{14}O$	16812-40-1	0.011
1,3,4-三甲基-3-环己烯-1-羧醛	16.39	857	$C_{10}H_{16}O$	40702-26-9	0.069
4-萜烯醇	17.31	855	$C_{10}H_{18}O$	562-74-3	0.039
4-异丙基环己-2-烯-1-酮	17.66	858	$C_9H_{14}O$	500-02-7	0.011
（4-异丙基-1,3- 环己二烯-1-基）甲醇	18.00	854	$C_{10}H_{16}O$	1413-55-4	0.260
α-松油醇	18.38	909	$C_{10}H_{18}O$	98-55-5	0.080
2,5-二甲基-3-乙烯基-1,4-己二烯	19.75	844	$C_{10}H_{16}$	2153-66-4	0.015
4-异丙基苯甲醛	21.09	961	$C_{10}H_{12}O$	122-03-2	26.802
水芹醛	22.92	934	$C_{10}H_{16}O$	21391-98-0	0.033
苯己醇	24.37	831	$C_{12}H_{18}O$	4471-05-0	64.132
2-羟基-3-（3-甲基-2- 丁烯基）-3-环戊烯-1-酮	28.19	831	$C_{10}H_{14}O_2$	69745-70-6	0.032
白菖烯	29.03	849	$C_{15}H_{24}$	17334-55-3	0.441
γ-穆罗烯	29.43	856	$C_{15}H_{24}$	30021-74-0	0.106

（续表）

化合物名称	保留时间（min）	匹配度	分子式	CAS 号	相对含量（%）
4-异丙基苯甲醇	30.07	848	$C_{10}H_{14}O$	536-60-7	0.028
β-石竹烯	31.44	958	$C_{15}H_{24}$	87-44-5	0.245
1,2,3,4,4a,7-六氢-1,6-二甲基-4-(1-甲基乙基)-萘	31.85	772	$C_{15}H_{24}$	16728-99-7	0.027
2,6-二甲基-6-(4-甲基-3-戊烯基)双环[3.1.1]庚-2-烯	32.48	958	$C_{15}H_{24}$	17699-05-7	0.190
(4-异丙基-1,4-环己二烯-1-基)甲醇	33.03	868	$C_{10}H_{16}O$	22539-72-6	0.007
α-葎草烯	33.54	880	$C_{15}H_{24}$	6753-98-6	0.027
(E)-β-金合欢烯	33.90	944	$C_{15}H_{24}$	28973-97-9	0.779
荜澄茄烯	34.64	884	$C_{15}H_{24}$	13744-15-5	0.340
(1R,4S,5S)-1,8-二甲基-4-丙-1-烯-2-基-螺[4.5]癸-8-烯	34.89	904	$C_{15}H_{24}$	24048-44-0	0.443
α-雪松烯	36.56	877	$C_{15}H_{24}$	3853-83-6	0.120
(S)-1-甲基-4-(5-甲基-1-亚甲基-4-己烯基)环己烯	37.39	926	$C_{15}H_{24}$	495-61-4	0.138
(+)-α-长叶蒎烯	37.72	869	$C_{15}H_{24}$	5989-08-2	0.017
β-倍半水芹烯	38.33	937	$C_{15}H_{24}$	20307-83-9	0.021
δ-榄香烯	38.44	823	$C_{15}H_{24}$	20307-84-0	0.013
α-广藿香烯	38.72	818	$C_{15}H_{24}$	560-32-7	0.014
石竹素	41.37	904	$C_{15}H_{24}O$	1139-30-6	0.024
胡萝卜次醇	42.20	940	$C_{15}H_{26}O$	465-28-1	0.118
1H-环丁烷[c]戊烯-5-酮,2,2a,4a,5,6,7-六氢-2,2,4a-三甲基	45.45	761	$C_{13}H_{18}O$	81532-22-1	0.013

65 檀 香

65.1 檀香的分布、形态特征与利用情况

65.1.1 分 布

檀香（*Santalum album*）为檀香科（Santalaceae）檀香属（*Santalum*）植物。原产于太平洋岛屿，现以印度栽培最多。我国广东、海南、台湾有栽培。

65.1.2 形态特征

常绿乔木，高约 10 m；枝圆柱状，带灰褐色，具条纹，有多数皮孔和半圆形的叶痕；小枝细长，淡绿色，节间稍肿大。叶椭圆状卵形，膜质，长 4~8 cm，宽 2~4 cm，顶端锐尖，基部楔形或阔楔形，边缘波状，稍外折，背面有白粉，中脉在背面凸起，侧脉约 10 对，网脉不明显；叶柄细长，长 1.0~1.5 cm。三歧聚伞式圆锥花序腋生或顶生，长 2.5~4.0 cm；苞片 2 枚，微小，位于花序的基部，钻状披针形，长 2.5~3.0 mm，早落；总花梗长 2~5 cm；花梗长 2~4 mm，有细条纹；花长 4.0~4.5 mm，直径 5~6 mm；花被管钟状，长约 2 mm，淡绿色；花被 4 裂，裂片卵状三角形，长 2.0~2.5 mm，内部初时绿黄色，后呈深棕红色；雄蕊 4 枚，长约 2.5 mm，外伸；花盘裂片卵圆形，长约 1 mm；花柱长 3 mm，深红色，柱头 3~4 浅裂。核果长 1.0~1.2 cm，直径约 1 cm，外果皮肉质多汁，成熟时深紫红色至紫黑色，顶端稍平坦，花被残痕直径 5~6 mm，内果皮具纵棱 3~4 条。花期 5—6 月，果期 7—9 月。

65.1.3 利用情况

檀香树干的边材白色，无气味，心材黄褐色，有强烈香气，是贵重的药材和名贵的香料，并为雕刻工艺的良材。我国进口檀香的历史已有 1000 多年。

65.2　檀香香气物质的提取及检测分析

65.2.1　顶空固相微萃取

将檀香的树皮用剪刀剪碎后准确称取 1.5198 g，放入固相微萃取瓶中，密封。在 40℃水浴中平衡 10 min，用 PDMS/DVB 萃取头吸附 15 min。采用气相色谱－质谱仪（GC-MS）对其成分进行检测分析。

65.2.2　GC-MS 检测分析

GC 分析条件：采用 DB－WAX 色谱柱（30 m × 0.25 mm × 0.25 μm），氦气（99.999%）流速为 1.0 mL/min，进样口温度为 250℃；起始温度为 60℃，保持 1 min，然后以 5℃/min 的速率升温至 85℃，保持 1 min，以 0.5℃/min 的速率升温至 95℃，保持 1 min，以 2℃/min 的速率升温至 125℃，以5℃/min的速率升温至 160℃，以 15℃/min 的速率升温至 230℃，保持 3 min；不分流进样，样品解吸附 5 min。

MS 分析条件：EI 离子源，电离能量 70 eV，离子源温度 230℃；传输线温度 250℃，质量扫描范围（m/z）30~400，采集速率 10 spec/s，溶剂延迟 180 s。

检测分析结果见图和表。

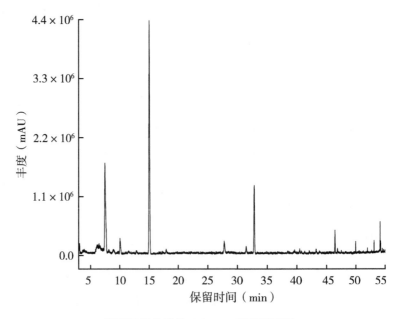

檀香香气物质的 GC-MS 总离子流图

檀香香气物质的组成及相对含量明细表

化合物名称	保留时间（min）	匹配度	分子式	CAS 号	相对含量（%）
5-羟基-2,3-二甲基-2-环戊烯酮	3.68	708	$C_7H_{10}O_2$	58649-31-3	1.844
异-丙烯基环丙烷	6.03	788	C_6H_{10}	4663-22-3	5.584
3-庚炔-1-醇	6.10	773	$C_7H_{12}O$	14916-79-1	3.313
3-己烯-1-醇	6.21	806	$C_6H_{12}O$	544-12-7	1.778
顺-3-己烯-1-醇	6.26	776	$C_6H_{12}O$	928-96-1	5.115
4-己烯-1-醇	6.45	843	$C_6H_{12}O$	928-92-7	3.515
3-甲基-4-戊醇	6.57	838	$C_6H_{12}O$	51174-44-8	1.974
顺-α,α-5-三甲基-5-乙烯基四氢化呋喃-2-甲醇	11.53	741	$C_{10}H_{18}O_2$	5989-33-3	3.034
二十二碳六烯酸	17.91	767	$C_{22}H_{32}O_2$	6217-54-5	4.722
4-氨基庚二酸	18.83	717	$C_7H_{13}NO_4$	7766-85-0	1.234
3,5-二甲基环己醇	19.61	769	$C_8H_{16}O$	5441-52-1	1.487
3,4,4a,5,6,8a-六氢-2,5,58a-四甲基-(2S,4aS,8aR)-2H-1-苯并吡喃	27.78	780	$C_{13}H_{22}O$	63335-66-0	18.569
七甲基壬烷	31.45	783	$C_{16}H_{34}$	4390-04-9	9.645
3-乙基-5-(2-乙基丁基)十八烷	39.48	752	$C_{26}H_{54}$	55282-12-7	1.387
白菖烯	39.63	745	$C_{15}H_{24}$	17334-55-3	3.619
β-石竹烯	40.48	789	$C_{15}H_{24}$	87-44-5	5.466
5,9-十四碳二炔	42.06	791	$C_{14}H_{22}$	51255-61-9	1.907
8-亚甲基双环[5.1.0]辛烷	43.25	825	C_9H_{14}	54211-15-3	4.187
(S)-1-甲基-4-(5-甲基-1-亚甲基-4-己烯基)环己烯	46.87	749	$C_{15}H_{24}$	495-61-4	3.845
水杨酸-2-乙基己基酯	54.13	738	$C_{15}H_{22}O_3$	118-60-5	11.069
肉豆蔻酸异丙酯	54.23	772	$C_{17}H_{34}O_2$	110-27-0	3.473
水杨酸高孟酯	55.02	752	$C_{16}H_{22}O_3$	52253-93-7	1.978

66 柠檬桉

66.1 柠檬桉的分布、形态特征与利用情况

66.1.1 分 布

柠檬桉（*Eucalyptus citriodora*）为桃金娘科（Myrtaceae）桉属（*Eucalyptus*）植物。原产于澳大利亚东部及东北部无霜冻的海岸地带，最高海拔分布为 600 m，年降水量为 600~1000 mm，喜肥沃壤土。目前广东、广西及福建南部有栽种，尤以广东最常见，在广东北部及福建生长良好。

66.1.2 形态特征

大乔木，高 28 m，树干挺直；树皮光滑，灰白色，大片状脱落。幼态叶片披针形，有腺毛，基部圆形，叶柄盾状着生；成熟叶片狭披针形，宽约 1 cm，长 10~15 cm，稍弯曲，两面有黑腺点，揉之有浓厚的柠檬气味；过渡性叶阔披针形，宽 3~4 cm，长 15~18 cm；叶柄长 1.5~2 cm。圆锥花序腋生；花梗长 3~4 mm，有 2 棱；花蕾长倒卵形，长 6~7 mm；萼管长 5 mm，上部宽 4 mm；帽状体长 1.5 mm，比萼管稍宽，先端圆，有 1 个小尖突；雄蕊长 6~7 mm，排成 2 列，花药椭圆形，背部着生，药室平行。蒴果壶形，长 1.0~1.2 cm，宽 8~10 mm，果瓣藏于萼管内。花期 4—9 月。

66.1.3 利用情况

柠檬桉木材纹理较直，易加工，质稍脆，伐后经水浸渍，能提高抗虫害蛀食的能力；用于造船，耐海水浸渍，能防止船蛆侵蚀，是造船的好木材。叶可蒸提桉油，供香料用，枝叶含油量为 0.8%，大部分为柠檬醛，还有少量酸类和醇类等。也经常做行道树。

66.2　柠檬桉香气物质的提取及检测分析

66.2.1　水蒸气蒸馏

依据 GB/T 30385—2013《香辛料和调味品　挥发油含量的测定》对柠檬桉叶片中的香气物质进行提取。将柠檬桉叶片破碎，准确称取 100.00 g，放入 1000 mL 带有磨砂接口的圆底烧瓶中，加入 500 mL 去离子水，上接挥发油收集器和冷凝管，冷凝管冷却用水为冷却循环泵提供，可将冷却温度调节至 5℃ 以下以增强冷却效果。蒸馏提取 3～4 h，提取出来的柠檬桉精油用正己烷稀释 200 倍，经无水硫酸钠脱除水分后采用气相色谱-质谱仪（GC-MS）对其成分进行检测分析。

66.2.2　GC-MS 检测分析

GC 分析条件：采用 DB-5Ms 色谱柱（30 m×0.25 mm×0.25 μm），氦气（99.999%）流速为 1.0 mL/min，进样口温度为 250℃，分流比 5∶1，进样量为 1.0 μL；起始柱温设置为 50℃，保持 1 min，然后以 4℃/min 的速率升温至 80℃，以 3℃/min 的速率升温至 120℃，以 10℃/min 的速率升温至 230℃，以 20℃/min 的速率升温至 280℃，保持 3 min。

MS 分析条件：EI 离子源，电离能量 70 eV，离子源温度 230℃；传输线温度 250℃，质量扫描范围（m/z）30～400，采集速率 10 spec/s，溶剂延迟 300 s。

检测分析结果见图和表。

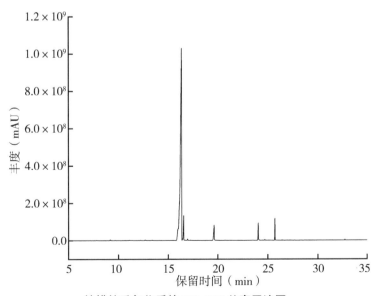

柠檬桉香气物质的 GC-MS 总离子流图

柠檬桉香气物质的组成及相对含量明细表

化合物名称	保留时间（min）	匹配度	分子式	CAS 号	相对含量（%）
1-异丙基-3-甲基环戊烷	5.84	768	C_9H_{18}	53771-88-3	0.012
异丁酸丁酯	7.16	856	$C_8H_{16}O_2$	97-87-0	0.033
α-侧柏烯	7.58	873	$C_{10}H_{16}$	2867-05-2	0.010
α-蒎烯	7.79	905	$C_{10}H_{16}$	2437-95-8	0.073
3-异丙基-6-亚甲基-1-环己烯	9.07	845	$C_{10}H_{16}$	555-10-2	0.007
β-蒎烯	9.17	910	$C_{10}H_{16}$	127-91-3	0.288
水芹烯	10.16	804	$C_{10}H_{16}$	99-83-2	0.007
2-甲基丙酸-3-甲基丁酯	10.38	903	$C_9H_{18}O_2$	2050-01-3	0.010
2-甲基丁基异丁酸酯	10.51	863	$C_9H_{18}O_2$	2445-69-4	0.006
邻-异丙基苯	10.93	899	$C_{10}H_{14}$	527-84-4	0.010
桉叶油醇	11.10	867	$C_{10}H_{18}O$	470-82-6	0.160
(-)-α-蒎烯	11.38	901	$C_{10}H_{16}$	7785-26-4	0.050
2,6-二甲基-5-庚烯醛	12.00	838	$C_9H_{16}O$	106-72-9	0.024
γ-松油烯	12.20	891	$C_{10}H_{16}$	99-85-4	0.089
2-甲基-1-壬烯-3-炔	12.66	906	$C_{10}H_{16}$	70058-00-3	0.165
萜品油烯	13.36	909	$C_{10}H_{16}$	586-62-9	0.144
芳樟醇	14.08	810	$C_{10}H_{18}O$	78-70-6	0.024
2,6-二甲基庚-5-烯-1-醇	15.52	861	$C_9H_{18}O$	4234-93-9	0.016
(+)-香茅醛	16.40	928	$C_{10}H_{18}O$	2385-77-5	87.172
异蒲勒醇	16.59	943	$C_{10}H_{18}O$	89-79-2	3.862
α-松油醇	18.01	871	$C_{10}H_{18}O$	98-55-5	0.031
香茅油	19.63	931	$C_{10}H_{20}O$	106-22-9	3.487
香叶醇	20.66	821	$C_{10}H_{18}O$	106-24-1	0.039
(2Z,6E)-3,7,11-三甲基十二碳-2,6,10-三烯-1-醇	21.29	766	$C_{15}H_{26}O$	3790-71-4	0.012
异丁酸苄酯	22.33	883	$C_{11}H_{14}O_2$	103-28-6	0.015
2-甲氧基-4-乙烯苯酚	23.40	786	$C_9H_{10}O_2$	7786-61-0	0.011
(6E)-2,6-二甲基辛-2,6-二烯	24.04	873	$C_{10}H_{18}$	2792-39-4	2.010

（续表）

化合物名称	保留时间（min）	匹配度	分子式	CAS 号	相对含量（%）
反式-4-(1-羟基-1-甲基乙基)-1-甲基环己-1-醇	24.33	827	$C_{10}H_{20}O_2$	2451-01-6	0.017
丁香酚	24.46	853	$C_{10}H_{12}O_2$	97-53-0	0.038
2-(2-羟基-2-丙基)-5-甲基环己醇	24.69	815	$C_{10}H_{20}O_2$	138663-70-4	0.103
反式-3,7-二甲基-2,6-辛二烯乙酸酯	24.83	882	$C_{12}H_{20}O_2$	16409-44-2	0.024
β-榄香烯	25.08	847	$C_{15}H_{24}$	110823-68-2	0.025
异丁酸苯乙酯	25.18	886	$C_{12}H_{16}O_2$	103-48-0	0.021
茉莉酮	25.30	857	$C_{11}H_{16}O$	488-10-8	0.016
β-石竹烯	25.72	931	$C_{15}H_{24}$	87-44-5	1.801
α-葎草烯	26.44	895	$C_{15}H_{24}$	6753-98-6	0.044
香橙烯	26.56	833	$C_{15}H_{24}$	109119-91-7	0.008
丁酸香茅酯	26.85	861	$C_{14}H_{26}O_2$	141-16-2	0.009
大根香叶烯	26.95	896	$C_{15}H_{24}$	23986-74-5	0.021
γ-榄香烯	27.22	873	$C_{15}H_{24}$	339154-91-5	0.037
δ-杜松烯	27.65	906	$C_{15}H_{24}$	483-76-1	0.029
石竹素	28.68	823	$C_{15}H_{24}O$	1139-30-6	0.022
9-异亚丙基双环[6.1.0]壬烷	32.33	818	$C_{12}H_{20}$	56666-90-1	0.006
反式-β-金合欢烯	33.20	711	$C_{15}H_{24}$	18794-84-8	0.006

67 互叶白千层

67.1 互叶白千层的分布、形态特征与利用情况

67.1.1 分 布

互叶白千层（*Melaleuca alternifolia*）为桃金娘科（Myrtaceae）白千层属（*Melaleuca*）植物。原产于澳大利亚，我国广东、台湾、福建、广西等地均有栽培。

67.1.2 形态特征

乔木，高 18 m；树皮灰白色，厚而松软，呈薄层状剥落；嫩枝灰白色。叶互生，叶片革质，披针形或狭长圆形，长 4~10 cm，宽 1~2 cm，两端尖，基出脉 3~7 条，多油腺点，香气浓郁；叶柄极短。花白色，密集于枝顶成穗状花序，长达 15 cm，花序轴常有短毛；萼管卵形，长 3 mm，有毛或无毛，萼 5 齿，圆形，长约 1 mm；花瓣 5 枚，卵形，长 2~3 mm，宽 3 mm；雄蕊约长 1 cm，常 5~8 枚成束；花柱线形，比雄蕊略长。蒴果近球形，直径 5~7 mm。花期每年多次。

67.1.3 利用情况

茶树油是从白千层的枝叶中加工提炼出的一种芳香油，具有抗菌、消毒、止痒、防腐等作用，是洗涤剂、美容保健品等日用化工品和医疗用品的重要原料之一，市场需求广泛。互叶白千层树栽培当年能采收，每年可采收枝叶 2 次，每亩可采收 2000 ~ 3000 kg，每年每亩增加收入达 1800~2700 元。同时，互叶白千层树还是优良的绿化树种，常作行道树，树皮易引起火灾，不宜于造林。树皮及叶供药用，有镇静之效。

67.2 互叶白千层香气物质的提取及检测分析

67.2.1 顶空固相微萃取

将互叶白千层的叶片用剪刀剪碎后准确称取 0.4075 g，放入固相微萃取瓶中，密封。在 40℃水浴中平衡 5 min，用 PDMS/DVB 萃取头吸附 10 min。采用全二维气相色谱-飞行时间质谱仪（GC-TOF/MS）对其成分进行检测分析。

67.2.2 GC-TOF/MS 检测分析

GC 分析条件：采用 DB-WAX 色谱柱（30 m × 0.25 mm × 0.25 μm），设置分流比为 4∶1，进样口温度为 250℃，氦气（99.999%）流速为 1.0 mL/min；起始柱温设置为 60℃，保持 1 min，然后以 4℃/min 的速率升温至 94℃，保持 2 min，以 5℃/min 的速率升温至 144℃，保持 1 min，以 8℃/min 的速率升温至 230℃，保持 3 min；样品解吸附 5 min。

TOF/MS 分析条件：EI 离子源，电离能量 70 eV，离子源温度 230℃；传输线温度 250℃，质量扫描范围（m/z）30~400，采集速率 10 spec/s，溶剂延迟 300 s。

检测分析结果见图和表。

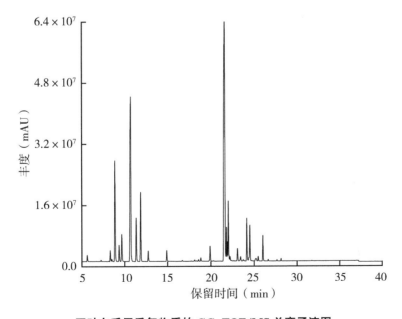

互叶白千层香气物质的 GC-TOF/MS 总离子流图

互叶白千层香气物质的组成及相对含量明细表

化合物名称	保留时间（min）	匹配度	分子式	CAS 号	相对含量（%）
α-侧柏烯	5.62	858	$C_{10}H_{16}$	2867-05-2	0.462
(-)-β-蒎烯	7.24	809	$C_{10}H_{16}$	18172-67-3	0.090
3-异丙基-6-亚甲基-1-环己烯	8.13	794	$C_{10}H_{16}$	555-10-2	0.024
月桂烯	8.31	863	$C_{10}H_{16}$	123-35-3	0.798
水芹烯	8.50	850	$C_{10}H_{16}$	99-83-2	0.170
松油烯	8.87	920	$C_{10}H_{16}$	99-86-5	8.240
(S)-(-)-柠檬烯	9.35	907	$C_{10}H_{16}$	5989-54-8	1.215
桉叶油醇	9.67	872	$C_{10}H_{18}O$	470-82-6	2.276
γ-松油烯	10.73	939	$C_{10}H_{16}$	99-85-4	20.362
苯乙烯	10.80	754	C_8H_8	100-42-5	0.205
邻-异丙基苯	11.37	957	$C_{10}H_{14}$	527-84-4	3.341
萜品油烯	11.89	924	$C_{10}H_{16}$	586-62-9	5.325
乙酸叶醇酯	12.76	891	$C_8H_{14}O_2$	3681-71-8	0.753
3-己烯-1-醇	14.91	914	$C_6H_{12}O$	544-12-7	0.773
1-甲基-4-(1-甲基乙烯基)苯	16.73	843	$C_{10}H_{12}$	1195-32-0	0.061
(-)-α-荜澄茄油烯	17.74	762	$C_{15}H_{24}$	17699-14-8	0.030
2,5-二甲基-3-亚甲基-1,5-庚二烯	18.35	781	$C_{10}H_{16}$	74663-83-5	0.042
(-)-α-蒎烯	18.83	826	$C_{15}H_{24}$	3856-25-5	0.235
芳樟醇	19.82	686	$C_{10}H_{18}O$	78-70-6	0.048
(-)-异喇叭烯	19.92	834	$C_{15}H_{24}$	95910-36-4	1.063
(-)-α-新丁香三环烯	20.28	798	$C_{15}H_{24}$	4545-68-0	0.037
乙酸芳樟酯	21.50	763	$C_{12}H_{20}O_2$	115-95-7	4.187
4-萜烯醇	21.63	937	$C_{10}H_{18}O$	562-74-3	35.404
(-)-异丁香烯	21.81	879	$C_{15}H_{24}$	118-65-0	1.390
(+)-香橙烯	22.02	877	$C_{15}H_{24}$	489-39-4	4.152
δ-愈创木烯	22.21	789	$C_{15}H_{24}$	3691-11-0	0.214
反式-摩勒-3,5 二烯	22.64	746	$C_{15}H_{24}$	157374-44-2	0.033

化合物名称	保留时间（min）	匹配度	分子式	CAS 号	相对含量（%）
顺式-摩勒-3,5 二烯	23.42	784	$C_{15}H_{24}$	157477-72-0	0.421
α-罗勒烯	23.73	795	$C_{10}H_{16}$	502-99-8	0.143
α-松油醇	24.15	928	$C_{10}H_{18}O$	98-55-5	2.787
δ-芹子烯	24.37	759	$C_{15}H_{24}$	473-14-3	0.226
(+)-喇叭烯	24.50	849	$C_{15}H_{24}$	21747-46-6	3.009
2-甲基-6-亚甲基-1,7-辛二烯	25.14	709	$C_{10}H_{16}$	1686-30-2	0.083
(Z,E)-α-金合欢烯	25.24	736	$C_{15}H_{24}$	26560-14-5	0.139
2,5-二甲基-3-乙烯基-1,4-己二烯	25.46	813	$C_{10}H_{16}$	2153-66-4	0.321
δ-紫穗槐烯	26.01	841	$C_{15}H_{24}$	189165-79-5	1.677
荜澄茄油宁烯	26.61	793	$C_{15}H_{24}$	16728-99-7	0.103
3-亚甲基-2-戊酮	31.70	761	$C_6H_{10}O$	4359-77-7	0.037

68 溪畔白千层

68.1 溪畔白千层的分布、形态特征与利用情况

68.1.1 分　布

溪畔白千层（*Melaleuca bracteata*）为桃金娘科（Myrtaceae）白千层属（*Melaleuca*）常绿灌木或小乔木。又称黄金香柳、千层金，原产于澳大利亚、荷兰、新西兰等国家，适宜中国南方大部分地区种植。喜欢温暖湿润的气候，抗旱又抗涝，耐土壤贫瘠，但肥沃疏松、透气保水的砂壤土最适合其生长。

68.1.2 形态特征

树高可达6~8 m，冠幅锥形。主干直立，小枝细柔至下垂，微红色，被柔毛。叶片互生，革质，金黄色，披针形或狭长圆形，长1~2 cm，宽2~3 mm，两端尖，基出5脉，具油腺点，香气浓郁。穗状花序生于枝顶，花后花序轴能继续伸长；花白色；萼管卵形，先端5小圆齿裂；花瓣5枚；雄蕊多数，分成5束；花柱略长于雄蕊。果实为蒴果，近球形，3裂。

68.1.3 利用情况

溪畔白千层枝条细长柔软，嫩枝红色，叶秋、冬、春三季表现为金黄色，夏季由于温度较高为鹅黄色，芳香宜人，是著名的色叶观赏树种，广泛用于庭园、道路、居住区绿化，还可修剪成球形、伞形、金字塔形等点缀园林空间，也是沿海地区不可多得的优良景观树种，适于海滨及人工填海造地的绿化造景、防风固沙；气味芳香怡人，枝叶可提取香精，是高级化妆品的原料；也可作香薰或用来熬水沐浴，香气清新，舒筋活络，有良好的保健功效。

68.2 溪畔白千层香气物质的提取及检测分析

68.2.1 顶空固相微萃取

将溪畔白千层的叶片用剪刀剪碎后准确称取 0.4986 g，放入固相微萃取瓶中，密封。在 40℃水浴中平衡 10 min，用 PDMS/DVB 萃取头吸附 15 min。采用全二维气相色谱-飞行时间质谱仪（GC-TOF/MS）对其成分进行检测分析。

68.2.2 GC-TOF/MS 检测分析

GC 分析条件：采用 DB-WAX 色谱柱（30 m × 0.25 mm × 0.25 μm），设置分流比为3∶1，进样口温度为250℃，氦气（99.999%）流速为 1.0 mL/min；起始柱温设置为50℃，保持0.2 min，然后以2℃/min 的速率升温至60℃，保持 1 min，以5℃/min 的速率升温至160℃，保持 1 min，以8℃/min 的速率升温至230℃，保持 3 min；样品解吸附 5 min。

TOF/MS 分析条件：EI 离子源，电离能量 70 eV，离子源温度230℃；传输线温度250℃，质量扫描范围（m/z）30~400，采集速率 10 spec/s，溶剂延迟 300 s。

检测分析结果见图和表。

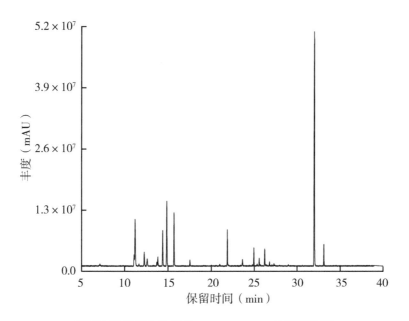

溪畔白千层香气物质的 GC-TOF/MS 总离子流图

溪畔白千层香气物质的组成及相对含量明细表

化合物名称	保留时间 （min）	匹配度	分子式	CAS 号	相对含量 （%）
乙酸异丁酯	6.61	752	$C_6H_{12}O_2$	110-19-0	0.06
4-双环[3.1.0]己-2-烯	7.12	815	$C_{10}H_{16}$	28634-89-1	0.46
桧烯	9.45	784	$C_{10}H_{16}$	3387-41-5	0.04
月桂烯	11.10	842	$C_{10}H_{16}$	123-35-3	1.92
水芹烯	11.21	905	$C_{10}H_{16}$	99-83-2	9.40
γ-松油烯	11.65	800	$C_{10}H_{16}$	99-85-4	0.34
（S）-（-）-柠檬烯	12.26	888	$C_{10}H_{16}$	5989-54-8	2.42
3-异丙基-6-亚甲基-1-环己烯	12.55	821	$C_{10}H_{16}$	555-10-2	1.62
（3E）-3,7-二甲基辛-1,3,6-三烯	13.30	758	$C_{10}H_{16}$	3779-61-1	0.10
α-侧柏烯	13.71	767	$C_{10}H_{16}$	2867-05-2	0.58
苯乙烯	13.85	848	C_8H_8	100-42-5	1.51
4-异丙基甲苯	14.39	944	$C_{10}H_{14}$	99-87-6	5.72
萜品油烯	14.86	921	$C_{10}H_{16}$	586-62-9	10.77
（R）-（-）-2-戊醇	15.70	931	$C_5H_{12}O$	31087-44-2	7.53
丙基环丙烷	16.67	760	C_6H_{12}	2415-72-7	0.05
3-己烯-1-醇	17.54	890	$C_6H_{12}O$	544-12-7	0.80
2-异丙烯基甲苯	19.13	756	$C_{10}H_{12}$	7399-49-7	0.08
（-）-α-荜澄茄油烯	20.01	780	$C_{15}H_{24}$	17699-14-8	0.14
（-）-α-蒎烯	20.99	791	$C_{15}H_{24}$	3856-25-5	0.27
芳樟醇	21.87	871	$C_{10}H_{18}O$	78-70-6	4.71
（-）-异丁香烯	23.62	823	$C_{15}H_{24}$	118-65-0	1.06
4-烯丙基苯甲醚	24.95	903	$C_{10}H_{12}O$	140-67-0	2.19
α-罗勒烯	25.32	760	$C_{10}H_{16}$	502-99-8	0.31
α-松油醇	25.58	844	$C_{10}H_{18}O$	98-55-5	1.05
大根香叶烯	25.72	756	$C_{15}H_{24}$	23986-74-5	0.16
β-古巴烯	26.22	844	$C_{15}H_{24}$	18252-44-3	2.57
2,5-二甲基-3-乙烯基-1,4-己二烯	26.78	797	$C_{10}H_{16}$	2153-66-4	0.53

（续表）

化合物名称	保留时间（min）	匹配度	分子式	CAS 号	相对含量（%）
（R）-（+）-β-香茅醇	27.07	776	$C_{10}H_{20}O$	1117-61-9	0.15
δ-杜松烯	27.29	801	$C_{15}H_{24}$	483-76-1	0.27
甲基丁香酚	32.04	906	$C_{11}H_{14}O_2$	93-15-2	40.81
反式-肉桂酸甲酯	33.12	889	$C_{10}H_{10}O_2$	1754-62-7	2.34
顺式-甲基异丁香油酚	34.52	804	$C_{11}H_{14}O_2$	6380-24-1	0.05

69 多香果

69.1 多香果的分布、形态特征与利用情况

69.1.1 分 布

多香果（*Pimenta dioica*）为桃金娘科（Myrtaceae）多香果属（*Pimenta*）植物。分布于西印度群岛和中美洲。

69.1.2 形态特征

高大常绿乔木，树皮具芳香气味。叶片长椭圆形，全缘，革质，叶面光亮，有芳香味。花簇生于叶腋，花朵细小，花冠白色，充满香气。浆果圆球形，青绿色，成熟时深绿色，外皮粗糙，顶端有小突起，类似黑胡椒，果实内有种子 2 颗，有强烈的芳香和辛辣味。花期 4—6 月。

69.1.3 利用情况

浆果可提取高级香料。有类似丁香、桂皮和肉豆蔻的综合香味。广泛用作烘烤、腌制食品以及配制肉馅的香料。有抗菌、杀菌、减轻肠胃气胀和促进消化的作用。

69.2 多香果香气物质的提取及检测分析

69.2.1 顶空固相微萃取

将多香果的叶片用剪刀剪碎后准确称取 0.2086 g，放入固相微萃取瓶中，密封。在 40℃水浴中平衡 10 min，用 PDMS/DVB 萃取头吸附 15 min。采用气相色谱－质谱仪（GC-MS）对其成分进行检测分析。

69.2.2　GC-MS 检测分析

GC 分析条件：采用 DB-5Ms 色谱柱（30 m × 0.25 mm × 0.25 μm），氦气（99.999%）流速为 1.0 mL/min，进样口温度为 250℃，分流比 5∶1；起始温度为 60℃，保持 1 min，然后以 5℃/min 的速率升温至 85℃，保持 1 min，以 3℃/min 的速率升温至 130℃，保持 1 min，以 0.5℃/min 的速率升温至 145℃，以 15℃/min 的速率升温至 230℃，保持 3 min；样品解吸附 5 min。

MS 分析条件：EI 离子源，电离能量 70 eV，离子源温度 230℃；传输线温度 250℃，质量扫描范围（m/z）30~400，采集速率 10 spec/s，溶剂延迟 180 s。

检测分析结果见图和表。

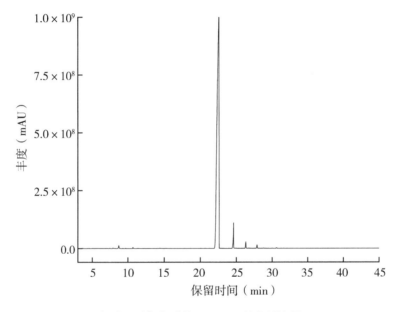

多香果香气物质的 GC-MS 总离子流图

多香果香气物质的组成及相对含量明细表

化合物名称	保留时间（min）	匹配度	分子式	CAS 号	相对含量（%）
3-己烯醛	3.59	803	$C_6H_{10}O$	4440-65-7	0.057
2-己烯醛	4.45	781	$C_6H_{10}O$	505-57-7	0.030
3-己烯-1-醇	5.21	858	$C_6H_{12}O$	544-12-7	0.025
顺-3-己烯-1-醇	5.53	881	$C_6H_{12}O$	928-96-1	0.017
1,9-癸二炔	6.04	797	$C_{10}H_{14}$	1720-38-3	0.010

（续表）

化合物名称	保留时间（min）	匹配度	分子式	CAS 号	相对含量（%）
顺-4-己烯-1-醇	6.79	806	$C_6H_{12}O$	928-91-6	0.004
3-环戊基-1-丙炔	7.44	809	C_8H_{12}	116279-08-4	0.044
水芹烯	7.90	876	$C_{10}H_{16}$	99-83-2	0.080
(-)-α-蒎烯	8.05	850	$C_{10}H_{16}$	7785-26-4	0.025
松油烯	8.26	816	$C_{10}H_{16}$	99-86-5	0.004
桉叶油醇	8.72	823	$C_{10}H_{18}O$	470-82-6	0.480
α-蒎烯	9.65	885	$C_{10}H_{16}$	2437-95-8	0.042
(E)-2,7-二甲基-3-辛烯-5-炔	10.70	854	$C_{10}H_{16}$	55956-33-7	0.143
芳樟醇	11.38	765	$C_{10}H_{18}O$	78-70-6	0.024
顺式-水合桧烯	13.12	666	$C_{10}H_{18}O$	15537-55-0	0.005
4-萜烯醇	14.40	808	$C_{10}H_{18}O$	562-74-3	0.057
2,4-癸二烯-1-醇	14.80	829	$C_{10}H_{18}O$	14507-02-9	0.004
α-松油醇	15.20	794	$C_{10}H_{18}O$	98-55-5	0.022
对烯丙基苯酚	18.98	738	$C_9H_{10}O$	501-92-8	0.003
2,5-二甲基-3-乙烯基-1,4-己二烯	20.72	853	$C_{10}H_{16}$	2153-66-4	0.016
丁香酚	22.60	930	$C_{10}H_{12}O_2$	97-53-0	94.616
β-榄香烯	23.24	748	$C_{15}H_{24}$	110823-68-2	0.007
(-)-α-古芸烯	23.94	798	$C_{15}H_{24}$	489-40-7	0.014
β-石竹烯	24.62	870	$C_{15}H_{24}$	87-44-5	2.589
荜澄茄烯	24.97	869	$C_{15}H_{24}$	13744-15-5	0.019
香树烯	25.48	847	$C_{15}H_{24}$	25246-27-9	0.007
α-葎草烯	26.32	904	$C_{15}H_{24}$	6753-98-6	0.803
香橙烯	26.65	890	$C_{15}H_{24}$	109119-91-7	0.036
异丁香酚	26.82	841	$C_{10}H_{12}O_2$	97-54-1	0.039
(-)-α-依兰油烯	27.62	900	$C_{15}H_{24}$	483-75-0	0.030
大根叶香烯	27.90	921	$C_{15}H_{24}$	23986-74-5	0.507

化合物名称	保留时间（min）	匹配度	分子式	CAS 号	相对含量（%）
γ-榄香烯	28.80	873	$C_{15}H_{24}$	339154-91-5	0.068
α-依兰油烯	29.09	834	$C_{15}H_{24}$	31983-22-9	0.013
γ-依兰油烯	30.01	774	$C_{15}H_{24}$	30021-74-0	0.030
δ-杜松烯	30.60	803	$C_{15}H_{24}$	483-76-1	0.106

70 红千层

70.1 红千层的分布、形态特征与利用情况

70.1.1 分 布

红千层（*Callistemon rigidus*）为桃金娘科（Myrtaceae）红千层属（*Callistemon*）小乔木。原产于澳大利亚，属热带树种。引进中国后，在中国多个地区都有栽种。广泛分布于南亚热带常绿阔叶林区、热带季雨林区和热带雨林区。

70.1.2 形态特征

小乔木；树皮坚硬，灰褐色；嫩枝有棱，初时有长丝毛，不久变无毛。叶片坚革质，线形，长 5~9 cm，宽 3~6 mm，先端尖锐，初时有丝毛，不久脱落，油腺点明显，干后突起，中脉在两面均突起，侧脉明显，边脉位于边上，突起；叶柄极短。穗状花序生于枝顶；萼管略被毛，萼齿半圆形，近膜质；花瓣绿色，卵形，长 6 mm，宽 4.5 mm，有油腺点；雄蕊长 2.5 cm，鲜红色，花药暗紫色，椭圆形；花柱比雄蕊稍长，先端绿色，其余红色。蒴果半球形，长 5 mm，宽 7 mm，先端平截，萼管口圆，果瓣稍下陷，3 片裂开，果片脱落；种子条状，长 1 mm。花期 6—8 月。

70.1.3 利用情况

红千层花形奇特，色彩鲜艳美丽，开放时火树红花，具有很高的观赏价值，被广泛应用于公园、庭院及街边绿地。红千层是香料植物，其小叶芳香，可供提香油。鲜叶出油率 0.75%~1.20%，主成分桉叶油醇含量较高，与"桉油大王"桉树不相上下，是生产桉叶油的植物资源。其精油可作为调制化妆品、香皂、日用品、洗涤剂的香精。枝叶可入药，味辛、性平，有祛风、化痰、消肿功效，主治感冒咳喘、风湿痹痛、湿疹和跌打肿痛等。

70.2 红千层香气物质的提取及检测分析

70.2.1 红千层香气物质的提取

70.2.1.1 顶空固相微萃取叶片中的香气物质

将红千层的叶片用剪刀剪碎后准确称取 0.4989 g，放入固相微萃取瓶中，密封。在 40℃水浴中平衡 10 min，用 PDMS/DVB 萃取头吸附 15 min。采用气相色谱-质谱仪（GC-MS）对其成分进行检测分析。

70.2.1.2 水蒸气蒸馏法提取精油

依据 GB/T 30385—2013《香辛料和调味品 挥发油含量的测定》对红千层叶片中的香气物质进行提取。将新鲜的红千层叶片剪碎，准确称取破碎后的红千层叶粉 40.00 g，放入 1000 mL 带有磨砂接口的圆底烧瓶中，加入 500 mL 去离子水，上接挥发油收集器和冷凝管，冷凝管冷却用水为冷却循环泵提供，可将冷却温度调节至 5℃以下以增强冷却效果。蒸馏提取 3~4 h，提取出来的红千层精油用正己烷稀释 200 倍，经无水硫酸钠脱除水分后，采用全二维气相-飞行时间质谱仪（GC-TOF/MS）对其成分进行检测分析。

70.2.2 GC-MS 和 GC-TOF/MS 检测分析

叶片样品 GC 检测分析条件：采用 DB-5Ms 色谱柱（30 m × 0.25 mm × 0.25 μm），进样口温度为 250℃，氦气（99.999%）流速为 1.0 mL/min；起始柱温设置为 60℃，保持 1 min，然后以 2℃/min 的速率升温至 85℃，保持 1 min，以 3℃/min 的速率升温至 130℃，保持 1 min，以 2℃/min 的速率升温至 160℃，以 10℃/min 的速率升温至 230℃，保持 3 min；分流比 5 : 1，样品解吸附 5 min。

红千层精油 GC 检测分析条件：采用 DB-5Ms 色谱柱（30 m × 0.25 mm × 0.25 μm），不分流，进样口温度为 250℃，氦气（99.999%）流速为 1.0 mL/min，进样量为 1.0 μL；起始柱温设置为 50℃，保持 1 min，然后以 4℃/min 的速率升温至 80℃，以 3℃/min 的速率升温至 120℃，以 10℃/min 的速率升温至 230℃，以 20℃/min 的速率升温至 280℃，保持 3 min。

叶片 MS 分析条件：EI 离子源，电离能量 70 eV，离子源温度 230℃；传输线温度 250℃，质量扫描范围（m/z）35~450，采集速率 10 spec/s，溶剂延迟 180 s。

精油 TOF/MS 分析条件：EI 离子源，电离能量 70 eV，离子源温度 230℃；传输线温度 250℃，质量扫描范围（m/z）35~450，采集速率 10 spec/s，溶剂延迟 300 s。

检测分析结果见图和表。

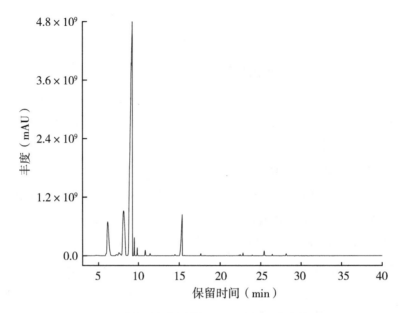

红千层叶片香气物质的 **GC–MS** 的总离子流图

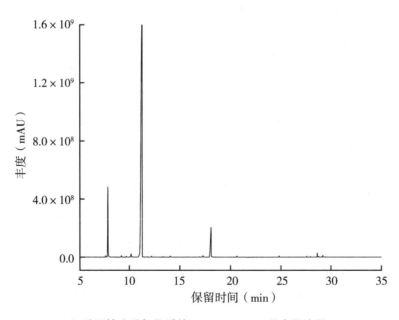

红千层精油香气物质的 **GC–TOF/MS** 总离子流图

红千层叶片香气物质的组成及相对含量明细表

化合物名称	保留时间（min）	匹配度	分子式	CAS 号	相对含量（%）
顺式-3-己烯醛	3.76	805	$C_6H_{10}O$	6789-80-6	0.004
3-己烯-1-醇	4.69	920	$C_6H_{12}O$	544-12-7	0.100
(+)-α-蒎烯	6.16	951	$C_{10}H_{16}$	7785-70-8	7.167
α-蒎烯	6.47	939	$C_{10}H_{16}$	2437-95-8	0.006
(-)-β-蒎烯	7.22	922	$C_{10}H_{16}$	18172-67-3	0.140
β-蒎烯	7.56	902	$C_{10}H_{16}$	127-91-3	0.533
水芹烯	8.14	899	$C_{10}H_{16}$	99-83-2	12.968
桉叶油醇	9.24	907	$C_{10}H_{18}O$	470-82-6	69.126
罗勒烯	9.49	934	$C_{10}H_{16}$	13877-91-3	0.890
γ-松油烯	9.86	919	$C_{10}H_{16}$	99-85-4	0.462
萜品油烯	10.85	934	$C_{10}H_{16}$	586-62-9	0.477
芳樟醇	11.43	902	$C_{10}H_{18}O$	78-70-6	0.215
别罗勒烯	12.36	885	$C_{10}H_{16}$	7216-56-0	0.023
顺式-4-(异丙基)-1-甲基环己-2-烯-1-醇	12.98	782	$C_{10}H_{18}O$	29803-82-5	0.005
1-乙基-5-甲基环戊烯	13.93	835	C_8H_{14}	97797-57-4	0.004
(+)-神圣亚麻醇	14.12	792	$C_{10}H_{18}O$	21149-19-9	0.033
4-萜烯醇	14.46	874	$C_{10}H_{18}O$	562-74-3	0.150
α-松油醇	15.36	908	$C_{10}H_{18}O$	98-55-5	6.126
(z)-沙宾醇	15.63	827	$C_{10}H_{16}O$	3310-02-9	0.016
橙花醇	17.65	935	$C_{10}H_{18}O$	106-25-2	0.168
(E)-3,7-二甲基-2,6-辛二烯醛	18.16	881	$C_{10}H_{16}O$	141-27-5	0.018
异丁酸苄酯	19.29	881	$C_{11}H_{14}O_2$	103-28-6	0.005
6,7-二甲基-1,2,3,5,8,8a-六氢萘	19.86	844	$C_{12}H_{18}$	107914-92-1	0.010
2-乙基-2-己烯醛	20.49	790	$C_8H_{14}O$	645-62-5	0.016
(1S,2S,5S)-双环[3.1.0]己-3-烯-2-醇	20.69	793	$C_{10}H_{16}O$	97631-68-0	0.007
γ-榄香烯	20.78	865	$C_{15}H_{24}$	339154-91-5	0.027

（续表）

化合物名称	保留时间（min）	匹配度	分子式	CAS 号	相对含量（%）
红没药醇	21.34	764	$C_{15}H_{26}O$	515-69-5	0.008
3-癸炔-2-醇	21.66	781	$C_{10}H_{18}O$	69668-93-5	0.006
2-甲氧基-3-(2-丙烯基)-苯酚	22.09	886	$C_{10}H_{12}O_2$	1941-12-4	0.018
异喇叭烯	22.28	884	$C_{15}H_{24}$	29484-27-3	0.040
(-)-α-蒎烯	22.46	887	$C_{15}H_{24}$	3856-25-5	0.091
反-3,7-二甲基-2,6-辛二烯乙酸酯	22.82	939	$C_{12}H_{20}O_2$	16409-44-2	0.193
(-)-β-榄香烯	23.22	862	$C_{15}H_{24}$	110823-68-2	0.008
异丁酸苯乙酯	23.41	875	$C_{12}H_{16}O_2$	103-48-0	0.009
(-)-α-古芸烯	23.95	920	$C_{15}H_{24}$	489-40-7	0.062
α-芹子烯	24.21	860	$C_{15}H_{24}$	473-13-2	0.004
(-)-异丁香烯	24.46	867	$C_{15}H_{24}$	118-65-0	0.009
(4aR,8aR)-2-异亚丙基-4A,8-二甲基-1,2,3,4,4A,5,6,8A-八氢萘	25.17	834	$C_{15}H_{24}$	6813-21-4	0.007
γ-古芸烯	25.44	912	$C_{15}H_{24}$	22567-17-5	0.456
香橙烯	26.43	921	$C_{15}H_{24}$	109119-91-7	0.118
香树烯	26.95	894	$C_{15}H_{24}$	25246-27-9	0.009
巴伦西亚橘烯	28.14	891	$C_{15}H_{24}$	4630-07-3	0.208
异丁酸香叶酯	28.92	846	$C_{14}H_{24}O_2$	2345-26-8	0.005
δ-杜松烯	29.50	891	$C_{15}H_{24}$	483-76-1	0.011
(-)-斯巴醇	32.52	876	$C_{15}H_{24}O$	77171-55-2	0.019
3-十二烷基-2,5-呋喃二酮	34.80	711	$C_{16}H_{26}O_3$	59426-46-9	0.012

红千层精油香气物质的组成及相对含量明细表

化合物名称	保留时间（min）	匹配度	分子式	CAS 号	相对含量（%）
乙酸异戊酯	6.13	874	$C_7H_{14}O_2$	123-92-2	0.008
2,5-二甲基-2-已烯	6.35	811	C_8H_{16}	3404-78-2	0.007

（续表）

化合物名称	保留时间（min）	匹配度	分子式	CAS 号	相对含量（%）
异丁酸异丁酯	7.16	849	$C_8H_{16}O_2$	97-85-8	0.007
4-甲基-1-(1-甲基乙基)-双环[3.1.0]己烷二氢衍生物	7.57	916	$C_{10}H_{16}$	58037-87-9	0.246
(+)-α-蒎烯	7.81	951	$C_{10}H_{16}$	7785-70-8	10.985
β-蒎烯	9.17	923	$C_{10}H_{16}$	127-91-3	0.259
甲基庚烯酮	9.77	786	$C_8H_{14}O$	110-93-0	0.018
3,7,7-三甲基双环[4.1.0]庚-2-烯	9.97	833	$C_{10}H_{16}$	554-61-0	0.010
水芹烯	10.16	904	$C_{10}H_{16}$	99-83-2	0.592
2-甲基丙酸-3-甲基丁酯	10.37	905	$C_9H_{18}O_2$	2050-01-3	0.042
松油烯	10.59	876	$C_{10}H_{16}$	99-86-5	0.010
桉叶油醇	11.27	929	$C_{10}H_{18}O$	470-82-6	79.988
α-蒎烯	11.78	880	$C_{10}H_{16}$	2437-95-8	0.041
γ-松油烯	12.19	918	$C_{10}H_{16}$	99-85-4	0.140
萜品油烯	13.35	917	$C_{10}H_{16}$	586-62-9	0.064
芳樟醇	14.04	885	$C_{10}H_{18}O$	78-70-6	0.178
反式-4-(异丙基)-1-甲基环己-2-烯-1-醇	14.92	857	$C_{10}H_{18}O$	29803-81-4	0.014
(-)-反式-松香芹醇	15.65	888	$C_{10}H_{16}O$	547-61-5	0.038
2,5-二甲基-2,4-己二烯	16.73	824	C_8H_{14}	764-13-6	0.011
α-松油醇	16.92	791	$C_{10}H_{18}O$	10482-56-1	0.071
4-萜烯醇	17.27	872	$C_{10}H_{18}O$	562-74-3	0.279
α-松油醇	18.07	912	$C_{10}H_{18}O$	98-55-5	5.949
4-亚甲基-1-(1-甲基乙基)-(1R,3R,5R)-双环[3.1.0]己-3-醇	18.46	785	$C_{10}H_{16}O$	3310-02-9	0.019
α-甲基-5-(1-甲基乙烯基)-2-环己烯-1-醇	19.23	759	$C_{10}H_{16}O$	1197-06-4	0.007
橙花醇	20.61	925	$C_{10}H_{18}O$	106-25-2	0.223
异丁酸苄酯	22.31	884	$C_{11}H_{14}O_2$	103-28-6	0.009
香芹酚	23.28	840	$C_{10}H_{14}O$	499-75-2	0.026

（续表）

化合物名称	保留时间 （min）	匹配度	分子式	CAS 号	相对含量 （%）
1-(6,6-二甲基双环[3.1.0] 己-2-烯-2-基)乙烷酮	23.45	786	$C_{10}H_{14}O$	24555-40-6	0.007
2,2,5,5-四甲基 3-环戊烯-1-酮	24.17	804	$C_9H_{14}O$	81396-36-3	0.010
2-氧杂双环[2.2.2] 辛-6-醇-1,3,3-三甲基-乙酸盐	24.33	835	$C_{12}H_{20}O_3$	57709-95-2	0.010
丁香酚	24.45	945	$C_{10}H_{12}O_2$	97-53-0	0.041
反-3,7-二甲基-2,6- 辛二烯乙酸酯	24.81	939	$C_{12}H_{20}O_2$	16409-44-2	0.124
异丁酸苯乙酯	25.16	901	$C_{12}H_{16}O_2$	103-48-0	0.018
氯磺隆	25.27	999	$C_{12}H_{12}ClN_5O_4S$	64902-72-3	0.009
香橙烯	26.11	904	$C_{15}H_{24}$	109119-91-7	0.024
异丁酸香叶酯	27.36	822	$C_{14}H_{24}O_2$	2345-26-8	0.013
(-)-斯巴醇	28.64	906	$C_{15}H_{24}O$	77171-55-2	0.346
蓝桉醇	28.72	872	$C_{15}H_{26}O$	51371-47-2	0.118
β-桉叶醇	28.98	841	$C_{15}H_{26}O$	473-15-4	0.014
α,α,6,8-四甲基-三环[4.4.0.0 (2,7)]癸-8-烯-3-乙醇	29.65	750	$C_{15}H_{24}O$	41370-56-3	0.015

71 夜来香

71.1 夜来香的分布、形态特征与利用情况

71.1.1 分　布

夜来香（*Telosma cordata*）为夹竹桃科（Apocynaceae）夜来香属（*Telosma*）植物。原产于我国华南地区，生长于山坡灌木丛中，现我国南方各地区均有栽培。亚洲热带和亚热带地区以及欧洲、美洲均有栽培。

71.1.2 形态特征

柔弱藤状灌木；小枝被柔毛，黄绿色，老枝灰褐色，渐无毛，略具有皮孔。叶膜质，卵状长圆形至宽卵形，长 6.5~9.5 cm，宽 4~8 cm，顶端短渐尖，基部心形；叶脉上被微毛；基脉 3~5 条，侧脉每边约 6 条，小脉网状；叶柄长 1.5~5.0 cm，被微毛或脱落，顶端具丛生 3~5 个小腺体。伞形状聚伞花序腋生，着花多达 30 朵；花序梗长 5~15 mm，被微毛，花梗长 1.0~1.5 cm，被微毛；花芳香，夜间更盛；花萼裂片长圆状披针形，外面被微毛，花萼内面基部具有 5 个小腺体；花冠黄绿色，高脚碟状，花冠筒圆筒形，喉部被长柔毛，裂片长圆形，长 6 mm，宽 3 mm，具缘毛，干时不折皱，向右覆盖；副花冠 5 片，膜质，着生于合蕊冠上，腹部与花药粘生，下部卵形，顶端舌状渐尖，背部凸起有凹刻；花药顶端具内弯的膜片；花粉块长圆形，直立；子房无毛，心皮离生，每室有胚珠多个，花柱短柱状，柱头头状，基部 5 棱。蓇葖披针形，长 7~10 cm，渐尖，外果皮厚，无毛；种子宽卵形，长约 8 mm，顶端具白色绢质种毛。花期 5—8 月，极少结果。

71.1.3 利用情况

花芳香，尤以夜间更盛，常栽培供观赏。华南地区取其花与肉类煎炒作馔。花可蒸香油。花、叶可药用，有清肝、明目、去翳之效，华南地区民间用其治疗结膜炎、疳积上目等。

71.2 夜来香香气物质的提取及检测分析

71.2.1 顶空固相微萃取

将夜来香的花瓣用剪刀剪碎后准确称取 0.5905 g，放入固相微萃取瓶中，密封。在 40℃水浴中平衡 10 min，用 PDMS/DVB 萃取头吸附 15 min。采用气相色谱-质谱仪（GC-MS）对其成分进行检测分析。

71.2.2 GC-MS 检测分析

GC 分析条件：采用 DB-5Ms 色谱柱（30 m × 0.25 mm × 0.25 μm），氦气（99.999%）流速为 1.0 mL/min，进样口温度为 250℃，不分流；起始温度为 60℃，保持 1 min，然后以 5℃/min 的速率升温至 85℃，保持 1 min，以 3℃/min 的速率升温至 130℃，保持 1 min，以 2℃/min 的速率升温至 160℃，以 10℃/min 的速率升温至 230℃，保持 3 min，样品解吸附 5 min。

MS 分析条件：EI 离子源，电离能量 70 eV，离子源温度 230℃；传输线温度 250℃，质量扫描范围（m/z）30~400，采集速率 10 spec/s，溶剂延迟 300 s。

检测分析结果见图和表。

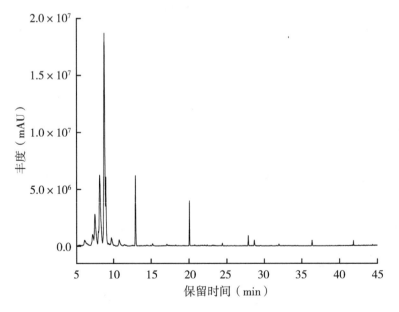

夜来香香气物质的 GC-MS 总离子流图

夜来香香气物质的组成及相对含量明细表

化合物名称	保留时间 （min）	匹配度	分子式	CAS 号	相对含量 （%）
环辛四烯	5.34	813	C_8H_8	629-20-9	0.236
(-)-α-蒎烯	6.10	893	$C_{10}H_{16}$	7785-26-4	1.924
β-蒎烯	7.17	847	$C_{10}H_{16}$	127-91-3	3.172
水芹烯	7.96	822	$C_{10}H_{16}$	99-83-2	1.503
α-蒎烯	8.12	868	$C_{10}H_{16}$	2437-95-8	22.724
双戊烯	8.74	843	$C_{10}H_{16}$	138-86-3	57.638
1-甲基-4-（1-甲基乙烯基） 环己醇乙酸酯	8.97	878	$C_{12}H_{20}O_2$	10198-23-9	5.496
γ-松油烯	9.71	844	$C_{10}H_{16}$	99-85-4	2.199
4-甲基-3- （1-甲基亚乙基）-环己烯	10.74	805	$C_{10}H_{16}$	99805-90-0	2.166
4,5-二甲基-1-己烯	11.43	845	C_8H_{16}	16106-59-5	0.433
4-烯丙基苯甲醚	15.20	836	$C_{10}H_{12}O$	140-67-0	0.514
香芹酮	17.05	760	$C_{10}H_{14}O$	99-49-0	0.306
3-甲基十三烷	22.03	822	$C_{14}H_{30}$	6418-41-3	0.104
(-)-α-蒎烯	22.40	750	$C_{15}H_{24}$	3856-25-5	0.132
1,11-十二二炔	23.15	734	$C_{12}H_{18}$	20521-44-2	0.107
1-（2-甲基-3-丁烯基）-1- （1-亚甲基丙基）-环丙烷	24.39	822	$C_{12}H_{18}$	51567-07-8	0.386
α-金合欢烯	28.65	840	$C_{15}H_{24}$	502-61-4	0.887

72 菖 蒲

72.1 菖蒲的分布、形态特征与利用情况

72.1.1 分 布

菖蒲（*Acorus calamus*）为菖蒲科（Acoraceae）菖蒲属（*Acorus*）植物。我国各地区均有分布。生于海拔 2600 m 以下的水边、沼泽湿地或湖泊浮岛上。南北两半球的温带、亚热带地区都有分布。

72.1.2 形态特征

多年生草本。根茎横走，稍扁，分枝，直径 5~10 mm，外皮黄褐色，芳香，肉质根多数，长 5~6 cm，具毛发状须根。叶基生，基部两侧膜质叶鞘宽 4~5 mm，向上渐狭，至叶长 1/3 处渐行消失、脱落。叶片剑状线形，长 90~150 cm，中部宽 1~3 cm，基部宽、对褶，中部以上渐狭，草质，绿色，光亮；中肋在两面均明显隆起，侧脉 3~5 对，平行，纤弱，大都伸延至叶尖。花序柄三棱形，长 15~50 cm；叶状佛焰苞剑状线形，长 30~40 cm；肉穗花序斜向上或近直立，狭锥状圆柱形，长 4.5~8.0 cm，直径 6~12 mm。花黄绿色，花被片长约 2.5 mm，宽约 1 mm；花丝长 2.5 mm，宽约 1 mm；子房长圆柱形，长 3 mm，直径 1.25 mm。浆果长圆形，红色。花期一般 6—9 月。

72.1.3 利用情况

菖蒲可以提取芳香油，有香气，是中国传统文化中可防疫祛邪的灵草，端午节有把菖蒲叶和艾草捆一起插于檐下的习俗。根、茎可制作香料。花、茎、叶、根可入药，具有开窍、祛痰、散风的功效，历代中医典籍均把菖蒲根、茎作为益智宽胸、聪耳明目、祛湿解毒之药。

72.2 菖蒲香气物质的提取及检测分析

72.2.1 顶空固相微萃取

将菖蒲的叶片用剪刀剪碎后准确称取 0.2035 g，放入固相微萃取瓶中，密封。在 40℃水浴中平衡 10 min，用 PDMS/DVB 萃取头吸附 15 min。采用气相色谱-质谱仪（GC-MS）对其成分进行检测分析。

72.2.2 GC-MS 检测分析

GC 分析条件：采用 DB-5Ms 色谱柱（30 m × 0.25 mm × 0.25 μm），氦气（99.999%）流速为 1.0 mL/min，进样口温度为 250℃，分流比为 10：1；起始柱温设置为 60℃，保持 1 min，然后以 5℃/min 的速率升温至 85℃，保持 2 min，以 0.5℃/min 的速率升温至 90℃，保持 1 min，以 4℃/min 的速率升温至 130℃，保持 1 min，以 0.5℃/min 的速率升温至 140℃，以 4℃/min 的速率升温至 160℃，以 15℃/min 的速率升温至 230℃，保持 3 min；样品解吸附 5 min。

MS 分析条件：EI 离子源，电离能量 70 eV，离子源温度 230℃；传输线温度 250℃，质量扫描范围（m/z）30~400，采集速率 10 spec/s，溶剂延迟 180 s。

检测分析结果见图和表。

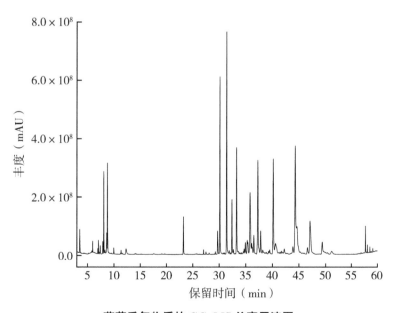

菖蒲香气物质的 GC-MS 总离子流图

菖蒲香气物质的组成及相对含量明细表

化合物名称	保留时间（min）	匹配度	分子式	CAS 号	相对含量（%）
2-甲基-4-戊醛	3.54	894	$C_6H_{10}O$	5187-71-3	1.131
α-蒎烯	5.99	932	$C_{10}H_{16}$	2437-95-8	0.865
莰烯	6.36	823	$C_{10}H_{16}$	79-92-5	0.116
桧烯	6.97	933	$C_{10}H_{16}$	3387-41-5	0.176
(-)-β-蒎烯	7.08	940	$C_{10}H_{16}$	18172-67-3	0.480
β-蒎烯	7.42	896	$C_{10}H_{16}$	127-91-3	0.347
水芹烯	7.91	913	$C_{10}H_{16}$	99-83-2	0.501
(+)-α-蒎烯	8.08	926	$C_{10}H_{16}$	7785-70-8	3.092
邻-异丙基苯	8.64	957	$C_{10}H_{14}$	527-84-4	0.855
(+)-柠檬烯	8.76	911	$C_{10}H_{16}$	5989-27-5	4.229
γ-松油烯	9.97	940	$C_{10}H_{16}$	99-85-4	0.307
萜品油烯	11.36	928	$C_{10}H_{16}$	586-62-9	0.245
芳樟醇	12.31	937	$C_{10}H_{18}O$	78-70-6	0.692
2-氨基苯甲酸-3,7-二甲基-1,6-辛二烯-3-醇酯	23.25	947	$C_{17}H_{23}NO_2$	7149-26-0	2.132
甘香烯	27.49	942	$C_{15}H_{24}$	3242-08-8	0.176
(-)-α-蒎烯	29.28	922	$C_{15}H_{24}$	3856-25-5	0.151
β-波旁烯	29.69	915	$C_{15}H_{24}$	5208-59-3	1.639
β-榄香烯	30.12	917	$C_{15}H_{24}$	515-13-9	9.149
β-石竹烯	31.40	963	$C_{15}H_{24}$	87-44-5	12.947
荜澄茄烯	31.91	903	$C_{15}H_{24}$	13744-15-5	0.177
α-愈创木烯	32.40	935	$C_{15}H_{24}$	3691-12-1	3.263
α-葎草烯	33.28	942	$C_{15}H_{24}$	6753-98-6	6.951
(+)-香橙烯	33.63	890	$C_{15}H_{24}$	489-39-4	0.146
γ-依兰油烯	34.70	817	$C_{15}H_{24}$	30021-74-0	0.364
大根叶香烯	34.92	932	$C_{15}H_{24}$	23986-74-5	0.821
(+)-β-芹子烯	35.27	935	$C_{15}H_{24}$	17066-67-0	0.903
γ-古芸烯	35.38	913	$C_{15}H_{24}$	22567-17-5	0.844

（续表）

化合物名称	保留时间 （min）	匹配度	分子式	CAS 号	相对含量 （%）
（+）-喇叭烯	35.78	815	$C_{15}H_{24}$	21747-46-6	7.246
α-依兰油烯	36.22	945	$C_{15}H_{24}$	31983-22-9	0.354
δ-愈创木烯	36.50	945	$C_{15}H_{24}$	3691-11-0	1.379
菖蒲酮	37.25	919	$C_{15}H_{24}O$	21698-44-2	8.277
δ-杜松烯	37.78	907	$C_{15}H_{24}$	483-76-1	1.778
异长亚环氧化物	38.17	799	$C_{15}H_{24}O$	67999-56-8	0.311
8-氧代龙脑烷	40.15	819	$C_{15}H_{24}O$	465-26-9	8.369
榄香醇	40.60	956	$C_{15}H_{26}O$	639-99-6	1.408
石竹素	42.25	914	$C_{15}H_{24}O$	1139-30-6	0.472
脱氢异丙二醇	44.30	785	$C_{15}H_{24}O$	1005276-30-1	13.003
1(5)-愈创木烯-11-醇	44.61	899	$C_{15}H_{26}O$	13822-35-0	2.137
异愈创木醇	51.17	907	$C_{15}H_{26}O$	22451-73-6	0.518
水杨酸-2-乙基己基酯	57.70	894	$C_{15}H_{22}O_3$	118-60-5	1.109
肉豆蔻酸异丙酯	58.09	922	$C_{17}H_{34}O_2$	110-27-0	0.214
双（2-乙基己基）癸二酸酯	58.56	702	$C_{26}H_{50}O_4$	122-62-3	0.178
水杨酸高孟酯	59.12	929	$C_{16}H_{22}O_3$	52253-93-7	0.131

73

鸡蛋果

73.1 鸡蛋果的分布、形态特征与利用情况

73.1.1 分 布

鸡蛋果（*Passiflora edulis*）也叫百香果、紫果西番莲，为西番莲科（Passifloraceae）西番莲属（*Passiflora*）植物。原产于安的列斯群岛，现广泛种植于热带和亚热带地区。我国广东、海南、福建、云南、台湾等省均有栽培，有时逸生于海拔 180~1900 m 的山谷丛林中。

73.1.2 形态特征

草质藤本，长约 6 m；茎具细条纹，无毛。叶纸质，长 6~13 cm，宽 8~13 cm，基部楔形或心形，掌状 3 深裂，中间裂片卵形，两侧裂片卵状长圆形，裂片边缘有内弯腺尖细锯齿，近裂片缺弯的基部有 1~2 个杯状小腺体，无毛。花芳香，直径约 4 cm；花梗长 4.0~4.5 cm；苞片绿色，宽卵形或菱形，长 1.0~1.2 cm，边缘有不规则细锯齿；萼片 5 枚，外面绿色，内面绿白色，长 2.5~3.0 cm，外面顶端具 1 角状附属器；花瓣 5 枚，与萼片等长；外副花冠裂片 4~5 轮，外 2 轮裂片丝状，约与花瓣近等长，基部淡绿色，中部紫色，顶部白色，内 3 轮裂片窄三角形，长约 2 mm；内副花冠非褶状，顶端全缘或为不规则撕裂状，高 1.0~1.2 mm；花盘膜质，高约 4 mm；雌雄蕊柄长 1.0~1.2 cm；雄蕊 5 枚，花丝分离，基部合生，长 5~6 mm，扁平；花药长圆形，长 5~6 mm，淡黄绿色；子房倒卵球形，长约 8 mm，被短柔毛；花柱 3 枚，扁棒状，柱头肾形。浆果卵球形，直径 3~4 cm，无毛，熟时紫色；种子多数，卵形，长 5~6 mm。花期 6 月，果期 11 月。

· 278 ·

73.1.3　利用情况

鸡蛋果是以汁用为主的水果，成熟果实含汁量为 30% 以上。其果汁色泽鲜艳，天然色泽介于柠檬黄与橙黄之间，浓郁的香味集番石榴、菠萝、杧果、香蕉等多种热带与亚热带水果的香味于一体，有"果汁王"之美称，以百香果为原料还可制作果子露、冰激凌、果酱、果冻、果酒等加工品。种子榨油，可供食用、制皂、制油漆等。花大而美丽，可作庭园观赏植物。果皮可作饲料，也可用于提取果胶。根、茎、叶均可入药，有消炎止痛、活血强身、滋阴补肾、降脂降压、提神醒酒、消除疲劳、排毒养颜、增强免疫力等保健作用。

73.2　鸡蛋果香气物质的提取及检测分析

73.2.1　顶空固相微萃取

将鸡蛋果的果肉用剪刀剪碎后准确称取 1.0598 g，放入固相微萃取瓶中，密封。在 40℃水浴中平衡 10 min，用 PDMS/DVB 萃取头吸附 15 min。采用气相色谱-质谱仪（GC-MS）对其成分进行检测分析。

73.2.2　GC-MS 检测分析

GC 分析条件：采用 DB-5Ms 色谱柱（30 m × 0.25 mm × 0.25 μm），氦气（99.999%）流速为 1.0 mL/min，进样口温度为 250℃；起始温度为 60℃，保持 1 min，然后以 2℃/min 的速率升温至 85℃，保持 1 min，以 3℃/min 的速率升温至 130℃，保持 1 min，以 2℃/min 的速率升温至 160℃，以 10℃/min 的速率升温至 230℃，保持 3 min；不分流进样，样品解吸附 5 min。

MS 分析条件：EI 离子源，电离能量 70 eV，离子源温度 230℃；传输线温度 250℃，质量扫描范围（m/z）30~400，采集速率 10 spec/s，溶剂延迟 180 s。

检测分析结果见图和表。

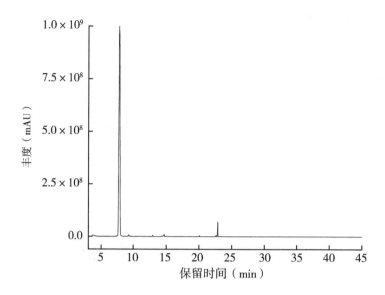

鸡蛋果香气物质的 GC-MS 总离子流图

鸡蛋果香气物质的组成及相对含量明细表

化合物名称	保留时间（min）	匹配度	分子式	CAS 号	相对含量（%）
丁酸乙酯	3.69	882	$C_6H_{12}O_2$	105-54-4	0.683
3-甲基-1-戊醇	4.81	776	$C_6H_{14}O$	589-35-5	0.007
3-甲基-1,5-戊二醇	5.01	810	$C_6H_{14}O_2$	4457-71-0	0.007
2-甲基-4-丙基氧杂环丁烷	5.31	831	$C_7H_{14}O$	7045-79-6	0.017
正己酸乙酯	7.77	916	$C_8H_{16}O_2$	123-66-0	95.101
（S）-（-）-柠檬烯	8.73	850	$C_{10}H_{16}$	5989-54-8	0.098
α-蒎烯	9.31	855	$C_{10}H_{16}$	2437-95-8	0.560
2-甲基-1-壬烯-3-炔	10.73	852	$C_{10}H_{16}$	70058-00-3	0.075
庚酸乙酯	10.99	727	$C_9H_{18}O_2$	106-30-9	0.032
芳樟醇	11.31	754	$C_{10}H_{18}O$	78-70-6	0.049
3-亚甲基-1,1-二甲基-2-乙烯基环己烷	11.72	764	$C_{11}H_{18}$	95452-08-7	0.066
4,6-癸二炔	12.38	720	$C_{10}H_{14}$	16387-71-6	0.025
6-壬炔酸	14.26	764	$C_9H_{14}O_2$	56630-31-0	0.106
顺式-丁酸-2-己烯基酯	14.45	858	$C_{10}H_{18}O_2$	56922-77-1	0.066

（续表）

化合物名称	保留时间（min）	匹配度	分子式	CAS 号	相对含量（%）
丁酸己酯	14.68	892	$C_{10}H_{20}O_2$	2639-63-6	0.602
辛酸乙酯	14.90	869	$C_{10}H_{20}O_2$	106-32-1	0.047
二氢香芹醇	15.03	745	$C_{10}H_{18}O$	619-01-2	0.039
香茅油	16.47	760	$C_{10}H_{20}O$	106-22-9	0.018
己酸异戊酯	17.05	822	$C_{11}H_{22}O_2$	2198-61-0	0.019
2-硝基庚-2-烯-1-醇	17.18	709	$C_7H_{13}NO_3$	104313-51-1	0.015
反-2,顺-6-壬二烯醇	17.55	731	$C_9H_{16}O$	28069-72-9	0.014
己酸戊酯	18.67	778	$C_{11}H_{22}O_2$	540-07-8	0.025
5-(戊氧基)-1-戊烯	18.97	767	$C_{10}H_{20}O$	56052-88-1	0.005
双环[7.1.0]癸烷	21.10	830	$C_{10}H_{18}$	286-76-0	0.004
(6E)-2,6-二甲基辛-2,6-二烯	21.40	711	$C_{10}H_{18}$	2792-39-4	0.004
丁位十二内酯	22.34	735	$C_{12}H_{22}O_2$	713-95-1	0.012
(Z)-己酸-3-己烯酯	22.60	858	$C_{12}H_{22}O_2$	31501-11-8	0.275
己酸己酯	22.86	907	$C_{12}H_{24}O_2$	6378-65-0	1.927
反-2,顺-6-壬二烯-1-醇	23.17	792	$C_9H_{16}O$	7786-44-9	0.009
3-巯基己醇丁酸酯	24.83	754	$C_{10}H_{20}O_2S$	136954-21-7	0.007
(E)-β-金合欢烯	25.06	776	$C_{15}H_{24}$	28973-97-9	0.009
反式-β-金合欢烯	26.08	756	$C_{15}H_{24}$	18794-84-8	0.008
(S)-1-甲基-4-(5-甲基-1-亚甲基-4-己烯基)环己烯	28.65	798	$C_{15}H_{24}$	495-61-4	0.015
(2Z)-2-辛烯酸	31.90	757	$C_8H_{14}O_2$	1577-96-4	0.004
辛烯酸	31.97	790	$C_8H_{14}O_2$	1577-19-1	0.004
辛酸己酯	32.29	774	$C_{14}H_{28}O_2$	1117-55-1	0.014

74.1 红葱的分布、形态特征与利用情况

74.1.1 分　布

　　红葱（*Eleutherine plicata*）为鸢尾科（Iridaceae）红葱属（*Eleutherine*）植物。原产于西印度群岛。我国云南各地常见栽培。

74.1.2 形态特征

　　多年生草本。鳞茎卵圆形，直径约 2.5 cm，鳞片肥厚，紫红色，无膜质包被。根柔嫩，黄褐色。叶宽披针形或宽条形，长 25~40 cm，宽 1.2~2.0 cm，基部楔形，顶端渐尖，4~5 条纵脉平行而突出，使叶表面呈现明显的皱褶。花茎高 30~42 cm，上部有 3~5 个分枝，分枝处生有叶状的苞片，苞片长 8~12 cm，宽 5~7 mm；伞形花序状的聚伞花序生于花茎的顶端；花下苞片 2 枚，卵圆形，膜质；花白色，无明显的花被管，花被片 6 枚，2 轮排列，内、外花被片近于等大，倒披针形；雄蕊 3 枚，花药 "丁" 字形着生，花丝着生于花被片的基部；花柱顶端 3 裂，子房长椭圆形，3室。花期 6 月。

74.1.3 利用情况

　　民间用作草药，治疗心悸、头晕、外伤出血、痢疾等。

74.2 红葱香气物质的提取及检测分析

74.2.1 顶空固相微萃取

　　将红葱的鳞茎用剪刀剪碎后准确称取 1.5566 g，放入固相微萃取瓶中，密封。在

40℃水浴中平衡 10 min，用 PDMS/DVB 萃取头吸附 15 min。采用气相色谱–质谱仪（GC–MS）对其成分进行检测分析。

74.2.2 GC–MS 检测分析

GC 分析条件：采用 DB–5MS 色谱柱（30 m × 0.25 mm × 0.25 μm），氦气（99.999%）流速为 1.0 mL/min，进样口温度为 250℃，不分流；起始柱温设置为 60℃，保持 1 min，然后以 2℃/min 的速率升温至 85℃，保持 1 min，以 3℃/min 的速率升温至 130℃，保持 1 min，以 2℃/min 的速率升温至 160℃，以 10℃/min 的速率升温至 230℃，保持 3 min；样品解吸附 5 min。

MS 分析条件：EI 离子源，电离能量 70 eV，离子源温度 230℃；传输线温度 250℃，质量扫描范围（m/z）30~400，采集速率 10 spec/s，溶剂延迟 180 s。

检测分析结果见图和表。

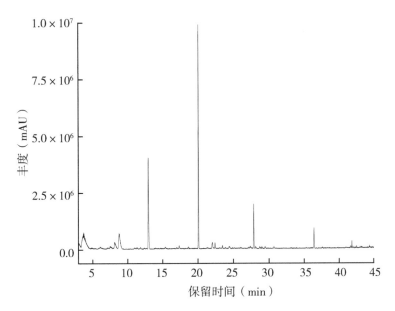

红葱香气物质的 GC–MS 总离子流图

红葱香气物质的组成及相对含量明细表

化合物名称	保留时间（min）	匹配度	分子式	CAS 号	相对含量（%）
2-甲基-3-戊酮	3.56	772	$C_6H_{12}O$	565-69-5	7.677
2-己酮	3.63	777	$C_6H_{12}O$	591-78-6	5.919
2-氢过氧基庚烷	3.70	796	$C_7H_{16}O_2$	762-46-9	22.061

（续表）

化合物名称	保留时间（min）	匹配度	分子式	CAS 号	相对含量（%）
(-)-α-蒎烯	6.05	770	$C_{10}H_{16}$	7785-26-4	0.894
2-甲基-1-壬烯-3-炔	8.11	851	$C_{10}H_{16}$	70058-00-3	10.354
二氢香芹醇乙酸酯	8.78	854	$C_{12}H_{20}O_2$	20777-49-5	27.464
2-癸烯-1-醇	15.36	765	$C_{10}H_{20}O$	22104-80-9	2.079
荜澄茄烯	22.40	786	$C_{15}H_{24}$	13744-15-5	3.534
莎草烯	23.46	800	$C_{15}H_{24}$	2387-78-2	2.748
大根香叶烯	24.47	830	$C_{15}H_{24}$	23986-74-5	3.085
3-甲基十三烷	28.13	837	$C_{14}H_{30}$	6418-41-3	1.918
δ-杜松烯	29.45	756	$C_{15}H_{24}$	483-76-1	1.801
反式-2-癸烯醛	37.55	769	$C_{10}H_{18}O$	3913-81-3	1.167
水杨酸戊酯	41.70	777	$C_{12}H_{16}O_3$	2050-08-0	1.301

75　佛　手

75.1　佛手的分布、形态特征与利用情况

75.1.1　分　布

佛手（*Citrus medica* 'Fingered'）为芸香科（Rutaceae）柑橘属（*Citrus*）植物。佛手在我国广东多种植在海拔 300~500 m 的丘陵平原开阔地带，而在四川则多分布于海拔 400~700 m 的丘陵地带，尤其在丘陵顶部较多。我国长江以南各地有栽种，南方各地区多栽培于庭院或果园中。

75.1.2　形态特征

佛手是香橼的变种之一，是不规则分枝的灌木或小乔木。新生嫩枝、芽及花蕾均暗紫红色，茎枝多刺，刺长达 4 cm。单叶，稀兼有单身复叶，有关节，但无翼叶；叶柄短，叶片椭圆形或卵状椭圆形，长 6~12 cm，宽 3~6 cm，或有更大，顶部圆或钝，稀、短、尖，叶缘有浅钝裂齿。总状花序有花达 12 朵，有时兼有腋生单花；花两性，有单性花趋向，则雌蕊退化；花瓣 5 枚，长 1.5~2.0 cm；雄蕊 30~50 枚；花柱粗长，柱头头状。子房在花柱脱落后即行分裂，在果的发育过程中成为手指状肉条。果实手指状肉条形，重可达 2000 g，果皮甚厚，难剥离，外皮淡黄色，粗糙，内皮白色或略淡黄色，棉质，松软，瓤囊 10~15 瓣，果肉无色，近于透明或淡乳黄色，爽脆，味酸或略甜，有香气；种子小，平滑，子叶乳白色，多胚或单胚；通常无种子。花期 4—5 月，果期 10—11 月。

75.1.3　利用情况

佛手主要有观赏和药用价值。佛手的花洁白、香气扑鼻，并且一簇一簇开放，十分惹人喜爱；它的果实犹如伸指形、握拳形、拳指形、手中套手形，状如人手，惟妙惟肖；成熟的佛手果实颜色金黄、芳香，能消除异味、净化室内空气、抑制细菌；挂果时

间长，有3~4个月之久，甚至更长，可供长期观赏。根、茎、叶、花、果均可入药，辛、苦、甘、温、无毒，入肝、脾、胃三经，有理气化痰、止呕消胀、疏肝健脾、和胃等多种药用功能，对老年人的气管炎、哮喘病有明显的缓解作用；对一般人的消化不良、胸腹胀闷，有显著的疗效。

75.2 佛手香气物质的提取及检测分析

75.2.1 顶空固相微萃取

将佛手的果肉用剪刀剪碎后准确称取 0.4182g，放入固相微萃取瓶中，密封。在40℃水浴中平衡 10 min，用 PDMS/DVB 萃取头吸附 15 min。采用气相色谱–质谱仪（GC-MS）对其成分进行检测分析。

75.2.2 GC-MS 检测分析

GC 分析条件：采用 DB–5Ms 色谱柱（30 m × 0.25 mm × 0.25 μm），氦气（99.999%）流速为 1.0 mL/min，进样口温度为 250℃，不分流；起始温度为 60℃，保持 1 min，以 3℃/min 的速率升温至 85℃，保持 3 min，以 1.5℃/min 的速率升温至 130℃，保持 1 min，以 3℃/min 的速率升温至 160℃，以 10℃/min 的速率升温至230℃，保持 3 min；样品解吸附 5 min。

MS 分析条件：EI 离子源，电离能量 70 eV，离子源温度 230℃；传输线温度250℃，质量扫描范围（m/z）30~400，采集速率 10 spec/s，溶剂延迟 300 s。

检测分析结果见图和表。

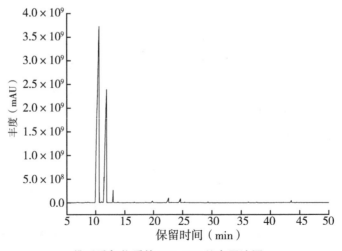

佛手香气物质的 GC-MS 总离子流图

佛手香气物质的组成及相对含量明细表

化合物名称	保留时间（min）	匹配度	分子式	CAS 号	相对含量（%）
β-蒎烯	8.16	865	$C_{10}H_{16}$	127-91-3	0.063
双戊烯	10.60	891	$C_{10}H_{16}$	138-86-3	69.280
α-蒎烯	11.01	904	$C_{10}H_{16}$	2437-95-8	0.175
γ-松油烯	11.89	932	$C_{10}H_{16}$	99-85-4	26.598
反式-β-松油醇	12.09	738	$C_{10}H_{18}O$	7299-41-4	0.010
萜品油烯	13.00	939	$C_{10}H_{16}$	586-62-9	1.005
芳樟醇	13.80	864	$C_{10}H_{18}O$	78-70-6	0.098
别罗勒烯	15.32	893	$C_{10}H_{16}$	7216-56-0	0.045
1,5,5-三甲基-6-亚甲基-环己烯	16.17	799	$C_{10}H_{16}$	514-95-4	0.009
冰片	18.01	822	$C_{10}H_{18}O$	507-70-0	0.002
正壬醇	18.38	892	$C_9H_{20}O$	143-08-8	0.002
4-萜烯醇	18.60	867	$C_{10}H_{18}O$	562-74-3	0.067
α-松油醇	19.80	918	$C_{10}H_{18}O$	98-55-5	0.291
正癸醛	20.39	828	$C_{10}H_{20}O$	112-31-2	0.004
3-甲基-3-硝基丁-1-烯	21.77	863	$C_5H_9NO_2$	1809-67-2	0.006
橙花醇	22.60	864	$C_{10}H_{18}O$	106-25-2	0.794
(3Z)-3,7-二甲基-3,6-辛二烯-1-醇	22.83	884	$C_{10}H_{18}O$	5944-20-7	0.008
顺式-柠檬醛	23.07	882	$C_{10}H_{16}O$	106-26-3	0.034
3甲基-6-(1-甲基乙基)-2-环己烯-1-酮	23.94	789	$C_{10}H_{16}O$	89-81-6	0.003
香叶醇	24.57	914	$C_{10}H_{18}O$	106-24-1	0.596
(E)-3,7-二甲基-2,6-辛二烯醛	25.35	904	$C_{10}H_{16}O$	141-27-5	0.070
甲酸芳樟酯	27.59	683	$C_{11}H_{18}O_2$	115-99-1	0.001
十一醛	27.98	933	$C_{11}H_{22}O$	112-44-7	0.012
(-)-α-荜澄茄油烯	30.87	824	$C_{15}H_{24}$	17699-14-8	0.016
金合欢醇	31.55	773	$C_{15}H_{26}O$	4602-84-0	0.002
反-3,7-二甲基-2,6-辛二烯乙酸酯	32.40	795	$C_{12}H_{20}O_2$	16409-44-2	0.003

（续表）

化合物名称	保留时间（min）	匹配度	分子式	CAS 号	相对含量（%）
1-乙烯基-1-甲基-2,4-双（1-甲基乙烯基）-环己烷	34.26	762	$C_{15}H_{24}$	110823-68-2	0.002
(-)-异丁香烯	36.25	833	$C_{15}H_{24}$	118-65-0	0.102
反式-α-佛柑油烯	37.67	856	$C_{15}H_{24}$	13474-59-4	0.076
(S)-(-)-柠檬烯	38.83	802	$C_{10}H_{16}$	5989-54-8	0.004
7,11-二甲基-3-亚甲基-1,6,10-十二碳三烯	39.47	785	$C_{15}H_{24}$	77129-48-7	0.007
大根香叶烯	41.12	921	$C_{15}H_{24}$	23986-74-5	0.031
反式-β-金合欢烯	41.37	870	$C_{15}H_{24}$	18794-84-8	0.011
荜澄茄烯	41.80	860	$C_{15}H_{24}$	13744-15-5	0.001
γ-榄烯	42.18	878	$C_{15}H_{24}$	339154-91-5	0.033
(-)-α-古芸烯	42.49	803	$C_{15}H_{24}$	489-40-7	0.002
反式-α-红没药烯	43.02	873	$C_{15}H_{24}$	29837-07-8	0.020
(S)-1-甲基-4-(5-甲基-1-亚甲基-4-己烯基)环己烯	43.55	880	$C_{15}H_{24}$	495-61-4	0.291
(-)-α-依兰油烯	43.74	897	$C_{15}H_{24}$	483-75-0	0.018
δ-杜松烯	44.47	895	$C_{15}H_{24}$	483-76-1	0.025
1,2,3,4,4a,7-六氢-1,6-二甲基-4-(1-甲基乙基)-萘	45.09	761	$C_{15}H_{24}$	16728-99-7	0.005
α-依兰油烯	45.50	790	$C_{15}H_{24}$	31983-22-9	0.006

76 柠 檬

76.1 柠檬的分布、形态特征与利用情况

76.1.1 分 布

柠檬（*Citrus limon*）为芸香科（Rutaceae）柑橘属（*Citrus*）小乔木。原产于东南亚，现广泛栽培于世界热带地区。我国长江以南地区有栽培。

76.1.2 形态特征

枝少刺或近于无刺，嫩叶及花芽暗紫红色，翼叶宽或狭，或仅具痕迹，叶卵形或椭圆形，长 8~14 cm，宽 4~6 cm，边缘有明显钝裂齿。花瓣长 1.5~2.0 cm，外面淡紫红色，内面白色；常有单性花，即雄蕊发育，雌蕊退化。果椭圆形或卵形，两端狭，顶部常有乳头状突尖，果皮厚，柠檬黄色。

76.1.3 利用情况

柠檬枝叶浓绿并常带紫红色，花朵紫白色，果实黄色，常栽培观赏，多见盆栽。柠檬果实富含维生素 C、糖类、钙、磷、铁、维生素 B_1、维生素 B_2、烟酸、奎宁酸、柠檬酸、苹果酸、橙皮苷、柚皮苷、香豆精等，含高量钾元素和低量钠元素，对人体十分有益，具有生津、止渴、祛暑等功能，对改善高血压、心肌梗死症状有很大益处。柠檬叶可用于提取香料。柠檬鲜果表皮可以生产柠檬香精油，柠檬精油既是生产高级化妆品的重要原料，又是治疗结石病药物的重要成分。果胚可用于生产果胶、橙皮苷，果胶既是生产高级糖果、蜜饯、果酱的重要原料，又可用于生产治疗胃病的药物；橙皮苷主要用于治疗心血管疾病。果胚榨取的汁液既可生产高级饮料，又可生产高级果酒。果渣可作饲料或肥料。种子可榨取高级食用油或入药。

76.2 柠檬香气物质的提取及检测分析

76.2.1 顶空固相微萃取

将柠檬的叶片用剪刀剪碎后准确称取 0.44538 g，放入固相微萃取瓶中，密封。在 40℃水浴中平衡 10 min，用 PDMS/DVB 萃取头吸附 15 min。采用全二维气相色谱–飞行时间质谱仪（GC-TOF/MS）对其成分进行检测分析。

76.2.2 GC-TOF/MS 的检测分析

GC 分析条件：采用 DB-WAX 色谱柱（30 m × 0.25 mm × 0.25 μm），进样口温度为 250℃，氦气（99.999%）流速为 1.0 mL/min；起始柱温设置为 60℃，保持 1 min，然后以 4℃/min 的速率升温至 90℃，保持 2 min，以 5℃/min 的速率升温至 170℃，保持 2 min，以 8℃/min 的速率升温至 230℃，保持 3 min；分流比 10∶1，样品解吸附 5 min。

TOF/MS 分析条件：EI 离子源，电离能量 70 eV，离子源温度 230℃；传输线温度 250℃，质量扫描范围（m/z）30~400，采集速率 10 spec/s，溶剂延迟 300 s。

检测分析结果见图和表。

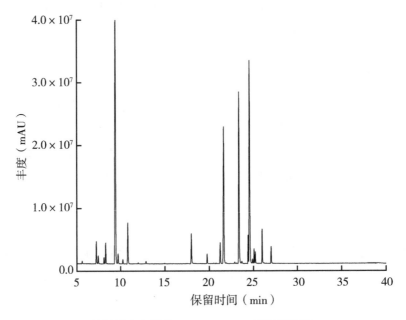

柠檬香气物质的 GC-TOF/MS 总离子流图

柠檬香气物质的组成及相对含量明细表

化合物名称	保留时间（min）	匹配度	分子式	CAS 号	相对含量（%）
(−)-β-蒎烯	7.24	885	$C_{10}H_{16}$	18172-67-3	1.613
桧烯	7.45	829	$C_{10}H_{16}$	3387-41-5	0.546
(3E)-3,7-二甲基辛-1,3,6-三烯	8.12	841	$C_{10}H_{16}$	3779-61-1	0.442
月桂烯	8.30	864	$C_{10}H_{16}$	123-35-3	1.473
(S)-(−)-柠檬烯	9.44	931	$C_{10}H_{16}$	5989-54-8	27.965
3-异丙基-6-亚甲基-1-环己烯	9.67	803	$C_{10}H_{16}$	555-10-2	0.053
桉叶油醇	9.73	792	$C_{10}H_{18}O$	470-82-6	0.815
4-双环[3.1.0]己-2-烯	10.27	828	$C_{10}H_{16}$	28634-89-1	0.304
罗勒烯	10.85	875	$C_{10}H_{16}$	13877-91-3	3.305
苯乙烯	10.95	821	C_8H_8	100-42-5	0.048
(+)-2-蒈烯	12.02	824	$C_{10}H_{16}$	4497-92-1	0.082
乙酸叶醇酯	12.89	849	$C_8H_{14}O_2$	3681-71-8	0.200
甲基庚烯酮	13.56	703	$C_8H_{14}O$	110-93-0	0.012
3-己烯-1-醇	14.97	799	$C_6H_{12}O$	544-12-7	0.047
2,4,6-三甲基辛烷	15.97	811	$C_{11}H_{24}$	62016-37-9	0.013
(+)-香茅醛	18.00	883	$C_{10}H_{18}O$	2385-77-5	2.486
芳樟醇	19.76	831	$C_{10}H_{18}O$	78-70-6	0.639
3,7-二甲基-1,6-辛二烯	20.50	715	$C_{10}H_{18}$	2436-90-0	0.045
反式-α-佛柑油烯	20.75	778	$C_{15}H_{24}$	13474-59-4	0.044
(Z,E)-α-金合欢烯	21.23	865	$C_{15}H_{24}$	26560-14-5	1.714
β-石竹烯	21.64	898	$C_{15}H_{24}$	87-44-5	13.998
反式-β-金合欢烯	21.90	704	$C_{15}H_{24}$	18794-84-8	0.051
乙酸香茅酯	22.87	755	$C_{12}H_{22}O_2$	150-84-5	0.110
顺式-柠檬醛	23.37	900	$C_{10}H_{16}O$	106-26-3	14.703
α-松油醇	23.69	756	$C_{10}H_{18}O$	98-55-5	0.171
(−)-二氢乙酸香芹酯	24.39	835	$C_{12}H_{20}O_2$	20777-39-3	1.608
(E)-3,7-二甲基-2,6-辛二烯醛	24.57	939	$C_{10}H_{16}O$	141-27-5	20.370
3-蒈烯	24.62	694	$C_{10}H_{16}$	13466-78-9	1.507

（续表）

化合物名称	保留时间（min）	匹配度	分子式	CAS 号	相对含量（%）
2,5-二甲基-3-亚甲基-1,5-庚二烯	24.90	806	$C_{10}H_{16}$	74663-83-5	0.298
顺-3,7-二甲基-2,6-辛二烯-1-醇乙酸酯	25.07	792	$C_{12}H_{20}O_2$	141-12-8	0.936
（R）-（+）-β-香茅醇	25.21	839	$C_{10}H_{20}O$	1117-61-9	0.780
橙花醇	26.00	858	$C_{10}H_{18}O$	106-25-2	2.366
香叶醇	27.01	809	$C_{10}H_{18}O$	106-24-1	1.214

77 手指柠檬

77.1 手指柠檬的分布、形态特征与利用情况

77.1.1 分 布

手指柠檬（*Citrus australasica*）为芸香科（Rutaceae）柑橘属（*Citrus*）植物。原产于澳大利亚，主要集中在新南威尔士州北部小部分地区和昆士兰州南部热带雨林地区。法国、美国、日本等少数国家将其引入栽培。中国于1977年首次从美国引入，培育成功。性喜温暖气候，不耐寒，气温低于10℃生长不良，容易落叶。

77.1.2 形态特征

植株矮小，11年生树平均高1 m，最矮0.36 m。树冠紧密，枝细节密，具细小茸毛，嫩梢与嫩叶带紫红色，刺多而细小，叶小，长0.87 cm，宽0.5 cm，倒卵形，先端凹口明显，叶柄短，无翼叶。一年多次开花，花蕾小，白色，微显紫红色，花瓣白色，3瓣，花径1~2 cm，盛开时先端向外卷，花丝12枚，分离，花柱短，子房长椭圆形。果实形如手指，先端尖，有的弯曲，基部略窄平；果皮淡黄色，果面油胞密凸，油胞小，果面有纵沟4~5条，横断面果皮厚0.15 cm，囊瓣4~5瓣，囊壁薄，膜质；汁胞粒状，小，有柄，彼此分离，具黏性，白色透明，似珍珠。种子小，约30粒，短卵形，一面平滑，基嘴钝尖，外种皮黄白色，内种皮淡紫色，合点紫色，子叶淡绿色，胚乳白色，单胚。

77.1.3 利用情况

手指柠檬是盆栽观赏的优良材料。可作为柑橘杂交亲本，培育新品种。果实可制糖水汁胞罐头，果肉可以加工制成果酱和醋。此外，还可用于制造伏特加酒和杜松子酒。手指柠檬富含柠檬酸和维生素C。将指橙研磨成黏状物后，每天涂擦脸部，能有效祛除粉刺、斑点，使肌肤保持白皙、细腻。手指柠檬还具有一定的药用价值，对肠胃功能较弱的人有食疗作用。不过，手指柠檬虽然对人体益处颇多，但过度食用会对肝脏造成伤

害，引起发热等症状。

77.2 手指柠檬香气物质的提取及检测分析

77.2.1 顶空固相微萃取

将手指柠檬的叶片用剪刀剪碎后准确称取 0.4097 g，放入固相微萃取瓶中，密封。在 40℃水浴中平衡 10 min，用 PDMS/DVB 萃取头吸附 15 min。采用全二维气相色谱-飞行时间质谱仪（GC-TOF/MS）对其成分进行检测分析。

77.2.2 GC-TOF/MS 的检测分析

GC 分析条件：采用 DB-WAX 色谱柱（30 m × 0.25 mm × 0.25 μm），进样口温度为 250℃，氦气（99.999%）流速为 1.0 mL/min；起始柱温设置为 60℃，保持 1 min，然后以 4℃/min 的速率升温至 90℃，保持 2 min，以 5℃/min 的速率升温至 170℃，保持 2 min，以 8℃/min 的速率升温至 230℃，保持 3 min；分流比 10∶1，样品解吸附 5 min。

TOF/MS 分析条件：EI 离子源，电离能量 70 eV，离子源温度 230℃；传输线温度 250℃，质量扫描范围（m/z）30~400，采集速率 10 spec/s，溶剂延迟 300 s。

检测分析结果见图和表。

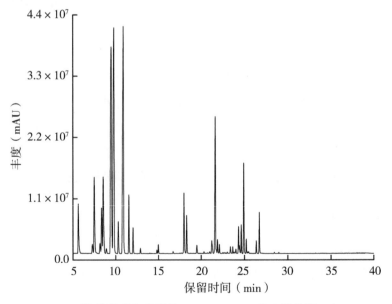

手指柠檬香气物质的 GC-TOF/MS 总离子流图

手指柠檬香气物质的组成及相对含量明细表

化合物名称	保留时间（min）	匹配度	分子式	CAS 号	相对含量（%）
4-双环[3.1.0]己-2-烯	5.63	908	$C_{10}H_{16}$	28634-89-1	2.758
(-)-β-蒎烯	7.26	840	$C_{10}H_{16}$	18172-67-3	0.553
桧烯	7.48	902	$C_{10}H_{16}$	3387-41-5	4.651
(Z)-3,7-二甲基-1,3,6-十八烷三烯	8.14	831	$C_{10}H_{16}$	3338-55-4	0.463
月桂烯	8.33	908	$C_{10}H_{16}$	123-35-3	2.645
水芹烯	8.52	912	$C_{10}H_{16}$	99-83-2	5.051
γ-松油烯	8.89	782	$C_{10}H_{16}$	99-85-4	0.299
(S)-(-)-柠檬烯	9.48	918	$C_{10}H_{16}$	5989-54-8	18.035
3-异丙基-6-亚甲基-1-环己烯	9.81	899	$C_{10}H_{16}$	555-10-2	17.948
(3E)-3,7-二甲基辛-1,3,6-三烯	10.31	877	$C_{10}H_{16}$	3779-61-1	1.629
罗勒烯	10.93	921	$C_{10}H_{16}$	13877-91-3	17.259
邻-异丙基苯	11.57	956	$C_{10}H_{14}$	527-84-4	2.594
萜品油烯	12.05	876	$C_{10}H_{16}$	586-62-9	1.088
乙酸叶醇酯	12.91	866	$C_8H_{14}O_2$	3681-71-8	0.209
正己醇	13.99	819	$C_6H_{14}O$	111-27-3	0.015
别罗勒烯	14.82	801	$C_{10}H_{16}$	7216-56-0	0.138
3-己烯-1-醇	14.98	894	$C_6H_{12}O$	544-12-7	0.365
对甲苯甲醚	16.72	832	$C_8H_{10}O$	104-93-8	0.073
异丁酸叶醇酯	17.46	832	$C_{10}H_{18}O_2$	41519-23-7	0.016
莰烯	17.65	754	$C_{10}H_{16}$	79-92-5	0.033
4-甲基-3-(1-甲基亚乙基)-环己烯	17.87	765	$C_{10}H_{16}$	99805-90-0	0.016
(+)-香茅醛	18.01	882	$C_{10}H_{18}O$	2385-77-5	2.973
2,5-二甲基-3-乙烯基-1,4-己二烯	18.33	846	$C_{10}H_{16}$	2153-66-4	1.626
β-波旁烯	19.51	820	$C_{15}H_{24}$	5208-59-3	0.395
3,7-二甲基-6-辛烯酸甲酯	20.33	816	$C_{11}H_{20}O_2$	2270-60-2	0.056
(±)-(1α,2β,5α)-5-甲基-2-(1-甲基乙烯基)环己烷-1-醇	20.59	799	$C_{10}H_{18}O$	50373-36-9	0.009

（续表）

化合物名称	保留时间（min）	匹配度	分子式	CAS 号	相对含量（%）
反式-α-佛柑油烯	20.75	760	$C_{15}H_{24}$	13474-59-4	0.028
β-古巴烯	20.99	779	$C_{15}H_{24}$	18252-44-3	0.072
(Z,E)-α-金合欢烯	21.22	835	$C_{15}H_{24}$	26560-14-5	0.801
β-石竹烯	21.64	903	$C_{15}H_{24}$	87-44-5	7.284
α-泛素	21.74	743	$C_{15}H_{24}$	56633-28-4	0.139
2,5-二甲基-3-亚甲基-1,5-庚二烯	22.49	772	$C_{10}H_{16}$	74663-83-5	0.030
4-烯丙基苯甲醚	23.01	843	$C_{10}H_{12}O$	140-67-0	0.047
α-罗勒烯	23.38	784	$C_{10}H_{16}$	502-99-8	0.297
甲基(2E)-3,7-二甲基-2,6-辛二烯酸酯	23.66	829	$C_{11}H_{18}O_2$	2349-14-6	0.230
α-金合欢烯	24.01	761	$C_{15}H_{24}$	502-61-4	0.183
大根香叶烯	24.33	843	$C_{15}H_{24}$	23986-74-5	1.113
丙酸香茅酯	24.43	828	$C_{13}H_{24}O_2$	141-14-0	0.316
(S)-1-甲基-4-(5-甲基-1-亚甲基-4-己烯基)环己烯	24.63	839	$C_{15}H_{24}$	495-61-4	1.007
愈创木酚	24.92	835	$C_{15}H_{24}$	29873-99-2	4.018
(R)-(+)-β-香茅醇	25.21	849	$C_{10}H_{20}O$	1117-61-9	0.490
δ-杜松烯	25.39	792	$C_{15}H_{24}$	483-76-1	0.070
γ-紫穗槐烯	25.48	785	$C_{15}H_{24}$	6980-46-7	0.061
香茅烯	26.38	800	$C_{10}H_{18}$	10281-56-8	0.473
戊酸-3,7-二甲基-6-辛烯基酯	26.73	891	$C_{15}H_{28}O_2$	7540-53-6	1.548
甲酸香叶酯	28.43	783	$C_{11}H_{18}O_2$	105-86-2	0.042
异戊酸香叶酯	28.95	827	$C_{15}H_{26}O_2$	109-20-6	0.036

78 四季橘

78.1 四季橘的分布、形态特征与利用情况

78.1.1 分　布

四季橘（*Citrus × microcarpa*）为芸香科（Rutaceae）柑橘属（*Citrus*）植物。原产于老挝和越南，在热带地区和有轻微霜冻的地区都有引种栽培。四季橘在中国各地有零星栽培，以广东、海南等南部省区较常见。

78.1.2 形态特征

四季橘为常绿植物，高度可达 7.5 m，树形筒形，直立。叶椭圆形，夏季叶通常为倒卵状椭圆形，长 3~5 cm，宽 1.2~2.5 cm，顶端圆、钝或短尖，质较厚，浓绿。四季橘的花朵成簇开放，每朵花宽 2.5 cm，能散发出令人陶醉的香气，果扁圆，两端中央凹陷，顶部最明显，纵径 2~3 cm，横径 3~4 cm，果皮深橙黄至橙红色，厚 1.5~2.0 mm，油胞小，凹陷，味略甜而绵质，有金柑香气，易剥离，果心空，瓤囊 8~9 瓣，果肉甚酸；种子约 10 粒，阔卵形，黏滑，无棱，子叶及胚均深绿色，多胚。盛花期 4—5 月，盛果期 11 月至翌年 1 月。一年四季均开花结果。

78.1.3 利用情况

四季橘是优良的观赏树种，常盆栽。果亦可药用，有化痰、止咳、理气、消食功效。

78.2 四季橘香气物质的提取及检测分析

78.2.1 顶空固相微萃取

将四季橘的果皮用剪刀剪碎后准确称取 0.2072 g，放入固相微萃取瓶中，密封。在

40℃水浴中平衡 10 min，用 PDMS/DVB 萃取头吸附 15 min。采用气相色谱-质谱仪（GC-MS）对其成分进行检测分析。

78.2.2　GC-MS 检测分析

GC 分析条件：采用 DB-5Ms 色谱柱（30 m × 0.25 mm × 0.25 μm），氦气（99.999%）流速为 1.0 mL/min，进样口温度为 250℃，分流比为 10:1。起始温度为 60℃，保持 1 min，然后以 3℃/min 的速率升温至 85℃，保持 3 min，以 1.5℃/min 的速率升温至 130℃，保持 1 min，以 3℃/min 的速率升温至 160℃，以 10℃/min 的速率升温至 230℃，保持 3 min；样品解吸附 5 min。

MS 分析条件：EI 离子源，电离能量 70 eV，离子源温度 230℃；传输线温度 250℃，质量扫描范围（m/z）30~400，采集速率 10 spec/s，溶剂延迟 300 s。

检测分析结果见图和表。

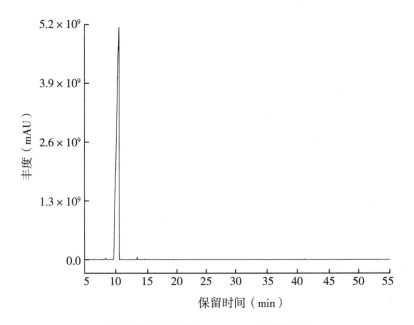

四季橘香气物质的 GC-MS 总离子流图

四季橘香气物质的组成及相对含量明细表

化合物名称	保留时间（min）	匹配度	分子式	CAS 号	相对含量（%）
α-蒎烯	6.68	919	$C_{10}H_{16}$	2437-95-8	0.065
β-蒎烯	8.51	840	$C_{10}H_{16}$	127-91-3	0.282
(−)-α-蒎烯	9.11	822	$C_{10}H_{16}$	7785-26-4	0.004

（续表）

化合物名称	保留时间（min）	匹配度	分子式	CAS 号	相对含量（%）
双戊烯	10.79	888	$C_{10}H_{16}$	138-86-3	98.987
芳樟醇	13.78	916	$C_{10}H_{18}O$	78-70-6	0.277
马鞭烯醇	13.90	774	$C_{10}H_{16}O$	473-67-6	0.026
反式-1-甲基-4-（1-甲基乙烯基）环己-2-烯-1-醇	15.86	883	$C_{10}H_{16}O$	7212-40-0	0.022
香茅醛	16.71	814	$C_{10}H_{18}O$	106-23-0	0.004
2,6-二甲基-1,5,7-辛三烯-3-醇	17.44	868	$C_{10}H_{16}O$	29414-56-0	0.010
2,5-二甲基-2,4-己二烯	17.92	792	C_8H_{14}	764-13-6	0.002
7-甲基辛-3,4-二烯	19.74	856	C_9H_{16}	37050-05-8	0.035
（+）-新二氢卡维醇	19.97	817	$C_{10}H_{18}O$	18675-33-7	0.003
3,7-二甲基-1,6-辛二烯	20.19	846	$C_{10}H_{18}$	2436-90-0	0.014
乙酸己酯	20.73	770	$C_8H_{16}O_2$	142-92-7	0.002
2-环戊基环戊酮	21.44	791	$C_{10}H_{16}O$	4884-24-6	0.004
左旋香芹酮	23.13	835	$C_{10}H_{14}O$	6485-40-1	0.020
2-己炔	25.21	822	C_6H_{10}	764-35-2	0.004
二氢香芹醇乙酸脂	29.45	853	$C_{12}H_{20}O_2$	20777-49-5	0.002
L-香芹基乙酸酯	29.68	730	$C_{12}H_{18}O_2$	7053-79-4	0.001
δ-榄香烯	29.89	807	$C_{15}H_{24}$	20307-84-0	0.004
（6E）-2,6-二甲基辛-2,6-二烯	31.49	773	$C_{10}H_{18}$	2792-39-4	0.002
4-（1-甲基乙烯基）-1-环己烯-1-甲醇乙酸酯	31.74	804	$C_{12}H_{18}O_2$	15111-96-3	0.033
（1R-顺式）-2-甲基-5-（1-甲基乙烯基）环己-2-烯-1-基乙酸酯	32.21	782	$C_{12}H_{18}O_2$	7111-29-7	0.003
2,7-二甲基-2,6-辛二烯-1-醇	32.34	766	$C_{10}H_{18}O$	22410-74-8	0.003
反-3,7-二甲基-2,6-辛二烯乙酸酯	33.93	886	$C_{12}H_{20}O_2$	16409-44-2	0.044
5,9-十四碳二炔	36.10	812	$C_{14}H_{22}$	51255-61-9	0.006
大根香叶烯	36.90	785	$C_{15}H_{24}$	23986-74-5	0.001
反式-α-红没药烯	38.77	768	$C_{15}H_{24}$	29837-07-8	0.002
荜澄茄烯	41.07	836	$C_{15}H_{24}$	13744-15-5	0.091

（续表）

化合物名称	保留时间（min）	匹配度	分子式	CAS 号	相对含量（%）
δ-杜松烯	44.40	821	$C_{15}H_{24}$	483-76-1	0.003
榄香醇	46.68	822	$C_{15}H_{26}O$	639-99-6	0.004
β-桉叶醇	52.42	807	$C_{15}H_{26}O$	473-15-4	0.005

79 香水柠檬

79.1 香水柠檬的分布、形态特征与利用情况

79.1.1 分 布

香水柠檬（*Citrus × limon* 'Rosso'）为芸香科（Rutaceae）柑橘属（*Citrus*）小乔木。原产于东南亚，现广泛栽培于世界热带地区。我国长江以南地区有栽培。

79.1.2 形态特征

枝少刺或近于无刺。嫩叶及花芽暗紫红色，翼叶宽或狭，或仅具痕迹，叶卵形或椭圆形，长 8~14 cm，宽 4~6 cm，边缘有明显钝裂齿。花瓣长 1.5~2.0 cm，外面淡紫红色，内面白色；常有单性花，即雄蕊发育，雌蕊退化。果椭圆形或卵形，两端狭，顶部常有乳头状突尖，果皮厚，柠檬黄色。

79.1.3 利用情况

香水柠檬果形修长，大而无核，最大的特色是果皮味道清甜，完全没有其他柠檬的苦涩味道，香气特别浓，是柠檬中的优质品种，在市场上的售价也比较高。另外，香水柠檬含有大量天然的芳香油，人们平时把它摆放在房间里，能让整个空间都有淡淡的水果香。

79.2 香水柠檬香气物质的提取及检测分析

79.2.1 顶空固相微萃取

将香水柠檬的果皮和叶片用剪刀剪碎后分别准确称取 0.1526 g、0.1599 g，分别放入固相微萃取瓶中，密封。在 40℃ 水浴中平衡 10 min，用 PDMS/DVB 萃取头吸附

15 min。采用气相色谱-质谱仪（GC-MS）对其成分进行检测分析。

79.2.2　GC-MS 检测分析

GC 分析条件：采用 DB-5Ms 色谱柱（30 m × 0.25 mm × 0.25 μm），进样口温度为 250℃，氦气（99.999%）流速为 1.0 mL/min，分流比 30∶1；起始柱温设置为 60℃，保持 1 min，然后以 3℃/min 的速率升温至 80℃，保持 3 min，以 0.5℃/min 的速率升温至 85℃，保持 3 min，以 2℃/min 的速率升温至 130℃，保持 3 min，以 3℃/min 的速率升温至 160℃，以 15℃/min 的速率升温至 230℃，保持 3 min；样品解吸附 5 min。

MS 分析条件：EI 离子源，电离能量 70 eV，离子源温度 230℃；传输线温度 250℃，质量扫描范围（m/z）35~450，采集速率 10 spec/s，溶剂延迟 180 s。

检测分析结果见图和表。

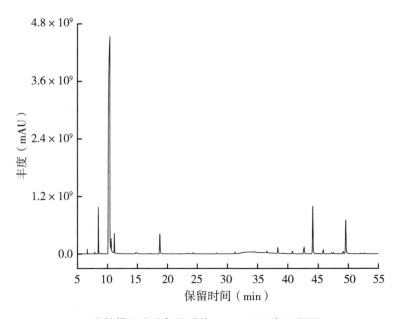

香水柠檬果皮香气物质的 GC-MS 总离子流图

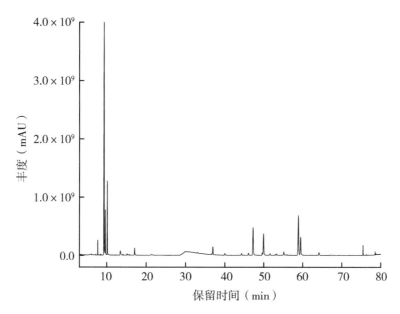

香水柠檬叶片香气物质的GC-MS总离子流图

香水柠檬果皮香气物质的组成及相对含量明细表

化合物名称	保留时间 （min）	匹配度	分子式	CAS 号	相对含量 （%）
（+）-α-蒎烯	6.65	943	$C_{10}H_{16}$	7785-70-8	0.275
3-异丙基-6-亚甲基-1-环己烯	7.90	924	$C_{10}H_{16}$	555-10-2	0.119
（-）-β-蒎烯	8.02	932	$C_{10}H_{16}$	18172-67-3	0.015
β-蒎烯	8.51	908	$C_{10}H_{16}$	127-91-3	3.424
水芹烯	9.07	921	$C_{10}H_{16}$	99-83-2	0.060
双戊烯	10.40	919	$C_{10}H_{16}$	138-86-3	70.307
2-蒎烯	10.62	919	$C_{10}H_{16}$	80-56-8	0.813
罗勒烯	11.15	951	$C_{10}H_{16}$	13877-91-3	1.775
4-甲基-3-（1- 甲基亚乙基）-环己烯	13.50	910	$C_{10}H_{16}$	99805-90-0	0.038
芳樟醇	14.76	927	$C_{10}H_{18}O$	78-70-6	0.379
别罗勒烯	16.66	907	$C_{10}H_{16}$	7216-56-0	0.019
柠檬烯-1,2-环氧化物	16.86	876	$C_{10}H_{16}O$	4680-24-4	0.045
（+）-反式-柠檬烯-1,2-环氧化物	17.26	928	$C_{10}H_{16}O$	6909-30-4	0.053

（续表）

化合物名称	保留时间 （min）	匹配度	分子式	CAS 号	相对含量 （%）
2-甲基-1-(2,2,3-三甲基环丙基亚基)-1-丙烯	17.71	839	$C_{10}H_{16}$	14803-30-6	0.016
(+)-香茅醛	18.73	935	$C_{10}H_{18}O$	2385-77-5	3.156
α-松油醇	23.35	920	$C_{10}H_{18}O$	98-55-5	0.121
正癸醛	24.31	908	$C_{10}H_{20}O$	112-31-2	0.231
醋酸辛酯	25.12	842	$C_{10}H_{20}O_2$	112-14-1	0.013
顺式-柠檬醛	28.19	937	$C_{10}H_{16}O$	106-26-3	0.173
(E)-3,7-二甲基-2,6-辛二烯醛	31.25	927	$C_{10}H_{16}O$	141-27-5	0.335
香茅油	33.65	924	$C_{10}H_{20}O$	106-22-9	0.706
十三烷	33.68	868	$C_{13}H_{28}$	629-50-5	0.267
十一醛	34.49	947	$C_{11}H_{22}O$	112-44-7	0.098
(R)-(+)-β-香茅醇	35.97	828	$C_{10}H_{20}O$	1117-61-9	0.016
δ-榄香烯	36.54	932	$C_{15}H_{24}$	20307-84-0	0.279
乙酸香茅酯	38.34	947	$C_{12}H_{22}O_2$	150-84-5	0.904
顺-3,7-二甲基-2,6-辛二烯-1-醇乙酸酯	39.23	921	$C_{12}H_{20}O_2$	141-12-8	0.120
反-3,7-二甲基-2,6-辛二烯乙酸酯	40.74	954	$C_{12}H_{20}O_2$	16409-44-2	0.389
β-榄香烯	40.92	893	$C_{15}H_{24}$	515-13-9	0.054
十四烷	41.76	921	$C_{14}H_{30}$	629-59-4	0.015
β-石竹烯	42.68	946	$C_{15}H_{24}$	87-44-5	1.444
檀香烯	42.90	926	$C_{15}H_{24}$	512-61-8	0.053
荜澄茄烯	43.45	900	$C_{15}H_{24}$	13744-15-5	0.020
2,6-二甲基-6-(4-甲基-3-戊烯基)双环[3.1.1]庚-2-烯	44.12	957	$C_{15}H_{24}$	17699-05-7	7.013
β-倍半水芹烯	44.66	866	$C_{15}H_{24}$	20307-83-9	0.021
α-葎草烯	45.17	931	$C_{15}H_{24}$	6753-98-6	0.058
(E)-β-金合欢烯	45.82	891	$C_{15}H_{24}$	28973-97-9	0.653
大根香叶烯	47.15	951	$C_{15}H_{24}$	23986-74-5	0.125
(+)-α-长叶蒎烯	47.24	885	$C_{15}H_{24}$	5989-08-2	0.105

（续表）

化合物名称	保留时间（min）	匹配度	分子式	CAS 号	相对含量（%）
甘香烯	48.28	921	$C_{15}H_{24}$	3242-08-8	0.038
反式-α-红没药烯	49.14	876	$C_{15}H_{24}$	29837-07-8	0.400
(S)-1-甲基-4-(5-甲基-1-亚甲基-4-己烯基)环己烯	49.58	921	$C_{15}H_{24}$	495-61-4	5.634
α-广藿香烯	51.16	832	$C_{15}H_{24}$	560-32-7	0.030
γ-古芸烯	52.61	901	$C_{15}H_{24}$	22567-17-5	0.146

香水柠檬叶片的香气物质组成及相对含量明细表

化合物名称	保留时间（min）	匹配度	分子式	CAS 号	相对含量（%）
正己醛	3.57	811	$C_6H_{12}O$	66-25-1	0.085
反式-2-己烯醛	4.43	941	$C_6H_{10}O$	6728-26-3	0.095
3-己烯-1-醇	5.69	910	$C_6H_{12}O$	544-12-7	0.222
(+)-α-蒎烯	6.07	906	$C_{10}H_{16}$	7785-70-8	0.219
3-异丙基-6-亚甲基-1-环己烯	7.19	914	$C_{10}H_{16}$	555-10-2	0.063
β-蒎烯	7.72	914	$C_{10}H_{16}$	127-91-3	1.385
水芹烯	8.28	914	$C_{10}H_{16}$	99-83-2	0.060
(+)-柠檬烯	9.35	913	$C_{10}H_{16}$	5989-27-5	42.668
(3E)-3,7-二甲基辛-1,3,6-三烯	9.64	948	$C_{10}H_{16}$	3779-61-1	4.208
罗勒烯	10.15	958	$C_{10}H_{16}$	13877-91-3	8.085
萜品油烯	12.32	931	$C_{10}H_{16}$	586-62-9	0.068
芳樟醇	13.45	960	$C_{10}H_{18}O$	78-70-6	1.188
3-亚甲基-1,1-二甲基-2-乙烯基环己烷	14.16	848	$C_{11}H_{18}$	95452-08-7	0.140
别罗勒烯	15.19	941	$C_{10}H_{16}$	7216-56-0	0.239
1-甲基-4-丙-1-烯-2-基-环己-2-烯-1-醇	15.40	844	$C_{10}H_{16}O$	22771-44-4	0.101
(+)-反式-柠檬烯	15.78	917	$C_{10}H_{16}O$	6909-30-4	0.117
(+)-香茅醛	17.08	941	$C_{10}H_{18}O$	2385-77-5	1.335

（续表）

化合物名称	保留时间 （min）	匹配度	分子式	CAS 号	相对含量 （%）
α-松油醇	21.33	896	$C_{10}H_{18}O$	98-55-5	0.244
3,7-二甲基-6-辛烯-1-醇	29.85	903	$C_{10}H_{20}O$	40607-48-5	1.232
十三烷	33.00	939	$C_{13}H_{28}$	629-50-5	0.186
δ-榄香烯	36.96	952	$C_{15}H_{24}$	20307-84-0	2.009
乙酸香茅酯	40.00	940	$C_{12}H_{22}O_2$	150-84-5	0.472
β-榄香烯	44.26	922	$C_{15}H_{24}$	515-13-9	0.493
2-乙基-1,1-二甲基-3-甲基环己烷	44.90	907	$C_{14}H_{28}$	41446-66-6	0.043
十四烷	46.05	968	$C_{14}H_{30}$	629-59-4	0.587
β-石竹烯	47.25	966	$C_{15}H_{24}$	87-44-5	7.405
γ-榄香烯	49.60	930	$C_{15}H_{24}$	339154-91-5	0.360
2,6-二甲基-6-（4-甲基-3-戊烯基）双环[3.1.1]庚-2-烯	49.95	961	$C_{15}H_{24}$	17699-05-7	5.368
α-葎草烯	51.60	939	$C_{15}H_{24}$	6753-98-6	0.446
（1S-外）-2-甲基-3-亚甲基-2-（4-甲基-3-戊烯基）双环[2.2.1]庚烷	52.94	906	$C_{15}H_{24}$	511-59-1	0.175
反式-β-金合欢烯	53.32	925	$C_{15}H_{24}$	18794-84-8	0.359
（-）-α-古芸烯	54.65	873	$C_{15}H_{24}$	489-40-7	0.038
大根香叶烯	55.19	942	$C_{15}H_{24}$	23986-74-5	0.901
雪松烯	55.67	877	$C_{15}H_{24}$	1461-03-6	0.064
（E）-β-金合欢烯	55.99	910	$C_{15}H_{24}$	28973-97-9	0.164
α-雪松烯	57.10	868	$C_{15}H_{24}$	3853-83-6	0.049
正十五烷	58.94	955	$C_{15}H_{32}$	629-62-9	11.256
（S）-1-甲基-4-（5-甲基-1-亚甲基-4-己烯基）环己烯	59.49	922	$C_{15}H_{24}$	495-61-4	4.573
δ-杜松烯	60.84	900	$C_{15}H_{24}$	483-76-1	0.061
（4aR,8aR）-2-异亚丙基-4a,8-二甲基-1,2,3,4,4a,5,6,8a-八氢萘	62.44	886	$C_{15}H_{24}$	6813-21-4	0.053
反式-α-红没药烯	63.58	879	$C_{15}H_{24}$	29837-07-8	0.084

（续表）

化合物名称	保留时间（min）	匹配度	分子式	CAS 号	相对含量（%）
γ-古芸烯	64.11	905	$C_{15}H_{24}$	22567-17-5	0.763
反式-橙花叔醇	67.15	911	$C_{15}H_{26}O$	40716-66-3	0.147
1-十六烯	68.01	905	$C_{16}H_{32}$	629-73-2	0.102
8-十七烷烯	75.44	972	$C_{17}H_{34}$	2579-04-6	1.208
正十七烷	76.32	935	$C_{17}H_{36}$	629-78-7	0.095
肉豆蔻醛	76.77	940	$C_{14}H_{28}O$	124-25-4	0.040
水杨酸-2-乙基己基酯	78.56	897	$C_{15}H_{22}O_3$	118-60-5	0.260
十六醛	78.68	929	$C_{16}H_{32}O$	629-80-1	0.081
肉豆蔻酸异丙酯	78.79	905	$C_{17}H_{34}O_2$	110-27-0	0.048

80 香 橼

80.1 香橼的分布、形态特征与利用情况

80.1.1 分 布

香橼（*Citrus medica*）为芸香科（Rutaceae）柑橘属（*Citrus*）植物。我国台湾、福建、广东、广西、云南等省区南部有栽培。越南、老挝、缅甸、印度等也有分布。

80.1.2 形态特征

不规则分枝的灌木或小乔木。新生嫩枝、芽及花蕾均暗紫红色，茎枝多刺，刺长达4 cm。单叶，稀兼有单身复叶，有关节，但无翼叶；叶柄短，叶片椭圆形或卵状椭圆形，长6~12 cm，宽3~6 cm，或有更大，顶部圆或钝，稀短尖，叶缘有浅钝裂齿。总状花序有花达12朵，有时兼有腋生单花；花两性，有单性花趋向，则雌蕊退化；花瓣5片，长1.5~2.0 cm；雄蕊30~50枚；子房圆筒状，花柱粗长，柱头头状。果椭圆形、近圆形或两端狭的纺锤形，重可达2000 g，果皮淡黄色，粗糙，甚厚或颇薄，难剥离，内皮白色或略淡黄色，棉质，松软，瓢囊10~15瓣，果肉无色，近于透明或淡乳黄色，爽脆，味酸或略甜，有香气；种子小，平滑，子叶乳白色，多胚或单胚。花期4—5月，果期10—11月。

80.1.3 利用情况

香橼的栽培史在我国已有2000余年。东汉时杨孚《异物志》称之为枸橼。唐、宋以后，多称之为香橼。香橼是中药，其干片有清香气，味略苦而微甜，性温，无毒，能理气宽中、消胀降痰。

80.2 香橼香气物质的提取及检测分析

80.2.1 顶空固相微萃取

将香橼的叶片用剪刀剪碎后准确称取 0.2076 g，放入固相微萃取瓶中，密封。在 40℃水浴中平衡 10 min，用 PDMS/DVB 萃取头吸附 15 min。采用气相色谱-质谱仪（GC-MS）对其成分进行检测分析。

80.2.2 GC-MS 检测分析

GC 分析条件：采用 DB-5Ms 色谱柱（30 m × 0.25 mm × 0.25 μm），进样口温度为 250℃，氦气（99.999%）流速为 1.0 mL/min，分流比 10∶1；起始柱温设置为 60℃，保持 1 min，然后以 5℃/min 的速率升温至 90℃，保持 1 min，以 1℃/min 的速率升温至 115℃，保持 1 min，以 3℃/min 的速率升温至 130℃，保持 1 min，以 2℃/min 的速率升温至 160℃，以 15℃/min 的速率升温至 230℃，保持 3 min；样品解吸附 5 min。

MS 分析条件：EI 离子源，电离能量 70 eV，离子源温度 230℃；传输线温度 250℃，质量扫描范围（m/z）35~450，采集速率 10 spec/s，溶剂延迟 300 s。

检测分析结果见图和表。

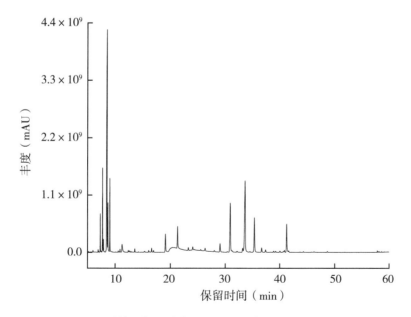

香橼香气物质的 GC-MS 总离子流图

香橼香气物质的组成及相对含量明细表

化合物名称	保留时间（min）	匹配度	分子式	CAS 号	相对含量（%）
苯乙烯	5.17	889	C_8H_8	100-42-5	0.080
(+)-α-蒎烯	5.99	935	$C_{10}H_{16}$	7785-70-8	0.159
桧烯	6.92	934	$C_{10}H_{16}$	3387-41-5	0.156
(-)-β-蒎烯	7.02	947	$C_{10}H_{16}$	18172-67-3	0.067
β-蒎烯	7.31	913	$C_{10}H_{16}$	127-91-3	2.334
癸烷	7.47	946	$C_{10}H_{22}$	124-18-5	0.074
(E)-3-己烯-1-醇乙酸酯	7.72	907	$C_8H_{14}O_2$	3681-82-1	5.906
2-蒎烯	7.88	897	$C_{10}H_{16}$	80-56-8	0.886
双戊烯	8.52	913	$C_{10}H_{16}$	138-86-3	30.252
(3E)-3,7-二甲基辛-1,3,6-三烯	8.69	936	$C_{10}H_{16}$	3779-61-1	2.914
罗勒烯	9.04	960	$C_{10}H_{16}$	13877-91-3	4.892
萜品油烯	10.57	939	$C_{10}H_{16}$	586-62-9	0.117
十一烷	10.89	953	$C_{11}H_{24}$	1120-21-4	0.250
芳樟醇	11.25	959	$C_{10}H_{18}O$	78-70-6	1.556
别罗勒烯	12.38	939	$C_{10}H_{16}$	7216-56-0	0.194
柠檬烯-1,2-环氧化物	12.59	918	$C_{10}H_{16}O$	4680-24-4	0.201
(+)-反式-柠檬烯-1,2-环氧化物	12.83	918	$C_{10}H_{16}O$	6909-30-4	0.082
(+)-香茅醛	13.56	937	$C_{10}H_{18}O$	2385-77-5	0.362
(S)-顺式-马鞭草烯醇	14.22	817	$C_{10}H_{16}O$	18881-04-4	0.056
顺式-3-己烯醇丁酸酯	15.36	922	$C_{10}H_{18}O_2$	16491-36-4	0.108
正十二烷	16.09	957	$C_{12}H_{26}$	112-40-3	0.195
α-松油醇	16.23	826	$C_{10}H_{18}O$	10482-56-1	0.065
正癸醛	16.62	908	$C_{10}H_{20}O$	112-31-2	0.488
醋酸辛酯	16.96	923	$C_{10}H_{20}O_2$	112-14-1	0.217
顺式-柠檬醛	19.10	949	$C_{10}H_{16}O$	106-26-3	2.729
橙花醇	20.22	955	$C_{10}H_{18}O$	106-25-2	2.795
(E)-3,7-二甲基-2,6-辛二烯醛	21.32	937	$C_{10}H_{16}O$	141-27-5	3.213
十三烷	23.29	957	$C_{13}H_{28}$	629-50-5	0.371

（续表）

化合物名称	保留时间（min）	匹配度	分子式	CAS 号	相对含量（%）
十一醛	24.09	968	$C_{11}H_{22}O$	112-44-7	0.566
乙酸正壬酯	24.42	792	$C_{11}H_{22}O_2$	143-13-5	0.104
δ-榄香烯	26.31	946	$C_{15}H_{24}$	20307-84-0	0.490
乙酸香茅酯	28.02	910	$C_{12}H_{22}O_2$	150-84-5	0.229
顺-3,7-二甲基-2,6-辛二烯-1-醇乙酸酯	29.05	951	$C_{12}H_{20}O_2$	141-12-8	1.383
β-波旁烯	30.37	876	$C_{15}H_{24}$	5208-59-3	0.096
乙酸香叶酯	30.93	950	$C_{12}H_{20}O_2$	105-87-3	8.657
β-榄香烯	31.27	869	$C_{15}H_{24}$	515-13-9	0.092
十四烷	32.17	966	$C_{14}H_{30}$	629-59-4	0.168
十二醛	33.21	980	$C_{12}H_{24}O$	112-54-9	0.477
β-石竹烯	33.65	957	$C_{15}H_{24}$	87-44-5	14.230
荜澄茄烯	34.55	884	$C_{15}H_{24}$	13744-15-5	0.103
2,6-二甲基-6-(4-甲基-3-戊烯基)双环[3.1.1]庚-2-烯	35.36	959	$C_{15}H_{24}$	17699-05-7	5.720
α-葎草烯	36.70	941	$C_{15}H_{24}$	6753-98-6	0.720
(E)-β-金合欢烯	37.42	871	$C_{15}H_{24}$	28973-97-9	0.428
大根香叶烯	38.90	946	$C_{15}H_{24}$	23986-74-5	0.177
甘香烯	40.05	921	$C_{15}H_{24}$	3242-08-8	0.205
正十五烷	40.69	953	$C_{15}H_{32}$	629-62-9	0.108
反式-α-红没药烯	40.87	882	$C_{15}H_{24}$	29837-07-8	0.290
(S)-1-甲基-4-(5-甲基-1-亚甲基-4-己烯基)环己烯	41.28	921	$C_{15}H_{24}$	495-61-4	4.397
十三醛	41.64	864	$C_{13}H_{26}O$	10486-19-8	0.127
γ-古芸烯	44.37	902	$C_{15}H_{24}$	22567-17-5	0.128
石竹素	46.24	925	$C_{15}H_{24}O$	1139-30-6	0.130
肉豆蔻醛	48.65	977	$C_{14}H_{28}O$	124-25-4	0.143
水杨酸-2-乙基己基酯	57.83	912	$C_{15}H_{22}O_3$	118-60-5	0.112

81 胡椒木

81.1 胡椒木的分布、形态特征与利用情况

81.1.1 分 布

胡椒木（*Zanthoxylum piperitum*）为芸香科（Rutaceae）花椒属（*Zanthoxylum*）常绿灌木。原产日本、韩国。除东北地区外，中国各地均可栽培应用，主要分布在长江以南地区。

81.1.2 形态特征

常绿灌木，高 30～90 cm，冠幅 30～60 cm。叶色深绿，光泽明亮，具香气；奇数羽状复叶，叶基有短刺 2 枚，叶轴有狭翼；小叶对生，倒卵形，长 0.7～1.0 cm，革质；全叶密生腺体。开花金黄色；雌雄异株，雄花黄色，雌花橙红色，子房 3～4 个。果实椭圆形，红褐色。

81.1.3 利用情况

胡椒木叶色浓绿细致，质感佳，并能散发香味，常栽植于庭园、校园、公园、游乐区、廊宇，单植、列植、群植皆美观，全株具浓烈胡椒香味，枝叶青翠，适合作为庭园绿植、绿篱或盆栽。

81.2 胡椒木香气物质的提取及检测分析

81.2.1 顶空固相微萃取

将胡椒木的叶片用剪刀剪碎后准确称取 0.2315 g，放入固相微萃取瓶中，密封。在 40℃水浴中平衡 5 min，用 PDMS/DVB 萃取头吸附 10 min。采用全二维气相色谱-飞行

时间质谱仪（GC-TOF/MS）对其成分进行检测分析。

81.2.2　GC-TOF/MS 检测分析

GC 分析条件：采用 DB-WAX 色谱柱（30 m × 0.25 mm × 0.25 μm），设置分流比为2∶1，进样口温度为250℃，氦气（99.999%）流速为 1.0 mL/min；起始柱温设置为60℃，保持 1 min，然后以 4℃/min 的速率升温至 94℃，保持 2 min，以 5℃/min 的速率升温至 149℃，保持 2 min，以 8℃/min 的速率升温至 230℃，保持 3 min；样品解吸附5 min。

TOF/MS 分析条件：EI 离子源，电离能量 70 eV，离子源温度230℃；传输线温度250℃，质量扫描范围（m/z）30~400，采集速率 10 spec/s，溶剂延迟 300 s。

检测分析结果见图和表。

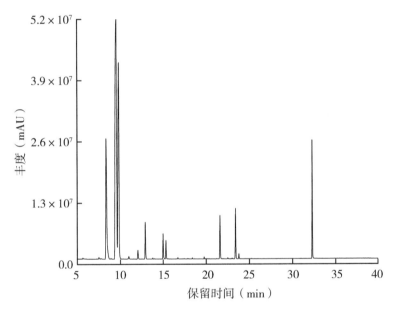

胡椒木香气物质 GC-TOF/MS 总离子流图

胡椒木香气物质的组成及相对含量明细表

化合物名称	保留时间（min）	匹配度	分子式	CAS 号	相对含量（%）
4-双环[3.1.0]己-2-烯	5.64	798	$C_{10}H_{16}$	28634-89-1	0.069
3-异丙基-6-亚甲基-1-环己烯	7.49	800	$C_{10}H_{16}$	555-10-2	0.154
2-甲基-1-戊烯-1-酮	7.74	780	$C_6H_{10}O$	29336-29-6	0.066
月桂烯	8.37	941	$C_{10}H_{16}$	123-35-3	13.563

（续表）

化合物名称	保留时间（min）	匹配度	分子式	CAS 号	相对含量（%）
苄基乙基醚	8.54	674	$C_9H_{12}O$	539-30-0	0.544
γ-松油烯	8.91	683	$C_{10}H_{16}$	99-85-4	0.071
（S）-（-）-柠檬烯	9.57	926	$C_{10}H_{16}$	5989-54-8	41.896
桧烯	9.84	889	$C_{10}H_{16}$	3387-41-5	24.113
苯并环丁烯	10.99	869	C_8H_8	694-87-1	0.220
萜品油烯	12.06	835	$C_{10}H_{16}$	586-62-9	0.648
乙酸叶醇酯	12.92	920	$C_8H_{14}O_2$	3681-71-8	2.494
6-甲基庚酸酯	13.78	742	$C_9H_{18}O_2$	2519-37-1	0.056
正丁醇	14.00	800	$C_4H_{10}O$	71-36-3	0.024
顺-3-己烯-1-醇	15.00	921	$C_6H_{12}O$	928-96-1	1.640
辛酸甲酯	15.33	853	$C_9H_{18}O_2$	111-11-5	1.142
对甲苯甲醚	16.73	775	$C_8H_{10}O$	104-93-8	0.090
2-甲基-3-己基-（E）-丙酸	17.46	820	$C_{10}H_{18}O_2$	84682-20-2	0.021
二甲基丁酸叶醇酯	17.86	612	$C_{11}H_{20}O_2$	53398-85-9	0.020
己酸甲酯	18.40	775	$C_7H_{14}O_2$	106-70-7	0.060
芳樟醇	19.77	739	$C_{10}H_{18}O$	78-70-6	0.101
2-甲基己酸	19.95	787	$C_7H_{14}O_2$	4536-23-6	0.016
二氢草莓酸	21.23	746	$C_6H_{12}O_2$	97-61-0	0.016
（-）-异丁香烯	21.61	871	$C_{15}H_{24}$	118-65-0	2.991
2,5-二甲基-3-亚甲基-1,5-庚二烯	22.49	793	$C_{10}H_{16}$	74663-83-5	0.061
4-烯丙基苯甲醚	23.01	803	$C_{10}H_{12}O$	140-67-0	0.038
α-葎草烯	23.40	859	$C_{15}H_{24}$	6753-98-6	3.244
1-甲基-4-（1-甲基乙烯基）环己醇乙酸酯	23.78	824	$C_{12}H_{20}O_2$	10198-23-9	0.275
2,6-二甲基庚-5-烯-1-醇	25.21	707	$C_9H_{18}O$	4234-93-9	0.017
桂酸甲酯	32.28	919	$C_{10}H_{10}O_2$	103-26-4	6.350

82 花 椒

82.1 花椒的分布、形态特征与利用情况

82.1.1 分 布

花椒（*Zanthoxylum bungeanum*）为芸香科（Rutaceae）花椒属（*Zanthoxylum*）落叶小乔木。我国北起东北南部，南至五岭北坡，东南至江苏、浙江沿海地带，西南至西藏东南部均有分布。见于平原至海拔较高的山地，在青海海拔 2500 m 的坡地也有栽种。耐旱，喜阳光，各地多栽种。

82.1.2 形态特征

高 3~7 m 的落叶小乔木；茎干上的刺常早落，枝有短刺，小枝上的刺基部呈宽而扁且劲直的长三角形，当年生枝被短柔毛。叶有小叶 5~13 片，叶轴常有甚狭窄的叶翼；小叶对生，无柄，卵形，椭圆形，稀披针形，位于叶轴顶部的较大，近基部的小叶有时圆形，长 2~7 cm，宽 1.0~3.5 cm，叶缘有细裂齿，齿缝有油点，其余无或散生肉眼可见的油点，叶背面基部中脉两侧有丛毛或小叶两面均被柔毛，中脉在叶正面微凹陷，叶背面干后常有红褐色斑纹。花序顶生或生于侧枝之顶，花序轴及花梗密被短柔毛或无毛；花被片 6~8 片，黄绿色，形状及大小大致相同；雄花的雄蕊 5 枚或多至 8 枚；退化雌蕊顶端叉状浅裂；雌花很少有发育的雄蕊，有心皮 3 个或 2 个，间有 4 个，花柱斜向背弯。果紫红色，单个分果瓣直径 4~5 mm，散生微凸起的油点，顶端有甚短的芒尖或无；种子长 3.5~4.5 mm。花期 4—5 月，果期 8—9 月或 10 月。

82.1.3 利用情况

花椒的木材为典型的淡黄色，露于空气中颜色稍变深黄，心边材区别不明显，木质部结构致密均匀，纵切面有绢质光泽，大材有美术工艺价值。孤植可作防护刺篱。果皮可作为调味料，并可提取芳香油，又可入药，种子可食用，也可用于制作肥皂。花椒果皮精油含量为

0.2%~0.4%，不少于15类，属于干性油，气香而味辛辣，可作食用调料或工业用油。

82.2 花椒香气物质的提取及检测分析

82.2.1 顶空固相微萃取

将四川花椒的果实用剪刀剪碎后准确称取 0.3500 g，放入固相微萃取瓶中，密封。在40℃水浴中平衡 5 min，用 PDMS/DVB 萃取头吸附 10 min。采用全二维气相色谱-飞行时间质谱仪（GC-TOF/MS）对其成分进行检测分析。

82.2.2 GC-TOF/MS 的检测分析

GC 分析条件：采用 DB-WAX 色谱柱（30 m × 0.25 mm × 0.25 μm），进样口温度为250℃，氦气（99.999%）流速为1.0 mL/min，分流比为10:1；起始柱温设置为60℃，保持1 min，然后以4℃/min 的速率温升至90℃，保持1 min，以5℃/min 的速率升温至130℃，保持1 min，以8℃/min 的速率升温至230℃，保持3 min；样品解吸附5 min。

TOF/MS 分析条件：EI 离子源，电离能量 70 eV，离子源温度 230℃；传输线温度250℃，质量扫描范围（m/z）30~400，采集速率 10 spec/s，溶剂延迟 300 s。

检测分析结果见图和表。

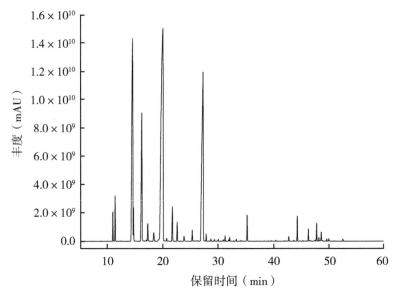

花椒香气物质的 GC-TOF/MS 总离子流图

花椒香气物质的组成及相对含量明细表

化合物	保留时间（min）	匹配度	分子式	CAS	相对含量（%）
三环萜	10.51	912	$C_{10}H_{16}$	508-32-7	0.002
α-侧柏烯	10.88	929	$C_{10}H_{16}$	2867-05-2	1.130
1R-α-蒎烯	11.30	938	$C_{10}H_{16}$	7785-70-8	1.691
莰烯	12.39	951	$C_{10}H_{16}$	79-92-5	0.029
β-水芹烯	14.56	921	$C_{10}H_{16}$	555-10-2	19.374
β-蒎烯	14.70	948	$C_{10}H_{16}$	127-91-3	1.049
月桂烯	16.20	895	$C_{10}H_{16}$	123-35-3	8.665
α-水芹烯	17.27	954	$C_{10}H_{16}$	99-83-2	0.850
松油烯	18.35	950	$C_{10}H_{16}$	99-86-5	0.546
4-异丙基甲苯	19.29	974	$C_{10}H_{14}$	99-87-6	0.168
(+)-柠檬烯	20.03	945	$C_{10}H_{16}$	5989-27-5	38.014
(3E)-3,7-二甲基辛-1,3,6-三烯	20.69	961	$C_{10}H_{16}$	3779-61-1	0.123
(Z)-3,7-二甲基-1,3,6-十八烷三烯	21.74	959	$C_{10}H_{16}$	3338-55-4	1.682
γ-松油烯	22.63	974	$C_{10}H_{16}$	99-85-4	0.909
反式-β-松油醇	23.90	929	$C_{10}H_{16}$	7299-41-4	0.301
萜品油烯	25.40	957	$C_{10}H_{16}$	586-62-9	0.536
1-甲基-4-(1-甲基乙烯基)苯	25.81	966	$C_{10}H_{12}$	1195-32-0	0.018
2-氯苯乙酮	26.13	953	C_8H_7ClO	532-27-4	0.015
顺式-水合桧烯	26.73	894	$C_{10}H_{18}O$	15537-55-0	0.016
芳樟醇	27.37	940	$C_{10}H_{18}O$	78-70-6	20.504
侧柏酮	27.92	893	$C_{10}H_{18}O$	1125-12-8	0.242
1,2,6,6-四甲基-1,3-环己二烯	28.78	900	$C_{10}H_{16}$	514-96-5	0.091
别罗勒烯	29.42	941	$C_{10}H_{16}$	7216-56-0	0.077
松果芹酮	30.00	805	$C_{10}H_{14}O$	30460-92-5	0.019
(+)-香茅醛	30.11	945	$C_{10}H_{18}O$	2385-77-5	0.068
反式-2-壬烯醛	30.49	930	$C_9H_{16}O$	18829-56-6	0.005
反-2-十三烯醇	31.04	861	$C_{13}H_{26}O$	74962-98-4	0.055
苯乙酸甲酯	31.14	964	$C_9H_{10}O_2$	101-41-7	0.014

化合物	保留时间 （min）	匹配度	分子式	CAS	相对含量 （%）
4-萜烯醇	31.34	935	$C_{10}H_{18}O$	562-74-3	0.182
水杨酸甲酯	31.90	978	$C_8H_8O_3$	119-36-8	0.023
（1R）-桃金娘醛	32.02	888	$C_{10}H_{14}O$	564-94-3	0.059
α-松油醇	32.18	921	$C_{10}H_{18}O$	98-55-5	0.153
癸醛	32.93	857	$C_{10}H_{20}O$	112-31-2	0.027
4-松油烯醇乙酸酯	33.37	868	$C_{12}H_{20}O_2$	4821-04-9	0.104
4-异丙基苯甲醛	34.59	954	$C_{10}H_{12}O$	122-03-2	0.012
香芹酮	34.72	938	$C_{10}H_{14}O$	99-49-0	0.010
2-氨基苯甲酸-3,7-二甲基-1, 6-辛二烯-3-醇酯	35.32	956	$C_{17}H_{23}NO_2$	7149-26-0	0.941
十六烷	36.15	873	$C_{16}H_{34}$	544-76-3	0.014
（-）-紫苏醛	36.39	908	$C_{10}H_{14}O$	2111-75-3	0.006
茴香脑	37.10	972	$C_{10}H_{12}O$	104-46-1	0.009
十一醛	38.46	939	$C_{11}H_{22}O$	112-44-7	0.011
（-）-乙酸桃金娘烯酯	39.15	939	$C_{12}H_{18}O_2$	1079-01-2	0.014
甘香烯	39.61	888	$C_{15}H_{24}$	3242-08-8	0.027
δ-榄香烯	40.48	856	$C_{15}H_{24}$	20307-84-0	0.044
β-榄香烯	42.85	935	$C_{15}H_{24}$	515-13-9	0.195
（-）-α-荜澄茄油烯	43.09	907	$C_{15}H_{24}$	17699-14-8	0.006
β-石竹烯	44.39	963	$C_{15}H_{24}$	87-44-5	0.945
香橙烯	45.42	942	$C_{15}H_{24}$	489-39-4	0.025
大根香叶烯	46.09	905	$C_{15}H_{24}$	23986-74-5	0.014
α-石竹烯	46.38	937	$C_{15}H_{24}$	6753-98-6	0.485
γ-依兰油烯	47.60	947	$C_{15}H_{24}$	30021-74-0	0.056
α-芹子烯	48.25	941	$C_{15}H_{24}$	473-13-2	0.149
α-依兰油烯	48.95	940	$C_{15}H_{24}$	31983-22-9	0.058

（续表）

化合物	保留时间 （min）	匹配度	分子式	CAS	相对含量 （%）
十七烷	49.41	922	$C_{17}H_{36}$	629-78-7	0.012
δ-杜松烯	50.05	926	$C_{15}H_{24}$	483-76-1	0.130
α-白菖考烯	51.19	945	$C_{15}H_{20}$	21391-99-1	0.007
反式-橙花叔醇	52.60	945	$C_{15}H_{26}O$	40716-66-3	0.089

83 簕欓花椒

83.1 簕欓花椒的分布、形态特征与利用情况

83.1.1 分 布

簕欓花椒（*Zanthoxylum avicennae*）为芸香科（Rutaceae）花椒属（*Zanthoxylum*）植物。我国产于台湾、福建、广东、海南、广西、云南。生于低海拔平地、坡地或谷地，多见于次生林中。菲律宾、越南北部也有分布。

83.1.2 形态特征

落叶乔木，高达 15 m；树干有鸡爪状刺，刺基部扁圆而增厚，形似鼓钉，并有环纹。叶有小叶 11~21 片，稀较少；小叶通常对生或偶有不整齐对生，斜卵形，斜长方形或呈镰刀状，有时倒卵形，幼苗小叶多为阔卵形，长 2.5~7.0 cm，宽 1~3 cm，顶部短尖或钝，两侧甚不对称，全缘，或中部以上有疏裂齿，鲜叶的油点肉眼可见，叶轴腹面有狭窄、绿色的叶质边缘，常呈狭翼状。花序顶生，花多；花序轴及花梗有时紫红色；雄花梗长 1~3 mm；萼片及花瓣均 5 片；萼片宽卵形，绿色；花瓣黄白色，雌花的花瓣比雄花的稍长，长约 2.5 mm；雄花的雄蕊 5 枚，退化雌蕊 2 浅裂；雌花有心皮 2 个，很少 3 个，退化雄蕊极小。果梗长 3~6 mm，总梗比果梗长 1~3 倍；分果瓣淡紫红色，单个分果瓣径 4~5 mm，顶端无芒尖，油点大且多，微凸起；种子直径 3.5~4.5 mm。花期 6—8 月，果期 10—12 月。

83.1.3 利用情况

簕欓花椒是干旱半干旱山区重要的水土保持树种。鲜叶、根皮及果皮均有花椒气味，嚼之有黏质，味苦而麻舌，果皮和根皮味较浓。果皮是香精和香料的原料，种子是优良的木本油料，油饼可用作肥料或饲料，叶可用作调料、食用或制作椒茶。民间用作草药，有祛风去湿、行气化痰、止痛等功效，治多类痛症，还可作为驱蛔虫剂。根的水

浸液和酒精提取液对溶血性链球菌及金黄色葡萄球菌均有抑制作用。

83.2　籯檽花椒香气物质的提取及检测分析

83.2.1　顶空固相微萃取

　　将籯檽花椒的果皮用剪刀剪碎后准确称取 1.0331 g，放入固相微萃取瓶中，密封。在 40℃水浴中平衡 10 min，用 PDMS/DVB 萃取头吸附 15 min。采用气相色谱–质谱仪（GC-MS）对其成分进行检测分析。

83.2.2　GC-MS 检测分析

　　GC 分析条件：采用 DB–5Ms 色谱柱（30 m × 0.25 mm × 0.25 μm），氦气（99.999%）流速为 1.0 mL/min，进样口温度为 250℃，不分流；起始温度为 60℃，保持 1 min，然后以 5℃/min 的速率升温至 85℃，保持 1 min，以 3℃/min 的速率升温至 130℃，保持 1 min，以 2℃/min 的速率升温至 160℃，以 10℃/min 的速率升温至 230℃，保持 3 min；样品解吸附 5 min。

　　MS 分析条件：EI 离子源，电离能量 70 eV，离子源温度 230℃；传输线温度 250℃，质量扫描范围（m/z）30~400，采集速率 10 spec/s，溶剂延迟 180 s。

　　检测分析结果见图和表。

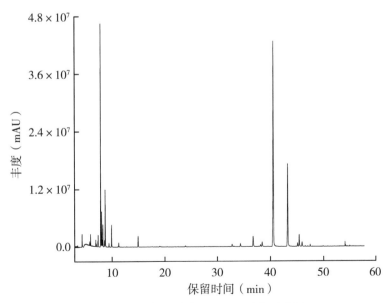

籯檽花椒香气物质的 GC-MS 总离子流图

竻欓花椒香气物质的组成及相对含量明细表

化合物名称	保留时间（min）	匹配度	分子式	CAS号	相对含量（%）
2-甲基-4-戊醛	3.53	820	$C_6H_{10}O$	5187-71-3	0.153
反式-2-己烯醛	4.38	878	$C_6H_{10}O$	6728-26-3	1.098
顺-3-己烯-1-醇	5.16	854	$C_6H_{12}O$	928-96-1	15.976
β-蒎烯	6.96	840	$C_{10}H_{16}$	127-91-3	0.475
3-蒈烯	7.07	822	$C_{10}H_{16}$	13466-78-9	0.189
月桂烯	7.41	809	$C_{10}H_{16}$	123-35-3	1.212
（E）-3-己烯-1-醇乙酸酯	7.90	907	$C_8H_{14}O_2$	3681-82-1	13.337
α-蒎烯	8.07	852	$C_{10}H_{16}$	2437-95-8	2.635
（Z）-己-2-烯基乙酸酯	8.18	895	$C_8H_{14}O_2$	56922-75-9	0.486
萜品油烯	8.29	880	$C_{10}H_{16}$	586-62-9	1.616
邻-异丙基苯	8.61	903	$C_{10}H_{14}$	527-84-4	0.561
双戊烯	8.73	892	$C_{10}H_{16}$	138-86-3	4.553
γ-松油烯	9.91	868	$C_{10}H_{16}$	99-85-4	1.950
（E）-2,7-二甲基-3-辛烯-5-炔	11.15	766	$C_{10}H_{16}$	55956-33-7	0.065
2-甲基-3-苯基-1-丙烯	11.48	800	$C_{10}H_{12}$	3290-53-7	0.048
4-烯丙基苯甲醚	19.01	833	$C_{10}H_{12}O$	140-67-0	0.128
二氢香芹醇乙酸脂	20.43	822	$C_{12}H_{20}O_2$	20777-49-5	0.067
3-异丙基双环[1.0.6]己烯	23.93	829	$C_{10}H_{16}$	24524-57-0	0.189
γ-榄香烯	33.12	767	$C_{15}H_{24}$	339154-91-5	0.095
荜澄茄烯	34.37	840	$C_{15}H_{24}$	13744-15-5	0.514
（-）-α-蒎烯	36.75	847	$C_{15}H_{24}$	3856-25-5	1.845
β-榄香烯	38.46	796	$C_{15}H_{24}$	110823-68-2	0.829
β-石竹烯	40.59	866	$C_{15}H_{24}$	87-44-5	34.242
α-葎草烯	43.30	843	$C_{15}H_{24}$	6753-98-6	13.997
大根香叶烯	45.13	817	$C_{15}H_{24}$	23986-74-5	0.461
β-榄香烯	45.44	822	$C_{15}H_{24}$	515-13-9	1.688
α-芹子烯	45.98	818	$C_{15}H_{24}$	473-13-2	0.765
甲基丙二酸	46.45	880	$C_4H_6O_4$	516-05-2	0.123

（续表）

化合物名称	保留时间（min）	匹配度	分子式	CAS 号	相对含量（%）
δ-杜松烯	47.48	808	$C_{15}H_{24}$	483-76-1	0.262
石竹素	49.90	699	$C_{15}H_{24}O$	1139-30-6	0.107
水杨酸戊酯	54.13	814	$C_{12}H_{16}O_3$	2050-08-0	0.231
原膜散酯	55.01	752	$C_{16}H_{22}O_3$	118-56-9	0.054

84 墨脱花椒

84.1 墨脱花椒的分布、形态特征与利用情况

84.1.1 分 布

墨脱花椒（*Zanthoxylum motuoense*）为芸香科（Rutaceae）花椒属（*Zanthoxylum*）植物。原产于我国西藏墨脱。分布于海拔 1100 m 的山地杂木林中。

84.1.2 形态特征

落叶小乔木，高达 15 m；枝粗壮，刺常生于叶痕的旁侧，长约 1 mm，基部增厚呈垫状。单小叶或叶有小叶 3 片或 5 片；小叶阔倒卵形或阔椭圆形，长 3~6 cm，宽 2~4 cm，中央一片最大，长达 9 cm，宽 6 cm，两端常近于圆，很少急尖或楔形，叶缘有细裂齿，除齿缝处有油点外，其余位置油点不显，两面被短柔毛，叶背面的毛较密且长；叶轴无翼叶，无刺，密被毛。花序约与新叶同时抽出。果序圆锥状，长 4~8 cm，果梗有短毛；分果瓣椭圆形，直径约 4.5 mm，果皮上的油点大且微凸起；种子直径约 4 mm。果期 9—10 月。

84.1.3 利用情况

墨脱花椒为西藏墨脱特有种，因其具有木姜子的独特香味，深受藏区人民喜爱，主要用作烹饪调料，具有较高的经济价值，目前已被当地列为精准扶贫的经济林木树种之一。

84.2 墨脱花椒香气物质的提取及检测分析

84.2.1 顶空固相微萃取

将墨脱花椒的叶片用剪刀剪碎后准确称取 0.1291 g，放入固相微萃取瓶中，密封。

在 40℃水浴中平衡 10 min，用 PDMS/DVB 萃取头吸附 15 min。采用气相色谱-质谱仪（GC-MS）对其成分进行检测分析。

84.2.2 GC-MS 检测分析

GC 分析条件：采用 DB－5Ms 色谱柱（30 m × 0.25 mm × 0.25 μm），氦气（99.999%）流速为 1.0 mL/min，进样口温度为 250℃，不分流；起始温度为 60℃，保持 1 min，然后以 4℃/min 的速率升温至 90℃，保持 2 min，以 5℃/min 的速率升温至 170℃，保持 2 min，以 8℃/min 的速率升温至 230℃，保持 3 min；样品解吸附 5 min。

MS 分析条件：EI 离子源，电离能量 70 eV，离子源温度 230℃；传输线温度 250℃，质量扫描范围（m/z）30~400，采集速率 10 spec/s，溶剂延迟 300 s。

检测分析结果见图和表。

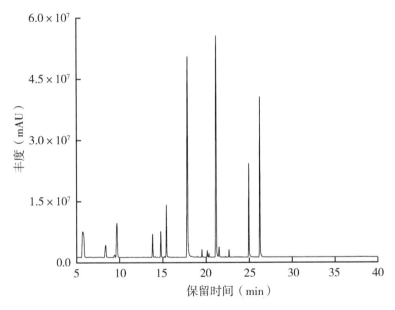

墨脱花椒香气物质的 GC-MS 总离子流图

墨脱花椒香气物质的组成及相对含量明细表

化合物名称	保留时间（min）	匹配度	分子式	CAS 号	相对含量（%）
4-双环[3.1.0]己-2-烯	5.73	893	$C_{10}H_{16}$	28634-89-1	7.595
正己醛	6.61	744	$C_6H_{12}O$	66-25-1	0.031
3-己烯醛	7.71	716	$C_6H_{10}O$	4440-65-7	0.049
月桂烯	8.38	873	$C_{10}H_{16}$	123-35-3	2.123

（续表）

化合物名称	保留时间 （min）	匹配度	分子式	CAS 号	相对含量 （%）
（S）-（-）-柠檬烯	9.42	812	$C_{10}H_{16}$	5989-54-8	0.375
桧烯	9.71	784	$C_{10}H_{16}$	3387-41-5	5.967
乙酸己酯	11.43	711	$C_8H_{16}O_2$	142-92-7	0.043
乙酸反-2-己烯酯	13.34	774	$C_8H_{14}O_2$	2497-18-9	0.027
甲酸己酯	13.82	898	$C_7H_{14}O_2$	629-33-4	2.248
反式-3-己烯-1-醇	14.12	774	$C_6H_{12}O$	928-97-2	0.078
3-己烯-1-醇	14.77	920	$C_6H_{12}O$	544-12-7	2.356
反式-2-己烯-1-醇	15.42	948	$C_6H_{12}O$	0-00-0	4.475
顺式-2-己烯-1-醇	15.68	816	$C_6H_{12}O$	928-94-9	0.053
2-甲-4-戊烯-2-醇	16.03	754	$C_6H_{12}O$	624-97-5	0.014
香茅醛	17.88	925	$C_{10}H_{18}O$	106-23-0	24.555
（3S,3aS,7aR）-3,6- 二甲基-2,3,3a,4,5,7a- 六氢-1-苯并呋喃	18.97	787	$C_{10}H_{16}O$	74410-10-9	0.054
芳樟醇	19.50	836	$C_{10}H_{18}O$	78-70-6	0.552
3,7-二甲基-6-辛烯酸甲酯	20.13	866	$C_{11}H_{20}O_2$	2270-60-2	0.549
异蒲勒醇	20.33	818	$C_{10}H_{18}O$	89-79-2	0.284
2-十一酮	21.18	935	$C_{11}H_{22}O$	112-12-9	25.592
（-）-异丁香烯	21.50	846	$C_{15}H_{24}$	118-65-0	1.026
2,6-二甲基庚-5-烯-1-醇	22.24	804	$C_9H_{18}O$	4234-93-9	0.041
乙酸香茅酯	22.64	837	$C_{12}H_{22}O_2$	150-84-5	0.524
仲辛酮	23.73	821	$C_8H_{16}O$	111-13-7	0.038
（-）-二氢乙酸香芹酯	24.83	771	$C_{12}H_{20}O_2$	20777-39-3	0.014
香茅油	24.95	918	$C_{10}H_{20}O$	106-22-9	6.907
茴香脑	26.14	827	$C_{10}H_{12}O$	104-46-1	0.169
2-十三烷酮	26.22	927	$C_{13}H_{26}O$	593-08-8	13.650
4-烯丙基苯甲醚	26.36	828	$C_{10}H_{12}O$	140-67-0	0.277

85 琉球花椒

85.1 琉球花椒的分布、形态特征与利用情况

85.1.1 分　布

琉球花椒（*Zanthoxylum beecheyanum*）为芸香科（Rutaceae）花椒属（*Zanthoxylum*）小型乔木或灌木。原产自中国云南、西藏、四川、贵州、广西。生于海拔 580~2700 m 的山林或灌丛中。缅甸掸邦也有分布。

85.1.2 形态特征

常绿灌木，高 0.5~1.0 m，茎部有疏刺，奇数羽状复叶，叶基有 2 枚短刺，叶轴有狭翼；小叶对生，倒卵形，长 0.7~1.0 cm，革质，叶面浓绿富光泽，全叶密生腺体。雌雄异株，雄花黄色，雌花红橙；开花期夏季，花朵小。果实椭圆形，绿褐色。花期 3—5 月。

85.1.3 利用情况

常作园林绿化植物，枝叶青翠适合作庭园绿植、绿篱或盆栽。

85.2 琉球花椒香气物质的提取及检测分析

85.2.1 顶空固相微萃取

将琉球花椒的叶片用剪刀剪碎后准确称取 0.4763 g，放入固相微萃取瓶中，密封。在 40℃ 水浴中平衡 5 min，用 PDMS/DVB 萃取头吸附 10 min。采用全二维气相色谱-飞行时间质谱仪（GC-TOF/MS）对其成分进行检测分析。

85.2.2 GC-TOF/MS 检测分析

GC 分析条件：采用 DB-WAX 色谱柱（30 m × 0.25 mm × 0.25 μm），设置分流比为 3∶1，进样口温度为 250℃，氦气（99.999%）流速为 1.0 mL/min；起始柱温设置为 50℃，保持 0.2 min，然后以 2℃/min 的速率升温至 60℃，保持 1 min，以 5℃/min 的速率升温至 160℃，保持 1 min，以 8℃/min 的速率升温至 230℃，保持 3 min；样品解吸附 5 min。

TOF/MS 分析条件：EI 离子源，电离能量 70 eV，离子源温度 230℃；传输线温度 250℃，质量扫描范围（m/z）30~400，采集速率 10 spec/s，溶剂延迟 300 s。

检测分析结果见图和表。

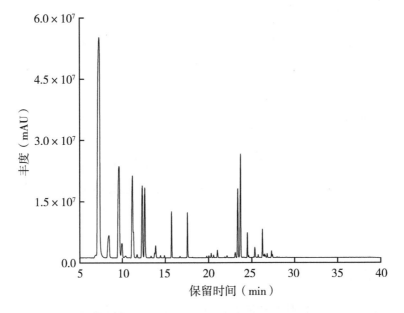

琉球花椒香气物质的 GC-TOF/MS 总离子流图

琉球花椒香气物质的组成及相对含量明细表

化合物名称	保留时间（min）	匹配度	分子式	CAS 号	相对含量（%）
3-戊酮	5.98	511	$C_5H_{10}O$	96-22-0	0.01
3-蒈烯	7.31	925	$C_{10}H_{16}$	13466-78-9	41.21
莰烯	8.45	927	$C_{10}H_{16}$	79-92-5	3.28
β-蒎烯	9.64	941	$C_{10}H_{16}$	18172-67-3	12.02
桧烯	9.98	850	$C_{10}H_{16}$	3387-41-5	1.56

（续表）

化合物名称	保留时间（min）	匹配度	分子式	CAS 号	相对含量（%）
2-甲基-4,6-辛二炔-3-酮	10.24	687	$C_9H_{10}O$	29743-33-7	0.01
邻二甲苯	10.45	838	C_8H_{10}	95-47-6	0.20
月桂烯	11.23	937	$C_{10}H_{16}$	123-35-3	7.63
水芹烯	11.35	890	$C_{10}H_{16}$	99-83-2	1.26
2-蒈烯	11.77	809	$C_{10}H_{16}$	554-61-0	0.23
(S)-(-)-柠檬烯	12.38	934	$C_{10}H_{16}$	5989-54-8	5.98
β-水芹烯	12.67	907	$C_{10}H_{16}$	555-10-2	5.18
(E)-B-罗勒烯	13.37	848	$C_{10}H_{16}$	3779-61-1	0.08
γ-松油烯	13.77	785	$C_{10}H_{16}$	99-85-4	0.26
(Z)-3,7-二甲基-1,3,6-十八烷三烯	13.88	842	$C_{10}H_{16}$	3338-55-4	0.78
4-异丙基甲苯	14.45	848	$C_{10}H_{14}$	99-87-6	0.11
萜品油烯	14.90	828	$C_{10}H_{16}$	586-62-9	0.11
4-己烯-1-醇乙酸酯	15.73	930	$C_8H_{14}O_2$	72237-36-6	2.09
正己醇	16.7	863	$C_6H_{14}O$	111-27-3	0.06
3-己烯-1-醇	16.98	759	$C_6H_{12}O$	544-12-7	0.01
叶醇	17.58	923	$C_6H_{12}O$	928-96-1	1.89
反式-2-己烯-1-醇	18.15	768	$C_6H_{12}O$	928-95-0	0.02
异丁酸叶醇酯	19.79	854	$C_{10}H_{18}O_2$	41519-23-7	0.05
(-)-α-荜澄茄油烯	20.04	818	$C_{15}H_{24}$	17699-14-8	0.09
Z-3-甲基丁酸-3-己烯酯	20.15	650	$C_{11}H_{20}O_2$	35154-45-1	0.01
萜品油烯	20.30	832	$C_{10}H_{16}$	586-63-0	0.21
2,5-二甲基-3-乙烯基-1,4-己二烯	20.58	822	$C_{10}H_{16}$	2153-66-4	0.10
(-)-α-蒎烯	21.02	811	$C_{15}H_{24}$	3856-25-5	0.40
芳樟醇	21.88	787	$C_{10}H_{18}O$	78-70-6	0.03
β-胡椒烯	22.12	809	$C_{15}H_{24}$	18252-44-3	0.10
3,7-二甲基-1,7-辛二烯-3-醇	23.07	713	$C_{10}H_{18}O$	598-07-2	0.34
异丁酸酐	23.43	680	$C_8H_{14}O_3$	97-72-3	4.16

（续表）

化合物名称	保留时间 （min）	匹配度	分子式	CAS 号	相对含量 （%）
反式石竹烯	23.71	916	$C_{15}H_{24}$	87-44-5	6.07
香橙烯	23.93	740	$C_{15}H_{24}$	489-39-4	0.02
大根香叶烯 B	24.49	850	$C_{15}H_{24}$	15423-57-1	1.06
1,9-癸二炔	24.63	701	$C_{10}H_{14}$	1720-38-3	0.11
罗勒烯	25.34	812	$C_{10}H_{16}$	502-99-8	0.58
α-松油醇	25.60	765	$C_{10}H_{18}O$	98-55-5	0.02
（1S,4Ar,8As）-1- 异丙基-7-甲基-4	25.74	814	$C_{15}H_{24}$	6980-46-7	0.12
大根香叶烯	26.25	878	$C_{15}H_{24}$	23986-74-5	1.32
（Z,E）-α-金合欢烯	26.36	736	$C_{15}H_{24}$	26560-14-5	0.17
（+）-紫穗槐烯	26.53	772	$C_{15}H_{24}$	20085-19-2	0.12
α-芹子烯	26.61	728	$C_{15}H_{24}$	473-13-2	0.08
γ-榄香烯	26.80	777	$C_{15}H_{24}$	29873-99-2	0.17
δ-杜松烯	27.31	797	$C_{15}H_{24}$	483-76-1	0.31
β-荜烯	27.42	800	$C_{15}H_{24}$	18252-44-3	0.13
α-杜松烯	28.17	762	$C_{15}H_{24}$	24406-05-1	0.02
（+/-）-顺-菖蒲烯	28.98	796	$C_{15}H_{22}$	73209-42-4	0.01

86 竹叶花椒

86.1 竹叶花椒的分布、形态特征与利用情况

86.1.1 分　布

竹叶花椒（*Zanthoxylum armatum*）为芸香科（Rutaceae）花椒属（*Zanthoxylum*）植物。中国产于山东以南，南至海南，东南至台湾，西南至西藏东南部。见于低丘陵坡地至海拔2200 m 山地的多类生境，石灰岩山地亦常见。日本、朝鲜、越南、老挝、缅甸、印度、尼泊尔也有分布。

86.1.2 形态特征

高 3~7 m 的落叶小乔木；茎干上的刺常早落，枝有短刺，小枝上的刺呈基部宽而扁且劲直的长三角形，当年生枝被短柔毛。叶有小叶 5~13 片，叶轴常有甚狭窄的叶翼；小叶对生，无柄，卵形，椭圆形，稀披针形，长 2~7 cm，宽 1.0~3.5 cm，叶缘有细裂齿，齿缝有油点；叶背面基部中脉两侧有丛毛或小叶两面均被柔毛，中脉在叶正面微凹陷，叶背面干后常有红褐色斑纹。花序顶生或生于侧枝之顶，花序轴及花梗密被短柔毛或无毛；花被片 6~8 片，黄绿色；雄花的雄蕊 5 枚或多至 8 枚；退化雌蕊顶端叉状浅裂；雌花很少有发育雄蕊，有心皮 3 个或 2 个，间有 4 个，花柱斜向背弯。果紫红色，单个分果瓣径 4~5 mm，散生微凸起的油点，顶端有甚短的芒尖或无；种子长3.5~4.5 mm。花期 4—5 月，果期 8—9 月或 10 月。

86.1.3 利用情况

全株有花椒气味，麻舌，苦及辣味均较花椒浓，果皮的麻辣味最浓。新生嫩枝紫红色。根粗壮，外皮粗糙，有泥黄色松软的木栓层，内皮硫黄色，甚麻辣。果亦用作食物的调味料及防腐剂，江苏、江西、湖南、广西等有收购作花椒代品。根、茎、叶、果及种子均用作草药，有祛风散寒、行气止痛的作用，可用于治疗风湿性关节炎、牙痛、跌

打肿痛，还可用作驱虫及醉鱼剂。本种的果除用作食物调料及药用外，也是一种芳香性防腐剂。

86.2　竹叶花椒香气物质的提取及检测分析

86.2.1　顶空固相微萃取

将竹叶花椒的叶片和果实用剪刀剪碎后分别准确称取 0.3500 g、0.2000 g，分别放入固相微萃取瓶中，密封。在 40℃ 水浴中平衡 5 min，用 PDMS/DVB 萃取头吸附 10 min。采用全二维气相色谱-飞行时间质谱仪（GC-TOF/MS）对其成分进行检测分析。

86.2.2　GC-TOF/MS 检测分析

GC 分析条件：采用 DB-WAX 色谱柱（30 m × 0.25 mm × 0.25 μm），进样口温度为 250℃，氦气（99.999%）流速为 1.0 mL/min；起始柱温设置为 60℃，保持 1 min，然后以 4℃/min 的速率升温至 90℃，保持 1 min，以 5℃/min 的速率升温至 130℃，保持 1 min，以 8℃/min 的速率升温至 230℃，保持 3 min；其中，竹叶花椒叶片样品以分流比 2：1 进样，竹叶花椒果实样品以分流比 10：1 进样，样品解吸附 5 min。

TOF/MS 分析条件：EI 离子源，电离能量 70 eV，离子源温度 230℃；传输线温度 250℃，质量扫描范围（m/z）30~400，采集速率 10 spec/s，溶剂延迟 300 s。

检测分析结果见图和表。

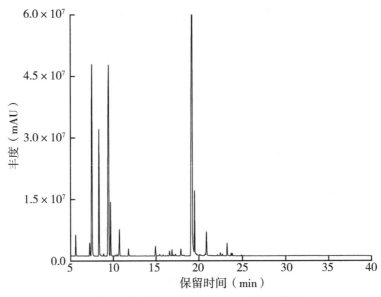

竹叶花椒果实的 GC-TOF/MS 总离子流图

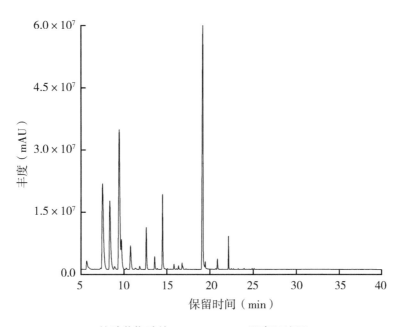

竹叶花椒叶的 GC-TOF/MS 总离子流图

竹叶花椒果实的香气物质组成及相对含量明细表

化合物名称	保留时间（min）	匹配度	分子式	CAS 号	相对含量（%）
α-水芹烯	5.60	898	$C_{10}H_{16}$	99-83-2	1.143
(−)-β-蒎烯	7.23	879	$C_{10}H_{16}$	18172-67-3	0.857
β-蒎烯	7.51	849	$C_{10}H_{16}$	127-91-3	16.686
4-甲基-戊酸甲酯	7.78	793	$C_7H_{14}O_2$	2412-80-8	0.004
月桂烯	8.32	944	$C_{10}H_{16}$	123-35-3	7.867
γ-松油烯	8.85	800	$C_{10}H_{16}$	99-85-4	0.147
(S)-(−)-柠檬烯	9.47	927	$C_{10}H_{16}$	5989-54-8	21.109
3-异丙基-6-亚甲基-1-环己烯	9.68	857	$C_{10}H_{16}$	555-10-2	3.157
4-双环[3.1.0]己-2-烯	10.23	809	$C_{10}H_{16}$	28634-89-1	0.051
(3E)-3,7-二甲基辛-1,3,6-三烯	10.75	860	$C_{10}H_{16}$	3779-61-1	1.821
正辛醛	11.82	838	$C_8H_{16}O$	124-13-0	0.454
壬醛	14.93	870	$C_9H_{18}O$	124-19-6	0.744
2,5,9-三甲基癸烷	15.42	778	$C_{13}H_{28}$	62108-22-9	0.155
(−)-α-侧柏酮	15.83	797	$C_{10}H_{16}O$	546-80-5	0.079

（续表）

化合物名称	保留时间（min）	匹配度	分子式	CAS 号	相对含量（%）
2-甲基戊基醋酸酯	15.92	505	$C_8H_{16}O_2$	7789-99-3	0.002
醋酸	16.16	771	$C_2H_4O_2$	64-19-7	0.018
侧柏酮	16.36	779	$C_{10}H_{16}O$	1125-12-8	0.027
环辛醇	16.59	791	$C_8H_{16}O$	696-71-9	0.372
顺式-水合桧烯	16.89	813	$C_{10}H_{18}O$	15537-55-0	0.345
(1S,3R)-顺式-4-蒈烯	17.08	762	$C_{10}H_{16}$	5208-49-1	0.057
(+)-香茅醛	17.29	805	$C_{10}H_{18}O$	2385-77-5	0.110
正癸醛	17.92	881	$C_{10}H_{20}O$	112-31-2	0.514
3-甲基-1-戊醇	18.11	809	$C_6H_{14}O$	589-35-5	0.034
十四烷基碘化物	18.26	767	$C_{14}H_{29}I$	19218-94-1	0.078
芳樟醇	19.24	945	$C_{10}H_{18}O$	78-70-6	37.580
甲酸芳樟酯	19.51	895	$C_{11}H_{18}O_2$	115-99-1	3.089
2-甲基-3-(2-丙烯-1-基氧基)-1-丙烯	19.74	716	$C_7H_{12}O$	14289-96-4	0.044
(-)-4-萜品醇	20.68	766	$C_{10}H_{18}O$	20126-76-5	0.058
十一醛	20.75	833	$C_{11}H_{22}O$	112-44-7	0.109
(-)-异丁香烯	20.87	865	$C_{15}H_{24}$	118-65-0	1.716
5-异丙基双环[3.1.0]己-2-烯-2-甲醛	21.36	751	$C_{10}H_{14}O$	57129-54-1	0.031
反-2-辛烯醛	21.63	680	$C_8H_{14}O$	2548-87-0	0.016
正壬醇	21.87	745	$C_9H_{20}O$	143-08-8	0.006
4-烯丙基苯甲醚	22.14	817	$C_{10}H_{12}O$	140-67-0	0.065
α-罗勒烯	22.46	815	$C_{10}H_{16}$	502-99-8	0.201
α-松油醇	22.71	829	$C_{10}H_{18}O$	98-55-5	0.091
大根香叶烯	23.26	823	$C_{15}H_{24}$	23986-74-5	0.750
2,5-二甲基-3-亚甲基-1,5-庚二烯	23.72	817	$C_{10}H_{16}$	74663-83-5	0.141
苯乙酸甲酯	23.85	823	$C_9H_{10}O_2$	101-41-7	0.128
乙酸苯乙酯	24.88	867	$C_{10}H_{12}O_2$	103-45-7	0.048

竹叶花椒叶的香气物质组成及相对含量明细表

化合物名称	保留时间（min）	匹配度	分子式	CAS 号	相对含量（%）
4-双环[3.1.0]己-2-烯	5.66	863	$C_{10}H_{16}$	28634-89-1	1.157
3-戊醇	6.88	733	$C_5H_{12}O$	584-02-1	0.010
(-)-β-蒎烯	7.28	782	$C_{10}H_{16}$	18172-67-3	0.095
桧烯	7.51	906	$C_{10}H_{16}$	3387-41-5	15.038
月桂烯	8.35	934	$C_{10}H_{16}$	123-35-3	10.409
γ-松油烯	8.90	801	$C_{10}H_{16}$	99-85-4	0.386
(S)-(-)-柠檬烯	9.46	932	$C_{10}H_{16}$	5989-54-8	22.259
3-异丙基-6-亚甲基-1-环己烯	9.72	863	$C_{10}H_{16}$	555-10-2	3.682
(3E)-3,7-二甲基辛-1,3,6-三烯	10.27	815	$C_{10}H_{16}$	3779-61-1	0.131
罗勒烯	10.78	867	$C_{10}H_{16}$	13877-91-3	2.955
环辛四烯	10.88	872	C_8H_8	629-20-9	0.352
乙酸己酯	11.33	839	$C_8H_{16}O_2$	142-92-7	0.177
4-异丙基甲苯	11.41	775	$C_{10}H_{14}$	99-87-6	0.049
4-甲基-3-(1-甲基二乙烯基)-环己烷	11.85	831	$C_{10}H_{16}$	99805-90-0	0.310
乙酸叶醇酯	12.62	926	$C_8H_{14}O_2$	3681-71-8	3.682
甲酸己酯	13.59	882	$C_7H_{14}O_2$	629-33-4	1.027
顺-3-己烯-1-醇	13.88	834	$C_6H_{12}O$	928-96-1	0.082
3-己烯-1-醇	14.51	935	$C_6H_{12}O$	544-12-7	5.809
丙酸酐	14.62	738	$C_6H_{10}O_3$	123-62-6	0.155
异丁酸己-3-烯酯	14.76	769	$C_{10}H_{18}O_2$	84682-20-2	0.017
反式-2-己烯-1-醇	15.10	820	$C_6H_{12}O$	928-95-0	0.055
2,2,5-三甲基-3,4-己烷二酮	15.42	728	$C_9H_{16}O_2$	20633-03-8	0.013
丁酸己酯	15.59	718	$C_{10}H_{20}O_2$	2639-63-6	0.015
(-)-α-侧柏酮	15.85	849	$C_{10}H_{16}O$	546-80-5	0.370
对甲苯甲醚	16.13	849	$C_8H_{10}O$	104-93-8	0.054
侧柏酮	16.38	834	$C_{10}H_{16}O$	1125-12-8	0.245
(E)-3-己烯基丁酸	16.81	876	$C_{10}H_{18}O_2$	53398-84-8	0.425

（续表）

化合物名称	保留时间（min）	匹配度	分子式	CAS 号	相对含量（%）
顺式—水合桧烯	16.90	779	$C_{10}H_{18}O$	15537-55-0	0.173
二甲基丁酸叶醇酯	17.18	780	$C_{11}H_{20}O_2$	53398-85-9	0.031
香茅醛	17.30	712	$C_{10}H_{18}O$	106-23-0	0.029
芳樟醇	19.20	941	$C_{10}H_{18}O$	78-70-6	27.816
甲酸芳樟酯	19.47	829	$C_{11}H_{18}O_2$	115-99-1	0.279
2-庚酮	20.60	769	$C_7H_{14}O$	110-43-0	0.013
4-萜烯醇	20.68	747	$C_{10}H_{18}O$	562-74-3	0.038
（-）-异丁香烯	20.87	827	$C_{15}H_{24}$	118-65-0	0.701
4-烯丙基苯甲醚	22.15	914	$C_{10}H_{12}O$	140-67-0	1.606
α-罗勒烯	22.46	773	$C_{10}H_{16}$	502-99-8	0.051
α-松油醇	22.71	790	$C_{10}H_{18}O$	98-55-5	0.043
大根香叶烯	23.25	762	$C_{15}H_{24}$	23986-74-5	0.044
(4E)-3-甲基-4-己烯-2-酮	23.83	740	$C_7H_{12}O$	72189-24-3	0.015
（R）-（+）-β-香茅醇	23.93	801	$C_{10}H_{20}O$	1117-61-9	0.054
2-十二烷酮	24.87	810	$C_{12}H_{24}O$	6175-49-1	0.048
茴香烯	25.09	785	$C_{10}H_{12}O$	4180-23-8	0.056

87 光滑黄皮

87.1 光滑黄皮的分布、形态特征与利用情况

87.1.1 分 布

光滑黄皮 (*Clausena lenis*) 为芸香科 (Rutaceae) 黄皮属 (*Clausena*) 植物。产于我国海南、广西南部、云南南部。见于海拔 500~1300 m 山地疏或密林。国外主要分布于越南东北部。

87.1.2 形态特征

树高 2~3 m。小枝的髓部颇大，海绵质，嫩枝及叶轴密被纤细卷曲短毛及干后稍凸起的油点，毛随枝叶的成长逐渐脱落；叶有小叶 9~15 片，小叶斜卵形、斜卵状披针形，位于叶轴基部的小叶最小，长 2~5 cm，宽 1.5~3.5 cm，位于中部或有时中部稍上的小叶最大，长达 18 cm，宽 11 cm，两侧甚不对称，叶缘有明显的圆或钝裂齿，嫩叶两面被稀疏短柔毛，成长叶毛全部脱落，干后暗红或暗黄绿色，薄纸质，侧脉纤细，支脉不明显，油点干后通常暗褐色至褐黑色。花序顶生；花蕾卵形，萼裂片及花瓣均 5 片，很少兼有 4 片，萼裂片卵形，长约 1 mm；花瓣白色，基部淡红或暗黄色，长 4~5 mm；雄蕊 10 枚，很少兼有 8 枚，花线甚短，长约为花药之半或更短，花药长椭圆形，长约 3 mm，花柱比子房长达 2 倍，柱头略增大。果圆球形，稀阔卵形，直径约 1 cm，成熟时蓝黑色，有种子 1~3 粒。花期 4—6 月，果期 9—10 月。

87.1.3 利用情况

光滑黄皮营养价值很高，含有 18 种氨基酸、有机酸、膳食纤维、维生素，以及钾、镁、锰、硒、铜等多种微量元素。黄皮还含有多酚类、黄酮苷等具有保健功能的成分，具有开胃、消食、解油腻、松弛肌肉紧张、缓解咳嗽、化痰平喘、预防感冒的功效。

87.2 光滑黄皮的香气提取及检测分析

87.2.1 顶空固相微萃取

将光滑黄皮的叶片用剪刀剪碎后准确称取 0.3053 g，放入固相微萃取瓶中，密封。在 40℃水浴中平衡 10 min，用 PDMS/DVB 萃取头吸附 15 min。采用全二维气相色谱-飞行时间质谱仪（GC-TOF/MS）对其成分进行检测分析。

87.2.2 GC-TOF/MS 检测分析

GC 分析条件：采用 DB-WAX 色谱柱（30 m × 0.25 mm × 0.25 μm），设置分流比为 5:1，进样口温度为 250℃，氦气（99.999%）流速为 1.0 mL/min；起始柱温设置为 50℃，保持 0.2 min，然后以 1℃/min 的速率升温至 60℃，保持 2 min，以 2℃/min 的速率升温至 90℃，保持 1 min，以 10℃/min 的速率升温至 230℃，保持 3 min；样品解吸附 5 min。

TOF/MS 分析条件：EI 离子源，电离能量 70 eV，离子源温度 230℃；传输线温度 250℃，质量扫描范围（m/z）30~400，采集速率 10 spec/s，溶剂延迟 300 s。

检测分析结果见图和表。

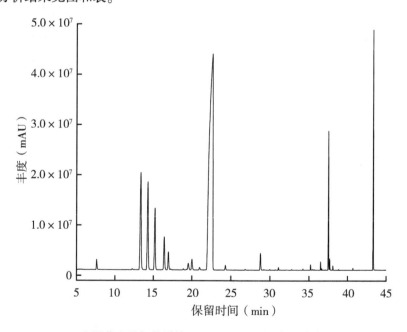

光滑黄皮香气物质的 GC-TOF/MS 总离子流图

光滑黄皮香气物质的组成及相对含量明细表

化合物名称	保留时间（min）	匹配度	分子式	CAS 号	相对含量（%）
4-双环[3.1.0]己-2-烯	7.61	864	$C_{10}H_{16}$	28634-89-1	0.59
(+)-2-蒈烯	12.29	775	$C_{10}H_{16}$	4497-92-1	0.06
罗勒烯	13.40	910	$C_{10}H_{16}$	13877-91-3	8.61
月桂烯	14.31	891	$C_{10}H_{16}$	123-35-3	6.84
松油烯	15.22	909	$C_{10}H_{16}$	99-86-5	4.60
(S)-(-)-柠檬烯	16.42	916	$C_{10}H_{16}$	5989-54-8	2.51
3-异丙基-6-亚甲基-1-环己烯	16.96	852	$C_{10}H_{16}$	555-10-2	1.27
反式-2-己烯醛	17.25	823	$C_6H_{10}O$	6728-26-3	0.04
(3E)-3,7-二甲基辛-1,3,6-三烯	18.90	772	$C_{10}H_{16}$	3779-61-1	0.07
γ-松油烯	19.54	780	$C_{10}H_{16}$	99-85-4	0.60
(Z)-3,7-二甲基-1,3,6-十八烷三烯	20.02	833	$C_{10}H_{16}$	3338-55-4	0.84
4-异丙基甲苯	21.00	870	$C_{10}H_{14}$	99-87-6	0.19
萜品油烯	22.65	931	$C_{10}H_{16}$	586-62-9	60.00
乙酸叶醇酯	24.31	861	$C_8H_{14}O_2$	3681-71-8	0.28
正己醇	26.83	842	$C_6H_{14}O$	111-27-3	0.04
3-己烯-1-醇	28.80	911	$C_6H_{12}O$	544-12-7	0.92
6-(甲硫基)苯并噻唑-2-胺	29.24	749	$C_{10}H_{14}$	0098-6-6	0.04
反式-2-己烯-1-醇	29.97	779	$C_6H_{12}O$	928-95-0	0.03
p-薄荷-1,3,8-三烯	30.67	718	$C_{10}H_{14}$	21195-59-5	0.02
1-甲基-4-(1-甲基乙烯基)苯	31.08	869	$C_{10}H_{12}$	1195-32-0	0.10
芳樟醇	34.23	756	$C_{10}H_{18}O$	78-70-6	0.03
(Z,E)-α-麝子油烯	35.21	826	$C_{15}H_{24}$	26560-14-5	0.17
β-麝子油烯	35.44	772	$C_{15}H_{24}$	77129-48-7	0.03
(+)-香橙烯	35.66	772	$C_{15}H_{24}$	489-39-4	0.02
反式-β-金合欢烯	36.50	841	$C_{15}H_{24}$	18794-84-8	0.24
苄异腈	36.65	763	C_8H_7N	10340-91-7	0.04
(S)-1-甲基-4-(5-甲基-1-亚甲基-4-己烯基)环己烯	37.52	905	$C_{15}H_{24}$	495-61-4	4.27

（续表）

化合物名称	保留时间 （min）	匹配度	分子式	CAS 号	相对含量 （%）
2,5-二甲基-3- 亚甲基-1,5-庚二烯	37.68	820	$C_{10}H_{16}$	74663-83-5	0.36
倍半香桧烯	38.10	774	$C_{15}H_{24}$	58319-04-3	0.12
三甲基苯甲醇	38.86	760	$C_{10}H_{14}O$	1197-01-9	0.02
顺式-甲基异丁香油酚	40.70	800	$C_{11}H_{14}O_2$	6380-24-1	0.05
反式-肉桂酸甲酯	41.50	820	$C_{10}H_{10}O_2$	1754-62-7	0.01
肉豆蔻醚	43.34	925	$C_{11}H_{12}O_3$	607-91-0	6.93

88 黄 皮

88.1 黄皮的分布、形态特征与利用情况

88.1.1 分 布

黄皮（*Clausena lansium*）为芸香科（Rutaceae）黄皮属（*Clausena*）植物。原产于我国南部，台湾、福建、广东、海南、广西、贵州南部、云南及四川金沙江河谷均有栽培。世界热带及亚热带地区有引种。

88.1.2 形态特征

小乔木，高达 12 m。小枝、叶轴、花序轴、未张开的小叶背脉上散生甚多明显凸起的细油点且密被短直毛。叶有小叶 5~11 片，小叶卵形或卵状椭圆形，常一侧偏斜，长 6~14 cm，宽 3~6 cm，基部近圆形或宽楔形，两侧不对称，边缘波浪状或具浅的圆裂齿，叶面中脉常被短细毛；小叶柄长 4~8 mm。圆锥花序顶生；花蕾圆球形，有 5 条稍凸起的纵脊棱；花萼裂片阔卵形，长约 1 mm，外面被短柔毛，花瓣长圆形，长约 5 mm，两面被短毛或内面无毛；雄蕊 10 枚，长短相间，长的与花瓣等长，花丝线状，下部稍增宽；子房密被直长毛，花盘细小，子房柄短。果圆形、椭圆形或阔卵形，长 1.5~3.0 cm，宽 1~2 cm，淡黄至暗黄色，被细毛，果肉乳白色，半透明，有种子 1~4 粒；子叶深绿色。花期 4—5 月，果期 7—8 月，海南的花果期均提早 1~2 个月。

88.1.3 利用情况

黄皮是我国南方果品之一，含丰富的维生素 C、糖、有机酸及果胶，除鲜食外还可盐渍或糖渍成凉果，有消食、顺气、除暑热的功效。叶和根含黄酮苷、生物碱、香豆素及酚类化合物；种子含油量约为 53%。根、叶及果核（即种子）有行气、消滞、解表、散热、止痛、化痰功效，可治疗腹痛、胃痛、感冒发热等症。

88.2 黄皮香气物质的提取及检测分析

88.2.1 顶空固相微萃取

将黄皮的叶片用剪刀剪碎后准确称取 0.3569 g，放入固相微萃取瓶中，密封。在40℃水浴中平衡 5 min，用 PDMS/DVB 萃取头吸附 10 min。采用全二维气相色谱-飞行时间质谱仪（GC-TOF/MS）对其成分进行检测分析。

88.2.2 GC-TOF/MS 检测分析

GC 分析条件：采用 DB-WAX 色谱柱（30 m × 0.25 mm × 0.25 μm），氦气（99.999%）流速为 1.0 mL/min，进样口温度为 250℃，分流比为 5∶1；起始柱温设置为 60℃，保持 1 min，然后以 3℃/min 的速率升温至 80℃，保持 1 min，以 5℃/min 的速率升温至 170℃，保持 1 min，以 8℃/min 的速率升温至 230℃，保持 3 min；样品解吸附 5 min。

TOF/MS 分析条件：EI 离子源，电离能量 70 eV，离子源温度 230℃；传输线温度 250℃，质量扫描范围（m/z）30~400，采集速率 10 spec/s，溶剂延迟 300 s。

检测分析结果见图和表。

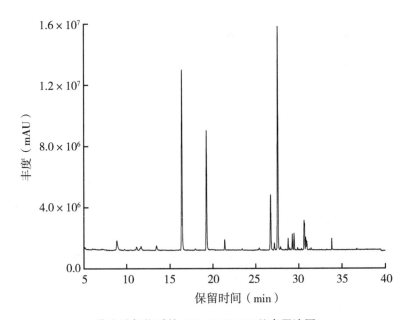

黄皮香气物质的 GC-TOF/MS 总离子流图

黄皮香气物质的组成及相对含量明细表

化合物名称	保留时间 （min）	匹配度	分子式	CAS 号	相对含量 （%）
4-双环[3.1.0]己-2-烯	6.03	739	$C_{10}H_{16}$	28634-89-1	0.108
3-己烯醛	8.85	827	$C_6H_{10}O$	4440-65-7	2.204
乙基苯	8.96	734	C_8H_{10}	100-41-4	0.466
(S)-(-)-柠檬烯	11.17	828	$C_{10}H_{16}$	5989-54-8	0.491
甲基苯乙基亚砜	11.56	760	$C_8H_{12}N_2$	109746-10-3	0.210
反式-2-己烯醛	11.69	831	$C_6H_{10}O$	6728-26-3	0.711
苯乙烯	13.47	871	C_8H_8	100-42-5	0.875
4-己烯-1-醇乙酸酯	16.40	924	$C_8H_{14}O_2$	72237-36-6	26.467
丙基环丙烷	17.96	819	C_6H_{12}	2415-72-7	0.228
顺-3-己烯-1-醇	19.26	918	$C_6H_{12}O$	928-96-1	15.504
对甲苯甲醚	21.38	856	$C_8H_{10}O$	104-93-8	1.214
姜倍半萜	25.40	774	$C_{15}H_{24}$	495-60-3	0.300
檀香烯	26.75	845	$C_{15}H_{24}$	512-61-8	8.019
(Z,E)-α-麝子油烯	27.18	810	$C_{15}H_{24}$	26560-14-5	0.782
(-)-异丁香烯	27.59	885	$C_{15}H_{24}$	118-65-0	29.088
倍半香桧烯	28.76	785	$C_{15}H_{24}$	58319-04-3	1.270
反式-β-金合欢烯	29.25	828	$C_{15}H_{24}$	18794-84-8	1.428
α-罗勒烯	29.46	825	$C_{10}H_{16}$	502-99-8	1.553
(-)-β-姜黄烯	29.87	757	$C_{15}H_{24}$	28976-67-2	0.204
大根香叶烯	30.32	766	$C_{15}H_{24}$	23986-74-5	0.152
(S)-1-甲基-4-(5-甲基-1-亚甲基-4-己烯基)环己烯	30.63	796	$C_{15}H_{24}$	495-61-4	2.554
cis-甜没药烯	30.69	749	$C_{15}H_{24}$	53585-13-0	2.151
2,5-二甲基-3-亚甲基-1,5-庚二烯	30.81	791	$C_{10}H_{16}$	74663-83-5	1.081
α-金合欢烯	30.96	761	$C_{15}H_{24}$	502-61-4	0.642

（续表）

化合物名称	保留时间 （min）	匹配度	分子式	CAS 号	相对含量 （%）
α-姜黄烯	31.43	774	$C_{15}H_{22}$	644-30-4	0.170
黑蚁素	33.82	772	$C_{15}H_{22}O$	23262-34-2	0.796
新戊酸乙烯酯	34.01	699	$C_7H_{12}O_2$	3377-92-2	0.013
（1S,5S,6R）-2,6-二甲基-6-（4-甲基-3-戊烯-1-基）双环[3.1.1]庚-2-烯	36.70	700	$C_{15}H_{24}$	13474-59-4	0.067

89 细叶黄皮

89.1 细叶黄皮的分布、形态特征与利用情况

89.1.1 分 布

细叶黄皮（*Clausena anisum-olens*）为芸香科（Rutaceae）黄皮属（*Clausena*）植物。主要分布在我国广东、广西、云南、台湾，以及四川和贵州的部分地区。菲律宾等国家也有分布。

89.1.2 形态特征

细叶黄皮果实成穗，果圆形至长圆形，幼果青绿色，成熟时果色橙黄透亮，味香，甘甜带酸，食后醇香久长。果形犹如珍珠，其熟透的果皮颜色和经络宛如煮熟的鸡皮，故又名鸡皮果。

89.1.3 利用情况

细叶黄皮的果实作为野生天然食品，含有人体需要的多种营养成分，并且有一定的保健作用。

89.2 细叶黄皮香气物质的提取及检测分析

89.2.1 顶空固相微萃取

将细叶黄皮的叶片用剪刀剪碎后准确称取 0.2062 g，放入固相微萃取瓶中，密封。在 40℃水浴中平衡 10 min，用 PDMS/DVB 萃取头吸附 15 min。采用气相色谱-质谱仪（GC-MS）对其成分进行检测分析。

89.2.2　GC-MS 检测分析

GC 分析条件：采用 DB-5Ms 色谱柱（30 m × 0.25 mm × 0.25 μm），氦气（99.999%）流速为 1.0 mL/min，进样口温度为 250℃，分流比为 10∶1；起始温度为 60℃，保持 1 min，然后以 5℃/min 的速率升温至 85℃，保持 2 min，以 3℃/min 的速率升温至 130℃，保持 1 min，以 2℃/min 的速率升温至 160℃，以 10℃/min 的速率升温至 230℃，保持 3 min；样品解吸附 5 min。

MS 分析条件：EI 离子源，电离能量 70 eV，离子源温度 230℃；传输线温度 250℃，质量扫描范围（m/z）30~400，采集速率 10 spec/s，溶剂延迟 180 s。

检测分析结果见图和表。

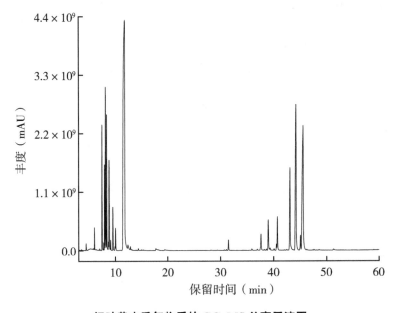

细叶黄皮香气物质的 GC-MS 总离子流图

细叶黄皮香气物质的组成及相对含量明细表

化合物名称	保留时间（min）	匹配度	分子式	CAS 号	相对含量（%）
2-甲基-4-戊醛	3.56	851	$C_6H_{10}O$	5187-71-3	0.033
反式-2-己烯醛	4.41	964	$C_6H_{10}O$	6728-26-3	0.238
顺式-3-己烯-1-醇	5.49	891	$C_6H_{12}O$	928-96-1	0.508
(+)-α-蒎烯	6.01	949	$C_{10}H_{16}$	7785-70-8	0.706

（续表）

化合物名称	保留时间 （min）	匹配度	分子式	CAS 号	相对含量 （%）
7-（甲基乙亚基）- 双环[4.1.0]庚烷	6.33	827	$C_{10}H_{16}$	53282-47-6	0.018
3-异丙基-6-亚甲基-1-环己烯	6.99	918	$C_{10}H_{16}$	555-10-2	0.046
β-蒎烯	7.46	904	$C_{10}H_{16}$	127-91-3	4.411
1,5,5-三甲基1-3- 亚甲基-1-环己烯	7.78	919	$C_{10}H_{16}$	16609-28-2	0.214
3-蒈烯	8.14	935	$C_{10}H_{16}$	13466-78-9	6.730
p-薄荷-1,3,8-三烯	8.68	892	$C_{10}H_{14}$	21195-59-5	0.259
（R）-1-甲基-5-（1- 甲基乙烯基）环己烯	8.82	900	$C_{10}H_{16}$	1461-27-4	4.407
（3E）-3,7-二甲基辛-1,3,6-三烯	9.09	944	$C_{10}H_{16}$	3779-61-1	0.323
罗勒烯	9.54	959	$C_{10}H_{16}$	13877-91-3	1.699
γ-松油烯	10.05	945	$C_{10}H_{16}$	99-85-4	0.975
反式-β-松油醇	10.93	923	$C_{10}H_{18}O$	7299-41-4	0.041
萜品油烯	11.82	931	$C_{10}H_{16}$	586-62-9	39.107
芳樟醇	12.45	872	$C_{10}H_{18}O$	78-70-6	0.315
（-）-β-蒎烯	13.09	839	$C_{10}H_{16}$	18172-67-3	0.026
别罗勒烯	14.00	921	$C_{10}H_{16}$	7216-56-0	0.026
2,5-二甲基-2,4-己二烯	15.07	768	C_8H_{14}	764-13-6	0.043
苄异腈	17.76	859	C_8H_7N	10340-91-7	0.202
水杨酸甲酯	19.45	913	$C_8H_8O_3$	119-36-8	0.071
4-烯丙基苯甲醚	28.16	871	$C_{10}H_{12}O$	140-67-0	0.029
异喇叭烯	34.22	917	$C_{15}H_{24}$	29484-27-3	0.020
β-榄香烯	35.89	926	$C_{15}H_{24}$	515-13-9	0.105
（+）-1,7-二表-α-雪松烯	36.95	878	$C_{15}H_{24}$	50894-66-1	0.073
β-石竹烯	37.65	944	$C_{15}H_{24}$	87-44-5	1.048
γ-马来烯	38.23	924	$C_{15}H_{24}$	20071-49-2	0.048
（4aR,8aR）-2-异亚丙基-4a, 8-二甲基-1,2,3,4, 4a,5,6,8a-八氢萘	38.68	891	$C_{15}H_{24}$	6813-21-4	0.069

（续表）

化合物名称	保留时间（min）	匹配度	分子式	CAS 号	相对含量（%）
2,6-二甲基-6-(4-甲基-3-戊烯基)双环[3.1.1]庚-2-烯	39.00	943	$C_{15}H_{24}$	17699-05-7	1.960
γ-古芸烯	39.34	902	$C_{15}H_{24}$	22567-17-5	0.127
α-葎草烯	40.08	943	$C_{15}H_{24}$	6753-98-6	0.095
石竹烯	40.52	898	$C_{15}H_{24}$	13877-93-5	0.302
反式-β-金合欢烯	40.70	932	$C_{15}H_{24}$	18794-84-8	1.807
雪松烯	42.10	871	$C_{15}H_{24}$	1461-03-6	0.031
β-绿叶烯	42.71	904	$C_{15}H_{24}$	514-51-2	0.018
甘香烯	43.10	926	$C_{15}H_{24}$	3242-08-8	5.619
(S)-1-甲基-4-(5-甲基-1-亚甲基-4-己烯基)环己烯	44.25	923	$C_{15}H_{24}$	495-61-4	13.603
β-倍半水芹烯	45.06	949	$C_{15}H_{24}$	20307-83-9	0.799
肉豆蔻醚	45.59	933	$C_{11}H_{12}O_3$	607-91-0	13.694
反式-α-红没药烯	46.29	883	$C_{15}H_{24}$	29837-07-8	0.037
β-杜松烯	47.35	875	$C_{15}H_{24}$	523-47-7	0.020
榄香素	47.61	865	$C_{12}H_{16}O_3$	487-11-6	0.053
角鲨烯	48.56	788	$C_{30}H_{50}$	7683-64-9	0.048

90 九里香

90.1 九里香的分布、形态特征与利用情况

90.1.1 分 布

九里香（*Murraya exotica*）为芸香科（Rutaceae）九里香属（*Murraya*）常绿灌木。产于我国台湾、福建、广东、海南、广西等省区南部。常见于离海岸不远的平地、缓坡、小丘的灌木丛中。喜生于砂质土壤、向阳的地方。

90.1.2 形态特征

枝白灰或淡黄灰色，但当年生枝绿色。叶有小叶3~7片，小叶倒卵形或倒卵状椭圆形，两侧常不对称，长1~6 cm，宽0.5~3.0 cm，顶端圆或钝，基部短尖，一侧略偏斜，边全缘，平展；小叶柄甚短。花序通常顶生，或顶生兼腋生，花多朵聚成伞状，为短缩的圆锥状聚伞花序；花白色，芳香；萼片卵形，长约1.5 mm；花瓣5片，长椭圆形，长10~15 mm，盛花时反折；雄蕊10枚，长短不等，比花瓣略短，花丝白色，花药背部有细油点2颗；花柱稍较子房纤细，与子房之间无明显界限，均为淡绿色，柱头黄色，粗大。果橙黄色至朱红色，阔卵形或椭圆形，顶部短尖，略歪斜，有时圆球形，长8~12 mm，横径6~10 mm，果肉有黏胶质液，种子有短的棉质毛。花期4—8月，也有秋后开花，果期9—12月。

90.1.3 利用情况

九里香四季常青，开花洁白而芳香，朱果耀目，是优良的盆景材料，一年四季均宜观赏，初夏新叶展放时效果最佳。南部地区多用作围篱材料，或作花圃及宾馆的点缀绿植。茎叶煎剂有局部麻醉作用，可用作麻醉剂。九里香的花、叶、果均含精油，出油率为0.25%，精油可用于化妆品香精、食品香精；叶可作调味香料；枝叶入药，有行气止痛、活血散瘀之功效，可治疗胃痛、风湿痹痛，外用则可治疗牙痛、跌扑肿痛、虫蛇

咬伤等。

90.2　九里香香气物质的提取及检测分析

90.2.1　顶空固相微萃取

将九里香的花瓣用剪刀剪碎后准确称取 0.5527 g，放入固相微萃取瓶中，密封。在 40℃水浴中平衡 10 min，用 PDMS/DVB 萃取头吸附 15 min。采用气相色谱-质谱仪（GC-MS）对其成分进行检测分析。

90.2.2　GC-MS 检测分析

GC 分析条件：采用 DB-WAX 色谱柱（30 m × 0.25 mm × 0.25 μm），进样口温度为 250℃，氦气（99.999%）流速为 1.0 mL/min；起始柱温设置为 60℃，保持 1 min，然后以 2℃/min 的速率升温至 85℃，保持 1 min，以 3℃/min 的速率升温至 130℃，保持 1 min，以 2℃/min 的速率升温至 160℃，以 10℃/min 的速率升温至 230℃，保持 3 min；分流比为 5：1，样品解吸附 5 min。

MS 分析条件：EI 离子源，电离能量 70 eV，离子源温度 230℃；传输线温度 280℃，质量扫描范围（m/z）35~450，采集速率 10 spec/s，溶剂延迟 180 s。

检测分析结果见图和表。

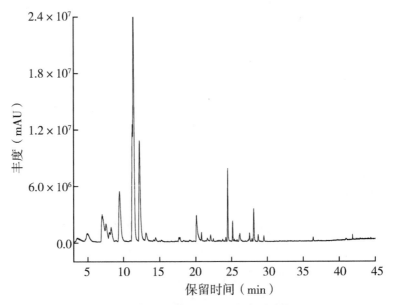

九里香香气物质的 GC-MS 总离子流图

九里香香气物质的组成及相对含量明细表

化合物名称	保留时间（min）	匹配度	分子式	CAS 号	相对含量（%）
2-甲基丁酸甲酯	3.72	809	$C_6H_{12}O_2$	868-57-5	1.109
反式-2-己烯-1-醇	4.99	873	$C_6H_{12}O$	928-95-0	1.970
苯甲醛	6.99	881	C_7H_6O	100-52-7	5.067
β-蒎烯	7.55	768	$C_{10}H_{16}$	127-91-3	1.464
乙酸叶醇酯	8.03	922	$C_8H_{14}O_2$	3681-71-8	0.555
（E）-3-己烯-1-醇乙酸酯	8.09	905	$C_8H_{14}O_2$	3681-82-1	0.243
（Z）-己-2-烯基乙酸酯	8.26	896	$C_8H_{14}O_2$	56922-75-9	1.987
罗勒稀	9.01	732	$C_{10}H_{16}$	29714-87-2	0.088
苯乙醛	9.45	897	C_8H_8O	122-78-1	9.232
苯酸甲酯	11.24	920	$C_8H_8O_2$	93-58-3	9.692
芳樟醇	11.38	757	$C_{10}H_{18}O$	78-70-6	32.847
苯乙醇	12.20	923	$C_8H_{10}O$	60-12-8	14.819
氰化苄	13.10	868	C_8H_7N	140-29-4	1.341
苯甲酸乙酯	14.15	775	$C_9H_{10}O_2$	93-89-0	0.192
苯乙酸甲酯	14.41	861	$C_9H_{10}O_2$	101-41-7	0.512
水杨酸甲酯	15.20	808	$C_8H_8O_3$	119-36-8	0.285
乙酸苯乙酯	17.66	826	$C_{10}H_{12}O_2$	103-45-7	0.362
反式-2-癸烯醛	17.80	807	$C_{10}H_{18}O$	3913-81-3	0.407
吲哚	20.09	899	C_8H_7N	120-72-9	3.576
γ-榄香烯	20.79	846	$C_{15}H_{24}$	339154-91-5	0.515
邻氨基苯甲酸甲酯	21.60	884	$C_8H_9NO_2$	134-20-3	0.336
2-十五碳炔-1-醇	22.07	817	$C_{15}H_{28}O$	2834-00-6	0.606
（-）-α-蒎烯	22.46	811	$C_{15}H_{24}$	3856-25-5	0.166
β-石竹烯	24.47	909	$C_{15}H_{24}$	87-44-5	5.303
（1S,5S,6R）-2,6-二甲基-6-（4-甲基-3-戊烯-1-基）双环［3.1.1］庚-2-烯	25.15	931	$C_{15}H_{24}$	13474-59-4	1.339
香橙烯	25.39	812	$C_{15}H_{24}$	109119-91-7	0.131

（续表）

化合物名称	保留时间（min）	匹配度	分子式	CAS 号	相对含量（%）
（S）-1-甲基-4-（5-甲基-1-亚甲基-4-己烯基）环己烯	25.54	669	$C_{15}H_{24}$	495-61-4	0.078
（E）-β-金合欢烯	26.15	851	$C_{15}H_{24}$	28973-97-9	1.037
α-雪松烯	26.40	756	$C_{15}H_{24}$	3853-83-6	0.075
大根香叶烯	27.42	844	$C_{15}H_{24}$	23986-74-5	0.127
α-姜黄烯	27.53	884	$C_{15}H_{22}$	644-30-4	0.622
2,6-二甲基-6-（4-甲基-3-戊烯基）双环[3.1.1]庚-2-烯	28.12	884	$C_{15}H_{24}$	17699-05-7	2.730
α-金合欢烯	28.74	864	$C_{15}H_{24}$	502-61-4	0.532
β-倍半水芹烯	29.53	812	$C_{15}H_{24}$	20307-83-9	0.480

91 山小橘

91.1 山小橘的分布、形态特征与利用情况

91.1.1 分 布

山小橘（*Glycosmis pentaphylla*）为芸香科（Rutaceae）山小橘属（*Glycosmis*）植物。产于我国云南南部（西双版纳等地）及西南部（临沧等地）。生于海拔 600~1200 m 的山坡或山沟杂木林中。越南西北部、老挝、缅甸及印度东北部也有分布。

91.1.2 形态特征

小乔木，高达 5 m。新梢淡绿色，略呈两侧压扁状。叶有小叶 5 片，有时 3 片，小叶柄长 2~10 mm；小叶长圆形，稀卵状椭圆形，长 10~25 cm，宽 3~7 cm，顶部钝尖或短渐尖，基部短尖至阔楔形，硬纸质，叶缘有疏离而裂的锯齿状裂齿，中脉在叶面至少下半段明显凹陷呈细沟状，侧脉每边 12~22 条。花序轴、小叶柄及花萼裂片初时被褐锈色微柔毛。圆锥花序腋生及顶生，位于枝顶部的花序通常长 10 cm 以上，位于枝下部叶腋抽出的花序长 2~5 cm，多花，花蕾圆球形；萼裂片阔卵形，长不及 1 mm；花瓣早落，长 3~4 mm，白色或淡黄色，油点多，花蕾期在背面被锈色微柔毛；雄蕊 10 枚，近等长，花丝上部最宽，顶部突狭尖，向基部逐渐狭窄，药隔背面中部及顶部均有 1 油点；子房圆球形或有时阔卵形，花柱极短，柱头稍增粗，子房的油点干后明显凸起。果近圆球形，直径 8~10 mm，果皮多油点，淡红色。花期 7—10 月，果期翌年 1—3 月。

91.1.3 利用情况

山小橘的果实可食用，酸甜可口，但食用过后有麻舌的感觉。根、茎和叶均可入药，清热解毒，可用于治疗感冒咳嗽、胃炎、风湿性关节炎、冻疮等。

91.2 山小橘香气物质的提取及检测分析

91.2.1 顶空固相微萃取

将山小橘的叶片用剪刀剪碎后准确称取 0.3117 g，放入固相微萃取瓶中，密封。在 40℃水浴中平衡 10 min，用 PDMS/DVB 萃取头吸附 15 min。采用气相色谱-质谱仪（GC-MS）对其成分进行检测分析。

91.2.2 GC-MS 检测分析

GC 分析条件：采用 DB-5Ms 色谱柱（30 m × 0.25 mm × 0.25 μm），氦气（99.999%）流速为 1.0 mL/min，进样口温度为 250℃；起始温度为 60℃，保持 1 min，然后以 2℃/min 的速率升温至 85℃，保持 1 min，以 3℃/min 的速率升温至 130℃，保持 1 min，以 2℃/min 的速率升温至 160℃，以 10℃/min 的速率升温至 230℃，保持 3 min；不分流进样，样品解吸附 5 min。

MS 分析条件：EI 离子源，电离能量 70 eV，离子源温度 230℃；传输线温度 250℃，质量扫描范围（m/z）30~400，采集速率 10 spec/s，溶剂延迟 180 s。

检测分析结果见图和表。

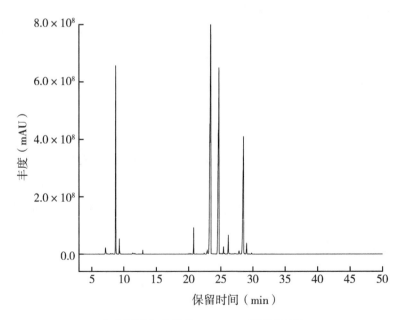

山小橘香气物质的 GC-MS 总离子流图

山小橘香气物质的组成及相对含量明细表

化合物名称	保留时间（min）	匹配度	分子式	CAS 号	相对含量（%）
顺-3-己烯-1-醇	4.65	911	$C_6H_{12}O$	928-96-1	0.816
β-蒎烯	7.16	826	$C_{10}H_{16}$	127-91-3	0.015
3-环戊基-1-丙炔	7.50	752	C_8H_{12}	116279-08-4	0.064
乙酸叶醇酯	7.99	934	$C_8H_{14}O_2$	3681-71-8	15.916
(S)-(-)-柠檬烯	8.72	854	$C_{10}H_{16}$	5989-54-8	0.502
(-)-α-蒎烯	9.30	794	$C_{10}H_{16}$	7785-26-4	0.018
α-蒎烯	9.70	802	$C_{10}H_{16}$	2437-95-8	0.014
萜品油烯	10.72	833	$C_{10}H_{16}$	586-62-9	0.022
顺-2-己烯-1-醇	11.06	812	$C_6H_{12}O$	928-94-9	0.041
芳樟醇	11.30	773	$C_{10}H_{18}O$	78-70-6	0.087
顺式-丁酸-2-己烯基酯	12.72	800	$C_{10}H_{18}O_2$	56922-77-1	0.013
(E)-3-己烯基丁酸	14.45	876	$C_{10}H_{18}O_2$	53398-84-8	0.481
正戊酸-(Z)-3-己烯酯	16.31	809	$C_{11}H_{20}O_2$	35852-46-1	0.091
4-甲基-3-戊醇	16.48	814	$C_6H_{12}O$	4325-82-0	0.015
9-十二烷基十四氢菲	18.49	461	$C_{26}H_{48}$	55334-01-5	0.005
(Z)-己酸-3-己烯酯	22.59	803	$C_{12}H_{22}O_2$	31501-11-8	0.009
β-榄香烯	23.15	831	$C_{15}H_{24}$	110823-68-2	0.273
β-石竹烯	24.54	925	$C_{15}H_{24}$	87-44-5	18.250
香橙烯	25.31	834	$C_{15}H_{24}$	109119-91-7	0.074
1,11-十二二炔	25.84	779	$C_{12}H_{18}$	20521-44-2	0.006
(E)-β-金合欢烯	26.45	930	$C_{15}H_{24}$	28973-97-9	61.048
(-)-α-依兰油烯	27.21	858	$C_{15}H_{24}$	483-75-0	0.032
大根香叶烯	27.43	923	$C_{15}H_{24}$	23986-74-5	0.197
γ-榄香烯	28.15	868	$C_{15}H_{24}$	339154-91-5	1.510
(S)-1-甲基-4-(5-甲基-1-亚甲基-4-己烯基)环己烯	28.67	860	$C_{15}H_{24}$	495-61-4	0.148
荜澄茄烯	29.44	827	$C_{15}H_{24}$	13744-15-5	0.265
(-)-α-荜澄茄油烯	29.90	712	$C_{15}H_{24}$	17699-14-8	0.012
白菖烯	30.16	717	$C_{15}H_{24}$	17334-55-3	0.006
石竹素	32.39	776	$C_{15}H_{24}O$	1139-30-6	0.019

92 山油柑

92.1 山油柑的分布、形态特征与利用情况

92.1.1 分 布

山油柑（*Acronychia pedunculata*）为芸香科（Rutaceae）山油柑属（*Acronychia*）植物。我国产于台湾、福建、广东、海南、广西、云南六省区南部。生于较低丘陵坡地杂木林中，为次生林常见树种之一，有时成小片纯林，在海南，可分布至海拔 900 m 山地茂密常绿阔叶林中。菲律宾、越南、老挝、泰国、柬埔寨等国家也有分布。

92.1.2 形态特征

树高 5~15 m。树皮灰白色至灰黄色，平滑，不开裂，内皮淡黄色，剥开时有柑橘叶香气，当年生枝通常中空。单小叶，叶片椭圆形至长圆形，或倒卵形至倒卵状椭圆形，长 7~18 cm，宽 3.5~7.0 cm，或有较小者，全缘；叶柄长 1~2 cm，基部略增大呈叶枕状。花两性，黄白色，直径 1.2~1.6 cm；花瓣狭长椭圆形，花开放初期，花瓣的两侧边缘及顶端略向内卷，盛花时则向背面反卷且略下垂，内面被毛，子房被疏或密毛，极少无毛。果序下垂，果淡黄色，半透明，近圆球形而略有棱角，径 1.0~1.5 cm，顶部平坦，中央微凹陷，有 4 条浅沟纹，富含水分，味清甜，有小核 4 个，每核有 1 粒种子；种子倒卵形，长 4~5 mm，厚 2~3 mm，种皮褐黑色、骨质，胚乳小。花期 4—8 月，果期 8—12 月。

92.1.3 利用情况

山油柑木材为散孔材，不变形，易加工，在海南被列为五类材。根、叶、果用作中草药，含山油柑碱，有抗癌作用。该树为热带、亚热带地区多用途的常绿阔叶

树种，树干端直，树冠伞形而枝叶浓密，可作为园林风景树、水源涵养树、招引鸟类树加以利用。果实可生食，甘凉解渴。

92.2　山油柑香气物质的提取及检测分析

92.2.1　顶空固相微萃取

将山油柑果实用剪刀剪碎后准确称取 0.2008 g，放入固相微萃取瓶中，密封。在 40℃水浴中平衡 10 min，用 PDMS/DVB 萃取头吸附 15 min。采用气相色谱-质谱仪（GC-MS）对其成分进行检测分析。同时，对山油柑叶片进行顶空固相微萃取，将叶片用剪刀剪碎后准确称取 0.5052 g，放入固相微萃取瓶中，密封，萃取条件同山油柑果实。采用气相色谱-质谱仪（GC-MS）对其成分进行检测分析。

92.2.2　GC-MS 检测分析

GC 分析条件：均采用 DB-5Ms 色谱柱（30 m × 0.25 mm × 0.25 μm），氦气（99.999%）流速为 1.0 mL/min，进样口温度为 250℃。果实与叶片分析的柱温箱程序升温条件稍微不同。果实香气强度较强，分流比为 10∶1，起始温度为 60℃，保持 1 min，然后以 5℃/min 的速率升温至 85℃，保持 3 min，以 3℃/min 的速率升温至 130℃，保持 1 min，以 2℃/min 的速率升温至 160℃，以 20℃/min 的速率升温至 230℃，保持 3 min，样品解吸附 5 min；叶片的香气强度稍弱，不分流，起始温度为 60℃，保持 1 min，然后以 2℃/min 的速率升温至 85℃，保持 1 min，以 3℃/min 的速率升温至 130℃，保持 1 min，以 2℃/min 的速率升温至 160℃，以 10℃/min 的速率升温至 230℃，保持 3 min，样品解吸附 5 min。

MS 分析条件：EI 离子源，电离能量 70 eV，离子源温度 230℃；传输线温度 250℃，质量扫描范围（m/z）30~400，采集速率 10 spec/s，溶剂延迟 180 s。

检测分析结果见图和表。

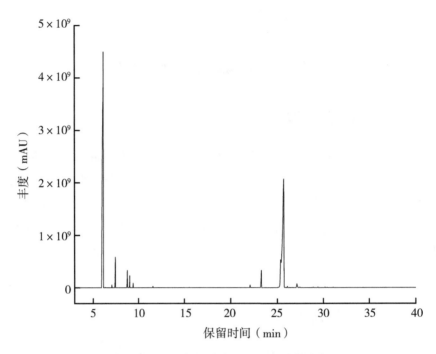

山油柑果实香气物质的 GC-MS 总离子流图

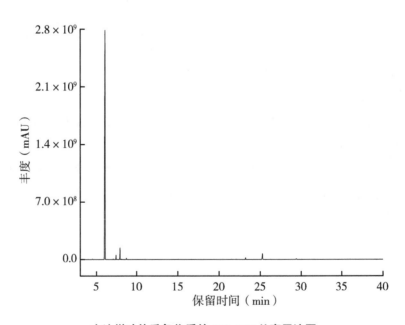

山油柑叶片香气物质的 GC-MS 总离子流图

山油柑果实香气物质的组成及相对含量明细表

化合物名称	保留时间（min）	匹配度	分子式	CAS 号	相对含量（%）
2-甲基-4-戊醛	3.53	812	$C_6H_{10}O$	5187-71-3	0.008
反式-2-己烯醛	4.38	846	$C_6H_{10}O$	6728-26-3	0.005
反式-3-己烯-1-醇	4.49	878	$C_6H_{12}O$	928-97-2	0.010
庚基氢过氧化物	4.70	816	$C_7H_{16}O_2$	764-81-8	0.005
(+)-α-蒎烯	6.14	929	$C_{10}H_{16}$	7785-70-8	52.633
莰烯	6.37	894	$C_{10}H_{16}$	79-92-5	0.017
桧烯	6.97	851	$C_{10}H_{16}$	3387-41-5	0.004
β-蒎烯	7.46	920	$C_{10}H_{16}$	127-91-3	2.342
α-水芹烯	7.89	771	$C_{10}H_{16}$	99-83-2	0.012
γ-松油烯	8.30	830	$C_{10}H_{16}$	99-85-4	0.004
双戊烯	8.78	920	$C_{10}H_{16}$	138-86-3	1.326
α-蒎烯	9.04	909	$C_{10}H_{16}$	2437-95-8	0.733
反式-β-松油醇	10.29	812	$C_{10}H_{18}O$	7299-41-4	0.004
萜品油烯	10.94	864	$C_{10}H_{16}$	586-62-9	0.014
芳樟醇	11.61	853	$C_{10}H_{18}O$	78-70-6	0.163
(E)-2,7-二甲基-3-辛烯-5-炔	12.62	834	$C_{10}H_{16}$	55956-33-7	0.012
冰片	14.46	872	$C_{10}H_{18}O$	464-45-9	0.008
4-萜烯醇	14.84	790	$C_{10}H_{18}O$	562-74-3	0.005
α-松油醇	15.54	857	$C_{10}H_{18}O$	98-55-5	0.043
2-癸烯-1-醇	15.86	784	$C_{10}H_{20}O$	22104-80-9	0.002
荜澄茄烯	22.08	858	$C_{15}H_{24}$	13744-15-5	0.274
α-依兰油烯	22.79	820	$C_{15}H_{24}$	31983-22-9	0.007
(-)-α-蒎烯	23.30	901	$C_{15}H_{24}$	3856-25-5	1.871
(1S,5S,6R)-2,6-二甲基-6-(4-甲基-3-戊烯-1-基)双环[3.1.1]庚-2-烯	25.08	848	$C_{15}H_{24}$	13474-59-4	0.003
β-石竹烯	25.38	918	$C_{15}H_{24}$	87-44-5	4.114
檀香烯	25.70	942	$C_{15}H_{24}$	512-61-8	35.122

（续表）

化合物名称	保留时间（min）	匹配度	分子式	CAS 号	相对含量（%）
2,6-二甲基-6-(4-甲基-3-戊烯基)双环[3.1.1]庚-2-烯	26.10	931	$C_{15}H_{24}$	17699-05-7	0.151
(-)-异丁香烯	26.58	859	$C_{15}H_{24}$	118-65-0	0.034
α-葎草烯	27.13	903	$C_{15}H_{24}$	6753-98-6	0.663
香橙烯	27.44	912	$C_{15}H_{24}$	109119-91-7	0.099
反式-β-金合欢烯	28.72	797	$C_{15}H_{24}$	18794-84-8	0.019
α-芹子烯	28.89	894	$C_{15}H_{24}$	473-13-2	0.090
γ-古芸烯	29.39	885	$C_{15}H_{24}$	22567-17-5	0.110
δ-杜松烯	31.06	795	$C_{15}H_{24}$	483-76-1	0.060
(Z,E)-α-farnesene	31.51	824	$C_{15}H_{24}$	26560-14-5	0.014
反式-α-红没药烯	32.25	833	$C_{15}H_{24}$	29837-07-8	0.004
反式-橙花叔醇	33.92	791	$C_{15}H_{26}O$	40716-66-3	0.002

山油柑叶片香气物质组成及相对含量明细表

化合物名称	保留时间（min）	匹配度	分子式	CAS 号	相对含量（%）
顺-2-戊烯醇	3.29	756	$C_5H_{10}O$	1576-95-0	0.004
2-甲基-4-戊醛	3.55	758	$C_6H_{10}O$	5187-71-3	0.010
反式-2-己烯醛	4.41	864	$C_6H_{10}O$	6728-26-3	0.018
顺-3-己烯-1-醇	4.51	921	$C_6H_{12}O$	928-96-1	0.174
3,6-二甲基四氢吡喃-2-酮	4.71	869	$C_7H_{12}O_2$	3720-22-7	0.056
环辛四烯	5.18	830	C_8H_8	629-20-9	0.006
(Z)-戊-2-烯-1-基乙酸酯	5.49	746	$C_7H_{12}O_2$	42125-10-0	0.005
α-水芹烯	5.84	774	$C_{10}H_{16}$	99-83-2	0.004
(+)-α-蒎烯	6.07	942	$C_{10}H_{16}$	7785-70-8	91.696
莰烯	6.37	892	$C_{10}H_{16}$	79-92-5	0.029
β-蒎烯	7.43	870	$C_{10}H_{16}$	127-91-3	1.002
乙酸叶醇酯	7.93	930	$C_8H_{14}O_2$	3681-71-8	2.541
乙酸己酯	8.10	844	$C_8H_{16}O_2$	142-92-7	0.119

（续表）

化合物名称	保留时间（min）	匹配度	分子式	CAS 号	相对含量（%）
乙酸反-2-己烯酯	8.20	844	$C_8H_{14}O_2$	2497-18-9	0.012
邻-异丙基苯	8.62	903	$C_{10}H_{14}$	527-84-4	0.017
双戊烯	8.74	889	$C_{10}H_{16}$	138-86-3	0.425
(-)-α-蒎烯	9.00	832	$C_{10}H_{16}$	7785-26-4	0.009
α-罗勒烯	9.38	853	$C_{10}H_{16}$	502-99-8	0.007
α-蒎烯	9.82	865	$C_{10}H_{16}$	2437-95-8	0.026
萜品油烯	10.95	844	$C_{10}H_{16}$	586-62-9	0.011
2-溴(正)壬烷	11.28	783	$C_9H_{19}Br$	2216-35-5	0.004
芳樟醇	11.58	786	$C_{10}H_{18}O$	78-70-6	0.020
4-甲基-1,5-庚二烯	12.04	780	C_8H_{14}	998-94-7	0.005
γ-榄香烯	21.09	804	$C_{15}H_{24}$	339154-91-5	0.007
2,5-二甲基-3-亚甲基-1,5-庚二烯	21.51	844	$C_{10}H_{16}$	74663-83-5	0.088
荜澄茄烯	22.05	857	$C_{15}H_{24}$	13744-15-5	0.114
α-依兰油烯	22.78	823	$C_{15}H_{24}$	31983-22-9	0.008
(-)-α-蒎烯	23.22	860	$C_{15}H_{24}$	3856-25-5	0.590
(-)-α-古芸烯	24.67	820	$C_{15}H_{24}$	489-40-7	0.009
β-石竹烯	25.27	883	$C_{15}H_{24}$	87-44-5	2.307
(-)-异丁香烯	25.61	781	$C_{15}H_{24}$	118-65-0	0.005
香橙烯	26.20	863	$C_{15}H_{24}$	109119-91-7	0.115
(S)-(-)-柠檬烯	26.99	853	$C_{10}H_{16}$	5989-54-8	0.058
1H-3a,7-甲氮脲	29.41	806	$C_{15}H_{26}$	25491-20-7	0.427
大根香叶烯	30.51	773	$C_{15}H_{24}$	23986-74-5	0.003
δ-杜松烯	31.02	841	$C_{15}H_{24}$	483-76-1	0.015
石竹素	34.89	775	$C_{15}H_{24}O$	1139-30-6	0.021

93 光叶山小橘

93.1 光叶山小橘的分布、形态特征与利用情况

93.1.1 分 布

光叶山小橘（*Glycosmis craibii* var. *glabra*）为芸香科（Rutaceae）山小橘属（*Glycosmis*）植物。主要分布在海南及云南东南部，生于海拔 200~500 m 丘陵坡地或溪旁杂木林中。越南东北部也有分布。

93.1.2 形态特征

小乔木，高达 5 m。嫩枝淡绿色，干后灰黄色。叶有小叶 3~5 片，有时 2 片，很少兼有单小叶；小叶柄长 2~6 mm，稀较长；小叶硬纸质，长椭圆形、披针形或卵形，小的长 5~10 cm，宽 2~3 cm，大的长达 17 cm，宽 7 cm，顶部渐尖或短尖，基部渐狭尖或阔楔尖，全缘，干后叶背淡灰黄色，略有光泽，叶缘浅波浪状起伏，叶面中脉下半段凹陷呈沟状，叶背沿中脉及其两侧散生甚疏少而早脱落的褐锈色粉末状微柔毛，侧脉每边 6~9 条，甚纤细。花序很少达 4 cm，腋生兼顶生；花梗甚短，与花萼裂片同被早落的褐锈色微柔毛或几无毛；花萼裂片卵形，长不及 1 mm；花瓣甚早脱落，长约 3 mm；雄蕊 10 枚，近于等长，花丝自上而下逐渐增宽，或同时兼有上宽下窄者，药隔背面及顶端各有 1 油点；子房在花蕾时为圆柱状或狭卵形，花开放后迅速膨大为阔卵形，或早期即为圆球形，散生干后微凸起或不凸起的油点，花柱短或几无，柱头略粗。果未成熟时椭圆形、橄榄形或圆球形，成熟时近圆球形或倒卵形，直径 10~14 mm，橙红色，有种子 1~2 粒。花果期几乎全年。

93.1.3 利用情况

果微甜，可鲜食，也可制作成饮料或酿酒。可直接开发利用或作为果树的育种材料，也可作为盆景观赏植物。

93.2 光叶山小橘香气物质的提取及检测分析

93.2.1 顶空固相微萃取

将光叶山小橘的叶片用剪刀剪碎后准确称取 0.2169 g，放入固相微萃取瓶中，密封。在 40℃水浴中平衡 10 min，用 PDMS/DVB 萃取头吸附 15 min。采用气相色谱-质谱仪（GC-MS）对其成分进行检测分析。

93.2.2 GC-MS 检测分析

GC 分析条件：采用 DB-5Ms 色谱柱（30 m × 0.25 mm × 0.25 μm），氦气（99.999%）流速为 1.0 mL/min，进样口温度为 250℃，分流比 10∶1；起始温度为 60℃，保持 1 min，然后以 5℃/min 的速率升温至 85℃，保持 1 min，以 3℃/min 的速率升温至 130℃，保持 1 min，以 1.5℃/min 的速率升温至 160℃，以 15℃/min 的速率升温至 230℃，保持 3 min；样品解吸附 5 min。

MS 分析条件：EI 离子源，电离能量 70 eV，离子源温度 230℃；传输线温度 250℃，质量扫描范围（m/z）30~400，采集速率 10 spec/s，溶剂延迟 180 s。

检测分析结果见图和表。

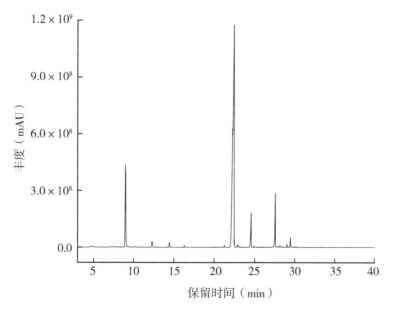

光叶山小橘香气物质的 GC-MS 总离子流图

光叶山小橘香气物质的组成及相对含量明细表

化合物名称	保留时间（min）	匹配度	分子式	CAS 号	相对含量（%）
反式-2-己烯醛	4.48	771	$C_6H_{10}O$	6728-26-3	0.006
(-)-α-蒎烯	6.02	833	$C_{10}H_{16}$	7785-26-4	0.021
β-蒎烯	7.13	877	$C_{10}H_{16}$	127-91-3	0.658
3-环戊基-1-丙炔	7.44	784	C_8H_{12}	116279-08-4	0.043
乙酸叶醇酯	7.90	914	$C_8H_{14}O_2$	3681-71-8	0.065
乙酸己酯	8.07	831	$C_8H_{16}O_2$	142-92-7	0.013
乙酸反-2-己烯酯	8.19	760	$C_8H_{14}O_2$	2497-18-9	0.064
双戊烯	8.73	918	$C_{10}H_{16}$	138-86-3	13.567
α-蒎烯	9.30	882	$C_{10}H_{16}$	2437-95-8	0.883
萜品油烯	10.71	880	$C_{10}H_{16}$	586-62-9	0.008
芳樟醇	11.38	875	$C_{10}H_{18}O$	78-70-6	0.175
3-亚甲基-1,1-二甲基-2-乙烯基环己烷	11.70	776	$C_{11}H_{18}$	95452-08-7	0.066
1,5,5-三甲基1-3-亚甲基-1-环己烯	12.27	887	$C_{10}H_{16}$	16609-28-2	0.006
(3E,5E)-2,6-二甲基-1,3,5,7-辛四烯	12.38	872	$C_{10}H_{14}$	460-01-5	0.012
(+)-反式-柠檬烯 1,2-环氧化物	12.62	839	$C_{10}H_{16}O$	6909-30-4	0.008
1,5,5,6-四甲基环己-1,3-二烯	12.76	871	$C_{10}H_{16}$	514-94-3	0.007
苯乙酸甲酯	14.30	752	$C_9H_{10}O_2$	101-41-7	0.004
3-苯基-2-丙炔-1-醇	18.52	873	C_9H_8O	1504-58-1	0.016
荜澄茄烯	22.41	810	$C_{15}H_{24}$	13744-15-5	0.090
β-榄香烯	23.45	897	$C_{15}H_{24}$	515-13-9	38.409
(-)-α-古芸烯	23.97	760	$C_{15}H_{24}$	489-40-7	0.012
β-石竹烯	24.71	928	$C_{15}H_{24}$	87-44-5	26.284
(-)-异丁香烯	24.88	832	$C_{15}H_{24}$	118-65-0	0.024
香橙烯	25.43	912	$C_{15}H_{24}$	109119-91-7	0.548
香树烯	25.57	885	$C_{15}H_{24}$	25246-27-9	0.050
γ-古芸烯	25.94	855	$C_{15}H_{24}$	22567-17-5	0.016

化合物名称	保留时间 （min）	匹配度	分子式	CAS 号	相对含量 （%）
α-荜草烯	26.17	905	$C_{15}H_{24}$	6753-98-6	1.377
α-依兰油烯	26.90	824	$C_{15}H_{24}$	31983-22-9	0.025
莎草烯	27.18	811	$C_{15}H_{24}$	2387-78-2	0.041
(-)-α-依兰油烯	27.29	885	$C_{15}H_{24}$	483-75-0	0.033
α-芹子烯	27.85	910	$C_{15}H_{24}$	473-13-2	0.357
γ-榄香烯	28.55	867	$C_{15}H_{24}$	339154-91-5	16.060
(S)-1-甲基-4-(5-甲基-1-亚甲基-4-己烯基)环己烯	29.02	847	$C_{15}H_{24}$	495-61-4	0.879
γ-依兰油烯	29.33	811	$C_{15}H_{24}$	30021-74-0	0.032
δ-杜松烯	29.79	823	$C_{15}H_{24}$	483-76-1	0.101
香叶基溴	32.84	776	$C_{10}H_{17}Br$	6138-90-5	0.012

94 钝叶桂

94.1 钝叶桂的分布、形态特征与利用情况

94.1.1 分 布

钝叶桂（*Cinnamomum bejolghota*）为樟科（Lauraceae）桂属（*Cinnamomum*）植物。我国产于海南、云南南部、广东南部。生长于海拔 600~1780 m 山坡、沟谷的疏林或密林中。斯里兰卡、印度、孟加拉国、缅甸、老挝、越南也有分布。

94.1.2 形态特征

乔木，高 5~25 m，胸径达 30 cm；树皮青绿色，有香气。枝条常对生，粗壮，小枝圆柱形或钝四棱形，干时红褐色，初时被微柔毛，后变无毛。叶近对生，椭圆状长圆形，长 12~30 cm，宽 4~9 cm，先端钝、急尖或渐尖，基部近圆形或渐狭，硬革质，正面绿色，光亮，背面淡绿色或黄绿色，多少带白色，两面无毛，三出脉或离基三出脉，侧脉自叶基 0.5~1.5 cm 处生出，斜伸，与中脉直贯叶端，在正面略凹陷或凸起，背面明显凸起，横脉及细脉在上面不明显，下面稍明显，呈网状，叶柄粗壮，长 1.0~1.5 cm，腹平背凸。圆锥花序生于枝条上部叶腋内，长 13~16 cm，多花密集；花黄色，长达 6 mm；花梗长 4~6 mm，被灰色短柔毛；子房长圆形，长 1.5 mm，花柱细长，长达 3 mm，柱头盘状。果椭圆形，长 1.3 cm，宽 8 mm，鲜时绿色；果托黄带紫红，稍增大，倒圆锥形，顶端宽达 7 mm，具齿裂，齿顶端截平；果梗紫色，略增粗。花期 3—4 月，果期 5—7 月。

94.1.3 利用情况

树干木材纹理通直，结构均匀细致，材质稍软，中等重，易加工，干燥后稍有开裂，且会变形，含油分少，不耐腐，纵切面材色均匀，适于作为建筑、家具、农具等用

材。叶、根及树皮可提制芳香油。海南人曾取其树皮捣碎用来制作香粉。

94.2 钝叶桂香气物质的提取及检测分析

94.2.1 顶空固相微萃取

将钝叶桂的树皮用剪刀剪碎后准确称取 0.2086 g，放入固相微萃取瓶中，密封。在 40℃水浴中平衡 10 min，用 PDMS/DVB 萃取头吸附 15 min。采用气相色谱-质谱仪（GC-MS）对其成分进行检测分析。

94.2.2 GC-MS 检测分析

GC 分析条件：采用 DB-5Ms 色谱柱（30 m × 0.25 mm × 0.25 μm），氦气（99.999%）流速为 1.0 mL/min，进样口温度为 250℃，分流比为 10∶1；起始温度为 60℃，保持 1 min，然后以 5℃/min 的速率升温至 85℃，保持 1 min，以 3℃/min 的速率升温至 130℃，保持 1 min，以 2℃/min 的速率升温至 160℃，以 10℃/min 的速率升温至 230℃，保持 3 min；样品解吸附 5 min。

MS 分析条件：EI 离子源，电离能量 70 eV，离子源温度 230℃；传输线温度 250℃，质量扫描范围（m/z）30~400，采集速率 10 spec/s，溶剂延迟 300 s。

检测分析结果见图和表。

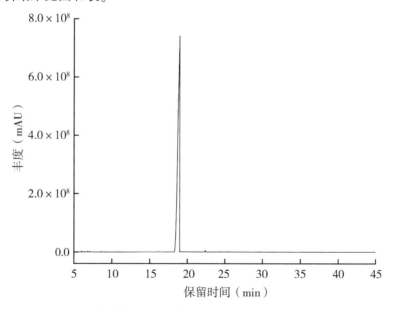

钝叶桂香气物质的 GC-MS 总离子流图

钝叶桂香气物质的组成及相对含量明细表

化合物名称	保留时间 （min）	匹配度	分子式	CAS 号	相对含量 （%）
α-蒎烯	6.00	908	$C_{10}H_{16}$	2437-95-8	0.096
莰烯	6.37	911	$C_{10}H_{16}$	79-92-5	0.057
苯甲醛	6.79	871	C_7H_6O	100-52-7	0.105
2-蒎烯	7.09	880	$C_{10}H_{16}$	80-56-8	0.064
甲基庚烯酮	7.33	783	$C_8H_{14}O$	110-93-0	0.005
3-环戊基-1-丙炔	7.41	770	C_8H_{12}	116279-08-4	0.007
双戊烯	8.64	868	$C_{10}H_{16}$	138-86-3	0.058
2-甲基-1-壬烯-3-炔	9.23	827	$C_{10}H_{16}$	70058-00-3	0.008
苯乙酮	10.13	853	C_8H_8O	98-86-2	0.007
3,5-二甲基苯甲醇	10.69	750	$C_9H_{12}O$	27129-87-9	0.004
α-松油醇	15.25	778	$C_{10}H_{18}O$	98-55-5	0.013
桂皮醛	16.10	851	C_9H_8O	14371-10-9	0.112
顺-7-癸烯醛	17.67	833	$C_{10}H_{18}O$	21661-97-2	0.008
肉桂醛	18.96	946	C_9H_8O	104-55-2	98.863
紫苏醇	20.76	703	$C_{10}H_{16}O$	536-59-4	0.005
荜澄茄烯	21.26	759	$C_{15}H_{24}$	13744-15-5	0.012
(−)-α-依兰油烯	21.97	812	$C_{15}H_{24}$	483-75-0	0.025
(−)-α-蒎烯	22.41	825	$C_{15}H_{24}$	3856-25-5	0.277
(−)-α-古芸烯	23.87	716	$C_{15}H_{24}$	489-40-7	0.006
β-蒎烯	24.13	767	$C_{10}H_{16}$	127-91-3	0.008
(E)-β-金合欢烯	24.39	776	$C_{15}H_{24}$	28973-97-9	0.063
(1S,5S,6R)-2,6-二甲基-6- (4-甲基-3-戊烯-1-基)双环 [3.1.1]庚-2-烯	25.08	789	$C_{15}H_{24}$	13474-59-4	0.019
乙酸桂酯	25.87	807	$C_{11}H_{12}O_2$	103-54-8	0.014
1-甲基-4-(1-甲基乙烯基) 环己醇乙酸酯	26.01	721	$C_{12}H_{20}O_2$	10198-23-9	0.012
大根香叶烯	27.12	803	$C_{15}H_{24}$	23986-74-5	0.028

（续表）

化合物名称	保留时间 （min）	匹配度	分子式	CAS 号	相对含量 （%）
（S）-1-甲基-4-（5-甲基-1- 亚甲基-4-己烯基）环己烯	28.67	755	$C_{15}H_{24}$	495-61-4	0.011
1,11-十二二炔	28.84	693	$C_{12}H_{18}$	20521-44-2	0.004
δ-杜松烯	29.41	765	$C_{15}H_{24}$	483-76-1	0.011
（Z,E）-α-麝子油烯	29.79	838	$C_{15}H_{24}$	26560-14-5	0.030
反式-α-红没药烯	30.35	728	$C_{15}H_{24}$	29837-07-8	0.009
水杨酸戊酯	41.69	811	$C_{12}H_{16}O_3$	2050-08-0	0.011

95 木姜子

95.1 木姜子的分布、形态特征与利用情况

95.1.1 分　布

木姜子（*Litsea pungens*）为樟科（Lauraceae）木姜子属（*Litsea*）植物。产于湖北、湖南、广东北部、广西、四川、贵州、云南、西藏、甘肃、陕西、河南、山西南部、浙江南部。生长于海拔 800~2300 m 的溪旁和山地阳坡杂木林中或林缘。

95.1.2 形态特征

落叶小乔木，高 3~10 m；树皮灰白色。幼枝黄绿色，被柔毛，老枝黑褐色，无毛。顶芽圆锥形，鳞片无毛。叶互生，常聚生于枝顶，披针形或倒卵状披针形，长 4~15 cm，宽 2.0~5.5 cm，先端短尖，基部楔形，膜质，幼叶下面具绢状柔毛，后脱落渐变无毛或沿中脉有稀疏毛，羽状脉，侧脉每边 5~7 条，叶脉在两面均突起；叶柄纤细，长 1~2 cm，初时有柔毛，后脱落渐变无毛。伞形花序腋生；总花梗长 5~8 mm，无毛；每一花序有雄花 8~12 朵，先叶开放；花梗长 5~6 mm，被丝状柔毛；花被 6 裂片，黄色，倒卵形，长 2.5 mm，外面有稀疏柔毛；能育雄蕊 9 枚，花丝仅基部有柔毛，第三轮基部有黄色腺体，圆形；退化雌蕊细小，无毛。果球形，直径 7~10 mm，成熟时蓝黑色；果梗长 1.0~2.5 cm，先端略增粗。花期 3—5 月，果期 7—9 月。

95.1.3 利用情况

果含芳香油，干果含芳香油 2%~6%，鲜果含芳香油 3%~4%，主要成分为柠檬醛 60%~90%，香叶醇 5%~19%，可作食用香精和化妆品香精，现已广泛利用作为生产高级香料、紫罗兰酮和维生素 A 的原料；种子脂肪含量为 48.2%，可供制皂和工业用。

95.2 木姜子香气物质的提取及检测分析

95.2.1 顶空固相微萃取

将木姜子的果实用剪刀剪碎后准确称取 0.1043 g，放入固相微萃取瓶中，密封。在 40℃水浴中平衡 10 min，用 PDMS/DVB 萃取头吸附 15 min。采用气相色谱-质谱仪（GC-MS）对其成分进行检测分析。

95.2.2 GC-MS 检测分析

GC 分析条件：采用 DB-5Ms 色谱柱（30 m × 0.25 mm × 0.25 μm），氦气（99.999%）流速为 1.0 mL/min，分流比为 30∶1，进样口温度 250℃；起始温度为 60℃，保持 1 min，然后以 5℃/min 的速率升温至 80℃，保持 5 min，以 0.5℃/min 的速率升温至 85℃，保持 3 min，以 1℃/min 的速率升温至 100℃，保持 3 min，以 3℃/min 的速率升温至 140℃，保持 1 min，以 15℃/min 的速率升温至 230℃，保持 3 min；样品解吸附 5 min。

MS 分析条件：EI 离子源，电离能量 70 eV，离子源温度 230℃；传输线温度 280℃，质量扫描范围（m/z）35~450，采集速率 10 spec/s，溶剂延迟 180 s。

检测分析结果见图和表。

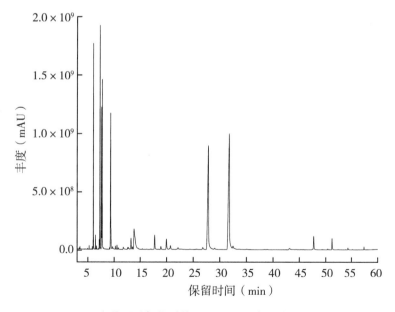

木姜子香气物质的 GC-MS 总离子流图

木姜子香气物质的组成及相对含量明细表

化合物名称	保留时间（min）	匹配度	分子式	CAS号	相对含量（%）
异丁酸	3.18	827	$C_4H_8O_2$	79-31-2	0.065
3-甲基-2-丁烯醛	3.40	955	C_5H_8O	107-86-8	0.096
正己醛	3.54	805	$C_6H_{12}O$	66-25-1	0.117
乙酰基环己烯	4.96	924	$C_8H_{12}O$	932-66-1	0.037
4-甲基-1-(1-甲基乙基)-双环[3.1.0]己烷二氢衍生物	5.85	934	$C_{10}H_{16}$	58037-87-9	0.102
(+)-α-蒎烯	6.04	947	$C_{10}H_{16}$	7785-70-8	8.305
莰烯	6.46	966	$C_{10}H_{16}$	79-92-5	0.583
5,5-二甲基-2(5H)-呋喃酮	6.66	924	$C_6H_8O_2$	20019-64-1	0.236
1,2,4,4-四甲基环戊烯	7.00	852	C_9H_{16}	65378-76-9	0.043
桧烯	7.18	933	$C_{10}H_{16}$	3387-41-5	0.431
β-蒎烯	7.31	934	$C_{10}H_{16}$	127-91-3	11.241
甲基庚烯酮	7.61	942	$C_8H_{14}O$	110-93-0	7.428
2-蒎烯	7.73	914	$C_{10}H_{16}$	80-56-8	8.503
邻-异丙基苯	9.18	959	$C_{10}H_{14}$	527-84-4	0.109
双戊烯	9.33	918	$C_{10}H_{16}$	138-86-3	9.655
(3E)-3,7-二甲基辛-1,3,6-三烯	9.71	843	$C_{10}H_{16}$	3779-61-1	0.326
(Z)-3,7-二甲基-1,3,6-十八烷三烯	10.25	951	$C_{10}H_{16}$	3338-55-4	0.219
2,6-二甲基-5-庚烯醛	10.55	890	$C_9H_{16}O$	106-72-9	0.314
γ-松油烯	10.85	915	$C_{10}H_{16}$	99-85-4	0.148
1,5,5-三甲基1-3-亚甲基-1-环己烯	12.60	918	$C_{10}H_{16}$	16609-28-2	0.162
马苄烯酮	13.24	833	$C_{10}H_{14}O$	80-57-9	1.022
紫苏烯	13.53	853	$C_{10}H_{14}O$	539-52-6	0.222
芳樟醇	13.82	954	$C_{10}H_{18}O$	78-70-6	3.770
2-氨基苯甲酸-3,7-二甲基-1,6-辛二烯-3-醇酯	14.54	838	$C_{17}H_{23}NO_2$	7149-26-0	0.039
龙脑烯醛	15.42	926	$C_{10}H_{16}O$	4501-58-0	0.068
(1R)-(+)-诺蒎酮	16.28	857	$C_9H_{14}O$	38651-65-9	0.074

（续表）

化合物名称	保留时间 （min）	匹配度	分子式	CAS 号	相对含量 （%）
3,3,5-三甲基-1,4-己二烯	17.04	764	C_9H_{16}	74753-00-7	0.081
(+)-香茅醛	17.75	936	$C_{10}H_{18}O$	2385-77-5	1.637
(S)-顺式-马鞭草烯醇	18.91	849	$C_{10}H_{16}O$	18881-04-4	0.390
4,5-环氧长松针烷	20.74	819	$C_{10}H_{16}O$	6909-20-2	0.498
2-甲基-3-甲基丁酯-2-丁烯酸	22.18	879	$C_{10}H_{18}O_2$	66917-62-2	0.259
顺式-柠檬醛	27.86	954	$C_{10}H_{16}O$	106-26-3	18.333
3甲基-6-(1-甲基乙基)- 2-环己烯-1-酮	29.06	893	$C_{10}H_{16}O$	89-81-6	0.169
(E)-3,7-二甲基-2,6-辛二烯醛	31.78	937	$C_{10}H_{16}O$	141-27-5	20.743
1,3,4-三甲基-3-环己烯-1-羧醛	32.49	764	$C_{10}H_{16}O$	40702-26-9	0.379
(S)-(+)-5-(1-羟基-1-甲基 乙基)-2-甲基-2-环己烯-1-酮	43.13	806	$C_{10}H_{16}O_2$	60593-11-5	0.274
β-石竹烯	47.72	952	$C_{15}H_{24}$	87-44-5	1.547
α-葎草烯	50.39	931	$C_{15}H_{24}$	6753-98-6	0.081
(E)-β-金合欢烯	51.21	938	$C_{15}H_{24}$	28973-97-9	1.075
(S)-1-甲基-4-(5-甲基-1- 亚甲基-4-己烯基)环己烯	54.30	925	$C_{15}H_{24}$	495-61-4	0.162
β-倍半水芹烯	55.18	949	$C_{15}H_{24}$	20307-83-9	0.041
石竹素	57.40	927	$C_{15}H_{24}O$	1139-30-6	0.170

96　月　桂

96.1　月桂的分布、形态特征与利用情况

96.1.1　分　布

月桂（*Laurus nobilis*）为樟科（Lauraceae）月桂属（*Laurus*）植物，俗称香叶。原产于地中海地区，我国浙江、江苏、福建、台湾、四川、海南及云南等省有引种栽培。

96.1.2　形态特征

常绿小乔木或灌木状，高可达 12 m，树皮黑褐色。小枝圆柱形，具纵向细条纹，幼嫩部分略被微柔毛或近无毛。叶互生，长圆形或长圆状披针形，长 5.5~12.0 cm，宽 1.8~3.2 cm，先端锐尖或渐尖，基部楔形，边缘细波状，革质，正面暗绿色，背面色稍淡，两面无毛，羽状脉，中脉及侧脉两面凸起，侧脉每边 10~12 条，末端近叶缘处弧形连结，细脉网结，呈蜂窝状；叶柄长 0.7~1.0 cm，鲜时紫红色，略被微柔毛或近无毛，腹面具槽。花为雌雄异株；伞形花序腋生，1~3 个成簇状或短总状排列；总苞片近圆形，外面无毛，内面被绢毛，总梗长达 7 mm，略被微柔毛或近无毛。雄花：每一伞形花序有花 5 朵；花小，黄绿色，花梗长约 2 mm，被疏柔毛，花被筒短，外面密被疏柔毛，花被 4 裂片，宽倒卵圆形或近圆形，两面被贴生柔毛。雌花：通常有退化雄蕊 4 枚，与花被片互生，花丝顶端有成对无柄的腺体，其间延伸有 1 披针形舌状体；子房 1 室，花柱短，柱头稍增大，钝三棱形。果卵珠形，熟时暗紫色。花期 3—5 月，果期 6—9 月。

96.1.3　利用情况

叶和果含芳香油，叶含油0.3%~0.5%，但亦有高达1%~3%，果含油约1%。芳香油的主要成分是芳樟醇、丁香酚、香叶醇及桉叶油醇，用于食品及皂用香精；叶片可作调味香料或罐头矫味剂；种子含植物油约30%，油可供工业用。

96.2 月桂香气物质的提取及检测分析

96.2.1 顶空固相微萃取

将月桂的叶片用剪刀剪碎后准确称取 0.2137 g，放入固相微萃取瓶中，密封。在 40℃水浴中平衡 10 min，用 PDMS/DVB 萃取头吸附 15 min。采用气相色谱-质谱仪（GC-MS）对其成分进行检测分析。

96.2.2 GC-MS 检测分析

GC 分析条件：采用 DB-5Ms 色谱柱（30 m × 0.25 mm × 0.25 μm），进样口温度为 250℃，氦气（99.999%）流速为 1.0 mL/min，分流比为 30∶1；起始柱温设置为 60℃，保持 1 min，然后以 5℃/min 的速率升温至 90℃，保持 2 min，以 3℃/min 的速率升温至 130℃，保持 3 min，以 2℃/min 的速率升温至 160℃，以 10℃/min 的速率升温至 230℃，保持 3 min；样品解吸附 5 min。

MS 分析条件：EI 离子源，电离能量 70 eV，离子源温度 230℃；传输线温度 250℃，质量扫描范围（m/z）35~450，采集速率 10 spec/s，溶剂延迟 300 s。

检测分析结果见图和表。

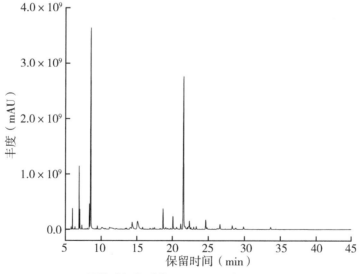

月桂香气物质的 GC-MS 总离子流图

月桂香气物质的组成及相对含量明细表

化合物名称	保留时间（min）	匹配度	分子式	CAS 号	相对含量（%）
4-甲基-1-(1-甲基乙基)-双环[3.1.0]己烷二氢衍生物	5.81	941	$C_{10}H_{16}$	58037-87-9	0.163
(+)-α-蒎烯	5.98	952	$C_{10}H_{16}$	7785-70-8	1.480
2,4(10)-二烯	6.23	893	$C_{10}H_{14}$	36262-09-6	0.051
莰烯	6.34	961	$C_{10}H_{16}$	79-92-5	0.195
桧烯	6.91	934	$C_{10}H_{16}$	3387-41-5	4.797
α-蒎烯	7.01	938	$C_{10}H_{16}$	2437-95-8	1.581
β-蒎烯	7.30	909	$C_{10}H_{16}$	127-91-3	0.430
松油烯	8.07	928	$C_{10}H_{16}$	99-86-5	0.113
4-异丙基甲苯	8.35	958	$C_{10}H_{14}$	99-87-6	2.819
桉叶油醇	8.54	948	$C_{10}H_{18}O$	470-82-6	31.638
2-壬酮	9.28	866	$C_9H_{18}O$	821-55-6	0.071
γ-松油烯	9.46	944	$C_{10}H_{16}$	99-85-4	0.375
反式-β-松油醇	10.11	940	$C_{10}H_{18}O$	7299-41-4	1.450
萜品油烯	10.54	915	$C_{10}H_{16}$	586-62-9	0.075
芳樟醇	11.19	937	$C_{10}H_{18}O$	78-70-6	0.626
龙脑烯醛	12.09	906	$C_{10}H_{16}O$	4501-58-0	0.214
5-异丙基双环[3.1.0]己烷-2-酮	13.41	951	$C_9H_{14}O$	513-20-2	0.163
松香芹酮	13.57	868	$C_{10}H_{14}O$	30460-92-5	0.161
α-松油醇	14.09	829	$C_{10}H_{18}O$	10482-56-1	0.671
(-)-4-萜品醇	14.35	931	$C_{10}H_{18}O$	20126-76-5	2.127
α-松油醇	15.10	929	$C_{10}H_{18}O$	98-55-5	3.238
2-蒈烯	16.88	847	$C_{10}H_{16}$	554-61-0	0.180
左旋乙酸冰片酯	18.72	940	$C_{12}H_{20}O_2$	5655-61-8	2.854
2-十一酮	19.10	931	$C_{11}H_{22}O$	112-12-9	0.374
马兜铃-9-烯	19.79	806	$C_{15}H_{24}$	6831-16-9	0.149
1,2,3-三甲基环己烷	20.58	767	C_9H_{18}	1678-97-3	0.445
(±)-α-乙酸松油酯	21.55	935	$C_{12}H_{20}O_2$	80-26-2	32.493

（续表）

化合物名称	保留时间（min）	匹配度	分子式	CAS 号	相对含量（%）
（1α,3α,4α,6α）-4,7,7-三甲基-双环[4.1.0]庚烷-3-醇	21.77	833	$C_{10}H_{18}O$	52486-23-4	0.313
顺-3,7-二甲基-2,6-辛二烯-1-醇乙酸酯	22.10	850	$C_{12}H_{20}O_2$	141-12-8	0.255
2-甲氧基-3-（2-丙烯基）-苯酚	22.25	882	$C_{10}H_{12}O_2$	1941-12-4	0.503
[1S,2R,6R,7R,8S,（+）]-1,3-二甲基-8-（1-甲基乙基）三环[4.4.0.0（2,7）]癸-3-烯	22.38	916	$C_{15}H_{24}$	14912-44-8	1.336
（-）-α-蒎烯	22.58	903	$C_{15}H_{24}$	3856-25-5	0.260
β-波旁烯	22.99	920	$C_{15}H_{24}$	5208-59-3	0.391
β-榄香烯	23.34	919	$C_{15}H_{24}$	515-13-9	0.489
异丁香酚甲醚	24.20	845	$C_{11}H_{14}O_2$	93-16-3	0.072
β-石竹烯	24.65	952	$C_{15}H_{24}$	87-44-5	1.696
香木兰烯	24.83	854	$C_{15}H_{24}$	72747-25-2	0.286
4-（1-甲基乙烯基）-1-环己烯-1-甲醇乙酸酯	25.61	846	$C_{12}H_{18}O_2$	15111-96-3	0.060
（-）-β-花柏烯	26.22	866	$C_{15}H_{24}$	18431-82-8	0.159
（-）-α-古芸烯	26.35	895	$C_{15}H_{24}$	489-40-7	0.135
α-葎草烯	26.49	924	$C_{15}H_{24}$	6753-98-6	0.101
β-绿叶烯	26.62	891	$C_{15}H_{24}$	514-51-2	0.980
（+）-β-芹子烯	28.32	936	$C_{15}H_{24}$	17066-67-0	0.815
巴伦西亚橘烯	28.66	880	$C_{15}H_{24}$	4630-07-3	0.089
γ-古芸烯	28.80	904	$C_{15}H_{24}$	22567-17-5	0.298
（1R,4aS,8aS）-7-甲基-4-亚甲基-1-丙-2-基-2,3,4a,5,6,8a-六氢-1H-萘	29.87	932	$C_{15}H_{24}$	39029-41-9	0.585
石竹素	33.66	933	$C_{15}H_{24}O$	1139-30-6	0.513

97 黄　樟

97.1　黄樟的分布、形态特征与利用情况

97.1.1　分　布

黄樟（*Camphora parthenoxylon*）为樟科（Lauraceae）樟属（*Camphora*）植物。我国产于广东、广西、福建、江西、湖南、贵州、四川、云南。生于海拔 1500 m 以下的常绿阔叶林或灌木丛中，后一生境中多呈矮生灌木型，云南南部有利用野生乔木改造为栽培的樟茶混交林。巴基斯坦、印度、马来西亚、印度尼西亚也有分布。

97.1.2　形态特征

常绿乔木，树干通直，高 10~20 m，胸径达 40 cm 以上；树皮暗灰褐色，上部为灰黄色，深纵裂，小片剥落，厚 3~5 mm，内皮带红色，具有樟脑气味。枝条粗壮，圆柱形，绿褐色，小枝具棱角，灰绿色，无毛。叶互生，通常为椭圆状卵形或长椭圆状卵形，长 6~12 cm，宽 3~6 cm，在花枝上的叶稍小，先端通常急尖或短渐尖，基部楔形或阔楔形，革质，正面深绿色，背面色稍浅，两面无毛或仅下面腺窝具毛簇，羽状脉，侧脉每边 4~5 条，与中脉两面明显；叶柄长 1.5~3.0 cm，腹凹背凸，无毛。圆锥花序于枝条上部腋生或近顶生，长 4.5~8.0 cm，总梗长 3.0~5.5 cm，与各级序轴及花梗无毛；花小，长约 3 mm，绿带黄色；花梗纤细，长达 4 mm；花被外面无毛，内面被短柔毛，花被筒倒锥形，长约 1 mm，花被裂片宽长椭圆形，长约 2 mm，宽约 1.2 mm，具点，先端钝形。子房卵珠形，长约 1 mm，无毛，花柱弯曲，长约 1 mm，柱头盘状，不明显三浅裂。果球形，直径 6~8 mm，黑色；果托狭长倒锥形，长约 1 cm 或稍短，基部宽 1 mm，红色，有纵长的条纹。花期 3—5 月，果期 4—10 月。

97.1.3 利用情况

叶可供饲养天蚕，枝叶、根、树皮、木材可蒸樟油和提制樟脑，樟油是调配各种香精不可缺少的原料，樟脑多用于医药上。果核含脂肪量高，核仁含油率达60%，油可用于制作肥皂。此外，本种木材纹理通直，结构均匀细致，稍重而韧，易于加工，纵切面平滑，干燥后少开裂，且不变形，含油或黏液丰富，各切面均极油润，颇能耐腐，纵切面具光泽，颇美观，适于作为梁、柱、桁、门、窗、天花板及农具等用材，作为造船、水利工程、桥梁、上等家具等用材尤佳，商品材名为大叶樟、黑骨樟、油樟、浪樟等。

97.2 黄樟香气物质的提取及检测分析

97.2.1 顶空固相微萃取

将黄樟的叶片用剪刀剪碎后准确称取 0.2134 g，放入固相微萃取瓶中，密封。在 40℃水浴中平衡 10 min，用 PDMS/DVB 萃取头吸附 15 min。采用气相色谱-质谱仪（GC-MS）对其成分进行检测分析。

97.2.2 GC-MS 检测分析

GC 分析条件：采用 DB-5Ms 色谱柱（30 m × 0.25 mm × 0.25 μm），氦气（99.999%）流速为 1.0 mL/min，进样口温度为 250℃，分流比为 10:1；起始温度为 60℃，保持 1 min，然后以 5℃/min 的速率升温至 85℃，保持 3 min，以 3℃/min 的速率升温至 130℃，保持 1 min，以 2℃/min 的速率升温至 160℃，以 20℃/min 的速率升温至 230℃，保持 3 min；样品解吸附 5 min。

MS 分析条件：EI 离子源，电离能量 70 eV，离子源温度 230℃；传输线温度 250℃，质量扫描范围（m/z）30~400，采集速率 10 spec/s，溶剂延迟 180 s。

检测分析结果见图和表。

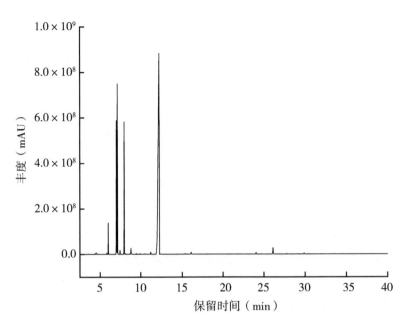

黄樟香气物质的 GC–MS 总离子流图

黄樟香气物质的组成及相对含量明细表

化合物名称	保留时间（min）	匹配度	分子式	CAS 号	相对含量（%）
2-甲基-4-戊醛	3.55	833	$C_6H_{10}O$	5187-71-3	0.060
反式-2-己烯醛	4.40	870	$C_6H_{10}O$	6728-26-3	0.075
顺-3-己烯-1-醇	4.51	907	$C_6H_{12}O$	928-96-1	0.198
3,6-二甲基四氢吡喃-2-酮	4.72	858	$C_7H_{12}O_2$	3720-22-7	0.051
α-蒎烯	6.00	943	$C_{10}H_{16}$	2437-95-8	1.917
莰烯	6.36	888	$C_{10}H_{16}$	79-92-5	0.022
苯甲醛	6.82	770	C_7H_6O	100-52-7	0.003
3-异丙基-6-亚甲基-1-环己烯	7.02	899	$C_{10}H_{16}$	555-10-2	13.788
β-蒎烯	7.13	930	$C_{10}H_{16}$	127-91-3	12.125
α-水芹烯	7.95	911	$C_{10}H_{16}$	99-83-2	10.460
1,5,5-三甲基1-3-亚甲基-1-环己烯	8.31	868	$C_{10}H_{16}$	16609-28-2	0.027
邻-异丙基苯	8.64	916	$C_{10}H_{14}$	527-84-4	0.078
双戊烯	8.79	890	$C_{10}H_{16}$	138-86-3	0.802

（续表）

化合物名称	保留时间（min）	匹配度	分子式	CAS号	相对含量（%）
α-罗勒烯	9.05	820	$C_{10}H_{16}$	502-99-8	0.015
γ-松油烯	9.94	859	$C_{10}H_{16}$	99-85-4	0.075
反式-β-松油醇	10.48	865	$C_{10}H_{18}O$	7299-41-4	0.100
2-甲基-1-壬烯-3-炔	11.07	854	$C_{10}H_{16}$	70058-00-3	0.030
萜品油烯	11.19	878	$C_{10}H_{16}$	586-62-9	0.254
芳樟醇	12.22	951	$C_{10}H_{18}O$	78-70-6	58.155
异龙脑	14.96	855	$C_{10}H_{18}O$	124-76-5	0.035
4-萜烯醇	15.37	825	$C_{10}H_{18}O$	562-74-3	0.102
α-松油醇	16.10	836	$C_{10}H_{18}O$	98-55-5	0.299
橙花醇	17.72	787	$C_{10}H_{18}O$	106-25-2	0.013
顺式-柠檬醛	18.15	749	$C_{10}H_{16}O$	106-26-3	0.006
（E）-3,7-二甲基-2,6-辛二烯醛	19.52	775	$C_{10}H_{16}O$	141-27-5	0.010
甲酸异莰酯	20.05	777	$C_{11}H_{18}O_2$	1200-67-5	0.005
γ-榄香烯	22.31	825	$C_{15}H_{24}$	339154-91-5	0.033
β-榄香烯	24.81	774	$C_{15}H_{24}$	110823-68-2	0.013
β-石竹烯	26.12	860	$C_{15}H_{24}$	87-44-5	0.897
香橙烯	27.02	835	$C_{15}H_{24}$	109119-91-7	0.013
α-葎草烯	29.88	804	$C_{15}H_{24}$	6753-98-6	0.190
α-金合欢烯	30.48	795	$C_{15}H_{24}$	502-61-4	0.005
δ-杜松烯	31.24	848	$C_{15}H_{24}$	483-76-1	0.035
顺-（+）橙花叔醇	33.48	883	$C_{15}H_{26}O$	142-50-7	0.063

98 阴 香

98.1 阴香的分布、形态特征与利用情况

98.1.1 分 布

阴香（*Cinnamomum burmanni*）为樟科（Lauraceae）桂属（*Cinnamomum*）植物。我国产于广东、广西、云南及福建。生长于疏林、密林或灌丛中，或溪边、路旁等处，适合生长于海拔 100~1400 m（在云南海拔可高达 2100 m）。印度、缅甸、越南、印度尼西亚和菲律宾等国家也有分布。

98.1.2 形态特征

乔木，高达 14 m，胸径达 30 cm；树皮光滑，灰褐色至黑褐色，内皮红色，味似肉桂；枝条纤细，绿色或褐绿色，具纵向细条纹，无毛。叶互生或近对生，稀对生，卵圆形、长圆形至披针形，长 5.5~10.5 cm，宽 2~5 cm，先端短渐尖，基部宽楔形，革质，正面绿色，光亮，背面粉绿色，晦暗，两面无毛，具离基三出脉，中脉及侧脉在正面明显，背面凸起，侧脉自叶基 3~8 mm 处生出，向叶端消失，横脉及细脉两面微隆起，多少呈网状；叶柄长 0.5~1.2 cm，腹平背凸，近无毛。圆锥花序腋生或近顶生，比叶短，少花，疏散，密被灰白微柔毛，最末分枝为 3 花的聚伞花序；花绿白色，长约 5 mm；花梗纤细，长 4~6 mm，被灰白微柔毛；花被内外两面密被灰白微柔毛，花被筒短小，倒锥形，长约 2 mm，花被裂片长圆状卵圆形，先端锐尖；子房近球形，长约 1.5 mm，略被微柔毛，花柱长 2 mm，具棱角，略被微柔毛，柱头盘状。果卵球形，长约 8 mm，宽 5 mm；果托长 4 mm，顶端宽 3 mm，具齿裂，齿顶端截平。花期主要在秋季及冬季，果期主要在冬末及春季。

98.1.3　利用情况

树皮可作肉桂皮代用品。其皮、叶、根均可提制芳香油，从树皮提取的芳香油称广桂油，含量 0.4%～0.6%，从枝叶提取的芳香油称广桂叶油，含量 0.2%～0.3%。广桂油可用于食用香精、皂用香精和化妆品香精，广桂叶油则通常用于化妆品香精。叶可代替月桂树的叶作为腌菜及肉类罐头的香料。果核含脂肪，可榨油供工业用。枝叶密，为优良的行道树和庭园观赏树，亦有用之作为嫁接肉桂的砧木。木材纹理通直，结构均匀细致，硬度中等，易于加工，纵切面光滑，干燥后不开裂，但会变形，油及黏液丰富，耐腐，纵切面材色鲜艳而有光泽，绮丽华美，适于建筑、枕木、桩木、矿柱、车辆等用材，供上等家具及其他细工用材尤佳。

98.2　阴香香气物质的提取及检测分析

98.2.1　顶空固相微萃取

将阴香的叶片用剪刀剪碎后准确称取 0.2125 g，放入固相微萃取瓶中，密封。在 40℃水浴中平衡 10 min，用 PDMS/DVB 萃取头吸附 15 min。采用气相色谱-质谱仪（GC-MS）对其成分进行检测分析。

98.2.2　GC-MS 检测分析

GC 分析条件：采用 DB-5Ms 色谱柱（30 m × 0.25 mm × 0.25 μm），氦气（99.999%）流速为 1.0 mL/min，进样口温度为 250℃；起始柱温设置为 60℃，保持 1 min，然后以 2℃/min 的速率升温至 85℃，保持 1 min，以 3℃/min 的速率升温至 130℃，保持 1 min，以 2℃/min 的速率升温至 160℃，以 10℃/min 的速率升温至 230℃，保持 3 min；不分流进样，样品解吸附 5 min。

MS 分析条件：EI 离子源，电离能量 70 eV，离子源温度 230℃；传输线温度 250℃，质量扫描范围（m/z）30～400，采集速率 10 spec/s，溶剂延迟 180 s。

检测分析结果见图和表。

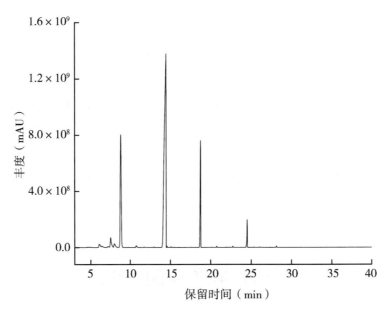

阴香香气物质的 GC-MS 总离子流图

阴香香气物质的组成及相对含量明细表

化合物名称	保留时间（min）	匹配度	分子式	CAS 号	相对含量（%）
2-甲基-4-戊醛	3.75	823	$C_6H_{10}O$	5187-71-3	0.027
顺-3-己烯-1-醇	4.61	875	$C_6H_{12}O$	928-96-1	0.080
反式-3-己烯-1-醇	4.75	864	$C_6H_{12}O$	544-12-7	0.075
(1S)-α-蒎烯	5.86	867	$C_{10}H_{16}$	7785-26-4	0.005
α-蒎烯	6.08	902	$C_{10}H_{16}$	2437-95-8	0.844
β-蒎烯	7.52	866	$C_{10}H_{16}$	127-91-3	2.125
水芹烯	7.98	829	$C_{10}H_{16}$	99-83-2	0.897
1-甲基-4-(1-甲基乙烯基)环己醇乙酸酯	8.80	880	$C_{12}H_{20}O_2$	10198-23-9	22.513
1,9-癸二炔	9.30	796	$C_{10}H_{14}$	1720-38-3	0.013
二氢香芹酚	10.17	770	$C_{10}H_{18}O$	619-01-2	0.010
α-异松油烯	10.75	872	$C_{10}H_{16}$	586-62-9	0.348
异冰片醇	14.45	943	$C_{10}H_{18}O$	10385-78-1	57.814
4-萜烯醇	14.58	784	$C_{10}H_{18}O$	562-74-3	0.059
α-松油醇	15.08	825	$C_{10}H_{18}O$	98-55-5	0.066

（续表）

化合物名称	保留时间 （min）	匹配度	分子式	CAS 号	相对含量 （%）
2-癸烯-1-醇	15.35	839	$C_{10}H_{20}O$	22104-80-9	0.020
醋酸辛酯	15.54	845	$C_{10}H_{20}O_2$	112-14-1	0.017
甲酸异莰酯	16.29	794	$C_{11}H_{18}O_2$	1200-67-5	0.005
(Z)-3,7-二甲基辛-2,6-二烯醛	16.86	792	$C_{10}H_{16}O$	106-26-3	0.008
丁酸苯乙酯	17.58	751	$C_{12}H_{16}O_2$	103-52-6	0.042
橙花醛	18.15	803	$C_{10}H_{16}O$	141-27-5	0.017
乙酸龙脑酯	18.76	929	$C_{12}H_{20}O_2$	76-49-3	12.155
莰烯	20.34	836	$C_{10}H_{16}$	79-92-5	0.009
7-亚丙基-双环[4.1.0]庚烷	20.75	820	$C_{10}H_{16}$	82253-09-6	0.111
二氢香芹醇乙酸脂	20.94	818	$C_{12}H_{20}O_2$	20777-49-5	0.008
大根香叶烯	22.20	821	$C_{15}H_{24}$	23986-74-5	0.015
荜澄茄烯	22.40	821	$C_{15}H_{24}$	13744-15-5	0.032
乙酸香叶酯	22.76	874	$C_{12}H_{20}O_2$	16409-44-2	0.129
乙酸癸酯	23.95	845	$C_{12}H_{24}O_2$	112-17-4	0.020
β-石竹烯	24.52	899	$C_{15}H_{24}$	87-44-5	2.222
(E)-β-金合欢烯	24.81	781	$C_{15}H_{24}$	28973-97-9	0.006
香素烯	25.33	821	$C_{15}H_{24}$	109119-91-7	0.048
(S)-(-)-柠檬烯	26.03	840	$C_{10}H_{16}$	5989-54-8	0.049
(-)-α-依兰油烯	27.13	778	$C_{15}H_{24}$	483-75-0	0.006
γ-榄香烯	28.13	807	$C_{15}H_{24}$	339154-91-5	0.166
δ-杜松烯	29.42	781	$C_{15}H_{24}$	483-76-1	0.006
榄香醇	31.00	754	$C_{15}H_{26}O$	639-99-6	0.005
顺-(+)橙花叔醇	31.61	854	$C_{15}H_{26}O$	142-50-7	0.016
(-)-氧化石竹烯	32.41	737	$C_{15}H_{24}O$	1139-30-6	0.012

99 锡兰肉桂

99.1 锡兰肉桂的分布、形态特征与利用情况

99.1.1 分 布

锡兰肉桂（*Cinnamomum verum*）为樟科（Lauraceae）桂属（*Cinnamomum*）常绿乔木。原产于斯里兰卡和印度西部海岸。亚洲热带地区多有栽培。适宜生长于砂壤至砖红壤、土层深厚肥沃而不过于黏重的地区。我国海南、广东、广西、云南、福建、浙江等地引种栽培。

99.1.2 形态特征

常绿小乔木，高达 10 m；树皮黑褐色，内皮有强烈的桂醛芳香气；芽被绢状微柔毛。幼枝略为四棱形，灰色，具白斑。叶通常对生，卵圆形或卵状披针形，长 11 ~ 16 cm，宽 4.5~5.5 cm，先端渐尖，基部锐尖，革质或近革质，正面绿色，光亮，背面淡绿白色，两面无毛，具离基三出脉，中脉及侧脉两面凸起，细脉和小脉网状，脉网在下面明显呈蜂巢状小窝穴；叶柄长 2 cm，无毛。圆锥花序腋生及顶生，长 10~12 cm，具梗，总梗及各级序轴被绢状微柔毛；花黄色，长约 6 mm。花被筒倒锥形，花被 6 裂片，长圆形，近相等，外面被灰色微柔毛。能育雄蕊 9 枚，花丝近基部有毛，第一、第二轮雄蕊花丝无腺体，第三轮雄蕊花丝有 1 对腺体，花药 4 室，第一、第二轮雄蕊花药药室内向，第三轮雄蕊花药药室外向。子房卵珠形，无毛，花柱短，柱头盘状。果卵球形，长 10~15 mm，熟时黑色；果托杯状，增大，具齿裂，齿先端截形或锐尖。

99.1.3 利用情况

锡兰肉桂的树皮具有独特香气，留香持久，是日用品和食品调香的重要香料，如配制香水、牙膏、香皂以及香烟工业的原料等。锡兰肉桂在医药上用作防腐剂、健胃剂、收敛杀菌剂和强壮剂等药品的原料，并可作牙科的矫具剂；树皮味辛、甘，性热，气芳香，有

温中补肾、散寒止痛的功效；枝味辛、甘，性湿，有发汗解肌、温通经脉的功效；果实有强心、利尿、止汗的功效。锡兰肉桂树枝繁叶茂，气味清香，在中国多作为绿化树种。

99.2　锡兰肉桂香气物质的提取及检测分析

99.2.1　锡兰肉桂香气物质的提取

将锡兰肉桂的树皮用剪刀剪碎后准确称取 0.1141 g，放入固相微萃取瓶中，密封。在 40℃ 水浴中平衡 10 min，用 PDMS/DVB 萃取头吸附 15 min。采用全二维气相色谱－飞行时间质谱仪（GC-TOF/MS）对其成分进行检测分析。

99.2.2　GC-TOF/MS 检测分析

GC 分析条件：采用 DB-WAX 色谱柱（30 m × 0.25 mm × 0.25 μm），进样口温度为 250℃，氦气（99.999%）流速为 1.0 mL/min；起始柱温设置为 60℃，保持 1.0 min，然后以 3.0℃/min 的速率升温至 96℃，保持 1 min，以 5℃/min 的速率升温至 150℃，以 8℃/min 的速率升温至 230℃，保持 3 min；不分流进样，样品解吸附 5 min。

TOF/MS 分析条件：EI 离子源，电离能量 70 eV，离子源温度 230℃；传输线温度 280℃，质量扫描范围（m/z）30～400，采集速率 10 spec/s，溶剂延迟 180 s。

检测分析结果见图和表。

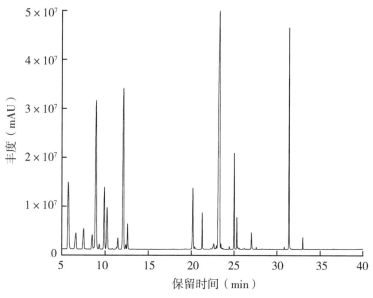

锡兰肉桂香气物质的 GC-TOF/MS 总离子流图

锡兰肉桂固相微萃取香气物质组成及相对含量明细表

化合物名称	保留时间（min）	匹配度	分子式	CAS 号	相对含量（%）
4-双环［3.1.0］己-2-烯	5.75	929	$C_{10}H_{16}$	28634-89-1	6.763
莰烯	6.64	913	$C_{10}H_{16}$	79-92-5	1.642
(1S)-(-)-β-蒎烯	7.54	906	$C_{10}H_{16}$	18172-67-3	1.847
(E)-β-罗勒烯	8.52	853	$C_{10}H_{16}$	3779-61-1	1.113
水芹烯	8.96	914	$C_{10}H_{16}$	99-83-2	13.591
γ-松油烯	9.34	832	$C_{10}H_{16}$	99-85-4	0.318
(S)-(-)-柠檬烯	9.91	933	$C_{10}H_{16}$	5989-54-8	4.559
桧烯	10.21	880	$C_{10}H_{16}$	3387-41-5	3.518
罗勒烯	10.85	781	$C_{10}H_{16}$	3338-55-4	0.037
2-甲基-5-(1-甲基乙基)-双环［3.1.0］己-2-烯	11.35	775	$C_{10}H_{16}$	2867-05-2	0.103
苯乙烯	11.49	923	C_8H_8	100-42-5	0.726
邻异丙基甲苯	12.15	938	$C_{10}H_{14}$	527-84-4	13.597
2-甲基丁酸 2-甲基丁酯	12.44	847	$C_{10}H_{20}O_2$	2445-78-5	0.253
α-异松油烯	12.61	896	$C_{10}H_{16}$	586-62-9	1.380
异丙烯基甲苯	17.94	777	$C_{10}H_{12}$	7399-49-7	0.017
6,6-二甲基-2-亚乙基双环［3.1.1］庚烷	19.27	738	$C_{11}H_{16}$	39021-75-5	0.020
(+)-紫穗槐烯	19.85	776	$C_{15}H_{24}$	20085-19-2	0.017
(-)-α-蒎烯	20.17	865	$C_{15}H_{24}$	3856-25-5	3.740
(-)-丁香三环烯	20.39	786	$C_{15}H_{24}$	469-92-1	0.198
苯甲醛	20.49	859	C_7H_6O	100-52-7	0.023
芳樟醇	21.27	874	$C_{10}H_{18}O$	78-70-6	1.435
(-)-异丁香烯	22.49	789	$C_{15}H_{24}$	118-65-0	0.086
4,8-β-环氧丁香烯	22.62	785	$C_{15}H_{26}O$	178737-42-3	0.432
反式-α-佛柑油烯	22.84	773	$C_{15}H_{24}$	13474-59-4	0.043
(-)-萜烯-4-醇	22.95	752	$C_{10}H_{18}O$	20126-76-5	0.122
石竹烯	23.30	932	$C_{15}H_{24}$	87-44-5	27.459
(Z,E)-α-金合欢烯	23.45	806	$C_{15}H_{24}$	26560-14-5	0.146

（续表）

化合物名称	保留时间（min）	匹配度	分子式	CAS 号	相对含量（%）
3-甲基苯乙酮	23.70	785	$C_9H_{10}O$	585-74-0	0.035
(Z,Z)-α-法尼烯	24.44	790	$C_{15}H_{24}$	28973-99-1	0.123
α-石竹烯	25.01	891	$C_{15}H_{24}$	6753-98-6	4.211
α-松油醇	25.32	926	$C_{10}H_{18}O$	98-55-5	1.177
龙脑	25.44	778	$C_{10}H_{18}O$	507-70-0	0.097
α-金合欢烯	25.59	760	$C_{15}H_{24}$	502-61-4	0.048
(-)-α-依兰油烯	26.19	755	$C_{15}H_{24}$	483-75-0	0.072
(E)-穆罗拉-3,5-二烯	26.87	782	$C_{15}H_{24}$	157374-44-2	0.019
苯丙醛	27.01	887	$C_9H_{10}O$	104-53-0	0.858
(Z)-桧萜醇	27.59	827	$C_{10}H_{16}O$	3310-02-9	0.074
2-(4-甲基苯基)丙-2-醇	28.27	777	$C_{10}H_{14}O$	1197-01-9	0.027
反式-肉桂醛	29.15	846	C_9H_8O	57194-69-1	0.013
2-甲基丁基苯甲酸	29.49	771	$C_{12}H_{16}O_2$	52513-03-8	0.005
(-)-氧化石竹烯	30.86	771	$C_{15}H_{24}O$	1139-30-6	0.088
反式肉桂醛	31.41	946	C_9H_8O	14371-10-9	9.578
丁香酚	33.00	871	$C_{10}H_{12}O_2$	97-53-0	0.360
香芹酚	33.50	696	$C_{10}H_{14}O$	499-75-2	0.009

100 蒜香藤

100.1 蒜香藤的分布、形态特征与利用情况

100.1.1 分　布

蒜香藤（*Mansoa alliacea*）为紫葳科（Bignoniaceae）蒜香藤属（*Mansoa*）常绿藤本。原产于南美洲的圭亚那和巴西。中国分布于华南地区亚热带常绿阔叶林区、热带季雨林区及热带雨林区。

100.1.2 形态特征

蒜香藤为常绿攀缘性植物。三出复叶对生，小叶椭圆形，顶小叶常呈卷须状或脱落，小叶长 7~10 cm，宽 3~5 cm。全圆锥花序腋生；花冠筒状，花瓣前端 5 裂，紫色。蒜香藤花期为春季至秋季，一般在夏末初秋的 9—10 月开花最盛。花朵初开时，颜色较深，以后颜色渐淡，每朵花可开放 5~7 天。花紫红色至白色，叶揉搓有蒜香味。蒴果约 15 cm 长，扁平长线形。

100.1.3 利用情况

蒜香藤枝叶疏密有致，花多色艳，栽培中尚未发现明显的病虫害。可地栽、盆栽，也可作为篱笆、围墙美化或棚架装饰之用，还可作为阳台的攀缘花卉或垂吊花卉。蒜香藤的根、茎、叶均可入药，可治疗伤风、发热、咽喉肿痛等呼吸道疾病。

100.2 蒜香藤香气物质的提取及检测分析

100.2.1 蒜香藤香气物质的提取

将蒜香藤的叶片用剪刀剪碎后准确称取 0.4614 g，放入固相微萃取瓶中，密封。在

40℃水浴中平衡 5 min，用 PDMS/DVB 萃取头吸附 10 min。采用全二维气相色谱-飞行时间质谱仪（GC-TOF/MS）对其成分进行检测分析。

100.2.2　GC-TOF/MS 检测分析

GC 分析条件：采用 DB-WAX 色谱柱（30 m × 0.25 mm × 0.25 μm），设置分流比为 3∶1，进样口温度为 250℃，氦气（99.999%）流速为 1.0 mL/min；起始柱温设置为 50℃，保持 0.2 min，然后以 2℃/min 的速率升温至 60℃，保持 1 min，以 5℃/min 的速率升温至 160℃，保持 1 min，以 8℃/min 的速率升温至 230℃，保持 3 min；样品解吸附 5 min。

TOF/MS 分析条件：EI 离子源，电离能量 70 eV，离子源温度 230℃；传输线温度 250℃，质量扫描范围（m/z）30~400，采集速率 10 spec/s，溶剂延迟 180 s。

检测分析结果见图和表。

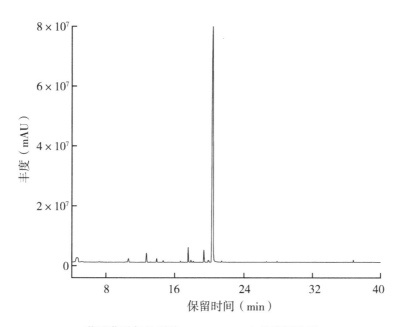

蒜香藤香气物质的 GC-TOF/MS 总离子流图

蒜香藤香气物质的组成及相对含量明细表

化合物名称	保留时间（min）	匹配度	分子式	CAS 号	相对含量（%）
硫化丙烯	4.63	879	C_3H_6S	1072-43-1	3.00
乙醇	5.16	905	C_2H_6O	64-17-5	0.18

（续表）

化合物名称	保留时间（min）	匹配度	分子式	CAS 号	相对含量（%）
双环［3.1.0］己-2-烯,4-甲基-1-(1-甲基乙基)-2-侧柏烯	7.22	833	$C_{10}H_{16}$	28634-89-1	0.11
顺式-3-己烯醛	10.37	728	$C_6H_{10}O$	6789-80-6	0.08
烯丙基硫醚	10.64	832	$C_6H_{10}S$	592-88-1	0.98
反式-2-己烯醛	12.72	915	$C_6H_{10}O$	6728-26-3	2.08
3-辛酮	13.91	838	$C_8H_{16}O$	106-68-3	0.68
烯丙基甲基二硫醚	14.66	795	$C_4H_8S_2$	2179-58-0	0.29
正己醇	16.69	840	$C_6H_{14}O$	111-27-3	0.14
反式-3-己烯-1-醇	16.97	787	$C_6H_{12}O$	544-12-7	0.04
顺-3-己烯-1-醇	17.56	915	$C_6H_{12}O$	928-96-1	2.21
3-辛醇	17.87	862	$C_8H_{18}O$	589-98-0	0.30
反式-2-己烯-1-醇	18.14	825	$C_6H_{12}O$	928-95-0	0.13
1-辛烯-3-醇	19.37	876	$C_8H_{16}O$	3391-86-4	2.16
顺-3-己烯基丁酯	19.87	876	$C_{10}H_{18}O_2$	16491-36-4	0.25
(Z)-1-烯丙基-2-(丙-1-烯-1-基)二硫化物	19.94	793	$C_6H_{10}S_2$	122156-03-0	0.30
二烯丙基二硫	20.44	943	$C_6H_{10}S_2$	2179-57-9	86.19
1,2-二硫杂环戊烯	21.42	818	$C_3H_4S_2$	288-26-6	0.19
3-乙烯基-3,6-二氢二硫萱	26.60	809	$C_6H_8S_2$	62488-52-2	0.10
烯丙基硫醇	27.31	707	C_3H_6S	870-23-5	0.03
二烯丙基三硫	27.84	754	$C_6H_{10}S_3$	2050-87-5	0.13
(E)-1-丙烯基烯丙基二硫醚	36.82	776	$C_6H_{10}S_2$	122156-02-9	0.27

参考文献

陈策，任安详，王羽梅，2012. 芳香药用植物 [M]. 武汉：华中科技大学出版社.

程必强，1995. 云南热带亚热带香料植物 [M]. 昆明：云南大学出版社.

杜世祥，2003. 重视天然香料的科研开发和生产应用 [J]. 中国食品添加剂（6）：1-2.

李晓霞，杨虎彪，王建荣，等，2009. 我国热带香料植物种质资源 [J]. 安徽农业科学，37（5）：2129-2131.

欧阳欢，邢谷杨，2001. 热带香料植物开发利用研究 [J]. 农业系统科学与综合研究，17（2）：142-144，147.

彭靖里，马敏象，郝立勤，2002. 我国天然香料资源开发现状及其产品市场分析 [J]. 中国野生植物资源，21（4）：14-18.

田汝英，2015. "贵如胡椒"：香料成为中世纪西欧的奢侈品现象析论 [J]. 贵州社会科学，307（7）：53-58.

王祝年，肖邦森，李渊林，等，2002. 海南岛香料植物名录 [J]. 热带作物学报，23（4）：62-72.

吴桂苹，段君宇，朱科学，等，2020. HS-SPME-GC-TOF-MS 分析云南怒江草果不同部位的挥发性风味物质 [J]. 食品研究与开发，41（18）：169-176，218.

徐龙，孙英宝，2021. 香料植物之旅 [M]. 北京：北京大学出版社.

中国科学院中国植物志编辑委员会，2009—2024. 中国植物志 [M/OL]. http://www.iplant.cn/frps.